全国高职高专化学课程“十一五”规划教材

仪器分析技术

主　编　任晓棠　温红珊

副主编　徐康宁　李　辉　邹春阳　刘禾蔚

石贤举　谭燕宏

编　编　仇文卿　苏传东　王绍领　聂振江

周　霞　方秀苇　曾碧涛

华中科技大学出版社

中国·武汉

图书在版编目(CIP)数据

仪器分析技术/任晓棠,温红珊主编.—武汉:华中科技大学出版社,2010.1(2022.7重印)
ISBN 978-7-5609-5935-1

Ⅰ.①仪… Ⅱ.①任… ②温… Ⅲ.①仪器分析-高等学校:技术学校-教材 Ⅳ.①O657

中国版本图书馆CIP数据核字(2009)第241161号

仪器分析技术 任晓棠 温红珊 主编
Yiqi Fenxi Jishu

策划编辑:王新华
责任编辑:程 芳
封面设计:刘 卉
责任校对:朱 霞
责任监印:周治超
出版发行:华中科技大学出版社(中国·武汉) 电话:(027)81321913
武汉市东湖新技术开发区华工科技园 邮编:430223
录 排:华中科技大学惠友文印中心
印 刷:武汉邮科印务有限公司
开 本:787mm×1092mm 1/16
印 张:20.25
字 数:450千字
版 次:2022年7月第1版第3次印刷
定 价:32.00元

内容提要

仪器分析技术是高职高专“十一五”规划教材之一。教材内容体现“工学结合”的办学思想，根据高等职业技术教育的教学要求和课程标准，集理论教学与实训为一体，结合食品、生物、化工、医药等行业对仪器分析技术的实际需要，在总结多年教学教改经验、吸收目前高职教学内容体系改革与建设成果的基础上编写完成的。本教材共分三大部分十一个模块，内容包括原子发射光谱法、原子吸收光谱法、紫外-可见分光光度法、红外吸收光谱法、分子发光法、电位分析法、极谱分析法、电解和库仑分析法、气相色谱法、高效液相色谱法、核磁共振及质谱分析方法简介等。以模块方式系统地讲述了这些常用仪器分析方法的基本概念，方法原理，仪器的构造、使用方法和实验技术，每种方法均安排有多个典型实用的实训项目。

本书可作为高等职业技术教育工科各相关专业仪器分析课程的教材，也可作为相关行业分析与检测工作人员的参考书。

全国高职高专化学课程“十一五”规划教材编委会

前言

在科学技术快速发展的今天，仪器分析技术已在诸多领域发挥着越来越重要的作用。就高等学校而言，如何在化学、化工、轻工、医药、卫生、环保、生物等专业开好仪器分析这门课程就显得更加重要。高等职业技术教育旨在培养技术应用型人才，从实际出发，让学生掌握好仪器分析方法的基本原理和实验技术，为将来的工作打下坚实的基础。本教材是根据高等职业教育仪器分析课程的基本要求和课程标准，体现“工学结合”的办学思想，在总结多年的教改教学经验，吸收目前高职教学内容体系改革与建设成果的基础上编写完成的。仪器分析的突出特点是理论抽象而实践性又非常强，因此，在教材内容编写上本着理论知识以够用为度，实训项目以实用为主的原则，采用模块式编排方式，集中介绍各类仪器分析方法的基本概念，方法原理，仪器的构造、使用方法和实验技术，精选实例与习题，更易于学习和系统掌握。

本教材共三大部分十一个模块，重点介绍了仪器分析方法中最常用的原子发射光谱法、原子吸收光谱法、紫外-可见分光光度法、红外吸收光谱法、分子发光法、电位分析法、极谱分析法、电解和库仑分析法、气相色谱法、高效液相色谱法，并对核磁共振及质谱分析法及仪器联用技术等作了简要介绍。本教材涉及的仪器分析方法内容比较全面，可供使用者根据需要自行选择。

本教材由任晓棠、温红珊主编。参加本书编写的有：辽宁科技学院任晓棠，吉林工商学院温红珊，河套大学徐康宁，湖南中医药高等专科学校李辉，辽宁卫生职业技术学院邹春阳，烟台工程职业技术学院刘禾蔚，濮阳职业技术学院石贤举、王绍领，营口职业技术学院谭燕宏，淄博职业学院苏传东，黑龙江农垦科技职业学院聂振江，中山火炬职业技术学院周霞，山东化工技师学院仇文卿，河

南质量工程职业学院方秀苇，宜宾职业技术学院曾碧涛。全书由任晓棠、温红珊审阅、整理并定稿。本教材所引用的资料和图表的原著均列入参考文献，在此向原著作者致谢。

限于编者的水平，书中难免存在疏漏和错误，恳请读者批评指正。

编　者

目录

绪论 /1

第一部分　光学分析方法

模块一　原子发射光谱法 /6

任务一　电磁辐射及其与物质的相互作用 /6
任务二　原子发射光谱的基本原理 /8
任务三　发射光谱分析仪器 /10
任务四　原子发射光谱法的应用 /14
习题 /17

实训 /18
实训一　原子发射光谱法——摄谱法 /18
实训二　发射光谱定性分析 /21
实训三　MPT 原子发射光谱法测定水中的钙、镁离子 /22
实训四　ICP 光谱法测定饮用水中总硅 /24

模块二　原子吸收光谱法 /26

任务一　概述 /26
任务二　原子吸收光谱法基本原理 /26
任务三　原子吸收分光光度计 /31
任务四　定量分析方法 /36
任务五　原子吸收光谱法的干扰及其消除方法 /38
任务六　原子吸收光谱法的实验技术 /40
任务七　原子荧光光谱法 /43
习题 /46

实训 /47
实训一　火焰原子吸收光谱法测定水中的钙 /47

实训二　化妆品中铅的含量测定　/48
实训三　豆乳粉中铁、铜、钙的测定　/51
实训四　原子吸收氢化法测定食品中的砷　/52
实训五　石墨炉原子吸收光谱法测定痕量镉　/54

模块三　紫外-可见分光光度法　/56

任务一　紫外-可见分光光度法的基本原理　/56
任务二　紫外-可见分光光度计　/60
任务三　定性与定量方法　/63
任务四　分析条件的选择　/67
任务五　紫外光谱分析　/72
习题　/78

实训　/78
实训一　邻二氮菲比色法测定水样中铁的含量　/78
实训二　紫外-可见分光光度法测定废水中微量苯酚　/81
实训三　紫外-可见分光光度法测定饮料中的防腐剂　/82
实训四　发酵食品中还原糖和总糖的测定　/84
实训五　维生素 B_{12} 注射液的含量测定　/87
实训六　甲硝唑片的含量测定　/88
实训七　混合液中 Co^{2+} 和 Cr^{3+} 双组分的光度法测定　/89

模块四　红外吸收光谱法　/92

任务一　概述　/92
任务二　基本原理　/93
任务三　红外光谱图　/97
任务四　红外光谱仪及制样技术　/103
任务五　红外光谱法的应用　/107
习题　/109

实训　/110
实训一　有机化合物的结构分析　/110
实训二　苯甲酸钠的红外吸收光谱测定　/112
实训三　正丁醇-环己烷溶液中正丁醇含量的测定　/113

模块五　分子发光法　/115

任务一　分子发光法概述　/115
任务二　荧光法和磷光法的基本原理　/116
任务三　荧光和磷光光谱仪　/123

任务四　化学发光分析法　/125
任务五　分子发光法的应用　/126
习题　/128

实训　/128
实训一　奎宁的荧光特性和含量测定　/128
实训二　荧光法测定维生素 B_2 的含量　/130
实训三　荧光法测定乙酰水杨酸和水杨酸　/132
实训四　荧光法测定铝(以 8-羟基喹啉为配合剂)　/134
实训五　肉制品中苯并[a]芘的测定　/135
实训六　荧光法测定硫酸奎尼丁　/138

第二部分　电分析化学方法

模块六　电位分析法　/142

任务一　电分析化学法概述　/142
任务二　电位分析法原理　/146
任务三　离子选择性电极　/146
任务四　常用的离子选择性电极及其响应机理　/149
任务五　直接电位法的定量方法　/156
任务六　电位滴定法　/160
习题　/164

实训　/165
实训一　酸度计的使用及工业废水 pH 值的测定　/165
实训二　离子选择性电极法测定天然水中 F^-——标准曲线法　/167
实训三　氨离子选择性电极的使用及水中氨氮的测定　/170
实训四　电位滴定法测定水中氯离子含量　/171
实训五　电位滴定法测定磷酸的含量　/173

模块七　极谱分析法　/175

任务一　伏安分析法概述　/175
任务二　极谱分析的基本原理　/176
任务三　极谱定量分析基础　/181
任务四　单扫描极谱法　/183
习题　/185

实训 /186
实训一　单扫描示波极谱法测定样品中的铅 /186
实训二　单扫描示波极谱法测定痕量铬 /188
实训三　极谱法检测食品中的总硒 /189

模块八　电解和库仑分析法 /191

任务一　电解分析法 /191
任务二　库仑分析法 /198
习题 /204

实训 /205
实训一　恒电流电解法测定精铜中铜的含量 /205
实训二　库仑滴定法测定砷的含量 /207
实训三　库仑滴定法测定硫代硫酸钠的浓度 /209

第三部分　色谱分析方法

模块九　气相色谱法 /212

任务一　色谱法概述 /212
任务二　气相色谱仪 /222
任务三　气相色谱的固定相及其选择原则 /227
任务四　毛细管柱气相色谱法 /230
任务五　气相色谱法的特点及应用 /232
习题 /234

实训 /235
实训一　气相色谱法分析苯系物 /235
实训二　食品中苯甲酸的测定 /238
实训三　植物油中残留溶剂的测定 /239
实训四　气相色谱法分析正己烷中环己烷的含量 /241
实训五　气相色谱法测定白酒中甲醇及其他组分的含量 /242
实训六　气相色谱法测定混合醇 /243

模块十　高效液相色谱法 /246

任务一　高效液相色谱法概述 /246
任务二　高效液相色谱法的主要类型及其分离原理 /249
任务三　高效液相色谱法的固定相和流动相 /252
任务四　高效液相色谱仪 /257

任务五　高效液相色谱法的应用 /264
习题 /265
实训 /266
实训一　混合维生素 E 的正相高效液相色谱分析条件的选择 /266
实训二　果汁中有机酸的分析 /268
实训三　食品中苏丹红染料的测定 /270
实训四　高效液相色谱法分析食品中的苯甲酸和山梨酸 /272
实训五　高效液相色谱法测定饮料中咖啡因的含量 /274
实训六　高效液相色谱法测定畜禽肉中土霉素、四环素、金霉素残留量 /276
实训七　高效液相色谱法对复方阿司匹林片剂的定性分析 /277
实训八　中药川芎提取液的分离与川芎嗪的定量分析 /279
模块十一　核磁共振及质谱分析方法简介 /281
任务一　核磁共振波谱法 /281
任务二　质谱法 /291
习题 /306
参考文献 /307

绪 论

仪器分析是借助于仪器来测量物质的某些物理或物理化学性质，以确定物质的化学组成、含量及结构的一门科学，它是现代分析化学的一个重要分支。从广义上讲，分析仪器的作用是把通常不能被人直接检测和理解的信号转变成可以检测和理解的形式，是联系分析工作者和分析体系的桥梁。随着现代仪器分析方法的快速发展和不断完善，仪器分析技术已在诸多领域发挥着越来越重要的作用，仪器分析方法的基本原理和实验技术已成为分析工作者必须具备的基础知识和基本技能。

一、仪器分析的分类

仪器分析是一门多学科相互渗透的综合性应用科学，分类的方法很多，物质的几乎所有的物理性质都可以用于仪器分析。表 0-1 列举了一些可用于分析目的的物理性质及相应的仪器分析方法，其中较为普及的主要有光学分析法、电化学分析法、色谱分析法。

表 0-1　物质的物理性质及相应的仪器分析方法

方法的分类	物理性质	仪器分析方法
光学分析法	辐射的发射	原子发射光谱法、原子荧光光谱法、X 荧光光谱法、分子荧光光谱法、分子磷光光谱法、化学发光法、电子能谱
	辐射的吸收	原子吸收光谱法、紫外-可见分光光度法、红外光谱法、X 射线吸收光谱法、核磁共振波谱法、电子自旋共振波谱法
	辐射的散射	拉曼光谱法、比浊法、散射浊度法
	辐射的折射	折射法、干涉法
	辐射的衍射	X 射线衍射法、电子衍射法
	辐射的转动	旋光色散法、偏振法、圆二向色性法
电化学分析法	电位	电位法、计时电位法
	电荷	库仑法
	电流	安培法、极谱法
	电阻	电导法
色谱分析法	吸附作用	吸附色谱法
	溶解作用	分配色谱法
	离子交换作用	离子交换色谱法
	排阻作用	尺寸排阻色谱法

续表

方法的分类	物理性质	仪器分析方法
其他仪器分析方法	质-荷比 反应速率 热性质 放射活性	质谱法 动力学法 差热分析法、差热扫描量热法、热重量法、测温滴定法 同位素稀释法

1. 光学分析法

光学分析法分为非光谱法和光谱法两类。非光谱法不涉及物质内部能级的跃迁，是通过测量光与物质相互作用时其散射、折射、衍射、干涉和偏振等性质的变化而建立起来的一类分析方法。光谱法是物质与光互相作用时，物质内部发生了能级间的跃迁，通过测定其吸收或发射光谱的波长和强度而进行分析的一类方法，包括发射光谱法和吸收光谱法。

2. 电化学分析法

电化学分析法是利用溶液中待测组分的电化学性质进行测定的一类分析方法，主要有电位分析法、电解和库仑分析法、伏安分析法、电导分析法等。

3. 色谱分析法

利用样品中共存组分间吸附和解吸能力、溶解能力、亲和能力、渗透能力等方面的差异，进行分离、测定的一类仪器分析方法称为色谱分析法，主要包括气相色谱(GC)、高效液相色谱(HPLC)、超临界流体色谱(SFC)、薄层色谱(TLC)、纸色谱(PC)等分析方法。

二、仪器分析方法的特点

(1) 灵敏度高。与化学分析方法相比，仪器分析方法的灵敏度是很高的，其检出限一般都在 10^{-6}、10^{-9} 数量级，甚至可达 10^{-12} 或更高，如原子吸收光谱法的检出限可达 10^{-9}(火焰原子化)和 10^{-12}(石墨炉原子化)，原子发射光谱法的检出限可达 10^{-9}，气相色谱法的检出限可达 $10^{-12}\sim10^{-8}$，极谱法的检出限可达 $10^{-11}\sim10^{-8}$。可见，仪器分析方法特别适用于微量及痕量成分的分析，这对于超纯物质的分析、环境监测及生命科学研究具有重要意义。

(2) 易于实现自动化，操作简便而快速。在分析过程中，被测组分的浓度变化、物理或物理化学性质的变化通常能转变成某种电信号(如电位、电流等)，易于与计算机连接，实现自动化。因此仪器分析具有简便、快速的特点，如光电直读光谱仪可在 1～2 min 内同时测出钢样中 20～30 种元素的含量。

(3) 选择性好，适应复杂物质的分析。很多仪器分析方法可以通过选择或调整测定的条件，不经分离而同时测定混合组分。

(4) 取样量少，可用于无损分析。仪器分析的取样量在微升、微克级，甚至更低，一些分析方法，如 X 射线荧光法、激光增强电离光谱法等，可在不损坏样品的情况下进行分析，这对考古，文物、珠宝、镀层等的分析及生命科学研究有重要意义。

(5) 相对误差较大。仪器分析方法的相对误差一般为 5%，通常不适合常量和高含量组分的分析。但其绝对误差很小，对于微量成分的分析，完全可满足要求。

(6) 仪器分析所用的仪器价格较高，有的很昂贵，工作条件要求较高。

三、仪器分析的发展现状及趋势

随着激光技术、微电子技术、智能化计算机技术、微波技术、膜技术、超临界流体技术、等离子体技术、流动注射技术、生物芯片及传感器技术、光导纤维传感技术、傅里叶变换和分子束等现代高新科学技术的飞速发展，仪器分析技术正在进行着前所未有的深刻变革：在理论上与其他学科相互渗透、相互交叉、有机融合；在分析技术上趋于各种技术扬长避短、相互联用、优化组合；在分析手段上更趋向灵敏、快速、准确、简便和自动化，新的分析技术和功能齐全的新型分析仪器不断涌现并日趋完善。目前，仪器分析正以令人瞩目的姿态，向着微观状态分析、痕量无损分析、活体动态分析、微区分子水平分析、远程遥测分析、多技术综合联用分析、现场自动化高速分析的方向发展。

(1) 从实验室分析正在走向现场分析。

可调谐二极管激光光源、无线远程控制、数据自动分析软件、仪器部件微型化等大量新技术不断被采用，所有这一切都使得在线/现场分析仪器的分析能力更强，操作更简便，对于操作人员的要求更低。目前出现了很多用于现场的在线分析仪器，传统的分析仪器正在进一步从实验室走向现场。如 Ahura 推出的手提式的拉曼光谱仪，功能强大，能够用于现场鉴别未知的液体和固体，它不仅可以满足军事方面的严格要求，而且还能用于民用方面的要求，完全是一个整装的具备强大功能，重量小，易于使用的仪器；Analytical Specialists 公司（ASI）的迷你型快速气相色谱——microFAST，大小就像一个鞋盒，它具有高灵敏度和高选择性，可在实验室或野外对碳氢化合物进行快速、低含量分析，其分析速度是其他气相色谱产品的 10 倍，并且能耗很低，具有传统气相色谱无法比拟的优势。

(2) 联用技术更加成熟，适用范围更加广泛。

多种现代分析技术的联用、优化组合，实现了优势互补，展现了仪器分析在各领域的巨大生命力。目前，已经出现了电感耦合高频等离子体-原子发射光谱(ICP-AES)、傅里叶变换-红外光谱(FT-IR)、等离子体-质谱(ICP-MS)、气相色谱-质谱(GC-MS)、液相色谱-质谱(LC-MS)、高效毛细管电泳-质谱(HPCE-MS)、气相色谱-傅里叶变换红外光谱-质谱(GC-FTIR-MS)、流动注射-高效毛细管电泳-化学发光(FI-HPCE-CL)等联用技术，尤其是现代计算机智能化技术与上述体系的有机融合，实现人机对话，使得仪器分析联用技术插上了腾飞的翅膀，在不同的领域发挥着越来越重要的作用。

(3) 仪器具有更高的精度、更快的检测速度、更小的体积。

分析仪器的联用技术向测试速度超高速化、分析试样超微量化、分析仪器超小型化的方向发展，这是一个不会逆转的重要趋势。如新的过程光二极管阵列分析仪(process diode array analyzer)与计算机等技术融合，可进行多组分气体或流动液体的在线分析，一秒钟内能提供 1 800 多种气体、液体或蒸气的测定结果，真正实现了高速分析，目前，已应用于试剂、药物、食品等生产过程中的分析，分析精密度、灵敏度、准确度亦有很大程度的提高；安捷伦公司的 HPLC 芯片，它采用的微流装置极大地提高了灵敏度，降低了对样品大小的要求；Microsaic Systems 公司的商品化芯片质谱仪器——离子芯片，可用于现场和实验室检测，整机重量只有 7.5 kg，占地面积只有一张 A4 纸大小；普度大学推出的手

提 MS 系统，仅有一个鞋盒大小，重约 10 kg，具有快速、准确的特点，可以用于航空安全和国家安全及环境监测等方面。

（4）信息化。

随着分析仪器硬件和软件的平行发展，分析仪器将更为智能化、高效和多用途。基于微电子技术和计算机技术的应用，分析仪器实现了自动化，通过计算机控制器和数字模型进行数据采集、运算、统计、处理，提高了分析仪器数据处理能力，数字图像处理系统实现了分析仪器数字图像处理功能的发展。传统的光学、热学、电化学、色谱、波谱类分析技术都已从经典的化学精密机械电子学结构、实验室内人工操作应用模式，转化为光、机、电、算（计算机）一体化、自动化的结构，并正向更名副其实的智能系统（带有自诊断、自控、自调、自行判断决策等高智能功能）发展。

第一部分

光学分析方法

模块一

原子发射光谱法

学习目标

掌握电磁辐射与物质的相互作用形式，原子发射光谱产生的基本原理及原子发射光谱分析的定性方法和利用摄谱法定量的定量方法；熟悉发射光谱仪器的结构及其工作原理，原子发射光谱方法的实际应用；了解电磁辐射的性质、谱线强度及其影响因素。

任务一　电磁辐射及其与物质的相互作用

一、电磁辐射与电磁波谱

电磁辐射是一种以电磁波的形式高速(真空中为 $3\times10^8\ m\cdot s^{-1}$)向周围空间传播的粒子流，从 γ 射线到无线电波都属于电磁辐射。它不需要以任何物质作为传播介质，并具有波粒二象性。

1. 电磁辐射的波动性

根据麦克斯韦(Maxwell)的观点，电磁辐射是在空间传播的变化的电场和磁场，分别用电场矢量和磁场矢量来描述。沿着电磁辐射的传播方向，电场矢量在一个平面内振动，而磁场矢量在另一个与电场矢量相垂直的平面内振动，并且这两个矢量垂直于电磁辐射的传播方向。当电磁辐射穿过物质时，它可以与物质微粒的电场或磁场发生相互作用，并产生能量交换，形成物质的特有光谱。光谱分析就是建立在这种能量交换的基础之上的。

电磁辐射可以用如下的波参数来描述。

(1) 波长(λ)。

波长是指相邻两个波峰或波谷之间的直线距离，单位为米(m)、厘米(cm)、微米(μm)、纳米(nm)或埃(Å)，不同电磁波谱区域可以采用不同的波长单位。这些单位之间的换算关系为 $1\ m=10^2\ cm=10^6\ \mu m=10^9\ nm=10^{12}\ pm=10^{10}$ Å。

(2) 波数(σ)。

波数是指每厘米长度内所含的波长的数目,它是波长的倒数。波数单位常用 cm^{-1} 来表示。

(3) 周期(T)。

周期是指相邻两个波峰或波谷通过空间某固定点所需要的时间间隔,单位为秒(s)。

(4) 频率(ν)。

频率是指单位时间内通过传播方向某一点的波峰或波谷的数目,即单位时间内电磁场振动的次数,它等于周期的倒数,单位为赫兹(Hz,即 s^{-1})。频率与电磁辐射传播的介质无关,即当一定频率的电磁波通过不同介质时,其频率不变。

(5) 传播速度(v)。

传播速度是指电磁辐射在每秒内通过的距离。辐射传播速度 v 等于频率 ν 乘以波长 λ,即 $v=\nu\lambda$,在真空中辐射传播速度与频率无关,即所有电磁辐射传播速度相同,并达到最大值,用 c 表示,其值为 $2.997\ 92\times10^8\ m\cdot s^{-1}$,近似等于 $3\times10^8\ m\cdot s^{-1}$。

2. 电磁辐射的微粒性

电磁辐射的波动性可以用来解释光的干涉和衍射等现象,但另外一些现象,如光电效应、康普顿(Compton)效应、黑体辐射、物质对辐射的吸收或发射等现象只有把辐射看成粒子才能得到满意的解释。普朗克(Planck)提出,物质吸收或发射能量是不连续的,是“量子化”地一份一份地或以其整数倍吸收或发射的。“光子”就是这种能量的最基本单位,光子的能量 E 与其频率 ν 成正比,或与波长 λ 成反比,而与光的强度无关。光的两种性质可以通过普朗克常量定量地联系起来。

$$E = h\nu = \frac{hc}{\lambda} = hc\sigma \tag{1-1}$$

式中:h 为普朗克常量,$h=6.626\times10^{-34}\ J\cdot s$。

3. 电磁波谱

将电磁辐射按波长或频率的大小顺序排列起来称为电磁波谱。表 1-1 列出了用于不同分析目的的电磁辐射的有关参数。

表 1-1 电磁波谱的相关参数

波谱名称	波长范围	跃迁类型	分析方法
γ射线	<0.005 nm	核能级	γ射线光谱法
X射线	0.1～10 nm	K和L层电子	X射线光谱法
远紫外光	10～200 nm	中层电子	真空紫外光度法
近紫外光	200～400 nm	外层电子	紫外分光光度法
可见光	400～760 nm	外层电子	比色及可见分光光度法
近红外光	0.76～2.5 μm	分子振动	近红外光谱法
中红外光	2.5～5.0 μm	分子振动	中红外光谱法
远红外光	5.0～1 000 μm	分子转动和振动	远红外光谱法

续表

波谱名称	波长范围	跃迁类型	分析方法
微波	0.1～100 cm	分子转动	微波光谱法
无线电波	1～1 000 m	核的自旋	核磁共振波谱法

由能量公式可知，波长短者，能量较大。因此由上表可知，γ射线区的波长最短，能量最大，依次是X射线区、紫外光区、可见光区、红外光区，无线电波区波长最长，其能量最小。不同文献提供的波谱区域的界限往往略有不同，这些不同区域的辐射均可用于物质的分析。

二、电磁辐射与物质的相互作用

1. 吸收过程

不同波长的电磁辐射都具有相应的能量，它作用于粒子（分子、原子或离子）时，如果粒子的低能态（基态，M）与高能态（激发态，M^*）之间的能量差与电磁辐射的能量恰好相同，则该光子将被粒子选择性地吸收；粒子的状态由基态跃迁到激发态，这个过程称为吸收过程。通常情况下，大多数物质都处在基态，所以吸收辐射一般都要涉及从基态到激发态的跃迁，由于不同的物质其跃迁的能级差不同，所以对所吸收辐射频率的研究可提供测定物质样品组成的理论基础。

通常把以波长或频率为横坐标，以被吸收辐射的相对强度（吸光度或透光率）为纵坐标绘制成的谱图，称为吸收光谱图。基于光的吸收过程建立起来的分析方法称为吸收光谱法。

2. 发射过程

在吸收过程中，粒子获得能量，由基态M变成激发态M^*，处于激发态的粒子M^*是不稳定的，在短暂的时间（约10^{-8} s）内，又从激发态回到基态，常常以光子的形式将所吸收的能量释放出来，产生电磁辐射，这个过程称为发射过程。不同的激发方法可得到不同的发射形式：用电子或其他基本离子轰击，一般可以发射X射线；用电弧、火焰、高压火花等激发，一般可以产生紫外、可见或红外辐射；用电磁辐射照射，可以产生荧光、磷光；放热的化学反应可以形成化学发光。

以发射的电磁辐射的波长或频率为横坐标，以发射辐射的相对强度为纵坐标绘制成的谱图，称为发射光谱图。由于各种粒子的能级分布是特征性的，所以，从激发态回到基态时发出光子的能量也是特征性的。显然，利用此特征光谱可以进行定性分析；所发射的谱线强度与粒子的含量有关，依据谱线的相对强度可以进行定量分析。

任务二　原子发射光谱的基本原理

一、原子发射光谱的产生

原子发射光谱是由于原子的外层电子在不同能级之间的跃迁而产生的。利用物质的原子发射光谱来测定物质的化学组成和含量的方法，称为原子发射光谱法。如前所述，原子的发射过程是当原子吸收能量从基态跃迁到激发态后，在瞬间跃迁回基态或其他较低的能级状态而产生辐射，产生原子发射光谱。激发所需的能量称为激发电位，以电子伏特(eV)为单位。发射光谱的能量可用下式表示：

$$\Delta E = E_2 - E_1 = h\nu = \frac{hc}{\lambda} \tag{1-2}$$

式中：E_2 为高能级的能量；E_1 为低能级的能量；h 为普朗克常量；ν 为发射光的频率；λ 为发射光的波长；c 为光速。

由于原子的核外电子轨道是不连续的(量子化的)，且原子的结构较为简单，测定时的辐射物质又是单个的气态原子，故得到的发射光谱是紫外、可见光区的线光谱。

在一定条件下，这些特征光谱线的强弱与样品中欲测元素的含量有关，通过测量特征光谱线的强度，可以鉴定元素的含量，这是光谱定量分析及半定量分析的依据。可见，发射光谱分析的主要过程就是在外加能量的作用下，使样品变成激发态的气态原子，随后将激发态原子所发射的辐射经过摄谱仪器进行色散分光，得到光谱图，最后根据所得光谱图进行光谱定性分析或定量分析。

二、谱线强度及其影响因素

1. 谱线强度

原子的核外电子在 i、j 两个能级间跃迁，其发射谱线强度 I 为单位时间、单位体积内光子发射的总能量。谱线强度与元素浓度之间存在如下经验公式：

$$I = ac^b \tag{1-3}$$

上式称为赛伯-罗马金公式。式中：I 为谱线强度；b 为自吸收系数；c 为元素含量；a 为发射系数。a、b 在一定条件下为常数。

由此可见，在一定条件下，谱线强度 I 与样品中原子浓度有关，赛伯-罗马金公式是原子发射光谱定量分析的基础。

2. 影响谱线强度的因素

影响谱线强度的因素主要有以下几个方面。

(1) 激发电位。激发电位增高，处于该激发态的原子数将迅速减少，因此，谱线强度将减弱。

(2) 跃迁几率。跃迁几率是指电子在某两个能级之间跃迁的可能性的大小，它与激发态的寿命成反比，即原子处于激发态的时间越长，跃迁几率越小，产生的谱线强度越弱。

(3) 激发温度。理论上光源的激发温度越高，谱线强度越大。但实际上，温度升高，除了使原子得到激发外，也使原子电离的几率增加，从而导致原子谱线强度减弱，所以，实验时应选择合适的激发温度。

(4) 基态原子数。谱线强度与进入光源的基态原子数成正比，因此一般情况下，样品中被测元素的含量越大，发射的谱线也就越强。

任务三　发射光谱分析仪器

一、光源

光源的主要作用是为样品的蒸发和激发提供能量，使激发态原子产生辐射信号。常用的光源有直流电弧、交流电弧、电火花及电感耦合等离子体焰炬（ICP）等。图 1-1 为电弧或火花发射测量基本结构示意图。

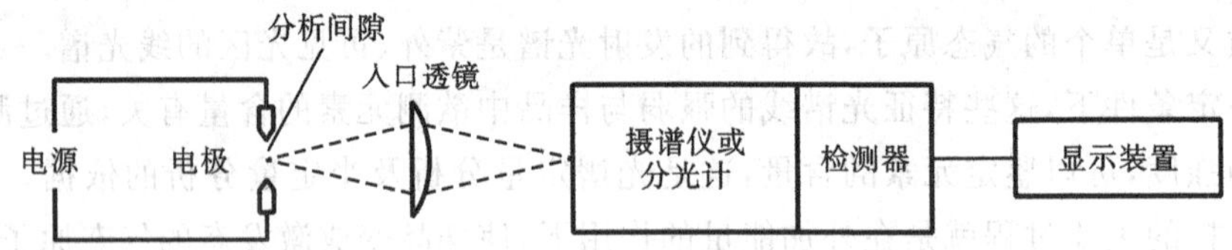

图 1-1　电弧或火花发射测量的基本部件

1. 直流电弧

直流电弧是以直流电作为激发电源，常用电压为 150～380 V，电流为 5～30 A；具有两支石墨电极，样品放置在一支电极（下电极）的凹槽内；使分析间隙的两电极接触或用导体接触两电极，使之通电，这时电极尖端被烧热，点燃电弧，再使电极相距 4～6 mm。电弧点燃后，热电子流高速通过分析间隙冲击阳极，产生高热，使样品蒸发并原子化，电子与蒸发出的原子碰撞电离出正离子并冲向阴极。在间隙内，电子、原子、离子间的相互碰撞，使基态原子跃迁至激发态，在返回基态时发射出该原子的特征光谱。这种光源的弧焰温度与电极和样品的性质有关，可达 4 000～7 000 K，可使 70 种以上的元素激发，所产生的谱线主要是原子谱线。

直流电弧特点：①样品蒸发能力强（阳极斑），进入电弧的待测物多，绝对灵敏度高，尤其适于定性分析，同时也适于部分矿物、岩石等难熔样品及稀土难熔元素的定量分析；②电弧不稳（漂移），定量的重现性差；③弧层厚，自吸严重；④使用安全性较差。

2. 低压交流电弧

低压交流电弧的工作电压一般为 110～220 V。采用高频引燃装置点燃电弧，在每一交流半周时引燃一次，以保持电弧不灭。交流电弧发生器的典型电路如图 1-2 所示。

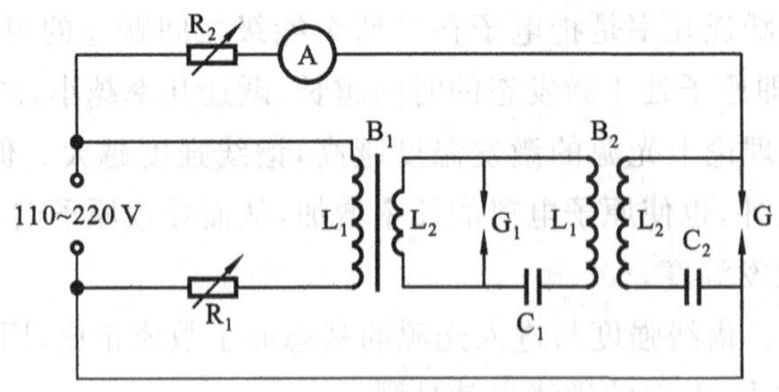

图 1-2　交流电弧发生器示意图

低压交流电弧的工作原理如下。

(1) 接通电源，由变压器 B_1 升压至 2.5～3 kV，电容器 C_1 充电；达到一定值时，放电盘 G_1 被击穿；G_1-C_1-L_1 构成振荡回路，产生高频振荡。

(2) 振荡电压经 B_2 的次级线圈升压至 10 kV，通过电容器 C_2 将电极间隙 G 的空气击穿，产生高频振荡放电。

(3) 当 G 被击穿时，电源的低压部分沿着已形成的电离气体通道，通过 G 进行电弧放电。

(4) 在放电的短暂瞬间，电压降低直至电弧熄灭，在下半周高频再次点燃，如此反复进行而使电弧不断点燃。

低压交流电弧具有如下特点：①电极温度相对较低，样品蒸发能力比直流电弧差，因而对难熔盐分析的灵敏度略差于直流电弧；②电弧稳定，重现性好，适于大多数元素的定量分析；③由于交流电弧的电弧电流具有脉冲性，其电流密度比直流电弧中的大，因此电弧温度比直流电弧略高，激发能力较强；④操作简便安全。

3. 高压火花

高压火花发生器的线路如图 1-3 所示。

(1) 交流电压经升压变压器 T 后，产生 10～25 kV 的高压，然后通过扼流圈 D 向电容器 C 充电，达到 G 的击穿电压时，通过电感 L 向 G 放电，产生振荡性的火花放电。

(2) 转动续断器 M，2、3 为钨电极，每转动 180°，对接一次，转动频率为 50 $rad \cdot s^{-1}$，每秒接通 100 次，保证每半周电流最大值瞬间放电一次。

高压火花具有如下特点：①放电稳定，分析重现性好；②放电间隙长，电极温度（蒸发温度）低，检出限低（不适于定性分析），多适于易熔金属、合金样品及高含量元素分析；③激发温度高（瞬间可达 10 000 K），适于难激发元素分析。

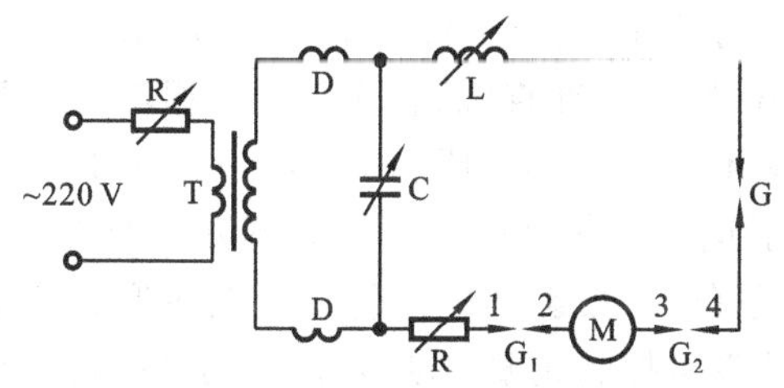

图 1-3 高压火花发生器

R—可变电阻；T—升压变压器；D—扼流圈；
C—可变电容；L—可变电感；G—分析间隙；
G_1、G_2—断续控制间隙；M—同步电机带动的断续器

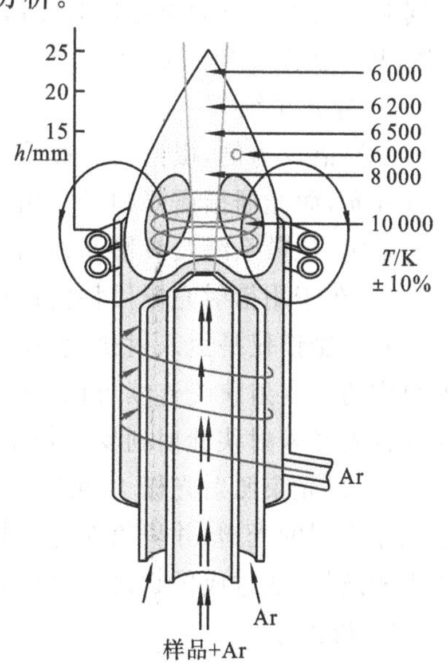

图 1-4 ICP 形成原理图

4. 电感耦合高频等离子体光源(简称 ICP)

ICP 光源一般由高频发生器和感应圈、等离子炬管和气路系统、样品引入系统三部分构成。如图 1-4 所示,感应圈通常是以圆形或方形紫铜管(内通水)绕成的 1.5～5 匝水冷圈,由高频发生器(27～50 MHz,1～2.5 kW)提供高频振荡。等离子炬管是一个三层同心管,其中外面两层炬管由石英制成,中心管由石英或硼硅玻璃制成。外层石英管是用来通入冷却气体 Ar 的,它沿切线方向进入,使等离子体离开外管的内壁,以免将其烧融,这部分气流将参与放电;中间管内的 Ar 气流是起维持等离子体的作用,通常称之为辅助气体,在有机样品分析时还可以起抬高等离子体焰,减少炭粒沉积,保护进样管的作用;中心管内径为 1～2 mm,用以输送样品气溶胶,样品引入通常采用气动式雾化器,也可采用超声波雾化器。三层同心炬管外套感应圈,当高频电流通过线圈时,炬管内产生轴向高频磁场。此时,若向炬管内通入气体,并用一感应圈产生电火花引燃,则气体电离产生带电粒子,产生的带电粒子在高频交变电磁场作用下高速运动,碰撞气体原子,使之迅速大量电离,当这些带电粒子达到足够的电导率时,就会在垂直于磁场方向的截面上形成一个闭合环形路径的涡流,这个涡流瞬间使气体 Ar 形成一个最高温度可达 10 000 K 的稳定等离子体焰。当样品气溶胶由中心管喷射到等离子体焰中时,在 6 000～7 000 K 的高温下被原子化和激发,产生发射光谱。

ICP 光源是目前原子发射光谱最理想的一种激发光源,具有良好的光谱特性。这种光源工作温度高,又是在惰性气体条件下,几乎任何元素都不能再以化合物状态存在,原子化条件好,谱线强度大,背景小;对各类元素均有很高的灵敏度,适用范围宽,而且自吸现象和光谱背景小,线性范围宽,可达 5～6 个数量级。

二、光谱仪

利用色散元件和光学系统将光源发射的复合光按波长排列,并用适当的接收器接收不同波长的光辐射的仪器称为光谱仪。光谱仪分为看谱镜、摄谱仪和光电直读光谱仪等 3 类,其中摄谱仪应用最为广泛。

1. 分光系统

以摄谱仪为例,摄谱仪分棱镜摄谱仪和光栅摄谱仪。棱镜摄谱仪利用光的折射原理进行分光,而光栅摄谱仪则是利用光的衍射现象进行分光。棱镜摄谱仪主要由照明系统、准光系统、色散系统及投影系统等部分组成;光栅摄谱仪在结构上不同于棱镜摄谱仪之处,主要在于用衍射光栅代替棱镜作色散元件进行分光,其光学系统如图 1-5 所示。

光栅摄谱仪是由入射狭缝、反射镜、光栅、出射狭缝、准直镜、感光板和光栅驱动装置等组成的。入射狭缝连续可调,光栅刻线为每毫米 3 600 条,焦距为 1 000 mm。ICP 发出的复合光经入射狭缝射到反射镜上,经平面反射镜 2 反射至成像物镜 5 下方的准直镜 3 上,以平行光束照射光栅 4,光栅将复合光分成单色光,投影到成像物镜 5 上而形成按波长顺序排列的光谱,并聚焦在感光板 6 上。由计算机控制光栅驱动装置,转动光栅到需要的光谱波长,通过成像物镜 5 反射聚焦到感光板 6 上。

2. 检测系统

在原子发射光谱法中,常用的检测方法有目视法、摄谱法和光电法 3 种。

(1) 目视法。目视法是一种用肉眼观察谱线强度的方法,又称看谱法。这种方法仅

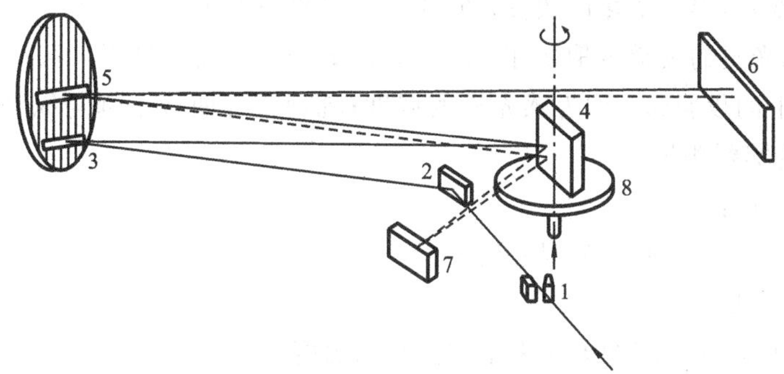

图 1-5 WSP-1 **型平面光栅摄谱仪光路示意图**

1—狭缝；2—平面反射镜；3—准直镜；4—光栅；5—成像物镜；
6—感光板；7—二次衍射反射镜；8—光栅转台

适用于可见光波段。常用的仪器为看谱镜。看谱镜是一种小型的光谱仪，专门用于钢铁及有色金属的半定量分析。

(2) 摄谱法。摄谱法用感光板记录光谱。将光谱感光板置于摄谱仪焦面上，接受被分析样品的光谱而感光，再经过显影、定影等过程后，制成光谱底片，其上有许许多多黑度不同的光谱线，再用映谱仪观察谱线的位置及大致强度，进行光谱定性分析及半定量分析；若采用测微光度计测量谱线的黑度，即可进行光谱定量分析。

① 感光板与谱线黑度。感光板受光变黑的程度常用黑度 S 表示，它主要取决于曝光量 H，而曝光量 H 等于感光时间 t 与光的强度 I 的乘积，即

$$H = It \tag{1-4}$$

受光强度越大，曝光时间越长，则黑度越大。

② 乳剂特性曲线。谱线的黑度与试剂含量、辐射的强度、曝光时间和感光板的乳剂性质等因素有关。黑度用测微光度计测量。光源的光照射在感光板上，感光板经过摄谱、曝光、显影及定影后形成黑度不同的谱线。设未曝光部分透过光的强度为 I_0，曝光变黑部分透过光的强度为 I，则透光率 T 为 $T=\dfrac{I}{I_0}$ 。

黑度 S 定义为透光率倒数的对数，故

$$S = \lg\frac{1}{T} = \lg\frac{I_0}{I} \tag{1-5}$$

感光板上感光层的黑度 S 与曝光量 H 之间的关系极为复杂，通常用图解法表示。若以黑度为纵坐标，曝光量的对数为横坐标，可得到实际的乳剂特性曲线，如图 1-6所示。

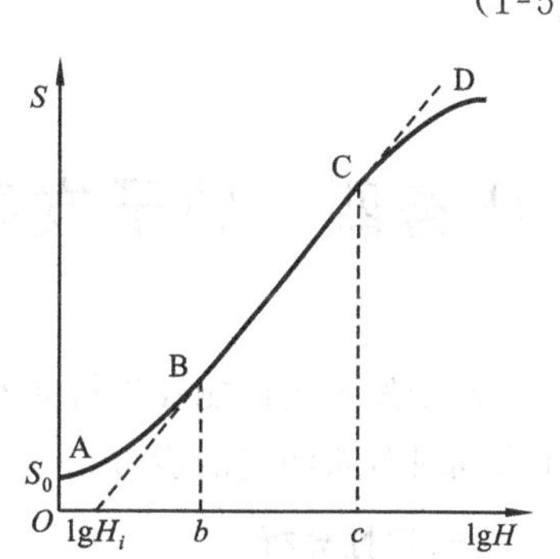

图 1-6 乳剂特性曲线

乳剂特性曲线 AB 段为曝光不足部分，CD 段为曝光过度部分，BC 段为正常曝光部分。对正常曝光部分，曝光量 H 与黑度 S 的关系是：

$$S = \gamma(\lg H - \lg H_i) = \gamma\lg H - i \tag{1-6}$$

式中：γ 是乳剂特性曲线 BC 段的斜率，称为反衬度，它表

示当曝光量改变时，黑度变化的快慢；BC 部分延长线在横轴上的截距为 $\lg H_i$，H_i 称为乳剂的惰延量，感光板的灵敏度取决于 H_i 的大小，H_i 愈大，乳剂愈不灵敏；i 代表 $\gamma \lg H_i BC$ 部分在横坐标上的投影(bc)称为感光板的展度；乳剂特性曲线下部与纵坐标的交点相应的黑度 S_0，称为雾翳黑度。

摄谱法的优点：

① 可同时记录整个波长范围的谱线；

② 分辨能力强；

③ 可用增加曝光时间的方法来增加谱线的黑度。

摄谱法的缺点：操作烦琐，检测速度慢。

定量分析用的感光板，γ 值应在 1 左右。光谱定量分析常选反衬度较高的紫外Ⅰ型感光板，定性分析则选用灵敏度较高的紫外Ⅱ型感光板。

(3) 光电法。光电法用光电倍增管检测谱线的强度。光电倍增管不仅起到光电转换作用，而且还起到电流放大作用。由于光电倍增管具有灵敏度高(放大系数可达 10^8～10^9)、线性响应范围宽(光电流在 10^{-3}～10^8 A 范围内与光通量成正比)、响应时间短(约 10^{-9} s)等优点，因此广泛用在光谱分析仪器中。具有这类检测装置的光谱仪称为光电直读光谱仪(或光量计)。

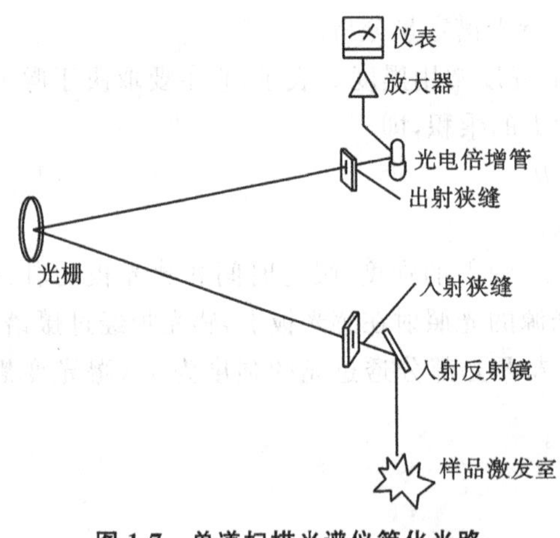

图 1-7　单道扫描光谱仪简化光路

光电直读光谱仪分为多道直读光谱仪、单道扫描光谱仪(见图 1-7)和全谱直读光谱仪三种。前两种仪器采用光电倍增管作为检测器，后一种采用固体检测器。

多道直读光谱仪的特点如下：

① 有多达 70 个通道可选择设置，可同时进行多元素分析，这是其他金属分析方法所不具备的；

② 分析速度快，准确度高；

③ 线性范围宽(4～5 个数量级)，高、中、低浓度都可分析。

任务四　原子发射光谱法的应用

原子发射光谱能够进行元素的定性、半定量及定量分析，该方法突出的优点是具有多元素同时分析测定的能力。

一、定性分析

每种元素的原子都有它的特征光谱，根据原子光谱中的元素特征谱线就可以确定样品中是否存在被检元素。每种元素发射的光谱线多少不一，在定性分析时，不必将所有的谱线全部检测出来，只需检出几条特征的谱线就可以了。这些特征谱线是区别元素的重要标志，是光谱定性分析的依据。

光谱分析中常用以下几个术语。

(1) 分析线：进行光谱分析时所选用的灵敏度高且选择性好的谱线。

(2) 灵敏线：元素特征光谱中强度较大的谱线，一般都是一些共振线。

(3) 最后线：当样品中某元素的含量逐渐减少时，最后仍能观察到的谱线，它也是该元素的最灵敏线。

在进行光谱分析时，如果只见到某元素的一条谱线，则不能断定该元素的存在，因为可能是其他元素的谱线。检出某元素的存在必须有 2 条以上不受干扰的灵敏线和最后线。因此，在样品光谱中检出了某元素的特征线，就可以确证样品中存在该元素。反之，若在样品中未检出某元素的特征线，就说明样品中不存在被检元素，或者该元素的含量在检测灵敏度以下。

光谱定性分析常采用摄谱法，通过比较样品光谱与纯物质光谱或铁光谱来确定元素的存在。摄谱法操作简便、快速，一次可将样品中含有的数十种元素同时定性检出，是目前进行元素定性的最好方法。

1. 标准样品光谱比较法

将待检元素的纯物质与样品并列摄谱于同一感光板上，在映谱仪上检查样品光谱与纯物质光谱，若样品光谱中出现与纯物质光谱相同特征的谱线，表明样品中存在待检元素。这种定性方法适用于检查几种指定的元素，且这几种元素的纯物质容易获得。该法对少数指定元素的定性鉴定是很方便的。

2. 铁光谱比较法

铁光谱比较法是目前最通用的方法，它以铁谱线为波长标尺来判断其他元素的谱线，又称为“标准光谱图比较法”。“谱线图”是将纯铁与混合标准粉末(由 68 种元素的氧化物混合磨匀制得)并列摄谱，摄得的谱片放大 20 倍后制成的谱图，记载着 68 种元素的灵敏线。由于铁的光谱丰富，且在各波段有容易记忆的特征光谱，故被作为波长标尺。

分析样品时，将样品与纯铁在完全相同条件下并列摄谱，摄得的谱片置于映谱仪上放大 20 倍，再与“谱线图”进行比较。逐一检查待检元素的灵敏线，若样品光谱中的元素谱线与标准谱图中标明的某一元素谱线出现的波长位置相同，表明样品中存在该元素。铁光谱比较法对同时进行多元素定性鉴定十分方便。

此外，还有谱线波长测量法，但此法应用有限。只有在感光板上发现特殊的谱线，上述两种方法都难以确定时才用此法。

二、定量分析

1. 光谱定量分析的原理

光谱定量分析主要是依据谱线强度与被测元素浓度的关系来进行的。将赛伯-罗马金公式(式(1-3))两边取对数，则得

$$\lg I = b\lg c + \lg a \tag{1-7}$$

这就是光谱定量分析的基本关系式。当 a、b 为常数时，$\lg I$ 与 $\lg c$ 呈直线关系，据此式可以绘制 $\lg I$-$\lg c$ 标准曲线，进行定量分析。

由于发射光谱分析受实验条件波动的影响，使谱线强度测量误差较大，为了补偿这种因波动而引起的误差，通常采用内标法进行定量分析。

2. 内标法

(1) 内标法基本原理。

内标法是盖纳赫(Gerlach)1925 年提出来的，是通过分析线和内标线的强度对比来进行光谱定量分析的方法。具体操作为：先选一条被测元素的谱线为分析线，再选其他元素的一条谱线为内标线组成分析线对，提供内标线的元素称为内标元素。

设分析线和内标线强度分别为 I 和 I_0，被测元素和内标元素含量分别为 c 和 c_0，b 和 b_0 分别为分析线和内标线的自吸收系数，根据式(1-3)，对分析线和内标线分别有

$$I = ac^b \tag{1-8}$$

$$I_0 = a_0 c_0^{b_0} \tag{1-9}$$

$$R = \frac{I}{I_0} = \frac{ac^b}{a_0 c_0^{b_0}} = Ac^b \tag{1-10}$$

式中：R 为谱线的相对强度；$A=\frac{a}{a_0 c_0^{b_0}}$，在内标元素含量 c_0 和实验条件一定时，A 为常数。将式(1-10)取对数，得

$$\lg R = \lg \frac{I}{I_0} = b\lg c + \lg A \tag{1-11}$$

式(1-11)是内标法光谱定量分析的基本关系式。应用内标法时，对内标元素和分析线对的选择是很重要的。

(2) 内标元素与分析线对的选择。

内标元素与分析线对的选择应注意如下几点。

① 内标元素与被测元素在光源作用下应有相近的蒸发性质。

② 内标元素如果是外加的，必须是样品不含有或含量极少可以忽略的。

③ 分析线对选择要匹配：或两条都是原子线，或两条都是离子线，尽量避免选择使用原子线与离子线做分析线对。

④ 分析线对两条谱线的激发电位应相近，如果内标元素与被测元素的电离电位相近，分析线对激发电位也相近，这样的分析线对称为"匀称线对"。

⑤ 分析线对波长应尽量接近，分析线对两条谱线应没有自吸或自吸很小，并且不受其他谱线的干扰。

(3) 三标准样品法。

用摄谱法进行光谱定量分析时，是利用感光板上所记录谱线的黑度来量度谱线的强度的，因此需要确定谱线的相对强度与黑度之间的关系。当分析线对的谱线黑度均落在乳剂特性曲线的直线部分时，根据式(1-6)，分析线的黑度 S_1 和内标线的黑度 S_2 可分别表示如下：

$$S_1 = \gamma_1 \lg H_1 - i_1$$
$$S_2 = \gamma_2 \lg H_2 - i_2$$

因为分析线对所在部位乳剂特性基本相同，所以 $\gamma_1=\gamma_2=\gamma, i_1=i_2=i$；又由于曝光量与谱线强度成正比，因此上式可分别写成：

$$S_1 = \gamma \lg I_1 - i$$
$$S_2 = \gamma \lg I_2 - i$$

求分析线对的黑度差得

$$\Delta S = S_1 - S_2 = \gamma(\lg I_1 - \lg I_2) = \gamma \lg \frac{I_1}{I_2} = \gamma \lg R \qquad (1\text{-}12)$$

将式(1-11)代入，得

$$\Delta S = \gamma b \lg c + \gamma \lg A \qquad (1\text{-}13)$$

由式(1-13)可以看出，当分析线对黑度值都落在乳剂特性曲线直线部分时，分析线与内标线黑度差 ΔS 与被测元素含量的对数 $\lg c$ 呈线性关系。因此式(1-13)是摄谱法定量分析的基本关系式。此关系式的使用条件是：

① 分析线对的黑度值必须落在乳剂特性曲线的直线部分；

② 在分析线对波长范围内，乳剂的反衬度 γ 的值应保持不变；

③ 内标元素的含量为一定值，A 为常数。

三标准样品法就是利用式(1-13)进行光谱定量分析的。该法是在选定的分析条件下，用三个或三个以上的含有不同浓度的被测元素的标准样品与样品在相同条件下摄取光谱于同一感光板上，由各个标准样品分析线对的黑度差与标准样品中欲测成分的含量 c 的对数值绘制工作曲线，如图 1-8 所示。然后由被测样品光谱中测得分析线对的黑度差，从工作曲线中即可查得样品中该成分的含量。

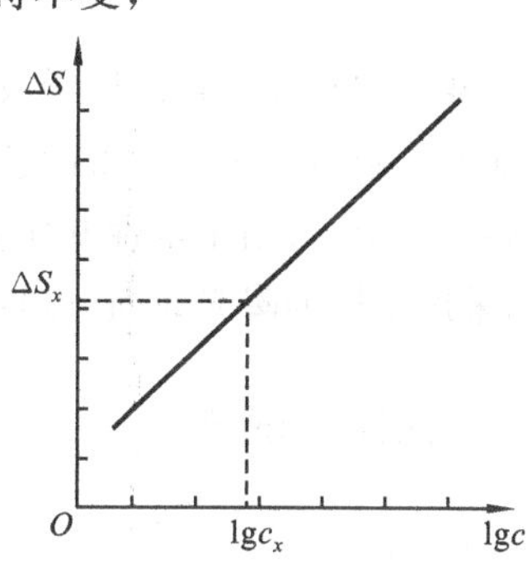

图 1-8 ΔS-$\lg c$ 工作曲线

习 题

1. 简述原子发射光谱的产生过程。
2. 何谓元素的共振线、灵敏线、最后线、分析线？它们之间有何联系？
3. 摄谱仪由哪几部分构成？各组成部件的主要作用是什么？
4. 简述 ICP 的形成原理及其特点。
5. 试从电极头温度、弧焰温度、稳定性及主要用途比较 3 种常用光源(直流、交流电弧，高压火花)的性能。
6. 光谱定性分析的基本原理是什么？进行光谱定性分析时可以有哪几种方法？说明各个方法的基本原理和适用场合。
7. 什么是乳剂特性曲线？它可分为几部分？光谱定量分析需要利用哪一部分？为什么？

8. 光谱定量分析的依据是什么？为什么要采用内标？简述内标法的原理。内标元素和分析线对应具备哪些条件？为什么？

实训

实训一　原子发射光谱法——摄谱法

实训目的

(1) 掌握摄谱方法及原理。

(2) 熟悉摄谱仪的基本原理及使用方法。

方法原理

样品中每种元素的原子或离子在电能(或热能)作用下能够发射特征的光辐射，这种特征的光辐射经过摄谱仪的色散作用后，得到不同波长顺序排列的光谱，将这种光谱记录在感光板上，可用于定性和定量分析。因为不同元素及化合物的沸点不同，蒸发速度各异，采用不同的曝光时间，可将不同元素的谱线分别摄在不同位置上。

仪器与试剂

1. 仪器

WPG-100 型(或 WP-1 型)平面光栅摄谱仪；ϕ6 mm 光谱纯石墨电极——锥形上电极，普通凹形下电极；铁电极；天津紫外Ⅰ型光谱感光板；秒表；带绝缘把的医用镊子。

2. 试剂

定性分析样品粉末、金属片；半定量分析 PbO 标样(Pb 的质量分数：3%、1%、0.3%、0.1%、0.03%)；显影液；定影液。

实训内容

1. 样品准备

将分析用的标样及样品分别备好，用小匙将粉末样品装入相应的电极，适当压紧，压紧程度应尽量一致。用剪刀将待测金属片剪下两小片折成小块状，分别放入凹形下电极内。备好的样品按编号置于电极架上。

2. 安装感光板

在暗室红光下操作(勿直照感光板)，取出感光板(切莫大面积触摸感光板面，以免损坏乳剂面)。然后用手指轻轻触摸感光板的边角,找出其乳剂面(粗糙面)。将乳剂面向着入射光方向装入暗室,若装反,玻璃吸收紫外光,将得不到完整的发射光谱。

3. 摄谱

不同分析对象应选择不同摄谱条件,如光源、电极、摄谱仪的参数、选用的波长范围等。摄谱选用的波长范围是根据分析元素的光谱灵敏线选择所需的中心波长,选用的中心波长按表1-2选用其对应的参数。例如,需用中心波长为3 000 Å,则按表调节的3个参数如下。

光栅转角:10.37°。

狭缝调焦:5.4 mm。

狭缝倾角:5.8°。

若选用中心波长为4 200 Å,按表1-2相应调节3个参数。

光栅转角:____

狭缝调焦:____

狭缝倾角:____

在此,波长摄谱是为了消除二级光谱的重叠,摄谱在第三聚光镜前应套上标有"Ⅰ"记号的滤光片。

表1-2 WPG-100型摄谱仪选择中心波长的参数

光栅编号1705-2

光谱级次	一级衍射光谱		
中心波长/Å	光栅转角/(°)	狭缝调焦/mm	狭缝倾角/(°)
3 000	10.37	5.40	5.80
3 200	11.07		
3 400	11.77		
3 500	12.12	5.40	5.90
3 800	13.13		
4 000	13.89	5.40	6.00
4 200	14.60		
4 400	15.31		
4 500	15.61	5.40	6.10

摄谱记录如下。

摄谱仪:________

光源:交流电弧

感光板:________

显影温度:________ 时间:________

定影温度:________ 时间:________

按表1-3所示的摄谱计划进行摄谱(操作方法按摄谱仪操作规程进行)。

表 1-3 摄谱计划表

<table>
<tr><th rowspan="2">实验内容</th><th rowspan="2">编号</th><th rowspan="2">样品</th><th colspan="5">条件</th><th rowspan="2">哈特曼光阑</th><th rowspan="2">板移</th></tr>
<tr><th>中心波长/Å</th><th>狭缝宽度/μm</th><th>中间光阑/mm</th><th>电流/A</th><th>激发时间/s</th></tr>
<tr><td rowspan="14">光谱定性分析</td><td>1</td><td>Fe</td><td>3 000</td><td>5</td><td>3</td><td>5</td><td>15</td><td>2 5 8</td><td rowspan="7">20</td></tr>
<tr><td rowspan="2">2</td><td rowspan="2">粉末</td><td>3 000</td><td>5</td><td>3</td><td>5</td><td>30</td><td>1</td></tr>
<tr><td>3 000</td><td>5</td><td>3</td><td>8</td><td>30</td><td>3</td></tr>
<tr><td>3</td><td>粉末</td><td>3 000</td><td>5</td><td>3</td><td>8</td><td>60</td><td>4</td></tr>
<tr><td>4</td><td>金属片</td><td>3 000</td><td>5</td><td>3</td><td>7</td><td>60</td><td>9</td></tr>
<tr><td>5</td><td>Fe</td><td>4 200</td><td>5</td><td>3</td><td>5</td><td>15</td><td>6</td></tr>
<tr><td>6</td><td>金属片</td><td>4 200</td><td>5</td><td>3</td><td>7</td><td>60</td><td>7</td></tr>
<tr><td>1</td><td>标样 1</td><td rowspan="6">3 000</td><td rowspan="6">5</td><td rowspan="6">5</td><td rowspan="6">7</td><td rowspan="6">40</td><td>1</td><td rowspan="7">30</td></tr>
<tr><td>2</td><td>标样 2</td><td>2</td></tr>
<tr><td>3</td><td>标样 3</td><td>3</td></tr>
<tr><td>4</td><td>标样 4</td><td>4</td></tr>
<tr><td>5</td><td>标样 5</td><td>5</td></tr>
<tr><td>6</td><td>样品</td><td>6</td></tr>
<tr><td>7</td><td>Fe</td><td>3 000</td><td>5</td><td>5</td><td>5</td><td>15</td><td>7</td></tr>
</table>

4. 冲洗感光板(暗室中)

(1) 显影液、定影液制备:将配好的显影液及定影液倒入不同带盖搪瓷盘里,温度20 ℃左右,若温度未达到,可用电炉或热水加热。

(2) 显影及定影:在红外灯工作下打开暗盒,取出感光板,将乳胶面朝上放入显影液中,盖上盖子,不断轻轻摇动。显影 2 min,取出感光板用清水泡洗数分钟,然后将感光板放入 20 ℃的定影液,定影 10 min,取出后用自来水冲洗(小流量)感光板 15 min,若感光板发现有小颗粒,用湿棉花轻轻擦去,再进行冲洗。冲洗感光板时,一定要先显影后定影。冲洗后,将冲洗好的感光板放在感光板架上,待干后装入感光板袋,以备译谱用。

数据处理

用肉眼初步检查所摄谱得到的感光板的质量,并做好记录。根据摄谱实践经验,探索如何才能得到较好的光谱谱线底板。

注意事项

由于摄谱仪使用时的电流较大,因此操作时应注意绝缘,不要触摸电极架,以免触电,同时，注意保持透镜及狭缝干净，切勿用手触摸。

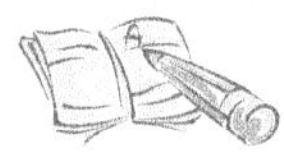

实训二　发射光谱定性分析

实训目的

（1）掌握用铁光谱比较法进行光谱定性分析的方法。

（2）了解光谱投影仪的基本原理，熟悉其使用方法。

方法原理

根据样品光谱中某元素的特征光谱是否出现，来判断样品中该元素是否存在及其大致含量，利用标有各种元素特征谱线和灵敏线的铁光谱图，逐条检视样品光谱中的谱线，从而确定元素的种类。决定样品中有何种元素存在，不需要将该元素的所有谱线都找出来，一般只要找出 2～3 条灵敏线来判断某一元素的出现。

一般在同一块感光板上并列摄取样品光谱和铁光谱，然后在光谱投影仪上将谱片上的光谱放大 20 倍，使感光板上的铁光谱与“元素光谱图”的光谱叠合，此时，若感光板上的谱线与“元素光谱图”上的某元素的灵敏线相重合，则表示该元素存在。

仪器与试剂

1. 仪器

WP-1 型平面光栅摄谱仪；8 W 型光谱投影仪。

2. 试剂

天津紫外Ⅱ型感光板；光谱纯铜电极；光谱纯铁电极；显影液；停影液；定影液；定性分析样品；无水乙醇；自来水。

实训内容

1. 准备工作

（1）电极的制备：用砂轮（或砂纸）打磨光电极，用无水乙醇棉球擦拭备用。

（2）装感光板：在暗室红光下，启封感光板，取出一张。按暗盒大小裁剪好感光板。将裁好的感光板乳剂面朝着发射光方向放入暗盒并盖紧盒盖，切勿漏光。

2. 摄谱

（1）将暗盒装在摄谱仪上，选好摄谱条件，如光源（电弧或火花）、狭缝、板移、光阑、遮光板等。拉开暗盒挡板，准备摄谱。

（2）将上、下电极装在电极架的电极夹上，用照明灯使上、下电极成像于遮光板孔的两侧。预烧 10 s。

（3）将光阑放在狭缝前的导槽内，移动光阑，截取狭缝不同部位，在感光板上摄得不同位置的 9 条光谱。光阑 1、3、4、6、7、9 位置用于摄取样品光谱，2、5、8 用于拍摄铁光谱，并将摄谱情况记录于表 1-4。

表 1-4　摄谱情况记录

光　阑	样品号	狭缝/μm	遮光板	工作状态	电流/A	曝光时间/s
1	1	10	3.2	电弧	5	30
3	2					
4	3					
6	4					
7	5					
9	6					
2、5、8	铁				4	10

摄谱完毕，推进暗盒挡板，取下暗盒。

3. 感光板冲洗

（1）准备工作：准备好 3 只带盖搪瓷盘，分别倒入预先备好的显影液、停影液、定影液。

（2）显影、停影及定影：在红光下将感光板从暗盒中取出，乳剂面朝上立刻放入显影液，轻轻摇动瓷盘，显影 3 min，取出感光板，放在停影液中漂洗停影。最后放在定影液中定影 10 min，取出用自来水冲洗 15 min，放在感光板架上，晾干。

4. 比较法识谱

开启光谱投影仪电源开关盒反射镜盖，将光谱板放在投影仪的谱片台上，使拍摄的铁光谱图与“元素光谱图”上的光谱重叠，从短波到长波逐段查找。

（1）熟悉元素光谱图中铁光谱特征谱线组，并与所摄铁谱进行对照。

（2）根据元素灵敏线，找出样品光谱中哪些元素灵敏线出现 2～3 条或特征线组，并记录谱线元素的名称和谱线的波长，根据灵敏线或特征线组判断该元素是否存在。

光谱比较法识谱完毕后，关上电源及反射镜盖，收好光谱底板。

数据处理

根据光谱比较法的识谱结果，列出未知样品中的组分。

注意事项

（1）激发光源为高电压、高电流装置，实训时应遵守操作规程，注意安全。

（2）冲洗感光板，一定要先显影、停影，后定影，次序颠到，将会丢失全部摄取的光谱。

（3）实训中使用的光学仪器，不能用手或布擦拭光学表面，室内应保持干燥、清洁。

实训三　MPT 原子发射光谱法测定水中的钙、镁离子

实训目的

（1）掌握微波等离子体（MPT）原子发射光谱法的操作技术。

（2）了解原子发射光谱仪的主要组成部分及其功能。

(3) 掌握 MPT 原子发射光谱法测定水中的钙、镁离子的方法。

方法原理

微波等离子体(MPT)焰炬是原子发射光谱分析法中的一种激发光源。因为焰炬温度高且具有中央通道,通过载气引入该通道的待测液体样品经脱溶剂、熔融、蒸发、解离等过程,形成气态原子,进而激发,跃迁到激发态,处于激发态上的原子不稳定,以发射特征谱线的形式释放能量回到基态。

根据各元素气态原子所发射的特征谱线的波长和强度即可进行待测物质的定性和定量分析。谱线强度(I)与被测元素浓度(c)的关系满足式(1-3):$I=ac^b$。因此,在一定工作条件下,测量谱线强度即可进行物质组成的定量分析。

仪器与试剂

1. 仪器

微波等离子体焰炬原子发射光谱仪;恒温循环水泵;万用电炉(1 000 W);容量瓶;烧杯;移液管;洗瓶及表面皿。

2. 试剂

100 $\mu g \cdot mL^{-1}$ 钙、镁的标准溶液;等离子体维持气(Ar),纯度为 99.99%;浓 HNO_3(AR);纯化水。

实训内容

1. 系列标准溶液的配制

在 6 个 100 mL 容量瓶中,分别加入 0.00、1.00、2.00、3.00、4.00 和 5.00 mL 100 $\mu g \cdot mL^{-1}$ 钙、镁的标准溶液,用纯化水稀释至刻度,摇匀。

2. 样品处理

(1) 取适量水样(50~100 mL)放入烧杯中,加 5 mL 浓 HNO_3,在电炉上使水样保持微沸状态,蒸发到尽可能小的体积(15~20 mL),但不得出现沉淀和析出盐分。

(2) 加入 5 mL 浓 HNO_3,盖上玻璃表面皿,加热,使之发生缓慢回流,必要时加入浓 HNO_3 直到消解完全。此时溶液清澈而呈浅色。

(3) 加入 1~2 mL 浓 HNO_3,微微加热以溶解剩余的残渣。用水冲洗烧杯壁和玻璃表面皿,然后过滤。

(4) 将滤液转移到 100 mL 容量瓶中,用水洗涤烧杯两次,每次 5 mL,洗涤液加到同一容量瓶中。冷却,稀释至刻度,摇匀,待测。

3. 开启仪器

(1) 打开电脑主机,启动 MPT 操作软件。然后打开 MPT 主机,开启循环水,同时启动制冷开关。

(2) 待预热灯亮后打开钢瓶主阀及分压阀,设置工作气流速和载气流速,2.0 min 后点火。

(3) 设置工作参数。

4. 测量

由仪器自动进行钙、镁标准溶液和待测试液的进样及测量，然后自动进行钙、镁的定性和定量分析。

(1) 定性分析：检测水样中钙、镁是否存在。

(2) 定量分析：通过绘制钙、镁的标准曲线，进而测定水样中钙、镁含量。

5. 关闭仪器

关闭计算机及主机电源。

数据处理

根据所测得的结果，计算出水样中钙、镁的含量。

注意事项

(1) 如果在没有通入工作气体或气体未达到稳定状态时，就启动 MPT 点火操作，会损坏微波发生系统。

(2) 不应使进样口长期置于空气中，否则大量空气混入进样系统会导致 MPT 焰炬的熄灭。

(3) 在仪器正常工作时，不得随意触摸具有高压的微波发生部分，以免发生电击。

(4) 应过滤样品溶液后进样，悬浊液或含有固体颗粒的样品过滤澄清后可直接引入进样系统，否则会使雾化器堵塞。

实训四　ICP 光谱法测定饮用水中总硅

实训目的

(1) 了解 ICP 光谱仪的主要组成部分及其功能。

(2) 掌握用 ICP 光谱法测定饮用水中总硅的方法。

(3) 学习 ICP 光谱分析线的选择和扣除光谱背景的方法。

方法原理

ICP(电感耦合高频等离子体光源)光谱分析具有灵敏度高、操作简便及精密度高的特点。ICP 光源是目前原子发射光谱最理想的一种激发光源，其中心通道温度高达 4 000～6 000 K。几乎任何元素都不能再以化合物状态存在，可以使难熔氧化物的元素容易原子化和激发。而且在惰性气体条件下，谱线强度大，背景小。本实训所测定的元素硅就属于用火焰光源难测定的元素。

仪器与试剂

1. 仪器

ICP 光谱仪。

2. 试剂

纯氩;1 mg·mL^{-1}标准硅储备液;纯化水。

实训内容

(1) 标准溶液的制备:用纯化水稀释 1 mg·mL^{-1}标准硅储备液,配成 10 μg·mL^{-1}的标准溶液。

(2) 开启仪器:启动 ICP 光谱仪,用汞灯进行波长校正,仪器预热 20 min。

(3) 获得扫描光谱图:扫描 4 条硅谱线,分别是 Si 288.159 nm,Si 251.611 nm,Si 250.690 nm,Si 212.412 nm,读出其峰值强度,在谱线两侧选择适宜的扣除背景波长,并读出背景强度。

(4) 绘制标准曲线:用单元素分析程序进行标准化,喷雾进样硅标准溶液,记下斜率和截距,积分时间为 1 s。

(5) 样品测定:喷雾进饮用水样品,进行样品测定,平行测定三次,记录测定值及精密度。

(6) 熄灭等离子体,关闭计算机及主机电源。

数据处理

(1) 计算 4 条硅谱线背景比,最后选用谱线强度及谱线背景比均较高的硅线作为分析线,并记下该线的扣除光谱背景波长。

(2) 绘制标准曲线,求出样品中的硅浓度。

(3) 计算平行测定三次的精密度。

注意事项

(1) 准备工作全部完成后再点燃等离子体,这样可以节约工作氩气。

(2) 冷却氩气要在熄灭等离子体光源后再关闭,以免烧毁石英炬管。

模块二

原子吸收光谱法

学习目标

掌握原子吸收光谱法的基本原理、定量分析方法，原子吸收分光光度计的结构及各部分的功能；熟悉原子吸收光谱法的实验技术及其应用；了解原子吸收光谱法的干扰因素及其消除方法，了解原子荧光光谱法的原理及其应用。

任务一　概述

原子吸收光谱法(AAS)又称原子吸收分光光度法，是基于待测元素的基态原子蒸气对其特征谱线的吸收，由特征谱线被减弱的程度来测定原子蒸气中被测元素的基态原子的数目，以此测定样品中该元素含量的一种仪器分析方法。

原子吸收现象早在19世纪就被发现，但作为一种实用的分析方法是从1955年开始的。1955年澳大利亚物理学家Walsh发表了《原子吸收光谱在化学分析中的应用》，奠定了原子吸收光谱分析的基础。直到20世纪60年代原子吸收光谱仪器的出现，原子吸收光谱分析技术才得到迅速发展，目前已成为微量和痕量金属元素分析检测的最主要的方法之一，已普遍应用于化工、机械、冶金、地质、农业、医药、食品、轻工、环境保护、材料科学等各个领域，是具有广泛实用性的仪器分析方法之一。

任务二　原子吸收光谱法基本原理

一、分析流程

原子吸收光谱法的一般分析流程如图2-1所示。以测定试液中Mg^{2+}含量为例，试液被喷射成雾状进入燃烧的火焰中，试液的极小雾滴在火焰温度下挥发并解离成Mg原子

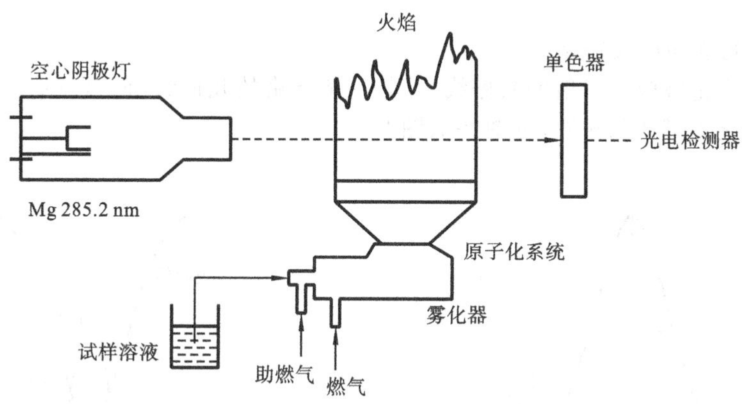

图 2-1　原子吸收光谱法分析流程图

蒸气。当从光源(Mg 元素灯)发出的 Mg 元素的特征谱线(285.2 nm)以一定的强度通过火焰时,火焰蒸气中 Mg 元素的基态原子对 285.2 nm 谱线产生吸收,使光强减弱。通过单色器和检测器测得 Mg 特征谱线被减弱的程度,即可求得样品中 Mg 的含量。

二、原子吸收光谱的产生

1. 共振线和吸收线

我们知道,原子由原子核和核外不断运动的电子构成。在一般情况下,核外电子处于能量最低状态,此时,原子的能量最低,即基态。当基态原子吸收外界能量,如电磁辐射,其外层电子将跃迁到较高能量的激发态,这个过程称为激发,原子对电磁辐射的吸收即形成原子吸收光谱,相应的吸收谱线称为吸收线。由于原子的能级是不连续的,所以其吸收谱线也是不连续的。原子吸收外界能量要符合波尔的能量定律:

$$\Delta E = E_2 - E_1 = h\nu = \frac{hc}{\lambda} \tag{2-1}$$

式中:E_2、E_1 分别为高能态与低能态的能量;ν、λ 分别为辐射的频率、波长;c 为光速(3.0×10^8 $m\cdot s^{-1}$);h 为普朗克常量(6.626×10^{-34} $J\cdot s$)。

处在激发态的原子是很不稳定的,在极短的时间(10^{-8} s)内,外层电子便跃迁回基态或其他较低的能级状态而释放出多余的能量。释放能量的方式可以是通过与其他粒子的碰撞进行能量的直接传递,也可以是以一定波长的电磁辐射形式辐射出去,其释放的能量和辐射线的波长(频率)同样符合式(2-1)。频率范围位于光谱的紫外光区和可见光区。

通常将原子吸收电磁辐射由基态跃迁至第一、第二……激发态所产生的吸收线称第一、第二……共振吸收线。当从激发态再跃迁回基态时发射的谱线称为第一、第二……共振发射线。共振吸收线和共振发射线可简称共振线,相同能级间的共振吸收线和共振发射线具有相同频率。通常原子在基态和第一激发态间的跃迁最易发生,第一共振吸收线或发射线的光强也最大,所以常把它称为元素的灵敏线。

各种元素的原子结构不同,其核外电子从基态受激发而跃迁到各激发态所需要的能量也不同,同样,再跃迁回基态时所发射的辐射的频率也不同。所以,各元素的共振线具有不同的特征,这种共振线就是元素的特征谱线,特征谱线通常被用做光谱分析的分

析线。

2. 谱线轮廓和谱线变宽

实际上，无论吸收或发射的共振线，并非一条严格的几何线，而是具有一定的宽度和形状，通常称之为谱线的轮廓，见图 2-2、图 2-3。

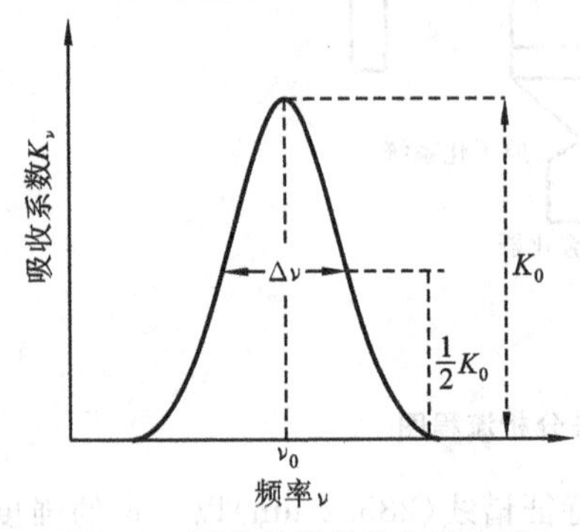

图 2-2　吸收线的轮廓与半宽度

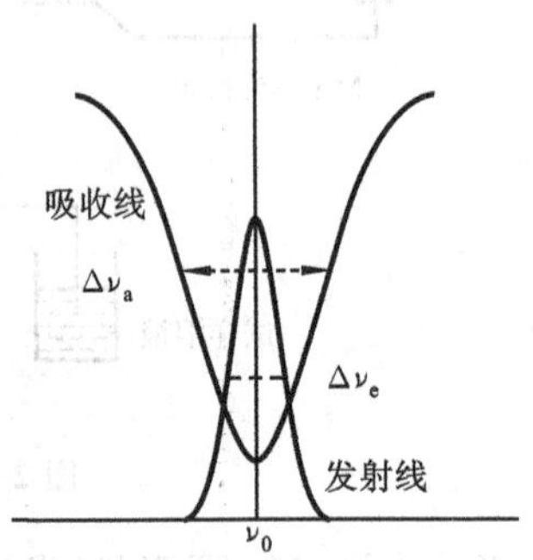

图 2-3　吸收线与发射线的轮廓

图 2-2 所示的吸收谱线，在中心频率 ν_0 处有极大吸收值 K_0，称为峰值吸收系数。在 ν_0 两侧有一定的宽度，原子同样对其产生吸收，当 $K_\nu=\frac{K_0}{2}$ 时，吸收曲线两点之间的间距称为吸收线半宽度，以 $\Delta\nu$ 表示。K_ν 与光强度 I_0 及原子蒸气的厚度 L 无关，取决于吸收介质即原子蒸气的性质和入射光的频率。

吸收线半宽度相当于 $\Delta\lambda_a$ 的值为 0.001～0.005 nm。同样，发射线也具有一定的宽度，不过其半宽度更窄，$\Delta\lambda_e$ 为 0.000 5～0.002 nm，如图 2-3 所示。

从理论上说，原子的发射线或吸收线应该是一条几何线，但实际上它们都具有一定的轮廓。引起谱线变宽的因素主要有两类：一类是由原子本身性质决定的，如谱线的自然变宽；另一类是由外界条件影响引起的，如多普勒（Doppler）变宽和碰撞变宽等。

（1）自然变宽。在无外界条件影响时谱线所具有的宽度称为自然宽度，以 $\Delta\lambda_N$ 表示。自然变宽的大小与产生跃迁的激发态原子的寿命有关。激发态原子寿命越长，$\Delta\lambda_N$ 越窄。一般情况下，$\Delta\lambda_N$ 约为 10^{-5} nm 数量级，与其他变宽效应相比可以忽略不计。

（2）多普勒变宽。多普勒变宽是由原子在空间作无规则热运动引起的，故又称为热变宽。多普勒宽度以 $\Delta\lambda_D$ 表示，约为 10^{-3} nm 数量级。

我们知道，一个运动着的原子发出的光，如果原子反向离开观测者，则在观测者看来，其频率较静止的原子所发出的光的频率低；反之，如果原子向着观测者运动，则其频率较静止的原子所发出的光的频率高，这就是多普勒效应。在实际测定过程中，对于检测器而言，各发光原子有着不同的运动分量，即使每个原子发出的光是相同频率的单色光，检测器所接收到的也是具有一定频率范围的光辐射，所以，谱线产生了变宽效应。待测元素原子的相对原子质量越小，温度越高，多普勒变宽效应越显著。

（3）碰撞变宽。碰撞变宽是由于待测元素的原子与蒸气中共存粒子（分子或原子）之间的碰撞作用，引起原子的能级能量发生微小的变化，从而导致谱线变宽。由于气态粒子间的碰撞是由于一定压力所致，故又称为压力变宽，其变宽数量级与 $\Delta\lambda_D$ 相同。碰撞变宽有两种情况：一是待测原子与其他粒子之间发生碰撞使谱线轮廓变宽，称为劳伦兹变宽;二是待测原子之间发生碰撞使谱线轮廓变宽,称为共振变宽或赫鲁兹马克变宽。

通常碰撞变宽的主要影响因素是劳伦兹变宽,只有在待测元素的原子浓度较高时,赫鲁兹马克变宽才有影响。

在通常的原子吸收光谱测定条件下,多普勒变宽和劳伦兹变宽是影响原子吸收光谱线宽度的主要因素。其他可导致谱线变宽的因素还有共振变宽、自吸变宽、场致变宽等。但在实际测定条件下,这些引起变宽的因素可以忽略不计。

三、原子吸收光谱法的定量基础

1. 玻耳兹曼分布定律

在原子吸收光谱分析的测量条件下,采用原子化装置使样品蒸发而产生原子蒸气,由待测元素分子解离成的原子,绝大部分是基态原子,少量是激发态原子。在一定温度下的热力学平衡体系中,基态与激发态的原子数比遵循玻耳兹曼(Boltzman)分布定律,即

$$\frac{N_j}{N_0}=\frac{g_j}{g_0}e^{-\frac{E_j-E_0}{kT}} \tag{2-2}$$

式中:N_j、N_0 分别为激发态和基态的原子数;g_j、g_0 分别为激发态和基态原子能级的统计权重,它表示能级的简并度;E_j、E_0 分别为激发态和基态原子的能量;k 为玻耳兹曼常数,其值为 $1.38\times10^{-23}\,J\cdot K^{-1}$;$T$ 为热力学温度。

利用上式可以计算在一定温度下的$\frac{N_j}{N_0}$值。对共振线来说,电子是从基态($E_0=0$)跃迁到第一激发态,式(2-2)可以写成

$$\frac{N_j}{N_0}=\frac{g_j}{g_0}e^{-\frac{E_j}{kT}} \tag{2-3}$$

表 2-1 是在不同火焰温度下不同元素发生共振吸收的$\frac{N_j}{N_0}$值。在原子吸收光谱分析的原子化过程中,温度一般在 2 500~3 000 K 之间,由表可以看出,$\frac{N_j}{N_0}$在 10^{-15}~10^{-3}之间。可见,$\frac{N_j}{N_0}$值随温度而变化,温度越高,比值越大。在同一温度下,不同元素电子跃迁的能级 E_j 值越小,共振线波长越长,$\frac{N_j}{N_0}$值也越大。但是通常的分析温度一般低于 3 000 K,大多数元素的共振线波长小于 600 nm,因此对大多数元素来说,$\frac{N_j}{N_0}$值都小于 1%,即蒸气中 N_j 远远小于 N_0,N_j 可以忽略不计。由玻耳兹曼分布定律可知,原子化后的基态原子总数 N_0 可代表吸收辐射的原子总数。

表 2-1 温度对几种元素共振线的 $\frac{N_j}{N_0}$ 比值影响

元素	共振线波长/nm	g_j/g_0	E_j/eV	T/K		
				2 000	2 500	3 000
Na	589.0	2	2.104	0.99×10^{-5}	1.14×10^{-4}	5.84×10^{-4}
Ba	553.6	3	2.239	6.83×10^{-6}	3.19×10^{-5}	5.19×10^{-4}
Sr	460.7	3	2.690	4.99×10^{-7}	1.13×10^{-5}	9.01×10^{-5}

续表

元素	共振线波长/nm	g_j/g_0	E_j/eV	T/K		
				2 000	2 500	3 000
Ca	422.7	3	2.932	1.22×10^{-7}	3.67×10^{-6}	3.55×10^{-5}
Cu	324.8	2	3.817	4.82×10^{-10}	4.04×10^{-8}	6.65×10^{-7}
Mg	285.2	3	4.346	3.35×10^{-11}	5.20×10^{-9}	1.50×10^{-7}
Pb	283.3	3	4.375	3.83×10^{-11}	4.55×10^{-9}	1.34×10^{-7}
Zn	213.9	3	5.795	7.45×10^{-15}	6.22×10^{-12}	5.50×10^{-10}

2. 原子吸收光谱的测量

我们知道，朗伯-比耳定律只适用于单色光。若用连续光源来进行吸收测量，在现有的仪器测量条件下，即便将入射光狭缝调至最小，入射光的光谱通带也要在 0.2 nm 左右，它比 0.001～0.005 nm 的原子吸收线半宽度大得多，在这种情况下，由原子吸收所产生的光强变化将无法被准确测量。1955 年 Walsh 提出采用锐线光源测量谱线峰值吸收，实现了对原子吸收的测量。所谓锐线光源是指能发射出半宽度很窄的谱线的光源。在测量条件下，锐线光源所发射的是待测元素的特征谱线，这样，光源的特征谱线与待测原子吸收线的中心频率恰好相重合，原子吸收程度很大，由待测原子吸收所产生的光强变化就很容易被准确测定。

根据朗伯-比耳定律，当光源所发射的中心频率为 ν_0 的待测原子的特征谱线，强度为 $I_{\nu0}$，通过长度为 L 的待测元素原子蒸气被吸收后，其透过光的强度 I_ν 与原子蒸气厚度的关系为

$$I_\nu = I_{\nu0}\,\mathrm{e}^{-K_\nu L} \tag{2-4}$$

由于原子吸收线和发射线的变宽效应，在实际测量条件下原子吸收的是中心频率为 ν_0、半宽度为 $\Delta\lambda_e$ 的光源发射线，见图 2-3。要测量全部吸收，即测量吸收线轮廓下所包围的全部面积（$\int K_\nu \mathrm{d}\nu$），则需要单色器的分辨率高达 5×10^5，目前还无法做到。但由于实际测量采用的是锐线光源，在中心频率 ν_0 附近一定范围 $\Delta\nu$ 测量时，即在峰值吸收附近，可近似认为 $K_\nu = K_0$。此时的吸光度 A 可表示为

$$A = \lg\frac{I_0}{I} = 0.434\,3K_0L \tag{2-5}$$

式中：I_0、I 分别为频率范围 $\Delta\nu$ 的入射光和透过光的光强。

在通常的原子吸收分析条件下，峰值吸收系数与待测元素基态原子数成正比，因此

$$A = KN_0L \tag{2-6}$$

由玻耳兹曼分布定律，我们已经得出结论：基态原子总数 N_0 可代表吸收辐射的基态原子总数。而在一定浓度范围内，N_0 与溶液中待测元素的浓度成正比。所以当原子化器厚度 L 一定时，式(2-6)可以写成

$$A = kc \tag{2-7}$$

式(2-7)说明，在一定实验条件下，吸光度与浓度成正比。通过测定吸光度即可求出样品中待测元素的含量。这就是原子吸收光谱法的定量基础。

任务三　原子吸收分光光度计

原子吸收光谱仪器主要由光源、原子化系统、分光系统、检测系统等四部分组成。通常有单光束型和双光束型两类。所谓单光束是指仪器只有一个单色器和一个检测器，只能一次测定一种元素，见图 2-4。这种仪器光路系统结构简单，有较高灵敏度，价格较低，便于推广，能满足日常分析工作的要求。但其最大的缺点是：不能消除光源波动所引起的基线漂移，对测定的精密度和准确度都有一定的影响。因此在测定过程中需经常校正零点，以补偿基线的不稳。为了获得较为稳定的光输出，空心阴极灯需预热 20～30 min，分析速度较慢。

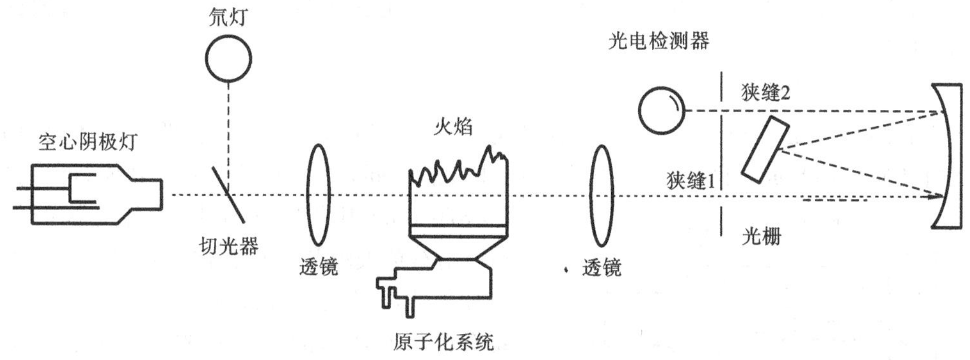

图 2-4　单道单光束原子吸收光谱仪示意图

双光束仪器在光学系统设计上对单光束仪器进行了改进，以克服单光束仪器因光源波动而引起的基线漂移。图 2-5 是其光学原理的示意图。双光束型仪器利用旋转切光器 1 将光源发射的共振线分成强度相等的两个光束，一束为样品光束 S，直接通过原子化器；另一束是参比光束 R，不通过原子化器。两光束在切光器 2 处会合，并交替进入单色器、检测器，检测器将接收到的样品光束和参比光束两束信号进行同步检波放大，并经运算、转换，最后由读数装置显示出来。由于两光束均由同一光源辐射，检测系统输出的信号是这两束光的信号差，因此，光源的任何波动都由参比光束的作用而得到补偿，给出一个稳

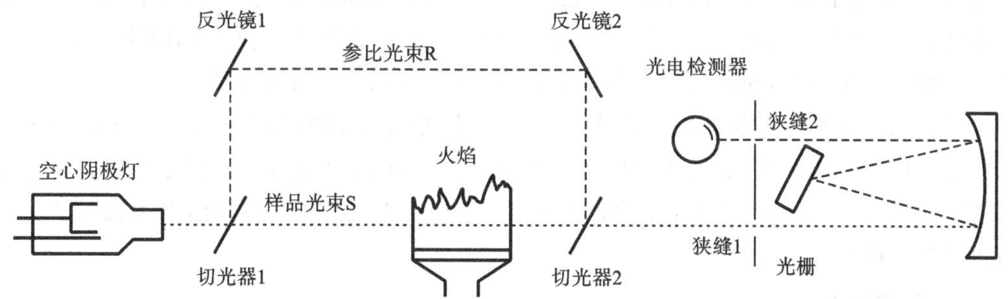

图 2-5　双光束原子吸收光谱仪示意图

定的输出信号，使仪器具有较高的信噪比，消除了基线漂移，检出限和精密度都有所改善。

现以火焰原子化单光束型为例，说明原子吸收分光光度计的主要部件及功能。

一、光源

1. 光源的作用和要求

根据原子吸收的测定原理，必须使用锐线光源。光源的作用就是发射被测元素的特征谱线。所以光源应符合下列要求。

(1) 必须是锐线光源，其发射的共振辐射的半宽度应明显小于被测元素吸收线的半宽度，否则无法准确测定吸收值。

(2) 辐射强度要大，背景小(小于共振辐射强度的 1%)，保证较小的干扰和足够的信噪比，以提高灵敏度。

(3) 发射光的稳定性要好，且应具有较长的使用寿命。

空心阴极灯、蒸气放电灯、高频无极放电灯都满足这些要求，目前应用最为普遍的是空心阴极灯。

2. 空心阴极灯的工作原理

空心阴极灯是一种气体放电管，其结构如图 2-6 所示。它是一种低压气体放电管，灯管由硬质玻璃制成，灯的窗口要根据辐射波长的不同，选用不同的材料做成，可见光区(>370 nm)用光学玻璃片，紫外光区(<370 nm)用石英玻璃片。灯管抽成真空后充入低压惰性气体(如氦、氖、氩、氙等气体)。将一个由绕有钽丝或钛丝的钨棒制成的阳极和一个由待测元素金属做成的空心圆筒状阴极密封于管内。当两极施加 300～500 V 电压时，便产生辉光放电。阴极发射出的电子，在高速飞向阳极的途中与惰性气体分子碰撞使之电离。在电场的作用下，带正电荷的离子高速飞向阴极，猛烈撞击阴极内壁，使阴极表面的待测元素原子溅射出来。溅射出来的金属原子与飞行中的电子、惰性气体的分子及离子发生碰撞而被激发，在返回基态时发射出待测元素的特征谱线。

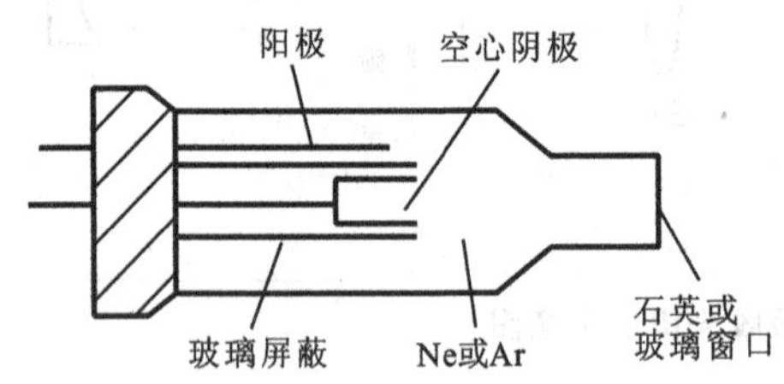

图 2-6　空心阴极灯结构示意图

从空心阴极灯的工作原理可以看出，其结构中有两个关键的部分：一是阴极圆筒内层的材料，只有衬上被测元素的金属，才能发射出该元素的特征谱线，所以空心阴极灯也称元素灯；二是灯内充有低压惰性气体，其作用是一方面被电离为正离子，引起阴极的溅射，另一方面是传递能量，使被溅射出的原子激发，发射该元素的特征谱线。

空心阴极灯常采用脉冲供电方式，其目的是区别原子化器的发射信号，即光源调制。在实际工作中，应选择合适的工作电流。灯电流过小，放电不稳定；灯电流过大，又会引起溅射增强，灯内原子密度增大，发射谱线变宽，使测定灵敏度降低，另外，灯电流过大还会缩短灯的使用寿命。

二、原子化系统

原子化系统的作用是提供一定的能量，使样品干燥、蒸发、原子化，这是原子吸收分析的关键环节。样品中待测元素转变为基态原子的过程，称为原子化过程，此过程示意如下：

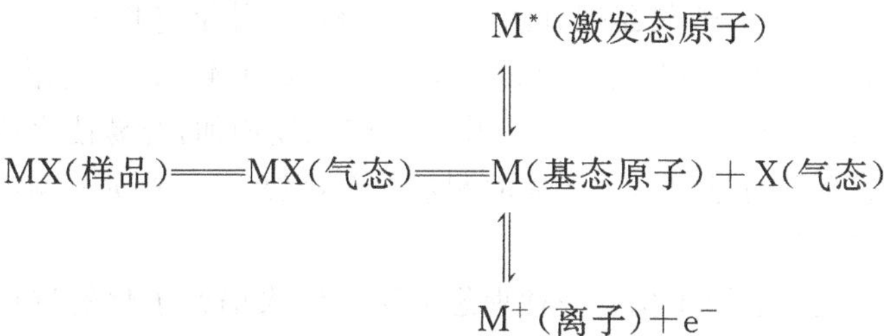

由玻耳兹曼分布定律已经知道，原子化后的激发态原子数目可以忽略，近似认为样品中待测元素原子化后全部转变为基态原子。

实现原子化的方式最常用的有火焰原子化、石墨炉原子化。火焰原子化具有简单、快速、对大多数元素有较高的灵敏度等优点，所以目前使用较为广泛。近年来石墨炉原子化技术有了较大改进，它比火焰原子化具有更高的原子化效率，因而发展也非常迅速。

1. 火焰原子化装置

火焰原子化是利用各种化学火焰的热能，使样品原子化的一种方法，其装置包括雾化器和燃烧器两部分。燃烧器有两种类型，即全消耗型和预混合型。目前应用最广泛的是预混合型原子化装置，结构如图 2-7 所示。它由雾化器、雾化室和燃烧器三部分组成。

(1) 雾化器。雾化器的作用是使试液雾化。对雾化器的要求是喷雾稳定，产生的雾滴细小而均匀，雾化效率要高。目前普遍采用的是同心型气体雾化器。图 2-8 是雾化器的示意图。

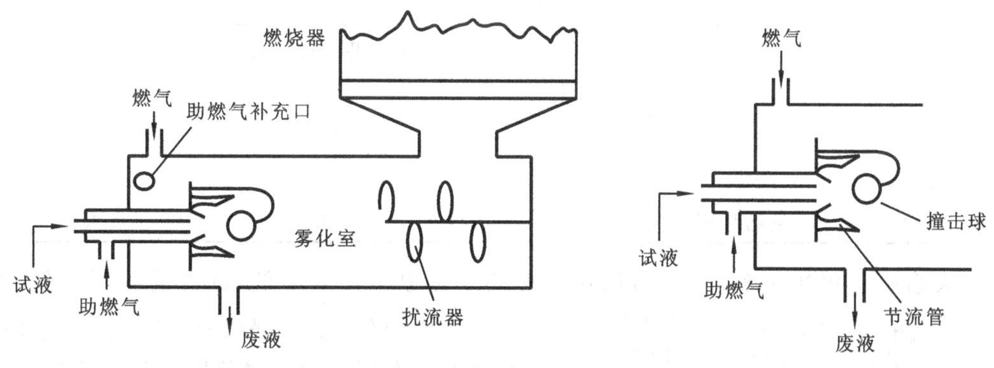

图 2-7 预混合型原子化装置示意图　　**图 2-8 雾化器示意图**

外管接高压助燃气（空气、氧化亚氮等），内管吸入液体样品，当高压助燃气从导管中高速喷出时，在中心毛细管出口处形成负压，试液经毛细管吸入并被高速气流分散成雾滴。为了减小雾滴的粒度，在雾化器前几毫米处放置一撞击球，喷出的雾滴经撞击球碰撞被进一步分散成细雾。

(2) 雾化室（又称混合室）。雾化室内设有扰流装置，其作用是在雾滴进入火焰之前，使微细的雾滴与燃气混合，而大雾滴从废液管排出。

(3) 燃烧器。燃烧器由不锈钢或金属钛等耐腐蚀、耐高温材料制成。要求不易“回火”,喷口不易被样品沉积堵塞,火焰平稳。在预混合型燃烧器中,一般使用吸收光程较长的长缝型喷灯,有单缝和三缝两种类型。单缝燃烧器是目前较为常用的燃烧器,其缝宽与缝长随燃气的种类而异,一般仪器配有两种以上规格:一种是缝长 10～11 cm,缝宽 0.5～0.6 mm,适用于空气-乙炔火焰;另一种缝长 5 cm,缝宽 0.46 mm,适用于氧化亚氮-乙炔火焰。三缝燃烧器多用于空气-乙炔火焰,由于火焰宽度增加,容易使火焰处于光路中,避免了光源光束没有全部通过火焰而造成的测量误差,提高了一些元素测定的灵敏度,但气体使用量大,装置较复杂。

火焰原子化是使试液原子化的一种理想方法。但火焰原子化的过程较复杂,不同类型火焰的温度和性质也不尽相同,参见表 2-2。同种类型的火焰,由于燃气和助燃气比例不同,火焰的温度也不同,通常分为以下几种类型。

① 化学计量火焰:按照燃气与助燃气化学反应的计量比构成的火焰,又称为中性火焰。这种火焰层次分明、温度高、干扰小、背景低,适合于多种元素的测定,是目前普遍使用的一种火焰类型。

② 富燃火焰:燃助比大于化学计量火焰,火焰温度低于化学计量火焰,呈黄色光亮,含有未完全燃烧的燃气,具有较强的还原气氛,适宜于易形成难熔氧化物的元素测定,如铁、钴、镍等元素测定。

③ 贫燃火焰:燃助比小于化学计量火焰。它的特点是火焰温度较低,有较强的氧化性,火焰燃烧不稳定,测量重复性差,有利于易解离、易电离的元素(如碱金属)的测定。

在实际测定过程中,不仅要根据不同元素选用适当的火焰类型,同时还应根据实验条件选择燃气和助燃气的最佳流量,确定最佳的火焰状态。

表 2-2　几种常用火焰的组成和性质

燃　气	助燃气	着火温度/℃	燃烧速度/(cm·s^{-1})	火焰温度/℃
丙烷	空气	510	82	1 935
氢气	空气	530	440	2 045
乙炔	空气	350	160	2 125
乙炔	氧化亚氮	400	180	2 955

火焰原子化法重现性好,易操作。其缺点是原子化效率低,试液的利用率低(约10%),原子在光路中滞留时间短,燃烧气体的膨胀对基态原子的稀释等因素使得火焰原子吸收分析的测定灵敏度相对较低。

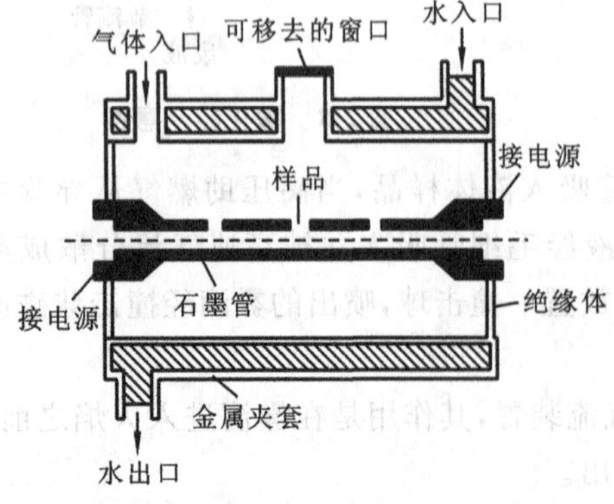

图 2-9　石墨炉原子化器结构示意图

2. 石墨炉原子化装置

石墨炉原子化装置是无火焰原子化方法中应用最广泛的一种,它的原理是将石墨管固定在两个电极之间,在通电时,温度可达 2 000～3 000 ℃,使待测元素原子化。图 2-9 为商品石墨炉原子化器结构示意图,石墨管长 28～50 mm,内径约 5 mm。中心设有进样孔,孔径 1～2 mm。为防止高温下样品及石墨管氧化，管内外都通入惰性保护气体，并设有水冷却系统，以控制石墨炉外面炉体温度保持在 60 ℃以下。

石墨炉原子化需经过干燥、灰化、原子化及净化四步程序升温过程，升温程序由微机控制自动进行。干燥的作用是在低温（105 ℃左右）下蒸发掉样品中的溶剂，防止样品溶液在原子化过程中发生飞溅；灰化的作用是在较高温度（350～1 200 ℃）下除去样品中低沸点的无机物及有机物，以减少基体干扰；原子化的目的是将待测元素在原子化温度（2 400～3 000 ℃）下，加热数秒钟，进行原子化，具体温度随被测元素而异；净化则是使温度升至最大允许值，除去残留物，消除记忆效应，以便进行下一个样品的分析。

与火焰原子化法相比，石墨炉原子化法具有更多的优点：原子化在充有惰性保护气体及强还原性石墨介质中进行，有利于难熔氧化物的分解；原子化效率高（可达 90%）；取样量少，固体样品一般为 20～40 μg，液体样品一般为 5～100 μL；由于炉体体积较小，基态原子在测定区有效停留时间长，几乎全部样品参与光吸收，灵敏度可增加 10～200 倍，绝对灵敏度可达 10^{-14}～10^{-9} g；排除了化学火焰中常产生的被测组分与火焰组分间的相互作用，减少了化学干扰；有些样品不需前处理可直接进行测定。但由于它取样量少，样品组成的不均匀性影响较大，使测定的重现性较差；有较强的背景吸收和基体效应，需要进行背景校正；分析成本高；设备较复杂，操作也不够简便。表 2-3 是火焰原子化法和石墨炉原子化法的比较。

表 2-3 火焰原子化法和石墨炉原子化法的比较

项　　目	火焰原子化法	石墨炉原子化法
原子化原理	燃烧热	电热
最高温度	2 955 ℃（氧化亚氮-乙炔火焰）	约 3 000 ℃
原子化效率	约 10%	90%以上
样品体积	>1 mL	5～100 μL
信号形状	平顶型	峰型
灵敏度	低	高
检出限	对 Cd，0.5 $ng \cdot g^{-1}$ 对 Al，20 $ng \cdot g^{-1}$	对 Cd，0.002 $ng \cdot g^{-1}$ 对 Al，0.1 $ng \cdot g^{-1}$
最佳条件下的重现性	相对标准偏差 0.5%～1.0%	相对标准偏差 1.5%～5.0%
基体效应	小	大

3. 其他原子化方法

（1）氢化物原子化。As、Sb、Bi、Sn、Ge、Se、Pb、Te 等多种元素可形成氢化物，在通常情况下为气体或挥发性液体。测定时先将样品置于氢化物发生器内，样品中待测元素在酸性介质中与强还原剂硼氢化钠（钾）反应，生成气态氢化物。以测定砷为例：

$$AsCl_3 + 4KBH_4 + HCl + 8H_2O = AsH_3\uparrow + 4KCl + 4HBO_2 + 13H_2\uparrow$$

所产生的氢化物由载气（氮气），带入石英吸收管中。一般在 700～900 ℃温度范围内即可完全分解成基态原子。这种原子化法的灵敏度高（一般可达 10^{-10}～10^{-9} g），选择性好，基体干扰和化学干扰较少。

（2）冷原子化。根据汞很容易从其化合物还原为金属汞的性质，在还原器里加入样品和氯化亚锡还原剂，发生以下氧化还原反应，产生汞蒸气：

$$Hg^{2+} + Sn^{2+} = Hg + Sn^{4+}$$

通入氮气，将汞蒸气带出并经干燥管进入石英吸收池，在室温下测定吸光度。该方法适合于痕量汞的测定，灵敏度、准确度都较高，可检出 0.01 μg 的汞。

三、分光系统

分光系统的作用是将待测元素的特征谱线与邻近的谱线分开。其装置包括狭缝、色散元件和准直镜等。色散元件一般用石英棱镜和光栅，后者用得较多。分光系统可见图 2-4。

从光源辐射的光由入射狭缝射入，被凹面镜反射后成平行光束射到光栅上，经光栅衍射分光后，再被凹面镜反射聚焦在出射狭缝处，经出射狭缝得到平行光束的光谱。光栅可以转动，通过转动光栅，可以使各种波长的光按顺序从出射狭缝中射出。光栅与波长刻度盘相连接，转动光栅时即可从刻度盘上读出出射光的波长。

四、检测系统

检测系统的作用是将单色器透过的光信号转变成电信号并进行放大，由读数装置显示或由记录仪记录，以确定待测元素的含量。它由检测器、放大器和读数装置三部分组成。

检测器多为光电倍增管，它具有放大倍数高、信噪比高及线性关系好等特点。工作波段一般为 190～900 nm。由检测器输出的电信号，经放大器放大，对数转换，然后输入到指示仪表显示测定值。现代商品化的原子吸收分光光度计已与计算机相连，具有自动调零、曲线校正、背景校正、积分读数等性能，并应用微处理机绘制标准工作曲线，高速处理大量实验数据及进行整个仪器的操作控制和管理，还附有打印机、自动进样器等装置，大大提高了仪器的自动化程度。

任务四　定量分析方法

常用的原子吸收定量分析方法有标准曲线法、直接比较法和标准加入法。

一、标准曲线法

根据样品中待测元素的含量，配制合适的标准系列溶液，用空白溶液作参比，由低浓度到高浓度依次测量标准系列溶液的吸光度 A，根据实验结果，绘制 A-c 标准曲线，如图 2-10 所示。在相同条件下测定样品溶液的吸光度值 A_x，再从标准曲线上查出样品溶液中待测元素的浓度 c_x。

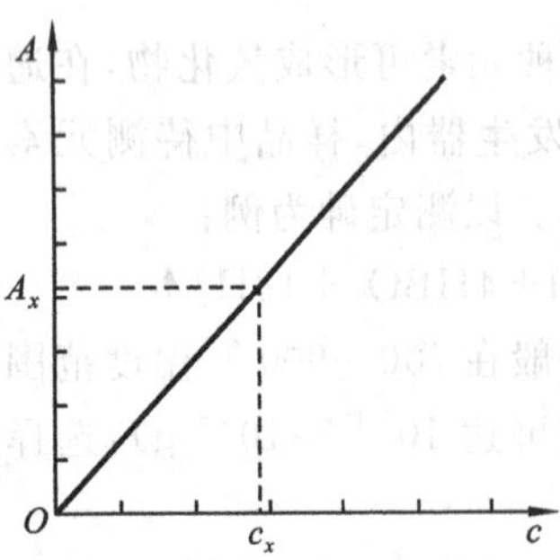

图 2-10　A-c 标准曲线

实际分析过程中，在待测元素浓度较大的情况下有时会出现曲线弯曲的现象。这是由于热变宽和浓度较高导致的碰撞变宽效应增强，两者的共同作用使光源发射的辐射与待测元素实际吸收的辐射波长发生偏离，结果使吸光度值变小。另外，其他的干扰效应也可能导致谱线弯曲。

为了保证本方法的准确度，在使用本法时应注意几点。

(1) 标准溶液的浓度应在 A-c 标准曲线呈线性的范围内。

(2) 标准溶液的组成应与样品溶液相近，并保证有相同的实验操作条件。

(3) 由于喷雾效率和火焰状态经常变动，标准曲线的斜率也随之改变，因此，每次测定前应用标准溶液对吸光度值进行检查和校正。

标准曲线法具有准确度高、简便快速的优点，但仅适用于组成简单的样品。

二、直接比较法

直接比较法是最常用的简易方法之一，也称为单标校正法，适用于样品数量少、浓度范围小的情况。为了减少测量误差，要求样品溶液浓度 c_x 与标准溶液浓度 c_s 相近。直接比较法的测定过程如下。

测定样品溶液的吸光度值 A_x：

$$A_x = kc_x \tag{2-8}$$

在相同实验条件下，测定标准溶液的吸光度值 A_s：

$$A_s = kc_s \tag{2-9}$$

由式(2-8)和式(2-9)可计算待测溶液的浓度：

$$c_x = \frac{A_x}{A_s}c_s \tag{2-10}$$

三、标准加入法

在样品组成复杂、基体干扰较大的情况下，利用标准曲线法进行测定就存在一定困难，这时可采用标准加入法。标准加入法又可以采用一次标准加入法和多次标准加入法。具体操作过程如下。

1. 一次标准加入法

移取相同体积的样品溶液于两个容量相同的容量瓶(A 和 B)中。另取一定量的标准溶液(c_s、V_s)加入 B 瓶中，将 A 液和 B 液均稀释到刻度(V_0)，分别测定它们的吸光度。若 A 液的吸光度为 A_x，浓度为 c_x，B 液的吸光度为 A_s，则根据 $A=kc$，可得

$$A_x = kc_x$$

$$A_s = k(c_x + \Delta c)$$

而

$$\Delta c = \frac{c_s V_s}{V_0}$$

所以

$$c_x = \frac{A_x}{A_s - A_x}\Delta c \tag{2-11}$$

在实际应用过程中，加入的标准溶液浓度相对较大，体积远远小于样品溶液体积，所以，可忽略由于标准溶液的加入而导致的试液体积变化，无需定容处理，只要对加入标准溶液前后的样品溶液进行连续两次测定，根据测定结果即可近似计算。

2. 多次标准加入法

移取若干份(至少四份)相同体积的试液，放入 n 个相同的容量瓶(V_0)中，向其中依次按比例分别加入待测试液的标准溶液(c_s)0，V，$2V$，…，并定容到相同体积。若原试液中定容后待测元素的浓度为 c_x，则加入标准溶液后的试液浓度依次为 c_x，c_x+c_s，c_x+2c_s，

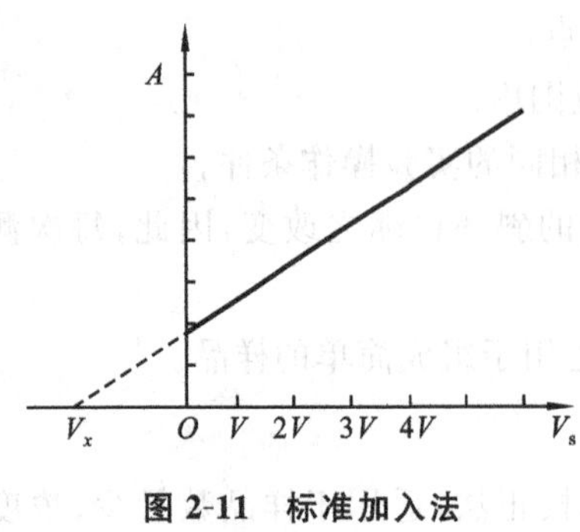

图 2-11 标准加入法

…$\left(\Delta c=\frac{c_s V}{V_0}\right)$，分别测定其吸光度为：$A_x$，$A_1$，$A_2$，…。以 A 对标准溶液的加入量作图，则得到一条直线，如图 2-11 所示。该直线并不通过原点，而是在纵轴上有一截距，这个值的大小反映了标准溶液加入量为零时溶液的吸光度，即由待测试液中待测元素所引起的吸光度值。如果外推直线与横轴相交，则将交点与原点之间的距离换算即为所求的待测试液的浓度。

用标准加入法进行测定时应注意以下两点。

(1) 所加入的标准溶液的量要适中，应与样品中待测元素含量在同一数量级内，且使测定浓度与相应的吸光度在线性范围内。

(2) 标准加入法只能消除基体干扰，不能消除化学干扰、电离干扰和背景吸收等，也不适用于测量灵敏度低的元素。

任务五　原子吸收光谱法的干扰及其消除方法

如前所述，原子吸收光谱法采用的是锐线光源，具有选择性好、干扰少等特点，但某些情况下干扰问题仍不容忽视。因此，应当了解可能产生干扰的原因及消除或抑制方法。

一、物理干扰

物理干扰是指样品在前处理、转移、蒸发和原子化的过程中，样品的物理性质(如黏度、表面张力、蒸气压、相对密度等)、温度等的变化而导致的吸光度值的变化。对于火焰原子化法来说，这些因素会影响试液的喷入速度、提取量、雾化效率、雾滴大小的分布、溶剂及固体微粒的蒸发、原子在吸收区的平均停留时间等。物理干扰是非选择性的，对溶液中各元素的影响基本相似。

消除物理干扰最常用的方法是配制与待测溶液组成相似的标准溶液，尽可能保持试液与标准溶液物理性质一致，测定条件恒定。在不知道试液组成或无法配制与试液相匹配的标准溶液时，可采用标准加入法来消除物理干扰。

二、化学干扰

化学干扰是指待测元素在分析过程中与干扰元素发生化学反应，生成了更稳定的化合物，从而降低了待测元素化合物的解离及原子化，使测定结果偏低。例如，硅、铝、硼、钛、铁、钴、镍等元素在火焰中容易产生难挥发、难解离的氧化物；钙、镁易与硫酸盐、磷酸盐、氧化铝等生成难挥发的化合物等。化学干扰是一种选择性的干扰，过程复杂，根据具体情况通常可采取下列方法消除干扰。

1. 加入干扰抑制剂

(1) 释放剂。释放剂的应用比较广泛，其作用是能与干扰物质生成比被测元素更稳定的化合物，使被测元素从其与干扰物质所形成的化合物中释放出来，如 PO_4^{3-} 干扰 Ca

的测定，可加入 La、Sr 的盐类物质，它们与 PO_4^{3-} 生成更稳定的磷酸盐，而把 Ca 释放出来。

(2) 保护剂。保护剂的作用是它能与被测元素生成稳定且易分解的配合物，以防止被测元素与干扰组分生成难解离的化合物，即起了保护作用。保护剂一般是有机配合剂，用得最多的是 EDTA 和 8-羟基喹啉。例如，PO_4^{3-} 干扰 Ca 的测定，也可以加入 EDTA 配合剂，结果生成 EDTA-Ca 配合物，它既稳定又易被破坏；而 Al 对 Mg、Fe 的干扰则可用 8-羟基喹啉作保护剂等等。因为有机配合物在火焰中容易被破坏，所以不会产生干扰，使待测元素能有效地原子化。

(3) 缓冲剂。有的干扰当干扰物质达到一定浓度时，干扰趋于稳定，这样，向待测溶液和标准溶液中加入同样量的干扰物质时，干扰物质对测定就不产生影响。例如，用氧化亚氮-乙炔火焰测定 Ti 时，Al 抑制了 Ti 的吸收，但是当 Al 的浓度大于 200 $\mu g \cdot mL^{-1}$后，吸收就趋于稳定，因此，在被测溶液和标准溶液中都加入 Al 使其形成 200 $\mu g \cdot mL^{-1}$ 干扰元素的溶液，则可消除其干扰。

2. 选择合适的原子化条件

提高原子化温度，化学干扰一般会减小。使用高温火焰或提高石墨炉原子化温度，可使难解离的化合物分解。如在氧化亚氮-乙炔高温火焰中，PO_4^{3-} 不干扰 Ca 的测定。采用还原性强的火焰或石墨炉原子化法，同样可以使难解离的氧化物还原、分解。

3. 加入基体改进剂

用石墨炉原子化时，在样品中加入基体改进剂，使其在干燥或灰化阶段与样品发生化学变化，其结果可能增强基体的挥发性或改变被测元素的挥发性，使待测元素的信号区别于背景信号。例如，测定海水中的 Cd，为了使 Cd 在背景信号出现前原子化，可加入 EDTA来降低原子化温度，以消除干扰。

当以上方法都未能消除化学干扰时，可采用化学分离的方法，如溶剂萃取、离子交换、沉淀分离等方法。

三、电离干扰

电离干扰是指待测元素在高温原子化过程中，由于电离作用而使参与原子吸收的基态原子数目减少而产生的干扰。电离干扰的大小与待测元素的电离电位大小有关，碱金属、碱土金属的电离电位低，电离干扰效应最为明显。为了抑制和消除电离干扰，可以加入过量的消电离剂(如钾、钠、铯等元素)。由于消电离剂在高温原子化过程中电离作用强于待测元素，它们产生的大量自由电子使待测元素的电离受到抑制，从而降低或消除了电离干扰。例如，测 Ca 时常加入高浓度的钾盐或铯盐作为消电离剂。

四、光谱干扰

光谱干扰是指在单色器的光谱通带内，除了待测元素的分析线之外，还存在与其相邻的其他谱线而引起的干扰，常见的有以下三种。

1. 吸收线重叠

吸收线重叠是指一些元素的谱线与其他元素的谱线重叠，相互干扰。例如，用汞 253.652 nm 谱线测定汞时，若样品中存在钴，会由于钴 253.639 nm 吸收线干扰，使吸收增强，结果偏高。理论和实验表明，波长差小于0.03 nm时会产生严重干扰。可另选灵敏度较高而干扰少的分析线抑制干扰或采用化学分离方法除去干扰元素。

2. 光谱通带内的非吸收线

这是与光源有关的光谱干扰，即光源不仅发射被测元素的共振线，往往还发射与其邻近的非吸收线。这种情况多常见于多谱线元素（如Fe、Co、Ni等），也可能是光源的灯内杂质所发射的谱线。对于这些多重发射，被测元素的原子若不吸收，它们被检测器检测，产生一个不变的背景信号，使被测元素的测定灵敏度降低；若被测元素的原子对这些发射线产生吸收，将使测定结果不正确，产生较大的正误差。

消除的方法：可以减小狭缝宽度，使光谱通带小到足以阻挡多重发射的谱线；若波长差很小，则应另选分析线；降低灯电流也可以减少多重发射。

3. 背景干扰

背景干扰包括分子吸收、光散射等。

分子吸收是原子化过程中生成的碱金属和碱土金属的卤化物、氧化物、氢氧化物等的吸收和火焰气体的吸收，是一种带状光谱，会在一定波长范围内产生干扰。例如，NaCl、KCl等双原子分子在波长小于300 nm的紫外区有吸收带；无机酸H_2SO_4和H_3PO_4在波长250 nm以下时有很强的分子吸收。但HNO_3和HCl吸收很小，因此原子吸收分析中常用HNO_3或HCl配制溶液。

光散射是原子化过程产生的微小固体颗粒使光产生散射，吸光度增加，造成“假吸收”。波长越短，散射影响越大。

背景干扰都会使吸光度增大，产生正误差。石墨炉原子化法背景吸收干扰比火焰原子化法的严重，有时不扣除背景会给测定结果带来较大的误差。

目前，用于商品仪器的背景校正方法主要有氘灯扣除背景、塞曼效应扣除背景。这些背景校正方法均采用两个光束的测量差来完成：一束为样品光束，测量样品蒸气中待测原子吸收及背景吸收；另一束为参比光束，测量背景吸收。两束光所得的吸光度的差，即是经背景校正后待测元素的原子吸收信号。

任务六　原子吸收光谱法的实验技术

一、实验条件的选择

原子吸收光谱法实验条件的正确选择直接影响方法的灵敏度和准确度，在实验过程中通常要考虑以下条件的选择。

1. 分析线

通常选择共振线作为分析线，因为共振线是最灵敏的吸收线。但是当被测元素的共振线受到其他谱线干扰或被测元素含量过高时，可以选择灵敏度较低的非共振线作为分析线；另外As、Se等元素的共振线位于远紫外区，火焰组分对分析线有明显的吸收，这时也不宜选择它们作为共振线。在实验过程中，通常要根据具体情况由实验来确定最佳的分析线。表 2-4 列出了原子吸收光谱法中一些元素常用的分析线。

表 2-4 原子吸收光谱法中常用的分析线

元 素	λ/nm	元 素	λ/nm	元 素	λ/nm
Ag	328.07,338.29	Hg	253.65	Ru	349.89,372.80
Al	309.27,308.22	Ho	410.38,405.39	Sb	217.58,206.83
As	193.64,197.20	In	303.94,325.61	Sc	391.18,402.04
Au	242.80,267.60	Ir	209.26,208.88	Se	196.09,703.99
B	249.68,249.77	K	766.49,769.90	Si	251.61,250.69
Ba	553.55,455.40	La	550.13,418.73	Sm	429.67,520.06
Be	234.86	Li	670.78,323.26	Sn	224.61,520.69
Bi	223.06,222.83	Lu	335.96,328.17	Sr	460.73,407.77
Ca	422.67,239.86	Mg	285.21,279.55	Ta	271.47,277.59
Cd	228.80,326.11	Mn	279.48,403.68	Tb	432.65,431.89
Ce	520.00,369.70	Mo	313.26,317.04	Te	214.28,225.90
Co	240.71,242.49	Na	589.00,330.30	Th	371.90,380.30
Cr	357.87,359.35	Nb	334.37,358.03	Ti	364.27,337.15
Cs	852.11,455.54	Nd	463.42,471.90	Tl	276.79,377.58
Cu	324.75,327.40	Ni	232.00,341.48	Tm	409.4
Dy	421.17,404.60	Os	290.91,305.87	U	351.46,358.49
Er	400.80,415.11	Pb	216.70,283.31	V	318.40,385.58
Eu	459.40,462.72	Pd	247.64,244.79	W	255.14,294.74
Fe	248.33,352.29	Pr	495.14,513.34	Y	410.24,412.83
Ga	287.42,294.42	Pt	265.95,306.47	Yb	398.80,346.44
Gd	386.41,407.87	Rb	780.02,794.76	Zn	213.86,307.59
Ge	265.16,275.46	Re	346.05,346.47	Zr	360.12,301.18
Hf	307.29,286.64	Rh	343.49,339.69		

2. 狭缝宽度

狭缝宽度影响光谱通带宽度和检测器接受的能量。在原子吸收分析中，谱线重叠的概率较小，因此可以使用较宽的狭缝，从而增加光强、降低检出限。实验过程中通过调节不同的狭缝宽度，测定吸光度随狭缝宽度的变化，以不引起吸光度减小的最大狭缝宽度为应选择的合适的狭缝宽度。

3. 灯电流

空心阴极灯的辐射强度依赖于工作电流。灯电流过小，放电不稳定，光输出的强度小；灯电流过大，发射谱线变宽，导致灵敏度下降，灯寿命缩短。选择灯电流时，应在保证稳定和有合适的光强输出的情况下，尽量选用较低的工作电流。一般商品空心阴极灯均标有最大工作电流和使用电流范围，通常以空心阴极灯上标明的最大工作电流的 1/2～2/3 作为工作电流。具体分析时最适宜的工作电流尚需实验来确定。

4. 原子化条件的选择

样品的原子化条件是整个原子吸收光谱法实验技术的关键所在。

在火焰原子化法中，火焰的选择与调节是提高火焰原子化效率的关键。如前所述，不同的火焰类型其基本特性不同，因而，应根据所测定元素的电离电位高低、原子化难易和氧化还原性质来选择火焰类型。例如，乙炔火焰在 200 nm 以下的短波区内有明显吸收，对于分析线小于 200 nm 的元素（如 Se、As 等），不宜使用乙炔火焰，应采用氢火焰；对于易电离的碱金属和碱土金属宜采用温度稍低的火焰，如丙烷-空气或氢气-空气火焰；对易形成难解离氧化物的元素（如 B、Be、Al、Zr、稀土等），则应采用高温火焰。火焰类型选定以后，需调节燃气与助燃气比例。合适的燃助比应通过实验确定，固定助燃气流量，改变燃气流量，由所测吸光度值与燃气流量之间的关系选择最佳的燃助比。由于在火焰区内，自由原子的空间分布是不均匀的，而且随火焰条件及元素的性质而改变，调节燃烧器高度可以控制光源光束通过火焰的区域，使测量光束从自由原子浓度最大的区域通过，可以得到较高的灵敏度。各元素在火焰中都有合适的测量位置，这可以通过调节燃烧器的高度来获得最大的吸收信号。

二、灵敏度和检出限

1. 灵敏度（S）

1975 年国际纯粹与应用化学联合会（IUPAC）规定，以标准曲线的斜率作为灵敏度，即 $S=\frac{\mathrm{d}A}{\mathrm{d}c}$ 或 $S=\frac{\mathrm{d}A}{\mathrm{d}m}$，即当待测元素的浓度或质量改变一个单位时，吸光度 A 的变化量。S 愈大，灵敏度愈高。在火焰原子吸收法中采用的是溶液进样，采用浓度表示较为方便；而在石墨炉原子吸收法中，吸光度取决于进入石墨管被测元素的绝对量，采用质量表示较为方便。

在火焰原子化法中常用特征浓度来表示灵敏度，即能产生 1%吸收或 0.004 4 吸光度值的待测元素的质量浓度（$\mu g \cdot mL^{-1}/(1\%)$）或质量分数（$\mu g \cdot g^{-1}/(1\%)$）。所以，有

$$S = \frac{c}{A} \times 0.0044 \tag{2-12}$$

例如，1 $\mu g \cdot g^{-1}$镁溶液，测得其吸光度为 0.50，则镁的特征浓度为

$$\frac{1}{0.50} \times 0.0044\ \mu g \cdot g^{-1} = 8.8\ ng \cdot g^{-1}$$

影响灵敏度的因素较多，它不仅取决于待测元素的性质，还与实验操作条件的选择、仪器的性能等密切相关。在定义灵敏度和特征浓度时，没有考虑测定时仪器的噪声，而一个待测信号能否被检测出来，同噪声的大小有密切关系，因此灵敏度和特征浓度不能用来衡量一个元素能否被检出的最小量。

2. 检出限（D）

检出限是指产生一个能够确证在样品中存在的某元素的分析信号所需要的该元素的最小量。其值定义为待测元素的分析信号等于噪声信号 3 倍标准偏差（s_0）所对应的进样浓度或进样量：

$$D = \frac{3s_0}{S} \tag{2-13}$$

式中：S 为灵敏度。

检出限考虑了测量时的噪声，明确地指出了检出限值的可信程度。因此检出限比灵敏度有更明确的意义。这一数值不仅表示各元素的测定特性，也表示仪器噪声大小。由此可见，降低噪声、提高测定的精密度是改善检出限的有效途径。

知识链接

原子吸收光谱法

早在 1802 年，伍朗斯顿(W. H. Wollaston)在研究太阳光的连续光谱时，发现有暗线存在。1817 年，福劳霍费(J. Fraunhofer)再次发现这样的暗线，但不明其原因和来源，于是把这些暗线称为福氏线。直到 1860 年本生(R. Bunson)和基尔霍夫(G. Kirchhoff)在研究碱金属和碱土金属元素的光谱时，发现钠蒸气发射的谱线会被处于较低温度的钠蒸气所吸收，而这些吸收线与太阳光连续光谱中的暗线的位置相一致，这一事实说明了福氏线是太阳外围大气圈中存在的钠原子对太阳光中所对应的钠辐射线吸收的结果，解开了原子吸收的面纱。

到了 20 世纪 30 年代，工业上汞的使用逐渐增多，汞蒸气毒性强，而测定大气中的汞蒸气较为困难，有人就利用原子吸收的原理设计了测汞仪，这是 AAS 法的最初应用。中国第一台商品化原子吸收光谱仪制造于北京第二光学仪器厂，也就是现在的北京瑞利分析仪器公司。

原子吸收光谱作为一种实用的分析方法是从 1955 年开始的。这一年澳大利亚的瓦尔西(A. Walsh)发表了他的著名论文——原子吸收光谱在化学分析中的应用，奠定了原子吸收光谱法的基础。20 世纪 50 年代末和 60 年代初，Hilger、Varian Techtron 及 Perkin-Elmer 公司先后推出了原子吸收光谱商品仪器，发展了瓦尔西的设计思想。到了 20 世纪 60 年代中期，原子吸收光谱开始进入迅速发展的时期。电热原子吸收光谱仪器产生于 1959 年，前苏联里沃夫发表了电热原子化技术的第一篇论文。电热原子吸收光谱法的绝对灵敏度可达到 10^{-10} g，使原子吸收光谱法向前发展了一大步。近年来，使用连续光源和中阶梯光栅，结合使用光导摄像管、二极管阵列多元素分析检测器，设计出了微机控制的原子吸收分光光度计，为解决多元素同时测定开辟了新的前景。微机控制的原子吸收光谱系统简化了仪器结构，提高了仪器的自动化程度，改善了测定准确度，使原子吸收光谱法的面貌发生了重大的变化。

任务七 原子荧光光谱法

原子荧光光谱法是对待测原子在辐射能激发下所产生的荧光强度进行定量分析的一种光谱分析方法，属于发射光谱分析方法，是 20 世纪 60 年代中期发展起来的，目前已在

冶金、地质、石油、农业、环境科学、生物医药等领域有较广泛的应用。由于所用仪器与原子吸收光谱法相近，故在本模块讨论。

荧光是一种光致发光现象。样品经原子化后形成气态自由原子，光源发出的强辐射照射在原子蒸气上，气态自由原子吸收光源的特征辐射后，由基态跃迁到较高能级，在返回基态或较低能级的同时发射出与原激发波长相同(共振荧光)或不同(非共振荧光)的辐射，称之为原子荧光。当激发光源停止照射之后，荧光发射过程立即停止。

各种类型的荧光产生过程如图 2-12 所示。

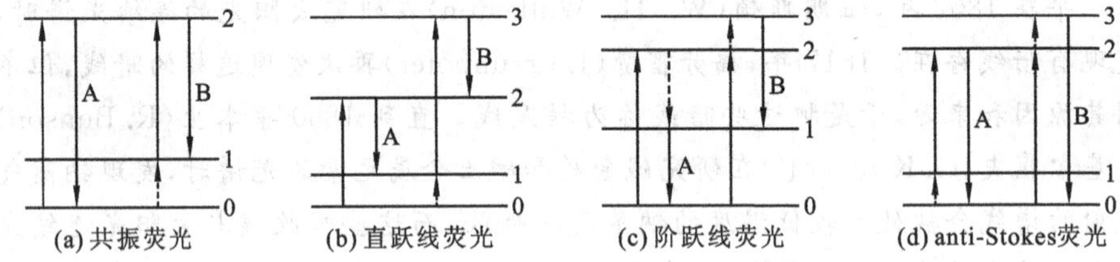

图 2-12　原子荧光产生的过程

1. 共振荧光

气态原子吸收共振线被激发后，再发射与原吸收线波长相同的荧光即是共振荧光。共振荧光强度最大，最为常用。它的特点是激发线与荧光线的能级相同，见图 2-12(a) 中 A，如锌原子的发射荧光即为共振荧光，吸收和发射谱线均为 213.86 nm。图 2-12(a)中 B 的情况是原子受热激发起始于亚稳态，再吸收辐射进一步激发，然后再发射相同波长的共振荧光，此种原子荧光称为热助共振荧光。

2. 非共振荧光

当荧光与激发光的波长不相同时，产生非共振荧光。非共振荧光又分为直跃线荧光、阶跃线荧光、anti-Stokes(反斯托克斯)荧光。

(1) 直跃线荧光。激发态原子跃迁回到高于基态的亚稳态时所发射的荧光称为直跃线荧光，见图 2-12(b)。由于荧光线的能级间隔小于激发线的能级间隔，所以荧光的波长大于激发线的波长。例如，铅原子吸收 283.31 nm 的光，而发射 405.78 nm 的荧光。如果荧光线的波长大于激发线的波长，称为 Stokes 荧光；反之，称为 anti-Stokes 荧光。直跃线荧光为 Stokes 荧光。

(2) 阶跃线荧光。阶跃线荧光有两种情况，一种情况为正常阶跃荧光，即当受辐射激发的原子以非辐射形式返回到较低能级，再以辐射形式返回基态所发射的荧光，荧光波长大于激发线波长。例如，钠原子吸收 330.30 nm 光，发射出 588.99 nm 的荧光。非辐射形式为在原子化器中原子与其他粒子碰撞的去激发过程。另一种情况为热助阶跃荧光，即当被光照射激发的原子跃迁至中间能级，又发生热激发跃迁至高能级，然后返回至低能级发射的荧光。例如，铬原子被 359.35 nm 的光激发后，会产生很强的 357.87 nm 荧光。阶跃线荧光产生见图 2-12(c)。

(3) anti-Stokes 荧光。当原子跃迁至某一能级，其获得的能量一部分由光源激发能供给，另一部分由热能供给，然后返回低能级所发射的荧光为 anti-Stokes 荧光。其荧光能大于激发能，荧光波长小于激发线波长。例如，铟吸收热能后处于一较低的亚稳能级，再吸收 451.13 nm 的光后，发射 410.18 nm 的荧光，见图 2-12(d)。

3. 敏化荧光

受光激发的原子与另一种原子碰撞时，将激发能传递给另一个原子使其激发，后者再以辐射形式去激发而发射的荧光即为敏化荧光。火焰原子化器中观察不到敏化荧光，在非火焰原子化器中可以观察到。

由于各种元素的原子结构不同，不同元素的原子所发射的荧光波长就不同。当原子浓度很低时，所发射的荧光强度和单位体积内原子蒸气中基态自由原子数目成正比，这是原子荧光定量分析的基础。

原子荧光分析仪器分为非色散型和色散型，两类仪器的光路图见图 2-13。可以看出，其结构与原子吸收分析在一些组件上是相同的。但是为了避免激发光源发射的辐射对原子荧光检测信号的影响，激发光源与检测器被设计成直角排列。

激发光源可用连续光源与锐线光源。连续光源常用氙弧灯，具有稳定、调谐简单、寿命长等特点，能用于多元素同时分析，但检出限较低。锐线光源多用高强度空心阴极灯、无极放电灯、激光等。锐线光源辐射强度高，光源稳定，但检出限较高。

原子化系统与原子吸收法相同。

色散系统有色散型和非色散型两种类型。色散型的色散元件是光栅；非色散型用滤光器来分离分析线和邻近谱线，可降低背景。

检测系统常用光电倍增管，在多元素原子荧光分析仪中也用光导摄像管、析像管等。

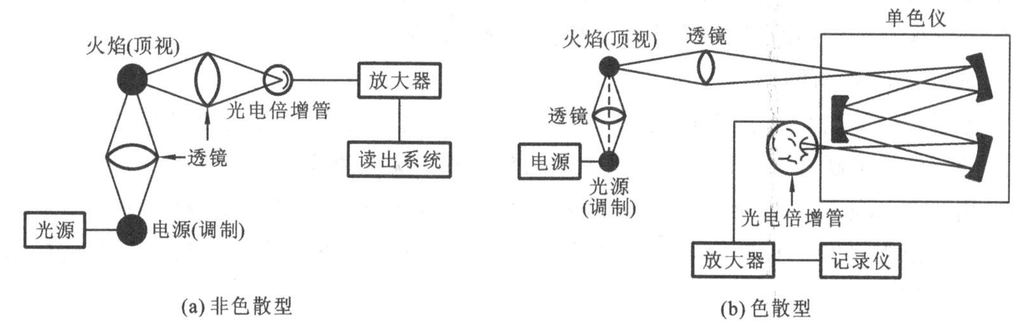

图 2-13 原子荧光光度计示意图

原子荧光光谱法具有如下特点。

(1) 有较低的检出限和较高的灵敏度，如 Cd 元素的检出限可达 0.001 ng・mL^{-1}、Zn 为 0.04 ng・mL^{-1}，用原子荧光光谱法测定时，目前已有 20 多种元素低于原子吸收光谱法的检出限。原子荧光法通常用于微量或痕量元素的分析。

(2) 干扰较少，谱线比较简单，仪器结构简单。

(3) 分析校准曲线线性范围宽，可达 3～5 个数量级。

(4) 原子荧光是向空间各个方向发射的，容易制作多道仪器，因而能实现多元素同时测定。

(5) 适用范围较原子发射和原子吸收光谱法窄，由于原子荧光存在荧光猝灭、散射光的干扰，以及较难适用于复杂基体的样品测定等问题，使其在应用范围上受到了限制。

习　题

1. 简述原子吸收分光光度法的基本原理。
2. 原子吸收光谱法有何特点？
3. 原子吸收分光光度法的定量依据是什么？为什么元素的基态原子数可以代表元素的原子总数？
4. 简述原子吸收分光光度计的主要构成部件的作用及工作原理。
5. 何谓锐线光源？原子吸收分光光度法为什么用锐线光源？
6. 简述空心阴极灯的工作原理。
7. 什么是中性火焰、富燃火焰、贫燃火焰？它们的适用范围如何？
8. 使谱线变宽的主要因素有哪些？它们对原子吸收光谱法的测定有什么影响？
9. 石墨炉原子化分析样品时需经过哪几步程序升温？各升温程序的目的是什么？
10. 原子吸收定量分析方法有哪几种？各适用于何种情况？
11. 何谓特征浓度、灵敏度和检出限？如何计算原子吸收光谱法的灵敏度和检出限？它们之间有何关系？
12. 原子吸收光谱分析中存在哪些干扰类型？如何消除干扰？
13. 在测定血清中钾时，先用水将样品稀释 40 倍，再加入钠盐至浓度为 0.8 $mg \cdot mL^{-1}$，试解释此操作的理由。
14. 原子吸收光谱和原子荧光光谱是如何产生的？比较两种分析方法的特点。
15. 原子荧光的跃迁有几种方式？试说明为什么原子荧光的检出限一般比原子吸收低。
16. 用 0.02 $mg \cdot L^{-1}$ 标准钠溶液与去离子水交替连续测定 12 次，测得钠溶液的吸光度平均值为 0.157，标准偏差 s_0 为 1.17×10^{-3}。求该原子吸收分光光度计对钠的检出限。(6.268 $mg \cdot L^{-1}$)
17. 用原子吸收分光光度法测定矿石中的钼，称取样品 4.23 g，经溶解处理后，转移到 100 mL 容量瓶中，稀释至刻度。吸取两份 10.00 mL 矿样试液，分别放入两个 50.00 mL 容量瓶中，其中一个加入 10.00 mL(20.0 $mg \cdot L^{-1}$)标准钼溶液，稀释至刻度。在原子吸收分光光度计上分别测吸光度为 0.314 和 0.586。计算矿石中钼的质量分数。(0.055%)
18. 两个含 Zn^{2+} 的标准溶液浓度分别为 25.00 $\mu g \cdot mL^{-1}$、16.00 $\mu g \cdot mL^{-1}$，在原子吸收光谱仪上测得它们的吸光度分别为 0.480、0.310，在相同条件下测得试液的吸光度为 0.422，求试液中 Zn^{2+} 的浓度。(21.87 $\mu g \cdot mL^{-1}$)
19. 用标准加入法测定试液中的镉，在 20 mL 试液中分别加入镉标准溶液后，用水稀释至 50 mL，测得吸光度如下表，求试液中镉的浓度。

试液体积/mL	加入镉标准溶液(10.00 $\mu g \cdot mL^{-1}$)的体积/mL	测得吸光度 A
20.00	0.00	0.042
20.00	1.00	0.080
20.00	2.00	0.116
20.00	3.00	0.153
20.00	4.00	0.190

(37.50 $\mu g \cdot mL^{-1}$)

20. 使用 285.2 nm 共振线，用配制的镁标准溶液得到下列分析数据：

镁标准溶液/($\mu g \cdot mL^{-1}$)	0.00	0.20	0.40	0.60	0.80	1.00
吸光度 A	0.000	0.079	0.161	0.236	0.318	0.398

取血清 2.00 mL，用水稀释 50 倍，在同样条件下测得吸光度为 0.213，求血清中镁的含量。

(26.0 $\mu g \cdot mL^{-1}$)

实训

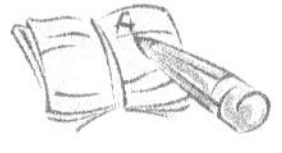

实训一　火焰原子吸收光谱法测定水中的钙

实训目的

(1) 进一步理解火焰原子吸收光谱法的原理。

(2) 掌握火焰原子吸收光谱仪的操作技术。

(3) 熟悉原子吸收光谱法的应用。

方法原理

原子吸收光谱法是基于气态自由原子对共振线的吸收，吸光度 A 与待测原子浓度 c 成正比。利用火焰的热能使样品转化为气态基态原子的方法称为火焰原子吸收光谱法。

当样品组成复杂，配制的标准溶液与样品组成之间存在较大差别时，常采用标准加入法。该法是在数个容量瓶中加入等量的样品，分别加入不等量(倍增)的标准溶液，用适当溶剂稀释至一定体积后，依次测出它们的吸光度。以加入标样的质量(μg)为横坐标，相应的吸光度为纵坐标，绘制标准曲线。横坐标与标准曲线延长线的交点至原点的距离 x 即为容量瓶中所含样品的质量(μg)，从而求得样品的含量。

仪器与试剂

1. 仪器

原子吸收分光光度计；钙空心阴极灯；乙炔钢瓶；空压机；移液管、容量瓶等常规仪器。

2. 试剂

10.0 μg·mL^{-1}钙标准溶液；自来水样品。

实训内容

(1) 按下列数据，设置测量条件。

钙吸收线波长：422.7 nm。

灯电流：4 mA。

狭缝宽度：0.1 mm。

空气流量：250 L·h^{-1}。

乙炔流量：1.4 L·min^{-1}。

燃烧器高度：8 mm。

(2) 吸取5份10.00 mL样品溶液，分别置于250 mL容量瓶中，各加入钙标准溶液0.0、1.0、2.0、3.0、4.0 mL于容量瓶中，以去离子水稀释至刻度，配制成一组标准溶液。

(3) 以去离子水为空白，测定上述各溶液的吸光度。

数据处理

(1) 绘制吸光度对浓度的标准曲线。

(2) 将标准曲线反向延长至与横坐标轴相交处，则交点至原点间的距离对应于10.00 mL样品中钙的含量。

(3) 换算出水样中钙的含量(mg·L^{-1})。

思考题

(1) 从原理、仪器、应用三方面对原子吸收和原子发射光谱法进行比较。

(2) 火焰原子吸收光谱法具有哪些特点？

实训二　化妆品中铅的含量测定

实训目的

(1) 掌握原子吸收仪的构造、工作原理。

(2) 学会选择合适的分析条件。

(3) 掌握原子吸收定量的方法和原理，并学会样品的预处理方法。

方法原理

样品经预处理，使铅以离子状态存在于试液中，试液中铅离子被原子化后，基态原子吸收来自铅空心阴极灯发出的共振线，其吸收量与样品中铅含量成正比。在其他条件不变的情况下，根据测量被吸收后的谱线强度，与标准系列比较，进行定量。

仪器与试剂

1. 仪器

原子吸收分光光度计；空心阴极灯；乙炔钢瓶；空压机；离心机；消解管；比色管；分液漏斗；瓷坩埚；箱型电炉等。

2. 试剂

硝酸(GR)；高氯酸(GR)；30%过氧化氢(GR)；硝酸溶液(1+1)；硝酸-高氯酸(3+1)；甲基异丁基酮(MIBK，AR)；氢氧化铵溶液(1+1)；二乙胺基二硫代甲酸钠(DDTC，2%)；2%吡咯烷二硫代甲酸胺(APDC)。

铅标准溶液：(1)称取纯度为99.99%的金属铅1.000 g，加入20 mL硝酸溶液(1+1)，加热使溶解，转移到1 000 mL容量瓶中，用水稀释至刻度。此标准溶液含铅1.00 mg·mL^{-1}；(2)移取1.00 mg·mL^{-1}铅标准溶液1.00 mL至100 mL容量瓶中，加2 mL硝酸溶液(1+1)，用水稀释至刻度，此溶液含铅100 μg·mL^{-1}；(3)移取100 μg·mL^{-1}铅标准溶液10.0 mL至100 mL容量瓶中，加2 mL硝酸溶液(1+1)，用水稀释至刻度，此溶液含铅10 μg·mL^{-1}。

7 mol·L^{-1}盐酸：取30 mL浓盐酸，加水至50 mL。

0.1%溴麝香草酚蓝(BTB)：称取100 mg BTB，溶于50 mL 95%乙醇溶液，加水至100 mL。

25%柠檬酸铵：必要时用二乙胺基二硫代甲酸钠和甲基异丁基酮萃取除铅。

40%硫酸铵：必要时用二乙胺基二硫代甲酸钠和甲基异丁基酮萃取除铅。

20%柠檬酸：必要时除铅。

实训内容

1. 样品预处理

(1) 湿式消解法：称取1.00～2.00 g样品，置于消解管中。同时做试剂空白实验。

含有乙醇等有机溶剂的化妆品，先在水浴或电热板上将有机溶剂挥发。若为膏霜型样品，可预先在水浴中加热，使瓶颈上的样品熔化流入消化管底部。

加入数粒玻璃珠，然后加入10 mL硝酸，由低温至高温加热消解，当消解液体积减小到2～3 mL时，移去热源，冷却。然后加入2～5 mL高氯酸，继续加热消解，不时缓缓摇动使受热均匀，直至冒白烟，消解液呈淡黄色或无色溶液。浓缩消解液至1 mL左右。

冷至室温后定量转移至10 mL(若为粉类样品，至25 mL)具塞比色管中，以去离子水

定容至刻度。若样液混浊，离心沉淀后，可取上清液测定。

(2) 干式消解法：称取 1.00～2.00 g 样品，置于瓷坩埚中，在小火上缓缓加热直至炭化。移入箱型电炉中，500 ℃下灰化 6 h 左右，冷却取出。

向瓷坩埚加入混合酸 2～3 mL，同时做试剂空白实验。小心加热消解，直至冒白烟，但不得干涸。若有残存炭粒，应补加 2～3 mL 混合酸，反复消解，直至样液呈无色或微黄色。微火浓缩至近干。然后定量转移至 10 mL(若为粉类样品，至 25 mL)刻度试管中，以去离子水定容至刻度。必要时离心沉淀。

(3) 浸提法：称取约 1.00 g 样品，置于比色管中。同时做试剂空白实验。

样品若含有乙醇等有机溶剂，先在水浴中挥发，但不得干涸。加 2 mL 硝酸、5 mL 过氧化氢，摇匀，于沸水浴中加热 2 h。冷却后加水定容至 10 mL(若为粉类样品，至 25 mL)。若样液混浊，离心沉淀后，可取上清液备用。

2. 样品的测定

移取 0.00、0.50、1.00、2.00、4.00、6.00 mL 铅标准溶液(10 μg · mL^{-1})，分别置于数支比色管中，加水至刻度。按仪器规定的程序，分别测定标准、空白和样品溶液。但若样品溶液含有铁、铋、铝、钙等干扰测定时，应预先处理。

绘制浓度-吸光度曲线，计算样品含量。

注：干扰离子的处理方法如下。

(1) 铁离子干扰：将标准、空白和样品溶液转移至蒸发皿中，在水浴上蒸发至干，加入 10 mL 7 mol · L^{-1}盐酸溶解残渣，用等量的 MIBK 萃取两次，再用 5 mL 7 mol · L^{-1}盐酸洗 MIBK 层，合并酸液，必要时赶酸，定容，进行直接测定。

(2) 铋离子干扰：将标准、空白和样品溶液转移至 100 mL 分液漏斗中，加 2 mL 柠檬酸铵、1 滴 BTB 指示剂，用氢氧化铵调溶液为绿色，加 2 mL 硫酸铵，加水到 30 mL，加 2 mL DDTC，混匀。放置数分钟，加 10 mL MIBK，振摇 3 min，静置分层，取 MIBK 层进行测定。

(3) 铝、钙等离子干扰：将标准、空白和样品溶液转移至 100 mL 分液漏斗，加 2 mL 柠檬酸，用氢氧化铵溶液(1+1)调 pH 值至 2.5～3.0，加水至 30 mL，加 2 mL 2%APDC 混合，放置 3 min，静置片刻，加入 10 mL MIBK 振摇萃取 3 min，将有机相转移至离心管中，以3 000 r · min^{-1}离心 5 min。取 MIBK 层进行测定。

数据处理

(1) 绘制标准曲线，求出回归方程。

(2) 利用标准曲线或回归方程求出样品中铅的含量。

思考题

(1) 利用标准曲线法测定的特点是干扰小，选择性好，但是对一些复杂基体还是存在干扰，如何消除干扰，使测定的数据更准确？

(2) 仪器操作的正确顺序是什么?

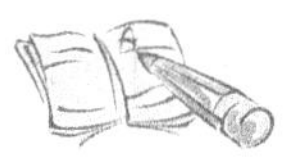

实训三 豆乳粉中铁、铜、钙的测定

实训目的

(1) 掌握原子吸收光谱法测定食品中微量元素的方法。

(2) 学习食品样品的处理方法。

方法原理

原子吸收光谱法是测定多种样品中金属元素的常用方法。测定食品中微量金属元素,首先要处理样品,使其中的金属元素以可溶的状态存在。样品可以用湿法处理,即样品在酸中消解成溶液,也可以用干法灰化处理,即将样品置于马弗炉中,在400～500 ℃高温下灰化,再将灰分溶解在盐酸或硝酸中制成溶液。

本实训采用干法灰化处理样品,然后测定其中Fe、Cu、Ca等营养元素。此法也可用于其他食品,如豆类、水果、蔬菜、牛奶中微量元素的测定。

仪器与试剂

1. 仪器

TAS900型原子吸收分光光度计;Fe、Cu、Ca空心阴极灯;空压机;乙炔瓶,容量瓶,1 000 mL 2个,50 mL 2个;吸量管,10 mL 3支;马弗炉;瓷坩埚;烧杯,50 mL 4个。

2. 试剂

1.000 $mg \cdot mL^{-1}$铜储备液:准确称取1 g纯金属铜溶于少量6 $mol \cdot L^{-1}$硝酸溶液中,移入1 000 mL容量瓶,用0.1 $mol \cdot L^{-1}$硝酸稀释至刻度。

1.000 $mg \cdot mL^{-1}$铁储备液:准确称取1 g纯金属铁丝,溶于50 mL 6 $mol \cdot L^{-1}$盐酸中,移入1 000 mL容量瓶,用蒸馏水稀释至刻度。

50 $mg \cdot mL^{-1}$镧溶液:称取25.6 g $La(NO_3)_3 \cdot 6H_2O$溶于少量蒸馏水中,稀释至100 mL。

1.000 $mg \cdot mL^{-1}$钙储备液。

实训内容

1. 样品的制备

准确称取2 g样品,置于瓷坩埚中,放入马弗炉,在500 ℃灰化2～3 h,取出冷却,加4 mL 6 $mol \cdot L^{-1}$盐酸,加热促使残渣完全溶解。移入50 mL容量瓶,用蒸馏水稀释至刻度,摇匀。

2. 铜和铁的测定

(1) 系列标准溶液的配制:用吸量管移取铁储备液10 mL至100 mL容量瓶中,用蒸馏水稀释至刻度。此标准溶液含铁100.0 $mg \cdot mL^{-1}$。

将铜储备液进行稀释，制成 20.00 μg·mL^{-1}的铜标准溶液。

在 5 个 100 mL 容量瓶中，分别加入 100.0 mg·mL^{-1}铁标准溶液 0.50、1.00、3.00、5.00、7.00 mL 和 20.00 μg·mL^{-1}铜标准溶液 0.50、2.50、5.00、7.50、10.00 mL，再加入 8 mL 6 mol·L^{-1}盐酸，用蒸馏水稀释至刻度，摇匀。

(2) 标准曲线：铜的分析线为 324.8 nm，铁的分析线为 248.3 nm。分别测量系列标准铜和铁溶液的吸光度。铜系列标准溶液浓度为 0.10、0.50、1.00、1.50、2.00 μg·mL^{-1}，铁系列标准溶液的浓度为 0.50、1.00、3.00、5.00、7.00 μg·mL^{-1}。

(3) 样品溶液的分析：与标准曲线同样条件下，测量制备的样品溶液中铜和铁的浓度。

3. 钙的测定

(1) 系列标准溶液的配制：将钙的储备液稀释成 100.0 μg·mL^{-1}钙的标准溶液。用 5 mL 吸量管移取该标准溶液 0.50、1.00、2.00、3.00、5.00 mL 于 5 个 100 mL 容量瓶中，分别加入 8 mL 6 mol·L^{-1}盐酸和 20 mL 镧溶液，用蒸馏水稀释至刻度，摇匀。系列标准溶液的浓度为 0.50、1.00、2.00、3.00、5.00 μg·mL^{-1}。

(2) 标准曲线：测定标准系列溶液的吸光度值，绘制标准曲线。

(3) 样品溶液的分析：用 10 mL 吸量管吸取制备的样品溶液到 50 mL 容量瓶中，加入4 mL 6 mol·L^{-1}盐酸和 10 mL 镧溶液，用蒸馏水稀释至刻度，摇匀。与标准曲线同样条件，测定样品溶液的吸光度。

数据处理

(1) 在坐标纸上分别绘制铁、铜、钙的标准曲线。

(2) 确定豆乳粉中这些元素的含量。

注意事项

(1) 如果样品中这些元素的含量偏低，可以增加取样量。

(2) 处理好的样品溶液若混浊，可用定量滤纸过滤。

思考题

(1) 为什么稀释后的标准溶液只能放置较短的时间，而储备液则可以放置较长的时间？

(2) 测定钙时为什么要加入镧溶液？

实训四　原子吸收氢化法测定食品中的砷

实训目的

(1) 熟悉和掌握原子吸收分光光度计的使用方法。

(2) 掌握氢化法的基本原理，了解氢化法的应用。

(3) 掌握氢化物发生器的使用方法。

方法原理

砷、锑、铋、锗、锡、硒、碲和铅元素的氢化物在常温、常压下为气态。将上述元素转化为相应的氢化物，将氢化物导入原子吸收分光光度计中进行原子化，测定待测元素的吸收值，这种方法称为原子吸收氢化法。装置示意图见图2-14。

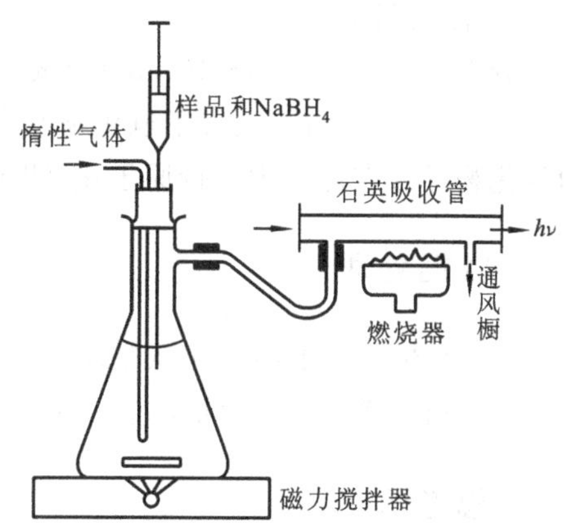

图 2-14 原子吸收氢化法装置示意图

氢化物的生成是用强还原剂 $NaBH_4$(KBH_4)在酸性溶液中与待测元素生成气态的氢化物，其反应过程如下：

$$AsCl_3+4KBH_4+HCl+8H_2O$$
$$=AsH_3\uparrow+4KCl+4HBO_2+13H_2\uparrow$$

氢化物发生法还原效率高，基体影响不明显，可在较低温度下进行原子化(800～900 ℃)，因此灵敏度高。

砷的最灵敏吸收线波长为 193.7 nm，其他灵敏线尚有 197.2 nm 和 188.9 nm。由于此波段光源有背景发射，需采用窄通带(<0.1 nm)。砷的空心阴极灯电流约 20 mA，可采用空气-乙炔火焰。本法灵敏度可达5 $\mu g \cdot mL^{-1}$。

仪器与试剂

1. 仪器

原子吸收分光光度计；乙炔钢瓶；空压机；砷空心阴极灯；氢化物发生器；烧杯、容量瓶、吸管。

2. 试剂

100 $\mu g \cdot mL^{-1}$砷标准溶液：精确称取 0.132 0 g 在干燥器内放置了 24 h 的 As_2O_3，加入 5 mL 20%氢氧化钠溶液，溶解后，加 10 mL 10%硫酸，移入 100 mL 容量瓶中，加入新煮沸冷却的水至刻度，摇匀，储于棕色瓶中备用。

1%硼氢化钾(AR)；盐酸(1+1)(AR)；10%硫酸(AR)；20%氢氧化钠(AR)；5%硫脲维生素丙(AR)；三氧化二砷(AR)。

实训内容

1. 样品处理

称取固体均匀样品 5 g，低温炭化后，置于马弗炉中(500 ℃)灰化 2～4 h，直至成白色残渣，冷却后加 2 mL 盐酸(1+1)，于水浴上加热至干，残渣加水溶解，将溶液置于 50 mL 容量瓶中，稀释至刻度，摇匀。

2. 砷标准系列溶液的配制

配制含砷量为0.00、5.00、10.0、20.0、30.0、40.0 μg·mL^{-1}的标准系列溶液。

3. 样品测定

分别吸取一定量(5～10 mL)的试液或标液，加入1 mL 5%硫脲维生素丙，将As(Ⅴ)还原为As(Ⅲ)。将溶液置于氢化物发生器中，加2 mL 1%硼氢化钾溶液进行反应，产生的氢化物导入燃烧器中进行原子化，测定其吸收值，同时测定试剂空白的吸收值。

数据处理

(1) 在坐标纸上绘制标准曲线。

(2) 确定样品中砷含量(mg·kg^{-1})。

思考题

(1) 氢化法还适用于哪些方法(除原子吸收外)？试说明其理由。

(2) 氢化法常用于哪些样品？

实训五　石墨炉原子吸收光谱法测定痕量镉

实训目的

(1) 学习石墨炉原子吸收光谱仪的操作技术。

(2) 熟悉石墨炉原子吸收光谱法的应用。

方法原理

石墨炉原子吸收光谱法采用石墨炉使石墨管升至2 000 ℃以上的高温，使管内样品中的待测物质组成元素分解形成气态基态原子，由于气态基态原子可吸收其共振线，且吸收强度与含量成正比，故可进行定量分析。它是一种非火焰原子吸收光谱法。

石墨炉原子吸收法具有样品用量小的特点，方法的绝对灵敏度较火焰法高几个数量级，可达10^{-14} g，并可直接测定固体样品。但仪器较复杂，背景吸收干扰较大。在石墨炉中的工作步骤可分为干燥、灰化、原子化和净化四个阶段。

仪器与试剂

1. 仪器

WFX-110或WFX-1F2B型原子吸收分光光度计(或其他型号)；石墨管。

2. 试剂

1.00 mg·mL^{-1}镉标准储备液。

0.025 μg·mL^{-1}镉标准工作液：取1.00 mg·mL^{-1}的镉标准储备液以逐级稀释法配

制 100 mL，备用。

实训内容

（1）按下列参数，设置测量条件。

分析线波长：228.8 nm。

灯电流：3 mA。

通带宽度：1.3 nm。

干燥温度和时间：80 ℃（或 120 ℃），30 s。

灰化温度和时间：300 ℃，30 s。

原子化温度和时间：1 500 ℃，4 s。

净化温度和时间：1 800 ℃，2 s。

氮气或氩气流量：100 mL · min^{-1}。

（2）分别取镉标准工作液 1.00、2.00、3.00、4.00、5.00 mL，置于 25 mL 容量瓶中，用二次蒸馏水稀释至刻度，摇匀，备用。

（3）用微量注射器分别吸取样品溶液、标准溶液 20 μL 注入石墨管中，并测定其吸光度值。

数据处理

（1）以吸光度值为纵坐标，镉含量为横坐标绘制标准曲线。

（2）从标准曲线中，根据样品溶液的吸光度查出相应的镉含量。

（3）计算样品溶液中镉的质量浓度（μg · mL^{-1}）。

思考题

（1）非火焰原子吸收光谱法具有哪些特点？

（2）石墨炉原子吸收分析的操作中主要应注意哪几个问题？为什么？

模块三

紫外-可见分光光度法

学习目标

掌握紫外-可见分光光度法的基本原理、定量分析方法，紫外-可见分光光度计的结构及各部件的功能；熟悉紫外-可见分光光度法的实验技术及其应用；了解光的加和性及紫外-可见分光光度法定性分析的方法原理。

紫外-可见分光光度法(ultraviolet-visible spectrophotometry，UV-Vis)，通常是指利用物质对 200～800 nm 光谱区域内的电磁辐射具有选择性吸收的现象，对物质进行定性和定量分析的方法。按所吸收光的波长区域不同，分为紫外分光光度法和可见分光光度法，合称为紫外-可见分光光度法。由于其具有灵敏度高、准确度高、操作方法简便及通用性强等特点，已成为仪器分析检测的最主要方法之一，普遍应用于化工、冶金、农业、医药、食品、轻工、环境保护、材料科学等各个领域。

任务一　紫外-可见分光光度法的基本原理

一、朗伯-比耳定律

朗伯-比耳定律是说明物质对单色光吸收的强弱与吸光物质的浓度和液层厚度间关系的定律，是光吸收的基本定律，是分光光度法定量分析的理论依据。

朗伯-比耳定律说明了吸光度与液层厚度的关系，比耳定律说明了吸光度与浓度的关系。

当一束平行的单色光通过均匀的液体介质时，光的一部分被吸收，一部分透过溶液，还有一部分被器皿表面散射。设入射光强度为 I_0，吸收光强度为 I_a，透射光强度为 I_t，反射光强度为 I_r，则

$$I_0 = I_a + I_t + I_r \tag{3-1}$$

在吸收光谱分析中，通常将被测溶液和参比溶液分别置于同样材质和厚度的吸收池中，让强度为 I_0 的单色光分别通过两个吸收池，在平行操作时，反射光强度基本相同，其影响可相互抵消，上式可简化为

$$I_0 = I_a + I_t \tag{3-2}$$

透过光的强度(I_t)与入射光强度(I_0)之比称为透光率，用 T 表示：

$$T = \frac{I_t}{I_0} \tag{3-3}$$

透光率以百分数表示，溶液的透光率越大，则表示它对光的吸收越小；反之，透光率越小，表示它对光的吸收越大。为了表示物质对光的吸收程度，常采用吸光度 A 这一概念，其定义为

$$A = \lg\frac{1}{T} = \lg\frac{I_0}{I_t} \tag{3-4}$$

A 值越大，表明物质对光的吸收越大。若此时溶液浓度为 c，液层厚度为 b，则它们的关系为

$$A = \lg\frac{1}{T} = Kbc \tag{3-5}$$

式(3-5)即为朗伯-比耳定律的数学表达式，其中 K 为吸光系数。

如果溶液中同时含有 n 种吸光物质，只要各组分之间没有相互作用(不因共存而改变本身的吸光特性)，则总吸光度等于溶液中各吸光物质吸光度之和，即吸光度具有加和性：

$$A_{总} = \lg\frac{1}{T_{总}} = A_a + A_b + A_c + \cdots \tag{3-6}$$

吸光度的这种加和性是进行多组分光度分析的理论基础。

二、吸光系数

吸光系数的物理意义是吸光物质在单位浓度和单位厚度时对某单色光的吸光度。在给定单色光、溶剂和温度等条件下，吸光系数是物质的特性常数，表明物质对某一特定波长光的吸收能力。吸光系数越大，表明该物质的吸光能力越强，测定的灵敏度越高，所以吸光系数可作为定性鉴别的重要依据。

吸光系数常用的有两种表达方式。

(1) 摩尔吸光系数：指在一定波长时，溶液浓度为 1 $mol \cdot L^{-1}$，比色皿厚度为 1 cm 时的吸光度，用 ε 或 E_m 标记。

(2) 百分吸光系数或称比吸光系数：指在一定波长时，溶液浓度为 1%($g \cdot (100\ mL)^{-1}$)，比色皿厚度为 1 cm 时的吸光度，用 $E_{1\,cm}^{1\%}$ 表示。

吸光系数两种表示方式之间的关系是：

$$\varepsilon = \frac{M}{10}E_{1\,cm}^{1\%} \tag{3-7}$$

式中：M 为吸光物质的摩尔质量。

摩尔吸光系数一般不超过 10^5 数量级，通常 ε 在 $10^4 \sim 10^5\ L \cdot cm^{-1} \cdot mol^{-1}$ 之间为强吸收，小于 $10^2\ L \cdot cm^{-1} \cdot mol^{-1}$ 为弱吸收，介于两者之间的为中强吸收，ε 或 $E_{1\,cm}^{1\%}$ 不能直

接测得,需要用已知准确浓度的稀溶液测得吸光度换算而得到。

三、吸收光谱

分子中的电子发生跃迁需要的能量在 $1.6\times10^{-19}\sim3.2\times10^{-18}$ J之间,其对应的吸收光的波长范围大部分处于紫外和可见光区域,通常将分子在这一区域的吸收光谱称为电子光谱。不同分子中的电子跃迁需要的能量不一样,物质对不同波长的光的吸收程度(吸光度)就不同,以波长为横坐标,吸光度(或摩尔吸光系数)为纵坐标作图,就可以得到该物质在测量波长范围内的吸收曲线,即吸收光谱。测量物质可以是液体,也可以是固体或气体,但大多数情况下是具有一定浓度的该物质的溶液。图3-1所示是邻二氮菲合铁(Ⅱ)离子的紫外吸收光谱图。邻二氮菲合铁(Ⅱ)离子在510 nm处有最大吸收,表示为 $\lambda_{max}=510$ nm,称为最大吸收波长。由图可见,浓度不同时,各波长的吸光度值不一样,但吸收曲线形状相似,最大吸收波长不变,不同浓度溶液的吸光度在最大吸收波长处差值最大,在此波长处测定最为灵敏,所以通常选取 λ_{max} 进行物质含量的测定。

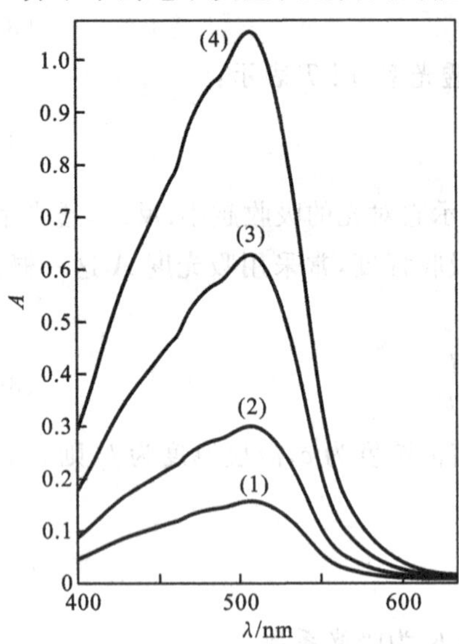

图3-1　邻二氮菲合铁(Ⅱ)离子的紫外吸收光谱图

铁(Ⅱ)离子的浓度:(1) 0.4 μg·mL^{-1};(2) 0.8 μg·mL^{-1};(3) 1.6 μg·mL^{-1};(4) 2.4 μg·mL^{-1}

四、偏离朗伯-比耳定律的因素

按照朗伯-比耳定律,当液层厚度不变,浓度 c 与吸光度 A 之间的关系应该是一条通过原点的直线。事实上,往往由于多种因素的影响会使测定结果偏离直线。引起偏离的因素有多种,主要有化学方面和光学方面的因素。

1. 化学因素

溶液中溶质可因浓度改变而有解离、缔合、配位及与溶剂间的作用等原因而发生偏离朗伯-比耳定律的现象。例如,人们测定亚甲蓝阳离子水溶液的吸收光谱(见图3-2)发现,单体的吸收峰在660 nm处,而二聚体的吸收峰在610 nm处;随着浓度的增大,660 nm处吸收峰减弱,610 nm处吸收峰增强,吸收光谱形状发生改变。由于这个现象的存在,吸光度与浓度关系发生偏离。

又如,重铬酸钾的水溶液有以下平衡:

$$Cr_2O_7^{2-}+H_2O\rightleftharpoons 2H^{+}+2CrO_4^{2-}$$

若将溶液严格地稀释2倍,$Cr_2O_7^{2-}$ 浓度不是减少 $\frac{1}{2}$,而是受稀释后平衡向右移动的影响,$Cr_2O_7^{2-}$ 浓度的减少明显多于 $\frac{1}{2}$,结果偏离朗伯-比耳定律,而产生误差。

由化学因素引起的偏离,有时可通过控制溶液条件设法减免。上例若在强酸性溶液

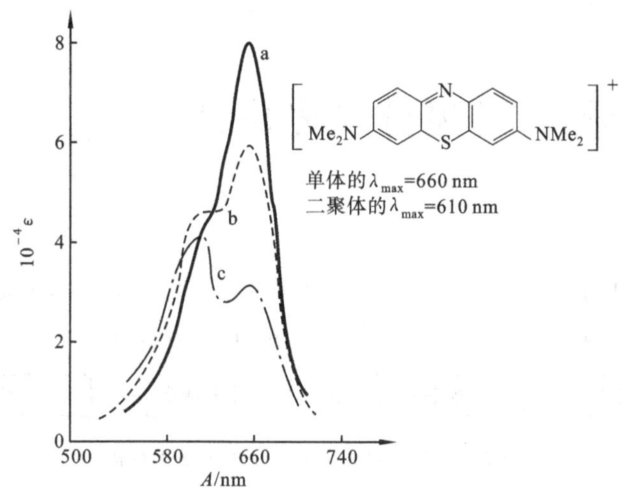

图 3-2　不同浓度亚甲蓝阳离子水溶液的吸收光谱

a—6.36×10^{-6} mol·L^{-1}；b—1.27×10^{-4} mol·L^{-1}；c—5.97×10^{-4} mol·L^{-1}

中测定或在碱性溶液中测定，都可避免这种偏离现象。

2. 光学因素

（1）非单色光。朗伯-比耳定律成立的一个重要前提是入射光是单色光，但事实上真正的单色光是难以得到的。例如，当光源为连续光谱时，常采用单色器把需要的波长从连续光谱中分离出来，波长宽度取决于单色器中的狭缝宽度和棱镜或光栅的分辨率。由于制作技术的限制，同时为了保证透过光的强度对检测器有明显的响应，狭缝就必须有一定的宽度，这就使分离出来的光具有一定波长范围，这一宽度称为谱带宽度，常用半峰宽来表示。

谱带宽度的值越小，单色性越好。由于入射光是复合光，而物质在不同波长光下的吸光系数不同，故仍会使吸光度值发生变化而发生偏离。

（2）杂散光。从单色器得到的单色光中，还有一些不在谱带宽度范围内的与所需波长相隔较远的光，称为杂散光。杂散光一般来源于仪器制造过程中难以避免的瑕疵，仪器的使用、保养不善使光学元件受到尘染或霉蚀也是杂散光增多的常见原因。杂散光可使吸收光谱变形，特别是在透射光很弱的情况下，会产生明显的作用。随着仪器制造工艺的提高和保养方法的改善，杂散光的影响可以减小到忽略不计。

（3）散射光和反射光。吸光质点对入射光有散射作用，入射光在吸收池内外界面之间通过时又有反射作用。散射光和反射光都是入射光谱带宽度内的光，对透射光强度有直接影响。光的散射可使透射光减弱。真溶液质点小，散射光不强，可用空白对比补偿。但混浊溶液质点大，散射光强，一般不易制备相同空白补偿，常使测得的吸光度偏高，分析中应尽量避免。入射光同样会因反射而损失，所以反射也使透光强度减弱，一般情况下可用空白对照进行补偿。

（4）非平行光。通过吸收池的光，一般都不是真正的平行光，倾斜光通过吸收池的实际光程将比垂直照射的平行光的光程长，使厚度 b 增大而影响测量结果。这种测量实际

厚度的变异也是同一物质用不同仪器测定吸光系数时，产生差异的主要原因之一。

任务二　紫外-可见分光光度计

一、主要部件

目前，商品化的紫外-可见分光光度计类型较多，就其结构而言，都是由光源、单色器、吸收池、检测器和显示系统五个主要部件构成，如图 3-3 所示。

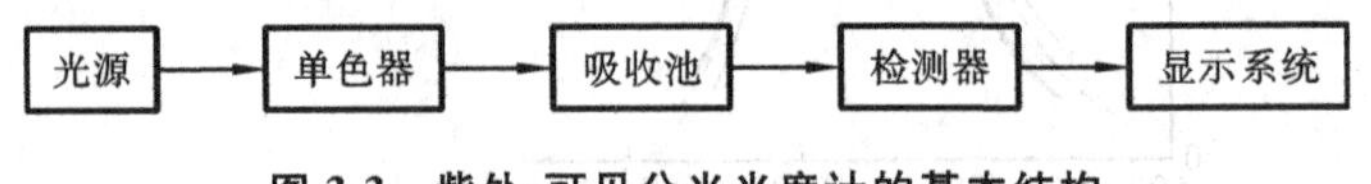

图 3-3　紫外-可见分光光度计的基本结构

1. 光源

光源是提供入射光的装置，其基本要求是在广泛的光谱区域内发射连续光谱，并有足够的辐射强度和良好的稳定性。在紫外-可见分光光度计中，常用的光源有两类：热辐射光源和气体放电光源。热辐射光源用于可见光区，如钨丝灯和卤钨灯；气体放电光源用于紫外区，如氢灯和氘灯。

（1）钨丝灯。钨丝灯是常用于可见光区的连续光源，它可发射波长为 325～2 500 nm 的连续光谱，适用的波长范围为 350～1 000 nm。在可见光区，钨丝灯的能量输出大约随工作电压的变化而变化，为了保证钨丝灯发光强度稳定，需要采用稳压电源供电。另外，随着灯丝温度的提高，会导致钨原子蒸发速度上升，将缩短钨灯的使用寿命。

（2）卤钨灯。卤钨灯是在钨丝灯中加入适量的卤素或卤化物（如碘钨灯加入纯碘，溴钨灯加入溴化氢），灯泡用石英制成。由于灯内卤元素的存在，使钨丝灯在工作时挥发出的钨原子与卤素作用生成卤化物，卤化物分子在灯丝上受热分解为钨原子和卤素，使钨原子重新返回到钨丝上，这样就大大减少了钨原子的蒸发，提高了灯的使用寿命。此外，卤钨灯比普通钨丝灯的发光效率也要高得多。所以，多数的分光光度计已采用卤钨灯作为可见光区和近红外区的光源。

（3）氢灯和氘灯。氢灯和氘灯是常用于紫外光区的连续光源。氢灯可用的上限波长为 375 nm，高于此波长时，氢灯的能量太小，应改用钨丝灯。氘灯的灯管内充有氢的同位素氘，它是紫外光区应用最广泛的一种光源，其光谱分布与氢灯相似，但光强度比相同功率的氢灯则要大 3～5 倍。

近年来，具有高强度和高单色性的激光已被开发用做紫外光源。已商品化的激光光源有氩离子激光器和可调谐染料激光器。

2. 单色器

单色器是一种将来自光源的复合光分解为单色光并能分离出所需要波长的装置，是分光光度计的关键部件。它主要由入射狭缝、色散元件、准直镜和出射狭缝等部分组成，其中色散元件是关键部分。入射狭缝的作用是限制杂散光进入；色散元件的作用是将复合光分解为单色光，它可以是棱镜或光栅；准直镜的作用是将来自狭缝的光束转化为平行光，并将来自色散元件的平行光束聚焦于出射狭缝上；出射狭缝的作用是将额定波长范围的光射出单色器。转动色散元件，可以改变单色器射出光束的波长；改变入射、出射狭缝宽度，可以改变出射光束的带宽、单色光的纯度及光强。

3. 吸收池

吸收池是盛装试液并决定液层厚度的器件。常用的吸收池材料有石英和玻璃两种，石英池可用于紫外、可见及近红外光区，普通硅酸盐玻璃池只能用于可见光区。常见吸收池为长方体，光程为 0.5～10 cm，其中以 1 cm 光程吸收池最为常用。从用途上分，有液体池、气体池、微量池及流动池。

4. 检测器

在分光光度计中，检测器是一种检测光强度，并将光强度以电信号形式显示出来的光电转换设备。常用的检测器有光电池、光电管和光电倍增管等。对检测器的要求是：在测定的光谱范围内具有高的灵敏度；对辐射能量的响应时间短，信号关系好；对不同波长的辐射响应均相同，且可靠；噪声水平低，稳定性好等。

（1）硒光电池。硒光电池对光的敏感范围为 300～800 nm，其中对波长为 500～600 nm 的光最为敏感，而对紫外光及红外光都不响应。这种光电池的特点是能产生可直接推动微安表的光电流，但由于容易出现疲劳效应，只能用于低档次的分光光度计中。

（2）光电管。光电管在紫外-可见分光光度计中应用较为广泛，有真空光电管和充气光电管。图 3-4 是真空光电管的结构示意图。一个金属半圆柱体作为阴极，一个镍环或镍片作为阳极。阴极内表面涂有一层光敏物质，此物质多为碱金属或碱金属氧化物，受光照射时可发出光电子。阴极上的光敏材料不同，光谱的灵敏区也不同。光电管可分为蓝敏和红敏两种，前者在阴极表面上沉积锑和铯，可用波长范围为 210～625 nm；后者是在阴极表面上沉积银和氧化铯，可用波长范围为 625～1 000 nm。与光电池比较，它具有灵敏度较高、光敏范围宽、不易疲劳等优点。

（3）光电倍增管。光电倍增管是进一步提高光电管灵敏度的光电转换器，工作原理如图 3-5 所示。管内除光电阴极和阳极外，两极间还放置多个瓦形倍增电极。使用时相邻两倍增电极间均加有电压，用来加速电子。光电阴极受光照后释放出光电子，在电场作用下射向第一倍增电极，引起电子的二次发射，激发出更多的电子，然后在电场作用下飞

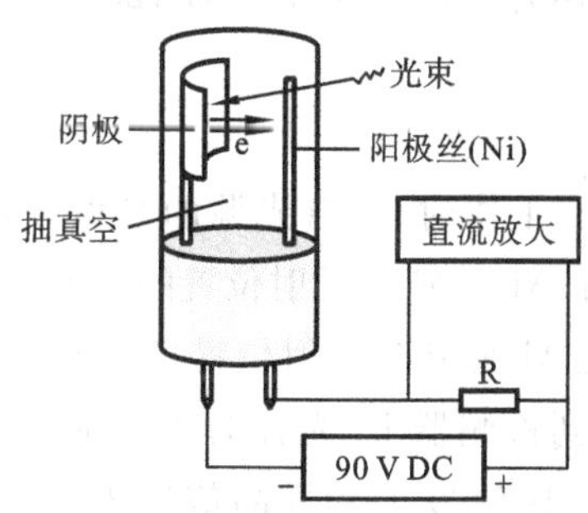

图 3-4 真空光电管结构示意图

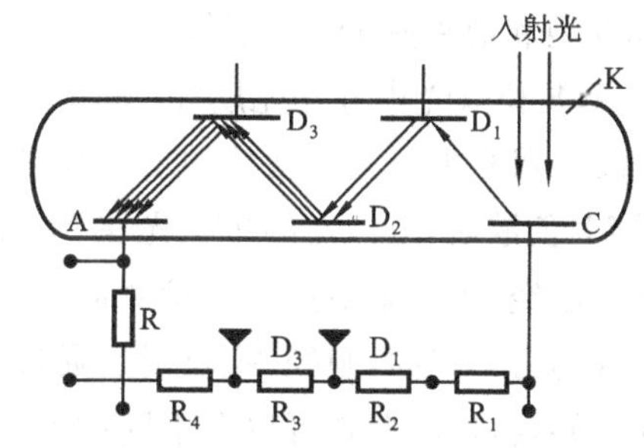

图 3-5 光电倍增管的工作原理

K—窗口；C—光电阴极；D_1、D_2、D_3—次电子发射极；A—阳极；R_1、R_2、R_3、R_4—电阻

向下一个倍增电极，又激发出更多的电子。如此电子数不断倍增，阳极最后收集到的电子可增加 10^4～10^8 倍，这使光电倍增管的灵敏度非常高，可用来检测微弱光信号。光电倍增管的灵敏度比普通光电管要高得多，因此可使用较窄的单色器狭缝，从而对光谱的精细结构有较好的分辨能力。

5. 显示系统

在紫外-可见分光光度计中，常用的显示系统有直流检测器、电位调节指零装置及数字显示或自动记录装置等。新型紫外-可见分光光度计显示系统大多采用微型计算机，它既可用于仪器自动控制，实现自动分析，又可进行数据处理，记录样品的吸收曲线，大大提高了仪器的灵敏度和稳定性。

二、紫外-可见分光光度计的类型

紫外-可见分光光度计的型号很多。按其光学系统可分为单波长分光光度计和双波长分光光度计，其中单波长分光光度计又有单光束和双光束分光光度计两种。

1. 单波长单光束分光光度计

单波长单光束分光光度计是最简单的光度计，目前国内广泛采用的简易型单波长单光束分光光度计是721型。这种分光光度计结构简单、价格低廉、操作方便、维修也比较容易，适用于常规分析。它的基本工作原理结构如图3-6所示。

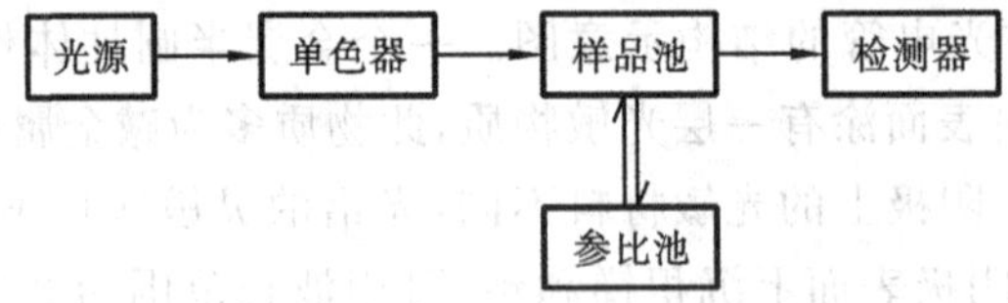

图3-6 单波长单光束分光光度计的工作原理图

来自光源的光经单色器分解后，通过手动吸收池拉杆控制使其分别经过参比溶液和样品溶液，进行光强度测定。参比溶液和待测试液是在不同时间内进行比较测定的，由于光源和检测系统的不稳定会引入测量误差，所以要求光源和检测系统必须有较高的稳定性。此外，单光束分光光度计每换一个波长都必须用空白校准，若要对某一样品作某波长范围的吸收光谱则很不方便。属于单光束分光光度计的还有国产751型、XG-125型、英国SP500型和伯克曼DU-8型等。

2. 单波长双光束分光光度计

单波长双光束分光光度计的工作原理如图3-7所示。工作时，来自光源的光束经过单色器 M_0 色散后，分离出的单色光在 M_1 旋转到透射位置，M_4 旋转到反射位置的瞬间，通过参比溶液经 M_3 反射后照射到检测器上，光强为 I_0；而在 M_1 旋转到反射位置，M_4 旋转到透射位置的另一瞬间，则经 M_2 反射后通过样品溶液照射到检测器上，光强为 I_t。旋转镜快速同步旋转，检测器就可以在不同的瞬间接收和处理参比信号 I_0 和样品信号 I_t，其信号差再通过对数转换为吸光度（即样品溶液的吸光度）并作为波长的函数记录下来。

由于双光束仪器对 I_0、I_t 的测量几乎是同步进行的，补偿了由于光源和检测系统不稳定造成的影响，具有较高的测定精密度和准确度，而且测量也方便快捷。双光束分光光度

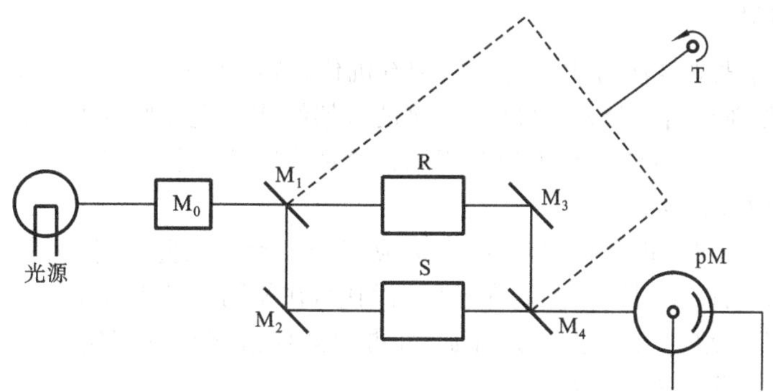

图 3-7 单波长双光束分光光度计工作原理图

M_0—单色器；M_1、M_4—半反射半透射旋转镜；M_2、M_3—平面反射镜；

R—参比池；S—样品池；T—旋转装置；pM—光电倍增管

计大多数设计为自动记录型。使用双光束仪器除了能自动扫描吸收光谱外，还可以自动消除电源电压波动的影响，减少放大器增益的漂移，但其结构较单光束分光光度计复杂。国产 710 型、730 型、740 型，日立 UV-340 型等就属于这种类型。

3. 双波长分光光度计

双波长分光光度计的工作原理如图 3-8 所示。从同一光源发出的光分为两束，分别经过两个单色器后，得到两束不同波长（λ_1 和 λ_2）的光，利用切光器使两束光以一定的频率交替照射同一吸收池，最后由检测器显示出两个波长下的吸光度差值（ΔA），样品溶液浓度与两个波长下的吸光度差值成正比。双波长分光光度计的优点是可以在有背景干扰或共存组分吸收干扰的情况下对某组分进行定量测定。此外，还可以利用双波长分光光度计获得导数光谱和进行系数倍率法测定。双波长分光光度计设有工作方式转换机构，能够很方便地转化为单波长工作方式。国产 WFZ800-5 型，岛津 UV-260 型、UV-265 型、UV-300 型，日立 365 型等都属于这类分光光度计。

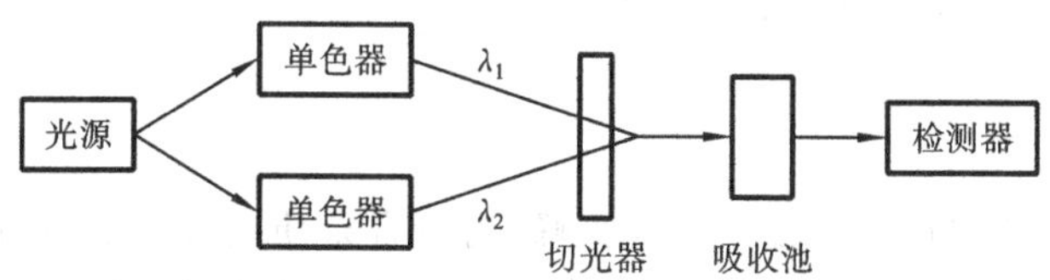

图 3-8 双波长分光光度计的工作原理图

任务三 定性与定量方法

紫外-可见分光光度法不仅可以用来对物质进行定性分析和结构分析，而且可以进行定量分析、测定某些化合物的物理化学数据（如相对分子质量、配合物的配合以及稳定常数等）。

一、定性鉴别

紫外-可见分光光度法可用于对不饱和有机化合物，尤其是对具有共轭体系的有机化合物进行定性鉴别和结构分析，推断未知物的骨架结构。定性鉴别方法有两种，一种是比较吸收光谱法，另一种方法是根据经验规则计算最大吸收波长，然后与实测值比较。

1. 比较吸收光谱法

两个样品若是同一化合物，其吸收光谱应完全一致。在鉴定时，为了消除溶剂效应，应将样品和标准品以相同浓度配制在相同溶剂中，在相同条件下分别测定其吸收光谱，比较两光谱图是否一致。为了进一步确证，可再用其他溶剂分别测定，若吸收光谱仍然一致，则进一步肯定两者为同一物质。

也可将样品吸收光谱与标准光谱图相比较，这时制样条件应与标准光谱图给出的条件一致，目前常用的标准光谱图及电子光谱数据表有以下几种。

(1) 1951 年出版的“Ultraviolet Spectra of Aromatic Compounds”。此谱图集共收集了 579 种芳香化合物的紫外光谱。

(2) 1976 年出版的“Handbook of Ultraviolet and Visible Absorption Spectra of Organic Compounds”。

(3) 1978 年出版的“Sadtler Standard Spectra(Ultraviolet)”。此谱图集共收集了 46 000种化合物的紫外光谱。

(4) 1987 年出版的“Organic Electronic Spectra Data”。这是一套由许多作者共同编写的大型手册性丛书。所收集的文献资料自 1964 年开始，目前还在继续编写。

值得注意的是，紫外吸收光谱相同的两种化合物，有时是结构不同的两种化合物，因为紫外吸收光谱通常只有 2～3 个较宽的吸收峰，具有相同生色团而结构不同的分子，有时会产生相同的紫外吸收光谱。因此，不能单凭紫外吸收光谱下结论。

2. 经验规则计算最大吸收波长法

当采用其他物理和化学方法判断某化合物的几种结构时，可用经验规则计算最大吸收波长，并与实测值比较，然后确认物质的结构。常用的经验规则有 Woodward-Fieser 规则和 Scott 规则。本书对此不作深入探讨。

二、纯度检查

1. 杂质检查

如果化合物在某波长下有较强的吸收峰，而所含杂质在此波长处无吸收峰或吸收很弱，杂质的存在将使化合物的吸收系数值降低；若杂质在此吸收峰处有比化合物更强的吸收，则将使吸收系数值增大。这些都可作为检查杂质是否存在的方法。但是，被检查的化合物必须已经鉴别确证之后，才能认为光谱数据或形状的改变是由杂质存在引起的。

如果化合物在紫外-可见光区没有明显吸收，而所含杂质有较强的吸收，那么，有少量杂质就可以用紫外-可见光谱检查出来。例如，乙醇和环己烷中若含少量杂质苯，苯在 256 nm 处有吸收峰，而乙醇和环己烷在此处无吸收，乙醇中含苯量低达 10 $mg \cdot mL^{-1}$，也能从光谱中检出。

2. 杂质的限量检查

在食品、药品等行业中，对有些杂质需制定一个容许其存在的限量。例如，肾上腺素的合成过程中有一种中间体肾上腺酮，在它还原成肾上腺素过程中由于反应不够完全而带入产品中，成为肾上腺素的杂质而影响肾上腺素的疗效。因此，肾上腺酮的量必须规定在某一限量之下。在 0.05 mol·L^{-1} HCl 溶液中肾上腺素与肾上腺酮的紫外吸收光谱有显著不同，在 310 nm 处肾上腺酮有吸收峰，而肾上腺素没有吸收。可以利用 $\lambda_{max}=310$ nm 检测肾上腺酮的混入量。该法是将肾上腺素的制成品用 0.05 mol·L^{-1} HCl 溶液制成 2 mg·mL^{-1}的溶液，在 1 cm 吸收池中于 310 nm 处测定吸光度 A，规定 A 值不得超过 0.05，相当于含肾上腺酮不超过 0.06%。

三、定量分析

紫外-可见分光光度法定量分析的依据是朗伯-比耳定律。因此，通过测定溶液对一定波长入射光的吸光度，就可求出溶液中物质的浓度和含量。下面介绍几种常用的测定方法。

1. 单组分定量分析方法

单组分是指样品中只含有一种组分，或者混合物中待测组分的吸收峰与其他共存物质的吸收峰无重叠。在这两种情况下，通常均应选择在待测物质的最大吸收峰波长处进行定量测定。这是因为在此波长处测定的灵敏度高，并且在最大吸收峰处吸光度随波长的变化较小，波长略有偏移，对测定结果影响不太大。如果在最大吸收峰处其他组分也有一定吸收，则须选择在其他吸收峰进行定量分析，且以选择波长较长的吸收峰为宜，因为在一般情况下，在较短波长处其他组分的干扰多，而在较长波长处，无色物质干扰较小或不干扰。

(1) 标准曲线法。在确定符合朗伯-比耳定律线性范围的条件下，标准曲线法的具体做法是：配制一系列不同含量的标准溶液，以不含被测组分的空白溶液作为参比，在相同条件下测定标准溶液的吸光度，绘制 A-c 曲线，即标准曲线。在相同条件下测定未知样品的吸光度，从标准曲线上就可以找到与之对应的未知样品的浓度。

(2) 标准对照法。在相同条件下测得样品溶液和某一浓度的标准溶液吸光度为 A_x 和 A_s，由标准溶液的浓度 c_s 可计算出样品中被测物浓度 c_x：

$$A_s = Kc_s, \quad A_x = Kc_x$$

则

$$c_x = \frac{c_s A_x}{A_s} \tag{3-8}$$

该法比较简单，但误差较大。只有在测定的浓度区间内溶液完全遵守朗伯-比耳定律，并且 c_s 和 c_x 很接近时，才能得到较为准确的结果。

2. 多组分定量分析方法

根据吸光度的加和性，对于含有多种吸光组分的溶液，在测定波长下，其总吸光度为各个吸光组分的吸光度之和。所以，当溶液中各组分的吸收光谱互相重叠时，只要各组分的吸光性能符合朗伯-比耳定律，就可根据吸光度的加和性原则确定各个组分的浓度。图 3-9是两个组分的吸收光谱和它们混合后的吸收光谱图。在实际测定过程中，我们所得到的待测液的光

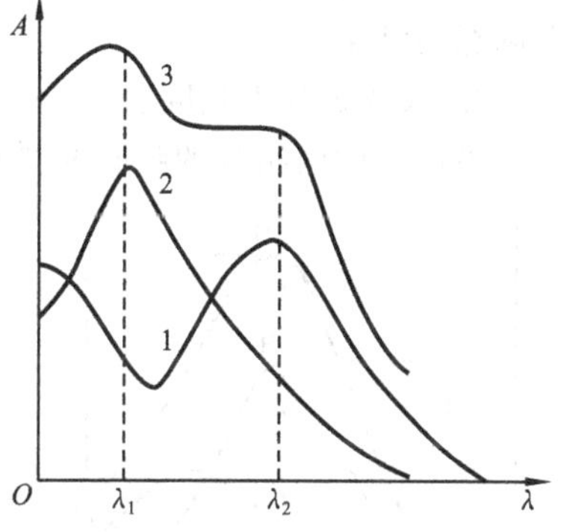

图 3-9 两组分混合溶液的吸收曲线

1—组分 A 的吸收曲线；
2—组分 B 的吸收曲线；
3—两组分混合后的吸收曲线

谱图往往是各组分吸收光谱图的叠加。所以，对多组分测定只限于试液组成成分已知，或者共存的其他组分在测定波长下没有吸收的情况。为学习方便，假设要测定的样品中只有两个组分 A、B。如果分别绘制 A、B 两纯物质的吸收光谱，可能有三种情况，如图 3-10 所示。

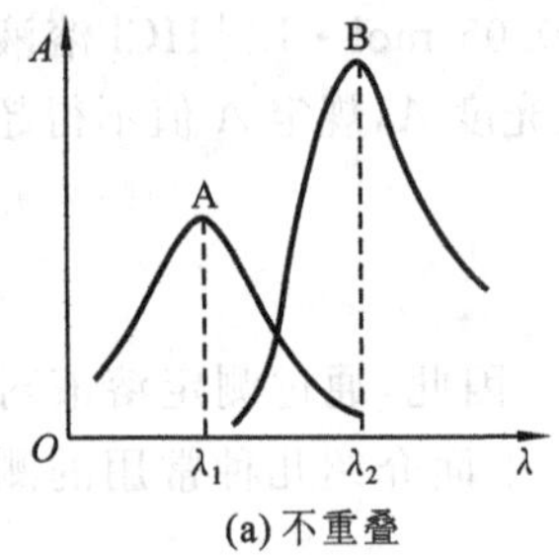

(a) 不重叠

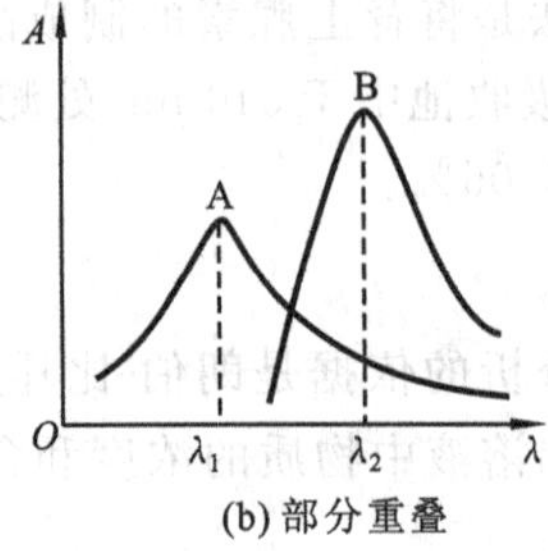

(b) 部分重叠

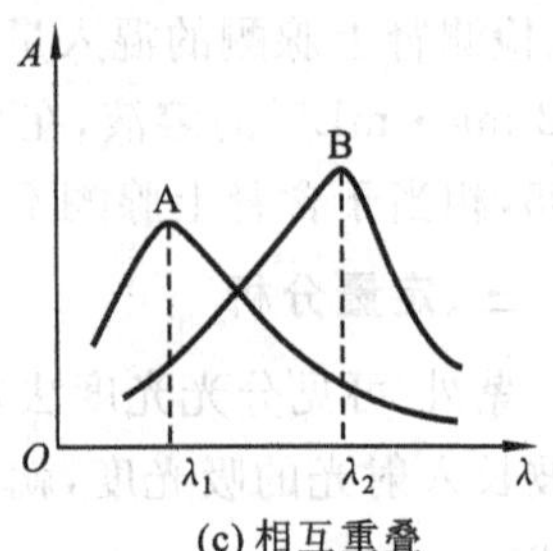

(c) 相互重叠

图 3-10 混合物的紫外吸收光谱

(1) 两组分互不干扰，可以用测定单组分的方法分别在 λ_1、λ_2 处测定 A、B 两组分。

(2) A 组分对 B 组分的测定有干扰，而 B 组分对 A 组分的测定没有干扰，则可以在 λ_1 处单独测量 A 组分，求得 A 组分的浓度 c_A。然后在 λ_2 处测量溶液的吸光度 $A_{\lambda_2}^{A+B}$ 及 A、B 纯物质的 $\varepsilon_{\lambda_2}^{A}$ 和 $\varepsilon_{\lambda_2}^{B}$ 值，根据吸光度的加和性，即得

$$A_{\lambda_2}^{A+B} = A_{\lambda_2}^{A} + A_{\lambda_2}^{B} = \varepsilon_{\lambda_2}^{A} bc_A + \varepsilon_{\lambda_2}^{B} bc_B$$

则可以求出 c_B。

(3) 两组分彼此互相干扰，此时，在 λ_1、λ_2 处分别测定溶液的吸光度 $A_{\lambda_1}^{A+B}$ 及 $A_{\lambda_2}^{A+B}$，而且同时测定 A、B 纯物质的 $\varepsilon_{\lambda_1}^{A}$、$\varepsilon_{\lambda_1}^{B}$ 及 $\varepsilon_{\lambda_2}^{A}$、$\varepsilon_{\lambda_2}^{B}$。然后列出方程：

$$A_{\lambda_1}^{A+B} = \varepsilon_{\lambda_1}^{A} bc_A + \varepsilon_{\lambda_1}^{B} bc_B$$
$$A_{\lambda_2}^{A+B} = \varepsilon_{\lambda_2}^{A} bc_A + \varepsilon_{\lambda_2}^{B} bc_B$$

联立求解可得 c_A、c_B。

联立方程组法也可用于两种以上吸光组分的同时测定。但是，测量组分增多，分析结果的误差也会同时增大。近年来，由于电子计算机的广泛应用，多组分同时测定从理论上和方法上得到了快速的发展。比较成熟的方法有矩阵分析法、卡尔曼滤波及因子分析法等。这些方法利用电子计算机处理数据，提取有用的信息，在多组分同时分析中取得了令人满意的结果。

3. 双波长分光光度法

当样品中两组分的吸收光谱重叠较为严重时，用解联立方程的方法测定两组分的含量可能误差较大，这时可以用双波长分光光度法测定。它可以对某一组分在其他组分存在干扰情况下，测定该组分的含量，也可以同时测定两组分的含量。双波长分光光度法定量测定混合组分的主要方法有等吸收波长法和系数倍率法等。现介绍等吸收波长法。

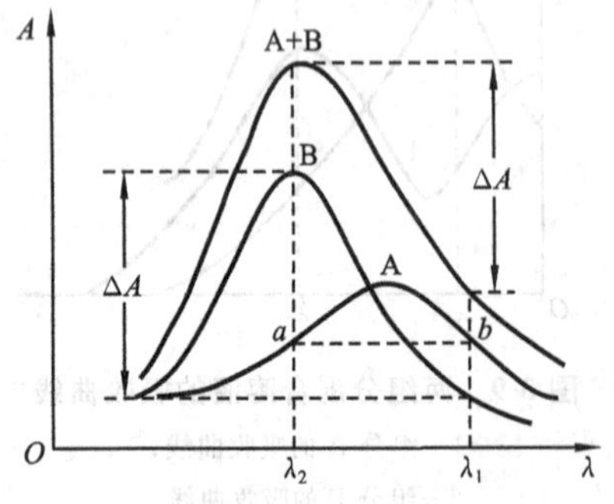

图 3-11 等吸收波长的选择

样品中含有 A、B 两组分，若要测定 B 组分，A 组分有干扰，采用双波长法进行 B 组分测量时方法如下：选择待测组分 B 的最大吸收波长 λ_2 为测量波

长，然后用作图法选择参比波长 λ_1。如图 3-11 所示，在 λ_2 处作一平行于纵轴的直线交组分 A 吸收曲线于 a 点，再从 a 点作一条平行于横轴的直线交 A 组分吸收曲线于 b 点，则 b 点所对应的波长为参比波长 λ_1。可见组分 A 在 λ_2 和 λ_1 处的吸光度值是相等的，称为等吸收点。即

$$A_{\lambda_2}^{A} = A_{\lambda_1}^{A} \tag{3-9}$$

混合样品在 λ_2 和 λ_1 处测得的吸光度分别为

$$A_{\lambda_2} = A_{\lambda_2}^{A} + A_{\lambda_2}^{B} \tag{3-10}$$

$$A_{\lambda_1} = A_{\lambda_1}^{A} + A_{\lambda_1}^{B} \tag{3-11}$$

双波长分光光度计的输出信号为 ΔA，则式(3-10)减式(3-11)，得

$$\Delta A = A_{\lambda_2} - A_{\lambda_1} = A_{\lambda_2}^{A} + A_{\lambda_2}^{B} - A_{\lambda_1}^{A} - A_{\lambda_1}^{B} \tag{3-12}$$

根据式(3-9)，得

$$\Delta A = A_{\lambda_2}^{B} - A_{\lambda_1}^{B} = (\varepsilon_{\lambda_2}^{B} - \varepsilon_{\lambda_1}^{B}) b c_{B} \tag{3-13}$$

可见仪器的输出信号 ΔA 与干扰组分 A 无关，它只正比于待测组分 B 的浓度，即消除了 A 的干扰。

任务四 分析条件的选择

为了使测定方法有较高的灵敏度和准确度，选择合适的分析条件非常重要。这些条件包括反应条件、仪器的测量条件和参比溶液的选择等。

一、反应条件的选择

1. 显色反应

在进行紫外-可见分光光度分析时，有些物质本身对紫外-可见光区的光有较强吸收，可以直接测定，但大多数物质本身在紫外-可见光区没有吸收或虽有吸收但摩尔吸光系数很小，因此不能直接用光度法测定。这时就需要借助适当试剂，使之与待测物质反应而转化为有色物质或摩尔吸光系数较大的物质后再进行测定，此转化反应称为显色反应，所用试剂称为显色剂。常见的显色反应有配位反应、氧化还原反应及增加生色基团的衍生化反应等，以配位反应应用最为广泛。显色反应一般应该满足下述条件。

(1) 被测物质与所生成的有色物质之间必须有确定的定量关系，使反应产物所产生的吸光度能够准确地反映被测物的含量。

(2) 反应产物必须有足够的稳定性，以保证测定结果有一定的重现性。

(3) 如果显色剂本身有色，则反应产物的颜色与显色剂的颜色必须有明显的差别，即两者对光的最大吸收波长应有较大差异。

(4) 反应产物的摩尔吸光系数足够大（$10^3 \sim 10^5$ L · cm^{-1} · mol^{-1}），能保证有一定的测定灵敏度。

(5) 显色反应对待测组分必须有较好的选择性，避免共存组分的干扰。

2. 显色剂

常用的显色剂可分为无机显色剂和有机显色剂两大类。无机显色剂与金属离子形成

的配合物在稳定性、灵敏度和选择性方面较差，一般较少使用，目前仍有一定实用价值的无机显色剂仅有硫氰酸盐、钼酸铵、过氧化氢等几种。使用更多的是有机显色剂，它能与金属离子形成稳定配合物，具有较高的灵敏度和选择性。表 3-1 列出了显色反应中几种常用的显色剂。

表 3-1　显色反应中常用的显色剂

试　剂	测定离子	λ_{max}/nm	ε/(L·cm⁻¹·mol⁻¹)	反 应 条 件
硫氰酸盐	Fe^{3+}	480	—	0.1～0.8 mol·L^{-1} HNO_3
钼酸盐	Si(Ⅳ)	670～820	—	0.15～0.3 mol·L^{-1} H_2SO_4
过氧化氢	Ti(Ⅳ)	420	—	1～2 mol·L^{-1} H_2SO_4
邻二氮菲	Fe^{3+}	512	1.1×10^4	pH=2.0～9.0
磺基水杨酸	Fe^{3+}	520	1.6×10^3	pH=2.0～3.0
二苯硫腙	Pb^{2+}	520	7.0×10^4	pH=8.0～10.0,CCl_4萃取
丁二肟	Ni^{2+}	470	1.3×10^4	pH=11～12
铬天青(CAS)	Al^{3+}	545	5.0×10^4	pH=4.7～6.0

3. 显色条件的选择

分光光度法是测定显色反应达到平衡后溶液的吸光度，因此要想得到准确的结果，必须了解影响显色反应的因素，控制适当的条件，保证显色反应完全和稳定。现对显色的主要条件讨论如下。

(1) 显色剂的用量。

设 M 为被测物质，R 为显色剂，MR 为反应生成的有色配合物，则显色反应可用下式表示：

$$M+R \rightleftharpoons MR$$

根据溶液平衡原理，有色配合物稳定常数越大，显色剂过量越多，越有利于待测组分形成有色配合物。但是过量显色剂的加入，有时会引起空白增大或副反应发生等对测定不利的因素。因此显色剂一般应适当过量。

显色剂的适宜用量通常由实验来确定。具体方法是将待测组分的浓度及其他条件固定，然后加入不同量的显色剂，测定吸光度，绘制吸光度-浓度关系曲线，一般可得到如图 3-12所示情况。

其中图 3-12(a)的曲线是比较常见的，开始，随着显色剂用量的增加，吸光度不断增加，当增加到一定值时，吸光度出现稳定值，因此可以在 M～N 选择合适的指示剂用量。

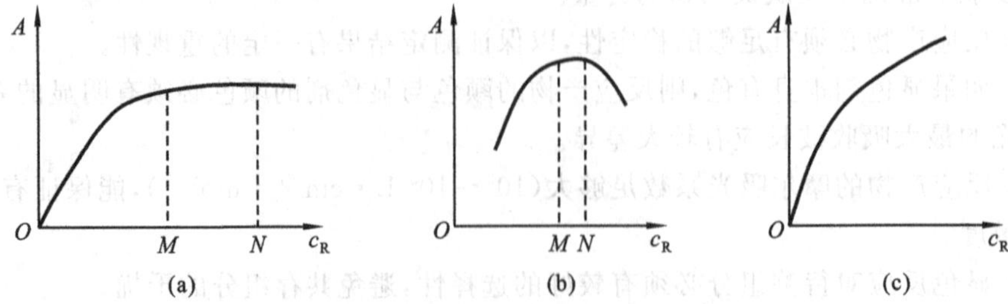

图 3-12　吸光度与显色剂浓度的关系

这类显色反应生成的配合物稳定,对显色剂浓度控制要求不太严格。图 3-12(b)所示的情况,曲线平坦部分很窄,当显色剂用量继续增加时,吸光度将降低。因此必须控制好显色剂的用量,才能进行被测组分的测定。而图 3-12(c)与前两种情况完全不同,随着显色剂浓度增大,吸光度不断增大,这种情况下必须十分严格地控制显色剂加入量或另换显色剂。

(2) 溶液酸度。

许多有色物质的颜色,随溶液中氢离子浓度的改变而改变,同时显色反应的历程也多与溶液的酸度有关,因此,酸度对显色反应的影响是多方面的。许多显色剂本身就是有机弱酸,酸度会影响它们的解离平衡和显色反应能否进行完全。另外,酸度降低可能使金属离子形成各种形式的羟基配合物乃至沉淀,某些逐级配合物的组成可能随酸度而改变,如 Fe^{3+} 与磺基水杨酸的显色反应,当 pH＝2～3 时,生成组成为 1∶1 的紫红色配合物;当 pH＝4～7 时,生成组成为 1∶2 的橙红色配合物;当 pH＝8～10 时,生成组成为 1∶3 的黄色配合物。

一般确定适宜酸度的具体方法是,固定其他实验条件不变,分别测定不同 pH 值条件下显色溶液的吸光度。通常可以得到如图 3-13 所示的吸光度与 pH 值的关系曲线。适宜酸度可在吸光度较大且恒定的平坦区域所对应的 pH 值范围中选择。控制溶液酸度的有效办法是加入适宜的 pH 缓冲溶液,但同时应考虑由此可能引起的干扰。

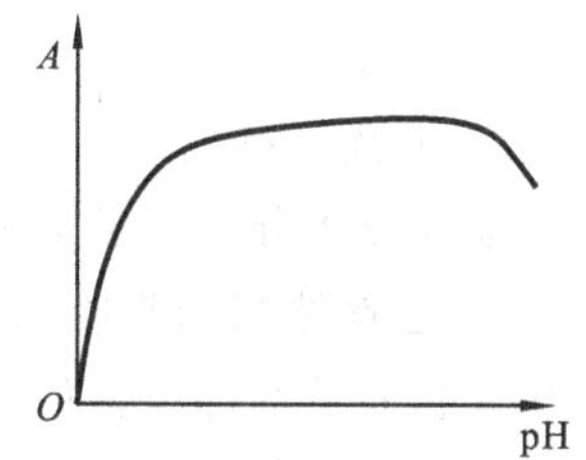

图 3-13 吸光度 A 与溶液 pH 值的关系

(3) 显色温度。

不同的显色反应对温度的要求不同。大多数显色反应是在常温下进行的,但有些反应必须在较高温度下才能进行或进行得比较快。例如,Fe^{2+} 和邻二氮菲的显色反应在常温下就可完成,而硅钼蓝测微量硅时,应先加热,使之生成硅钼黄,然后将硅钼黄还原为硅钼蓝,再用分光光度法测定。有的有色物质加热时容易分解,如$[Fe(SCN)_6]^{3-}$加热时褪色很快。因此对不同的反应,应通过实验找出各自适宜的显色温度范围。由于温度对光的吸收及颜色的深浅都有影响,因此在绘制工作曲线和进行样品测定时应该使溶液温度保持一致。

(4) 显色时间。

时间对显色反应的影响需综合考虑:一方面要保证足够的时间使显色反应进行完全,对于反应速率较小的显色反应,显色时间需长一些;另一方面测定必须在有色配合物稳定的时间内完成,对于较不稳定的有色配合物,应在显色反应已完成且吸光度下降之前尽快测定。确定适宜的显色时间同样需要通过实验作出显色温度下的吸光度-时间关系曲线,在该曲线的吸光度较大且恒定的平坦区域所对应的时间范围内完成测定是最适宜的。

(5) 溶剂。

由于溶质与溶剂分子相互作用对紫外-可见吸收光谱有影响,因此在选择显色反应条件的同时需选择合适的溶剂。水作为溶剂,简单且无毒,所以一般尽量采用水相测定。如果水相测定不能满足测定要求,则应考虑使用有机溶剂。如$[Co(SCN)_4]^{2-}$在水溶液中大

部分解离，加入等体积的丙酮后就可降低配合物的解离度，溶液显示配合物的天蓝色，可用于钴的测定。对于大多数不溶于水的有机物的测定，常使用脂肪烃、甲醇、乙醇和乙醚等有机溶剂。

(6) 共存离子的干扰及消除。

分光光度法中，若共存离子有色或共存离子与显色剂形成的配合物有色将干扰待测组分的测定。通常采用下列方法消除干扰。

① 加入掩蔽剂。如光度法测定 Ti^{4+}，可加入 H_3PO_4 作掩蔽剂，使共存的 Fe^{3+}（黄色）生成无色的 $[Fe(PO_4)_2]^{3-}$，消除干扰。掩蔽剂的选择原则是：掩蔽剂不与待测组分反应；掩蔽剂本身及掩蔽剂与干扰组分的反应产物不干扰待测组分的测定。

② 控制溶液的酸度。这是消除共存离子干扰的一种简便而重要的方法。控制酸度使待测离子显色，而干扰离子不生成有色化合物。例如，以磺基水杨酸测定 Fe^{3+} 时，若 Cu^{2+} 共存，此时 Cu^{2+} 也能与磺基水杨酸形成黄色配合物而干扰测定。若溶液酸度控制在 pH=2.5，此时 Fe^{3+} 能与磺基水杨酸形成配合物，而 Cu^{2+} 就不能，这样就可以消除 Cu^{2+} 的干扰。

③ 分离干扰离子。在不能掩蔽的情况下，一般可采用沉淀、有机溶剂萃取、离子交换和蒸馏挥发等分离方法除去干扰离子，其中以有机溶剂萃取在分光光度法中应用最多。

④ 选择适当的吸收波长。例如，用 4-氨基安替比林显色测定废水中酚时，氧化剂铁氰化钾和显色剂都呈黄色，干扰测定结果，但若选择用 520 nm 单色光为入射光，则可消除干扰。因为黄色溶液在 420 nm 左右有强吸收，但在 500 nm 后则无吸收。

⑤ 选择适当的参比溶液。选用适当的参比溶液可消除显色剂和某些共存离子的干扰。

⑥ 可以利用双波长法、导数光谱法等新技术来消除干扰。

二、仪器测量条件的选择

1. 入射光波长的选择

通常根据被测组分的吸收光谱，选择最强吸收带的最大吸收波长（λ_{max}）为测量波长。这是因为在此波长处 ε 最大，测定的灵敏度最高，而且在此波长处吸光度有一较小的平坦区，能够减小或消除由于单色光的不纯而引起的对朗伯-比耳定律的偏离，从而提高测定的准确度。但若在 λ_{max} 处有共存离子的干扰，则应考虑选择灵敏度稍低但能避免干扰的入射光波长。如图 3-14 所示，1-亚硝基-2-萘酚-3，6-磺酸显色剂及其钴配合物在 420 nm 处均有最大吸收，若在此波长下测定钴，则未反应的显色剂会发生干扰而降低测定的准确度。若测定波长选为 500 nm，在此波长下显色剂无吸收，而钴配合物则有一吸收平台。虽然灵敏度有所下降，但可以消除显色剂的干扰。有时为测定高浓度组分，也可选用灵敏度稍低的吸收峰波长作为入射光波长，以保证其标准曲线有足够的线性范围。

2. 狭缝宽度的选择

在定量分析中，狭缝宽度直接影响测定的灵敏度和工作曲线的线性范围。狭缝宽度增加，入射光的单色性降低，在一定程度上会使灵敏度降低，以致偏离朗伯-比耳定律。但狭缝宽度太小，入射光强度太弱，也不利于测定。狭缝的选择一般依据测定的灵敏度，在保证以减小狭缝宽度时样品的吸光度不再增加为原则。一般情况下，狭缝宽度大约是样品吸收峰半宽度的1/10。

3. 吸光度范围的选择

在不同的吸光度范围内读数，可引入不同程度的误差，这种误差通常以百分透光率 T(%)引起的浓度相对误差$\left(\frac{\Delta c}{c}\right)$来表示，称为光度误差。为减小光度误差，应该控制适当的吸光度范围来读数，以 T 为横坐标，$\frac{\Delta c}{c}$为纵坐标作图，可得到如图 3-15 所示的曲线。由图可知，透光率太大或太小，浓度的相对误差均较大；当透光率在 15%～65%，即吸光度在 0.2～0.8 时，浓度的相对误差较小，误差最小的一点其透光度为 0.368，吸光度为 0.434。所以，为了减小测量的相对误差，通常将吸光度控制在 0.2～0.8 范围内。实际工作中，可以通过调节被测溶液的浓度、使用厚度不同的吸收池来调整待测溶液吸光度，使其在适宜的吸光度范围内。

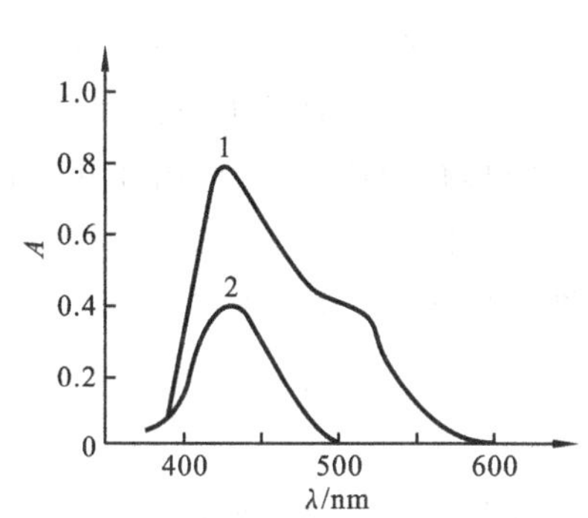

图 3-14　测定波长的选择

1—钴配合物的紫外光谱；

2— 1-亚硝基-2-萘酚-3,6-磺酸显色剂的紫外光谱

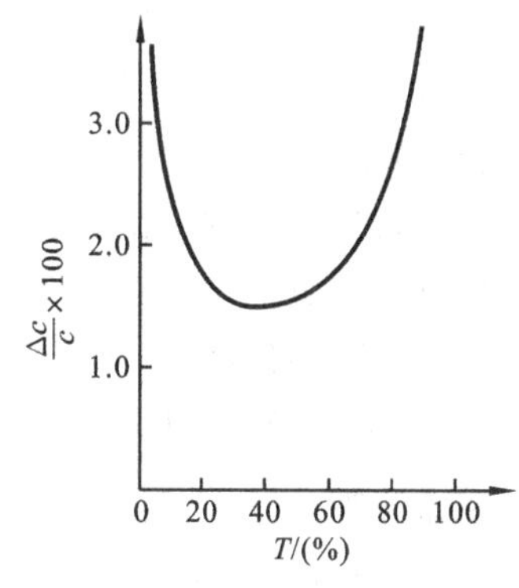

图 3-15　$\frac{\Delta c}{c}$-T 曲线

三、参比溶液的选择

在测量样品溶液的吸光度时，要根据被测样品溶液的性质，选择适合的参比溶液，调节其透光率为 100%，并以此消除样品溶液中其他共存组分、溶剂和吸收池等对光的反射及吸收所带来的误差。通常参比溶液的选择有如下几种方法。

(1) 溶剂参比。如果仅待测物与显色剂反应的产物有色，而试剂与待测物均无色时，可用纯溶剂作参比溶液，称为溶剂空白。常用蒸馏水作参比溶液。

(2) 样品参比。如果样品基体溶液在测定波长处有吸收，而显色剂不与样品基体显色时，可按与显色反应相同的条件处理样品，只是不加入显色剂。这种参比溶液适用于样品中有较多的共存组分，加入的显色剂量不大，且显色剂在测定波长无吸收的情况。

(3) 试剂参比。如果显色剂或其他试剂在测定波长处有吸收，按显色反应相同的条件，不加入样品，同样加入试剂和溶液作为参比溶液。这种参比溶液可以消除试剂中的组分产生吸收的影响。

(4) 平行操作溶液参比。当操作过程中由于试剂、器皿、水和空气等因素引入了一定量的被测样品组分的干扰离子时,可按与测量被测样品组分完全相同的操作步骤,用不加入被测组分的样品进行平行操作,以消除操作过程中引入干扰杂质所带来的误差。

总之,应根据待测组分的性质,选择合适的参比溶液,尽可能抵消各种共存有色物质的干扰,使测得的吸光度真正反映待测组分的浓度。

任务五　紫外光谱分析

紫外光区的波长范围是 10～400 nm,紫外光谱分析主要是利用物质对 200～400 nm 的近紫外光有吸收(200 nm 以下远紫外光会被空气强烈吸收)而进行定性和定量分析的。

紫外吸收光谱与可见吸收光谱同属电子光谱,都是由分子中价电子能级跃迁产生的,不过紫外吸收光谱与可见吸收光谱相比,却具有一些突出的特点。紫外吸收光谱可用来对在紫外光区有吸收峰的物质进行鉴定和结构分析,虽然这种鉴定和结构分析由于紫外吸收光谱较简单,特征性不强,必须与其他方法(如红外光谱、核磁共振波谱和质谱等)配合使用,才能得出可靠的结论,但它还是能提供分子中具有助色团、生色团和共轭程度的一些信息,这些信息对于有机化合物的结构推断往往是很重要的。

化合物的紫外吸收特征可以用曲线上最大吸收峰所对应的最大吸收波长 λ_{max} 和该波长下的摩尔吸光系数 ε_{max} 来表示。

一、基本原理

紫外吸收光谱是由于分子中价电子的跃迁而产生的。因此,这种吸收光谱取决于分子中价电子的分布和结合情况。从化学键性质考虑,与有机物分子紫外-可见吸收光谱有关的电子是:形成单键的 σ 电子,形成双键的 π 电子及非键的 n 电子。有机化合物分子内各种电子的能级高低次序为 $\sigma^* > \pi^* > n > \pi > \sigma$,标有 * 者为反键电子。在一定频率光的照射下,分子中电子在不同能级间会产生跃迁。一般情况下,有机化合物结构解析中主要讨论如图 3-16 所示四种类型电子跃迁。

(1) $\sigma \rightarrow \sigma^*$ 跃迁。此类跃迁所需能量最大,$\lambda_{max} < 170$ nm,位于远紫外区或真空紫外区,如甲烷的 $\lambda_{max} = 125$ nm。饱和有机化合物的电子跃迁在远紫外区。一般的紫外分光光度计不能用来研究远紫外吸收光谱。

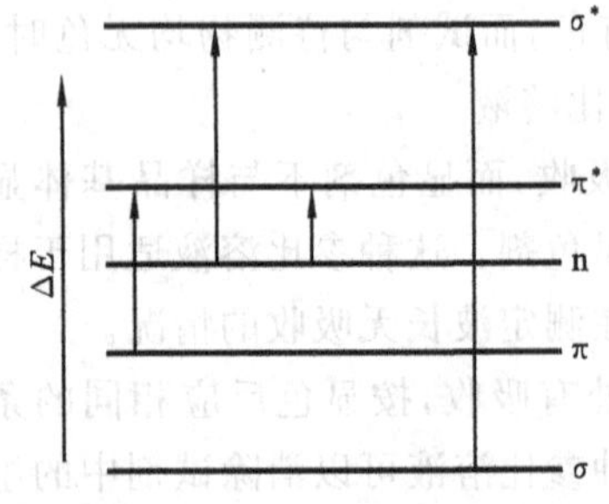

图 3-16　电子能级及跃迁类型

(2) $n \rightarrow \sigma^*$ 跃迁。含有氧、氮、硫、卤素等杂原子的饱和烃衍生物都可发生 $n \rightarrow \sigma^*$ 跃迁,它比 $\sigma \rightarrow \sigma^*$ 跃迁的能量要低,吸收波长较长,一般在 150～250 nm 范围内。

(3) $\pi \rightarrow \pi^*$ 跃迁。分子中含有双键、三键的化合物和芳环及共轭烯烃可发生此类跃迁,吸收峰一般处于近紫外区,在 200 nm 左右,为强吸收($\varepsilon = 10^3 \sim 10^4$ $L \cdot cm^{-1} \cdot mol^{-1}$)。孤立双键的最大吸收波长小于 200

nm。具有共轭双键的化合物，吸收峰向长波长方向移动，如乙烯的 λ_{max} = 185 nm，而丁二烯 λ_{max} = 217 nm，已三烯 λ_{max} = 258 nm。

(4) n→π* 跃迁。凡含有杂原子氧、氮、硫、卤素等同时又具有双键的有机化合物，吸收紫外光后产生 n→π* 跃迁，所需能量比上述三种都低，吸收带在 200～400 nm 之间，为弱吸收。需要指出的是，许多化合物既有 π 电子又有 n 电子时，在一定频率的光照射下，会出现既有 π→π* 又有 n→π* 跃迁。如—COOR 基团，π→π* 跃迁 λ_{max} = 165 nm，ε_{max} = 4 000 L·cm^{-1}·mol^{-1}；而 n→π* 跃迁 λ_{max} = 205 nm，ε_{max} = 50 L·cm^{-1}·mol^{-1}。

由于一般紫外-可见分光光度计只能提供 190～850 nm 范围的单色光，因此只能测量 n→π* 跃迁和部分 n→σ* 跃迁、π→π* 跃迁的吸收，而对只能产生 200 nm 以下吸收的 σ→σ* 跃迁则无法测量。图 3-17 为常见电子跃迁所处的波长范围及强度。

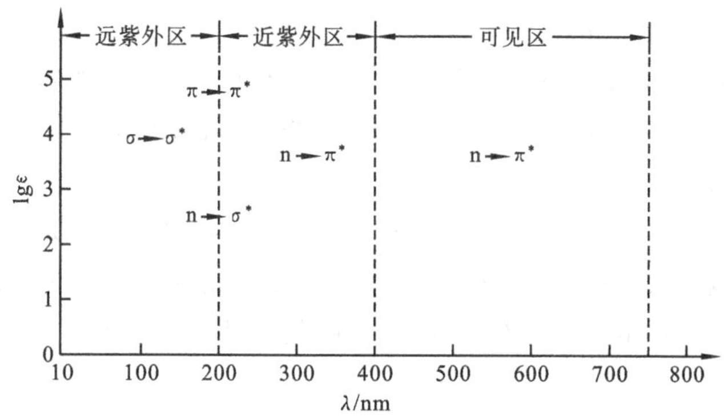

图 3-17 常见电子跃迁所处的波长范围及强度

二、紫外光谱中常用的术语

(1) 吸收峰：吸收光谱上吸收最大的地方，它所对应的波长称最大吸收波长(λ_{max})。

(2) 吸收谷：峰与峰之间吸收最小的部位称为谷，该处的波长称为最小吸收波长(λ_{min})。

(3) 肩峰：指当吸收曲线在下降或上升处有停顿或吸收稍有增加的现象。肩峰常用 sh 或 s 表示。

(4) 末端吸收：在图谱短波端只呈现强吸收而不成峰形的部分称为末端吸收。

(5) 强带和弱带：化合物的紫外-可见吸收光谱中，凡摩尔吸光系数 $\varepsilon > 10^4$ L·cm^{-1}·mol^{-1}的吸收峰称为强带；$\varepsilon < 10^2$ L·cm^{-1}·mol^{-1}的吸收峰称为弱带。

(6) 发色团：指分子结构中含有 π 电子的基团，它们能产生 π→π* 和(或)n→π* 跃迁从而能在紫外可见光范围内产生吸收，如 C=C、C=O、—N=N—、—NO_2、—C=S 等。

(7) 助色团：指含有非成键 n 电子的杂原子基团，它们本身在紫外可见光范围内不产生吸收，但当它们与生色团或饱和烃相连时，能使该生色团的吸收峰向长波长方向移动，并使吸收强度增加，如—OH、—NR_2、—OR、—SH、—SR、—Cl、—Br、—I 等。

(8) 红移：亦称长移，由于化合物的结构改变，如发生共轭作用，引入助色团以及溶剂改变等，使吸收峰向长波长方向移动。

(9) 蓝(紫)移：亦称短移，化合物的结构改变或受溶剂影响使吸收峰向短波长方向移动。

(10) 增色效应:由于化合物结构改变或其他原因,使吸收强度增加的效应称为增色效应或浓色效应。

(11) 减色效应:使吸收峰减弱的效应称为减色效应或淡色效应。

(12) 吸收带:指在紫外光谱中吸收峰或吸收谱带的位置。在四种电子跃迁类型中,$\pi \rightarrow \pi^*$ 跃迁和 $n \rightarrow \pi^*$ 跃迁所产生的吸收带除某些孤立双键化合物外,一般都处于近紫外光区,因此是紫外吸收光谱所研究的主要吸收带。由 $\pi \rightarrow \pi^*$ 跃迁和 $n \rightarrow \pi^*$ 跃迁所产生的吸收带可分为以下四种类型。

① R 吸收带:由含有氧、硫、氮等杂原子发色团(羰基、硝基)$n \rightarrow \pi^*$ 跃迁产生,吸收波长长,但吸收强度低,$\varepsilon > 100\ L \cdot cm^{-1} \cdot mol^{-1}$。

② K 吸收带:由含有共轭双键的 $\pi \rightarrow \pi^*$ 跃迁产生,K 吸收带波长大于 200 nm,吸收强度高,$\varepsilon > 10^4\ L \cdot cm^{-1} \cdot mol^{-1}$。

③ B 吸收带:由苯环的 $\pi \rightarrow \pi^*$ 跃迁产生,是芳环化合物的主要特征吸收带。吸收波长长,吸收强度低。在非极性溶剂或气态时出现若干小峰或精细结构,但在极性溶剂中或在溶液状态时精细结构消失。

④ E 吸收带:苯环中烯键 π 电子 $\pi \rightarrow \pi^*$ 跃迁所产生的吸收带,是芳环化合物的主要特征吸收带。它包括两个吸收峰,分别为 E_1、E_2 两个吸收带,E_1 的吸收峰约在 180 nm,E_2 的吸收峰约在 200 nm,都是强吸收,但其中 E_1 吸收带是观察不到的。当苯环上有发色团与苯环共轭时,E_2 的吸收带常和 K 吸收带合并,吸收峰红移。

三、紫外吸收光谱与常见有机化合物分子结构间关系

1. 饱和碳氢化合物

饱和碳氢化合物中只含有 σ 电子,所以只能产生 $\sigma \rightarrow \sigma^*$ 跃迁,所需能量很大,因而这类化合物在 200 nm 以上无吸收,它们在紫外光谱分析中常作为溶剂,如己烷、环己烷、庚烷、异辛烷等。

2. 含孤立助色团的饱和有机化合物

当烷烃中的氢被氧、氮、卤素、硫等原子取代时,这类化合物既有 σ 电子,又有 n 电子,可以实现 $\sigma \rightarrow \sigma^*$ 和 $n \rightarrow \sigma^*$ 跃迁,其吸收峰红移,可以落在远紫外区和近紫外区。例如,甲烷的 $\sigma \rightarrow \sigma^*$ 跃迁在 125～135 nm,而碘甲烷的 $\sigma \rightarrow \sigma^*$ 跃迁则为 150～200 nm,$n \rightarrow \sigma^*$ 跃迁为 259 nm。

3. 不饱和脂肪烃

(1) 含孤立不饱和键的烃类化合物。具有孤立双键或三键的烯烃或炔烃,除了有 $\sigma \rightarrow \sigma^*$ 跃迁外,还产生 $\pi \rightarrow \pi^*$ 跃迁,但多数在 200 nm 以上无吸收,如乙烯吸收峰在 170 nm,乙炔吸收峰在 178 nm。若烯分子中氢被助色团,如—OH、—NH_2、—Cl 等取代时,吸收峰发生红移,吸收强度也有所增加。

(2) 共轭烯烃。具有共轭双键的化合物,电子容易激化,因此吸收峰向长波长方向移动,且吸收带强度较强,形成 K 吸收带。共轭双键越多,红移越显著,甚至产生颜色,据此可以判断共轭体系的存在情况。

4. 醛和酮

醛和酮中羰基的氧原子含有两对 n 电子，因此这类化合物能产生 $n\rightarrow\sigma^*$、$\pi\rightarrow\pi^*$、$n\rightarrow\pi^*$ 跃迁。一般的紫外分光光度计测量的是 $n\rightarrow\pi^*$ 跃迁产生的 R 吸收带，R 吸收带是醛和酮的特征吸收带，是判断醛和酮存在的重要依据。

当羰基与乙烯基双键共轭时，形成了 α,β-不饱和醛、酮，由于共轭效应使乙烯基的 $\pi\rightarrow\pi^*$ 跃迁吸收带红移至 220～260 nm，形成 K 吸收带，羰基双键的 R 吸收带也红移至 310～330 nm，这两个吸收带的吸收强度均有所提高。其中，K 吸收带吸收强度高，ε_{max} 约为 10^4 L・cm^{-1}・mol^{-1}；R 吸收带吸收强度低，ε_{max} 小于 10^2 L・cm^{-1}・mol^{-1}，利用这一特征可识别 α,β-不饱和醛、酮。

5. 芳香族化合物

（1）苯。苯在紫外光谱中有三个吸收带，见图 3-18，它们都是由 $\pi\rightarrow\pi^*$ 跃迁引起的，分别是在 180～184 nm 处有强吸收的 E_1 吸收带，在200～204 nm 处有强吸收的 E_2 吸收带，在230～270 nm范围内有弱吸收的 B 吸收带。B 吸收带是苯环的精细结构吸收带，在蒸气状态或非极性溶剂中精细结构十分明显，是芳香苯环的特征吸收带，可用来鉴别芳香族化合物。在极性溶剂中 B 吸收带的精细结构消失。

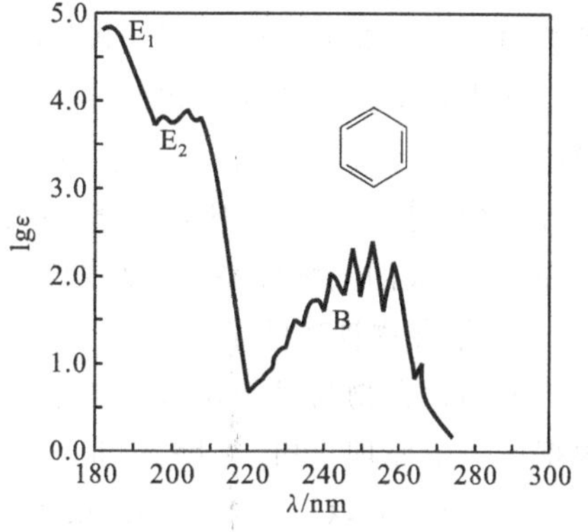

图 3-18 苯在环己烷中的紫外光谱图

（2）取代苯。取代基能影响苯原有的三个吸收带，使 B 吸收带简化，精细结构消失，吸收波长红移。当烷基取代时，这种效应不大，如含有非键 n 电子或 π 电子的基团取代时，其影响较为明显。例如，$-NH_2$、$-OH$、$-CHO$、$-NO_2$ 等作为取代基时，苯的 B 吸收带显著红移，并且吸收强度增大。此外，有的取代基可能产生 $n\rightarrow\pi^*$ 跃迁的 R 吸收带。

（3）稠环芳香族化合物。两个以上的共轭苯环引起 $\pi\rightarrow\pi^*$ 跃迁所需能量更小，故吸收带向长波长方向移动，且吸收强度增加。例如，萘的 λ_{max}＝314 nm，蒽的 λ_{max}＝380 nm。分子中共轭苯环越多，则吸收峰越向长波长方向移动越显著。

四、紫外吸收光谱在有机化合物分子结构中的应用

具有发色团的有机化合物，其紫外光谱可提供 λ_{max} 及 ε_{max} 这两类重要数据及其变化规律，所以在有机物的结构研究中能解决很多问题。但它毕竟只能反映分子中的生色团和助色团，即共轭体系的特征，而不能反映整个分子的结构。紫外光谱在有机化合物结构方面主要有以下方面的应用。

1. 初步推断官能团

先将样品尽可能提纯，绘制出该化合物的紫外-可见吸收光谱，根据光谱特征对化合物作初步推断。如果该化合物在 220～800 nm 无吸收峰，则它不含直链或环状共轭体系，没有醛、酮等基团，而可能是脂肪族饱和碳氢化合物、胺、腈、醇、醚、羧酸、氯代烃和氟代烃；如果在 210～250 nm 有强吸收带，表明它含有两个共轭单位；如果在 260～300 nm 有强吸收带，可能有 3～5 个共轭单位；如果在 250～300 nm 有弱吸收带，表示羰基存在；

如果在250～300 nm有中等强度吸收带，而且含有振动结构，表示有苯环存在；如果化合物有颜色，分子中含有的共轭生色团一般在5个以上。

2. 异构体的推定

许多有机化合物的同分异构体之间可利用其双键位置的不同，应用紫外光谱推定异构体的结构。例如，顺式和反式1,2-二苯乙烯，其结构式如下：

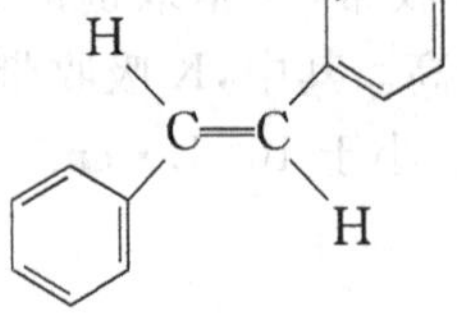
H
C=C
H

反式

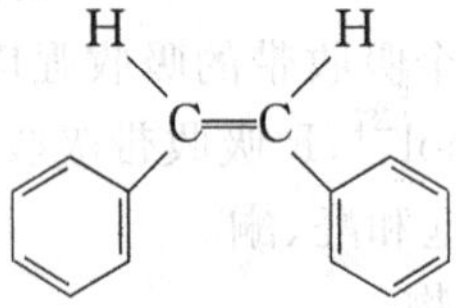
H
H
C=C

顺式

反式结构在乙醇中的λ_{max}为295.5 nm，ε为29 000 $L \cdot cm^{-1} \cdot mol^{-1}$，顺式结构在乙醇中的$\lambda_{max}$为280.5 nm，ε为10 500 $L \cdot cm^{-1} \cdot mol^{-1}$。

顺式异构体一般比反式的波长短而ε小。这是由立体障碍引起的，顺式1,2-二苯乙烯的两个苯环在双键的同一边，由于立体障碍影响了两个苯环与乙烯的碳-碳双键共平面，因此不易发生共轭，吸收波长短，ε小。而反式异构体的两个苯环可以与乙烯双键共平面，形成大的共轭体系，吸收波长长，ε也大。

3. 化合物骨架的推定

未知化合物与已知化合物的紫外吸收光谱一致时，可以认为两者具有相同的发色团，根据这一个原理，可以推断未知化合物的骨架。例如，维生素K_1有吸收带为λ_{max}=294 nm(lgε=4.28)，λ_{max}=260 nm(lgε=4.26)，λ_{max}=325 nm(lgε=3.28)，与1,4-萘醌的吸收带λ_{max}=250 nm(lgε=4.6)，λ_{max}=330 nm(lgε=3.8)相似，因此把维生素K_1与几种已知1,4-萘醌的紫外光谱进行比较，发现维生素K_1与2,3-二烷基-1,4萘醌的吸收带很接近，这样就推定了维生素K_1的基本骨架。

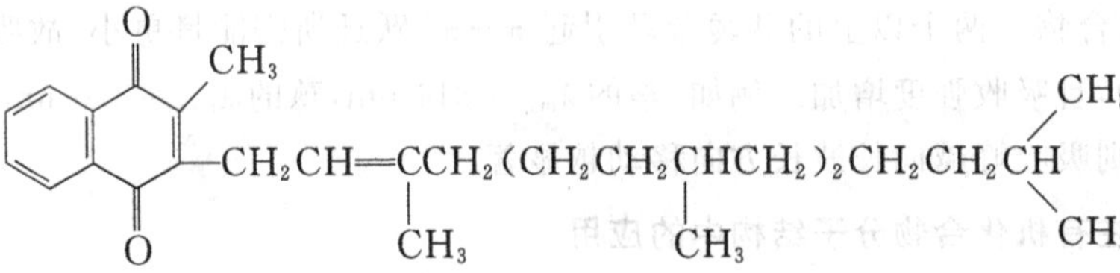
O
CH3
CH3
CH2CH=CCH2(CH2CH2CHCH2)2CH2CH2CH
O
CH3
CH3
CH3

维生素K_1

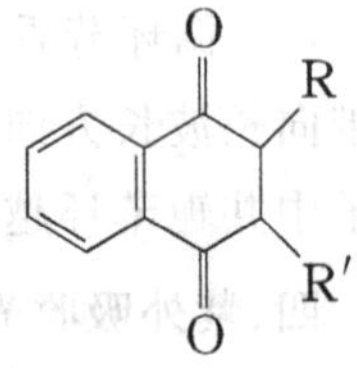
O
R
R′
O

2,3-二烷基-1,4-萘醌

知识链接

紫外-可见分光光度计的发展

紫外-可见分光光度计有着较长的历史，其主要理论框架早已建立，制作技术相对成熟。但构成紫外-可见分光光度计的光、机、电、算等任何一方面的新技术都可能再推动紫外-可见分光光度计整体性能的进步。在追求准确、快速、可靠的同时，小型化、智能化、在线化、网络化成为了现代紫外-可见分光光度计新的发展趋势。

分光光度法在分析领域中的应用已经有数十年的历史，至今仍是应用最广泛的分析方法之一。随着分光元器件及分光技术、检测器件与检测技术、大规模集成制造技术等的发展，以及单片机、微处理器、计算机和数字信号处理(DSP)技术的广泛应用，分光光度计的性能指标不断提高。

在分光元器件方面，经历了棱镜、机刻光栅和全息光栅的过程，商品化的全息闪耀光栅已迅速取代一般刻划光栅。在仪器控制方面，随着单片机、微处理器的出现及软硬件技术的结合，从早期的人工控制进步到了自动控制。在显示、记录与绘图方面，早期采用表头(电位计)指示、绘图仪绘图，后来用数字电压表数字显示，如今更多地采用液晶屏幕或计算机屏幕显示。在检测器方面，早期使用光电池、光电管，后来更普遍地使用光电倍增管甚至光电二极管阵列。阵列型检测器和凹面光栅的联合应用，使仪器的测量速度发生了质的飞跃，且性能更加稳定可靠。在仪器构型方面，从单光束发展为双光束，现在几乎所有高级分光光度计都是双光束的，有些高精度的仪器采用双单色器，使得仪器在分辨率和杂散光等方面的性能大大提高。随着集成电路技术和光纤技术的发展，联合采用小型凹面全息光栅和阵列探测器及 USB 接口等新技术，已经出现了一些携带方便、用途广泛的小型化甚至是掌上型的紫外-可见分光光度计，如 OceanOptics(海洋光学)的 S 系列、USB2000 及 PC2000。而光电子技术和微机电系统(MEMS)技术的发展，使得有可能将分光元件和探测器集成在一块基片上，制作微型分光光度计。随着发光二极管(LED)光源技术及产业的日益成熟，以 LED 为光源的小型便携又低廉的分光光度计已成为研究开发的热点。除了空间色散的分光方式，也有人对声光调制滤光和傅里叶变换光谱在紫外可见区的应用进行了研究。

仪器的软件功能可以极大地提升仪器的使用性能和价值。现代分光光度计生产厂商都非常重视仪器配套软件的开发。除了仪器控制软件和通用数据分析处理软件外，很多仪器针对不同行业应用开发了专用分析软件，给仪器使用者带来了极大的便利。

目前，市场上的紫外-可见分光光度计主要有两类：扫描光栅型和固定光栅型。后者也常常被称为 CCD(PDA)光谱仪或多通道光度计。

扫描光栅型分光光度计依托成熟的设计制造工艺，并结合计算机控制等新的技术成果，仍有很强的生命力，在很多方面，扫描型产品仍代表了最高的技术水平。阵列式探测器的产生直接促成了固定光栅分光光度计的设计，使得它在测量更快、更稳定、适应性更强的方向迈出了一大步。从今后的发展来看，仪器的小型化、在线化，测量的现场化、实时化将是一大方向。要使分光光度计走出实验室，成为一种应用更广、更为普及的测量分析设备，阵列式探测器及其他的固态式设计可发挥重要的作用。光纤也将是其中的一项重要技术，它已使得紫外-可见分光光度计的使用变得更方便，同时也使分光光度计变成可以自由搭配、自助式构建的仪器。

习　题

1. 简述吸光系数常用的两种表达方式及两者之间的关系。
2. 举例说明发色团和助色团，并解释何谓长移和短移。
3. 简述紫外-可见分光光度计的主要部件和类型。
4. 举例说明如何用紫外-分光光度法检查物质纯度。
5. 为什么最好在最大吸收波长处测定化合物的含量？
6. 叙述可见分光光度法对显色反应的要求及显色条件的选择。
7. 简述四类常见的电子跃迁类型及比较四类跃迁能量大小。
8. 用普通分光光度法测定 1.00×10^{-3} mol·L^{-1}锌标准溶液和含锌的样品溶液，分别得 $A_{标}=0.700$，$A_{样}=1.00$，若用 1.00×10^{-3} mol·L^{-1}锌标准溶液作为参比溶液，此时样品溶液的吸光度为多少？(0.300)
9. 称取维生素C 0.050 0 g，溶于100 mL0.005 mol·L^{-1}的硫酸溶液中，再准确量取此溶液2.00 mL，定容至100 mL溶液中，取此溶液于1 cm吸收池中，在 λ_{max} 为245 nm处测得 A 值为0.551，求样品中维生素C的质量分数。(已知在245 nm处 $\varepsilon_{Vc}=560$ L·mol^{-1}·cm^{-1})(98.4%)
10. NO_2^- 的 $\varepsilon_{355}=23.30$ L·mol^{-1}·cm^{-1}，$\varepsilon_{302}=9.32$ L·mol^{-1}·cm^{-1}，NO_3^- 的 $\varepsilon_{302}=7.24$ L·mol^{-1}·cm^{-1}，在355 nm处的吸收可以忽略不计。今有一含 NO_2^- 和 NO_3^- 的样品溶液，用1 cm的吸收池测得 $A_{302}=1.010$，$A_{355}=0.730$，求溶液中 NO_3^- 和 NO_2^- 的浓度。($c_{NO_2^-}=0.031\ 5$ mol·L^{-1}，$c_{NO_3^-}=0.099$ mol·L^{-1})
11. 将维生素 D_2($C_{28}H_{44}O$，$M=396.6$ g·mol^{-1})溶于乙醇中，置于1 cm厚吸收池中，在264 nm处测得摩尔吸光系数为 1.82×10^4 L·mol^{-1}·cm^{-1}，并在一个很宽的浓度范围内服从朗伯-比耳定律。

    (1) 求此波长处的百分吸光系数。(458.9)

    (2) 若要求测量吸光度限制在0.4～0.8范围内，则分析浓度范围是多少？($8.72\times10^{-4}\sim1.74\times10^{-3}$ g·(100 mL)$^{-1}$)

实训

实训一　邻二氮菲比色法测定水样中铁的含量

实训目的

(1) 熟悉分光光度计的结构及使用方法。

(2) 掌握绘制吸收曲线的一般方法。

(3) 掌握标准曲线法的定量分析原理及操作方法。

方法原理

邻二氮菲是测定微量铁的较好试剂。在 pH=2～9 (一般控制 pH=5～6)的溶液中，试剂与 Fe^{2+} 生成稳定的红橙色配合物，其 $\lg K_{稳}=21.3$，摩尔吸光系数 $\varepsilon_m=1.1\times10^4$ $L\cdot cm^{-1}\cdot mol^{-1}$，其反应式如下：

$$Fe^{2+}+3\ (\text{N},\text{N}) \longrightarrow \left[\left(\text{N},\text{N}\right)_3 Fe\right]^{2+}$$

当铁为+3 价时，可用盐酸羟胺还原：

$$2Fe^{3+}+2NH_2OH\cdot HCl = 2Fe^{2+}+N_2\uparrow+4H^{+}+2H_2O+2Cl^{-}$$

用紫外-可见分光光度法分析时，为了得到最佳的测量灵敏度、准确度及重现性，在含量测定前应进行条件实验，选择最佳分析条件。

红橙色配合物的最大吸收峰在 510 nm 波长处。本方法的选择性很高，相当于含铁量 40 倍的 Sn^{2+}、Al^{3+}、Ca^{2+}、Mg^{2+}、Zn^{2+}、$SiO_3{}^{2-}$，20 倍 Cr^{3+}、Mn^{2+}、V(Ⅴ)、$PO_4{}^{3-}$，5 倍 Co^{2+}、Cu^{2+} 等均不干扰测定。

水中常存在着微量的铁，测定其含量具有十分重要的意义。因此各国对饮用水和工业用水的含铁量都作了较严格的规定。我国规定饮用水中铁含量应小于 0.3 $mg\cdot L^{-1}$。

仪器与试剂

1. 仪器

7230G 型分光光度计及其配套设备；容量瓶(50、100 mL)；吸量管(1、2、5 mL)；移液管(10、20 mL)；量筒(100 mL)；洗耳球等。

2. 试剂

100 $\mu g\cdot mL^{-1}$ Fe 标准溶液：准确称取 0.863 4 g 分析纯 $NH_4Fe(SO_4)_2\cdot 12H_2O$ 于 200 mL 烧杯中，加入 20 mLHCl(6 $mol\cdot L^{-1}$)和少量水，溶解后转移至1 000 mL容量瓶中，稀释至刻度，摇匀。

HAc-NaAc 缓冲溶液(pH=4.6)：称取 136 g $CH_3COONa\cdot 3H_2O$，加 60 mL 冰醋酸，加水溶解后，稀释至 1 000 mL。

0.15%邻二氮菲(水溶液，临用时配制)；10%盐酸羟胺(水溶液，临用时配制)。

实训内容

1. 吸收曲线的绘制和测量波长的选择

用吸量管吸取 0.0、1.0 mL 100 $\mu g\cdot mL^{-1}$ 铁标准溶液，分别注入两个 50 mL 比色管

中，各加入 1 mL 盐酸羟胺溶液、5 mLHAc-NaAc 缓冲溶液、2 mL 邻二氮菲，用水稀释至刻度，摇匀。放置 10 min 后，用 1 cm 比色皿，以试剂空白(即 0.0 mL 铁标准溶液)为参比溶液，在 440～560 nm 之间，每隔 10 nm 测一次吸光度，在最大吸收峰附近，每隔 5 nm 测定一次吸光度。在坐标纸上，以波长 λ 为横坐标，吸光度 A 为纵坐标，绘制 A-λ 吸收曲线。从吸收曲线上选择测定 Fe 的适宜波长，一般选用最大吸收波长 λ_{max}。

2. 显色剂用量的选择

取 6 个 50 mL 比色管，各加入 1.0 mL 100 $\mu g \cdot mL^{-1}$ 铁标准应用液，加 1 mL 10%盐酸羟胺溶液、5 mL HAc-NaAc 缓冲溶液，摇匀，再加入 0.00、0.25、0.50、1.00、2.00、3.00 mL0.15%邻二氮菲溶液，定容，摇匀。在选定波长处，用未加显色剂溶液管作参比，测量溶液吸光度值。以显色剂体积为横坐标，吸光度为纵坐标，绘制吸光度-显色剂用量曲线，确定最佳显色剂用量。

3. 标准曲线的制作

在 6 个 50 mL 比色管中，用吸量管分别加入 0.00、0.20、0.40、0.60、0.80、1.00 mL 100 $\mu g \cdot mL^{-1}$ 铁标准溶液，分别加 1 mL 10%盐酸羟胺溶液、5 mL HAc-NaAc 缓冲溶液、2 mL 邻二氮菲，每加一种试剂后摇匀。然后，用水稀释至刻度，摇匀后放置10 min。用 1 cm 比色皿，以试剂为空白(即 0.00 mL 铁标准溶液)，在所选择的波长下，测量各溶液的吸光度。以含铁量为横坐标，吸光度 A 为纵坐标，绘制标准曲线。

4. 铁含量的测定

样品中铁含量的测定：准确吸取适量水样于 50 mL 容量瓶中，按上述标准曲线的制作步骤，加入各种试剂，测量吸光度。从标准曲线上查出或计算出样品中铁的含量($\mu g \cdot mL^{-1}$)。

数据处理

1. 吸收曲线的绘制和 λ_{max} 的选择

记录不同波长下的吸光度值，如表 3-2 所示。

表 3-2　不同波长下的吸光度值

λ/nm	490	495	500	505	510	515	520	525	530
A									
λ_{max}									

2. 绘制吸光度-显色剂用量曲线

以显色剂的体积(mL)为横坐标，相应的吸光度为纵坐标绘制吸光度-显色剂用量曲线，找出最佳显色剂用量。

3. 标准曲线的绘制与未知水样的测定

(1) 根据实验数据绘制标准曲线。

(2) 从标准曲线上查得 c_{Fe}，计算水样中 Fe 的含量($\mu g \cdot mL^{-1}$)。计算式如下：

$$c_{Fe(水样)}=\frac{c_{Fe}\times 50}{V_{水样}}$$

注意事项

(1) 盛标准系列溶液及水样的比色管应编号，以免混淆。

(2) 由浓到稀配制标准溶液，由稀到浓测定实验数据。

(3) 拿比色皿时不能接触透光面，应拿毛玻璃面。

(4) 测定时，比色皿要先用蒸馏水洗，再用待装溶液润洗 2～3 次，盛好溶液的比色皿应用擦镜纸或滤纸轻轻擦去外壁的液体，比色皿用过后，应晾干后放入比色皿盒中。

(5) 为了得到较高的灵敏度，测定时应使吸光度在 0.2～0.7 之间。

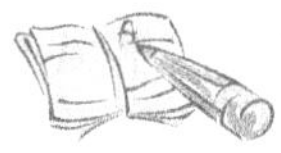

实训二　紫外-可见分光光度法测定废水中微量苯酚

实训目的

(1) 掌握紫外-可见分光光度计的使用方法。

(2) 掌握紫外-可见分光光度法测定苯酚的方法和原理。

方法原理

苯酚是一种剧毒物质，可以致癌，已经被列入有机污染物的黑名单。但在一些药品、食品添加剂、消毒液中均含有一定量的苯酚。如果其含量超标，就会产生很大的毒害作用。对苯酚中性溶液进行扫描时，在 269.30 nm 处有最大吸收。通过在 269.30 nm 处测定不同浓度苯酚的标准液吸光度，即可用标准曲线法求出样品中苯酚的质量分数。

仪器与试剂

1. 仪器

紫外分光光度计(任意型号)；容量瓶(50 mL)；移液管(5 mL、10 mL)。

2. 试剂

0.3 $g \cdot L^{-1}$ 苯酚储备液；废水、蒸馏水。

实训内容

1. 标准溶液和样品溶液制备

分别取 4.0、5.0、6.0、7.0、8.0 mL 0.3 $g \cdot L^{-1}$ 苯酚储备液于 50 mL 容量瓶中，用蒸馏水定容，即为系列标准溶液。取一定体积废水，经过滤后作为样品溶液。

2. 最大吸收波长的选择

在标准系列溶液中任取一种，以水为参比，分别在波长200～300 nm 之间以 10 nm 为间隔测定其吸光度，在吸光度最大值附近以间隔 2 nm 为单位测定，直至找到最大吸收波长。

3. 标准曲线的绘制和样品测定

以蒸馏水作为参比，在最大吸收波长处测定上述标准系列溶液和样品溶液，绘制标准曲线，根据曲线求出废水中苯酚的质量分数。（若需要可根据废水中苯酚的浓度和工作曲线的要求，再配制标准系列溶液，在最大吸收波长下测定标准系列的吸光度，绘制标准曲线。）

数据处理

（1）吸收曲线的绘制：根据测定波长范围在 200～300 nm 的标准溶液的吸光度值，以波长为横坐标，以吸光度为纵坐标作吸收曲线，找出最大吸收波长。

（2）绘制标准曲线：输入标准溶液的浓度，测定标准溶液的吸光度，即可绘制出 A-c 标准曲线。

（3）根据样品测定吸光度值，利用标准曲线计算样品中苯酚的质量分数。

思考题

（1）紫外可见分光光度法的定性、定量分析的依据是什么？

（2）紫外可见分光光度计的主要组成部件有哪些？

（3）说明紫外可见分光光度法的特点及适用范围。

实训三　紫外-可见分光光度法测定饮料中的防腐剂

实训目的

（1）了解和熟悉紫外-可见分光光度计。

（2）掌握紫外-可见分光光度法测定苯甲酸的方法和原理。

方法原理

防腐剂在食品、药品等行业中应用非常广泛，使用的品种和用量在相应的行业标准中都有严格的规定。苯甲酸及其钠盐、钾盐是食品卫生标准允许使用的主要防腐剂之一，其使用量一般在 0.1%左右。苯甲酸具有芳香环结构，在波长 225 nm 和 272 nm 处有 K 吸收带和 B 吸收带。

由于食品中苯甲酸用量很少，同时食品中其他成分在测定时也可能产生干扰，因此一般需要预先将苯甲酸与其他成分分离。从食品中分离防腐剂常用的方法有蒸馏法和溶剂萃取法等。本实验采用蒸馏法，将样品中苯甲酸在酸性（H_3PO_4）溶液中随水蒸气蒸馏出来，与样品中非挥发性成分分离，然后用 $K_2Cr_2O_7$ 溶液和 H_2SO_4 溶液进行氧化，使得除苯甲酸以外的其他有机物氧化分解，将此氧化后的溶液再次蒸馏，用碱液吸收苯甲酸，第二次所得蒸馏液中除苯甲酸以外，基本不含其他杂质。根据苯甲酸（钠）在 225 nm 处有最大吸收，测得其吸光度，即可用标准曲线法求出样品中苯甲酸的质量分数。

仪器与试剂

1. 仪器

紫外-可见分光光度计(任意型号);蒸馏装置。

2. 试剂

无水 Na_2SO_4(AR);85% H_3PO_4;2 mol·L^{-1} H_2SO_4;0.1 mol·L^{-1}NaOH;0.01 mol·L^{-1}NaOH;0.033 mol·$L^{-1}$$K_2Cr_2O_7$。

0.10 mg·mL^{-1}苯甲酸标准溶液:称取 100 mg 苯甲酸(AR,预先经 105 ℃干燥),加入 100 mL 0.1 mg·mL^{-1}NaOH 溶液,溶解后用水稀释至 1 000 mL。

实训内容

1. 样品的测定

准确称取 10.0 g 均匀样品,置于 250 mL 蒸馏瓶中,加 1 mL H_3PO_4、20 g 无水 Na_2SO_4、70 mL 水、3 粒玻璃珠,进行第一次蒸馏。用预先加有 5 mL 0.1 mol·L^{-1}NaOH 的 50 mL 容量瓶接收蒸馏液,当蒸馏液收集到 45 mL 时,停止蒸馏,用少量水洗涤冷凝器,最后用水稀释到刻度。

吸取上述蒸馏液 25 mL,置于另一个 250 mL 蒸馏瓶中,加入 25 mL0.033 mol·L^{-1} $K_2Cr_2O_7$溶液、6.5 mL 2 mol·$L^{-1}$$H_2SO_4$,连接冷凝装置,水浴加热 10 min,冷却,取下蒸馏瓶,加入 1 mL H_3PO_4、20 g 无水 Na_2SO_4、40 mL 水和 3 粒玻璃珠,进行第二次蒸馏,用预先加有 5 mL 0.1 mol·L^{-1}NaOH 的 50 mL 容量瓶接收蒸馏液,当蒸馏液收集到 45 mL左右时,停止蒸馏,用少量水洗涤冷凝器,最后用水稀释到刻度。根据样品中苯甲酸含量,取第二次蒸馏液 5～20 mL,置于 50 mL 容量瓶中,用 0.01 mol·L^{-1}NaOH 定容,以 0.01 mol·L^{-1}NaOH 作为对照液,于紫外分光光度计 225 nm 处测定吸光度。若测定样品中无干扰成分,则无需分离,可直接测定。

2. 空白实验

准确称取 10.0 g 均匀样品,按上述样品测定方法操作,但第一次蒸馏时用 5 mL 0.1 mol·L^{-1}NaOH 代替 1 mL H_3PO_4,测定空白溶液的吸光度(A_0)。

3. 标准溶液的测定

取苯甲酸标准溶液 50 mL,置于 250 mL 蒸馏瓶中,然后按样品测定方法进行第一次蒸馏。将全部蒸馏液 50 mL 置于 250 mL 蒸馏瓶中,然后按样品测定方法进行第二次蒸馏。取第二次蒸馏液 2.00、4.00、6.00、8.00、10.00 mL,分别置于 50 mL 容量瓶中,用 0.01 mol·L^{-1}NaOH 溶液稀释至刻度。以 0.01 mol·L^{-1}NaOH 为参比液,测定其中一个标准溶液的紫外-可见吸收光谱,找出 λ_{max},然后在 λ_{max}处测定标准系列溶液,绘制标准曲线。

数据处理

1. 记录数据

将标准溶液的质量浓度 c 和扣除 A_0 的吸光度 A 数据填入表 3-3 中。

表 3-3　标准溶液的质量浓度和对应的吸光度值

测定次数 n	1	2	3	4	5	平均值
$c/(\mathrm{mg\cdot mL^{-1}})$						
$A=A_i-A_0$						

2. 绘制标准曲线

输入标准溶液的浓度，测定标准溶液的吸光度，即可绘制出 A-c 标准曲线。

3. 计算样品中苯甲酸质量分数

将实验测定(扣除空白 A_0)的样品吸光度(A_x)从曲线上找出相应的苯甲酸浓度 c_x，按以下公式计算样品中苯甲酸含量 $w_{苯甲酸}$：

$$w_{苯甲酸}=\frac{50c_x}{m\times\frac{25.0}{50.0}\times\frac{V}{50.0}}$$

式中：m 为样品的质量，mg；V 为样品测定时所取的第二次蒸馏液体积，mL；c_x 为从标准曲线上查得样品溶液中苯甲酸的质量浓度，$\mathrm{mg\cdot mL^{-1}}$。

实训四　发酵食品中还原糖和总糖的测定

(3,5-二硝基水杨酸比色法)

实训目的

(1) 掌握还原糖定量测定的基本原理。

(2) 学习比色定糖法的基本操作，熟悉分光光度计的使用方法。

方法原理

植物体内的还原糖，主要是葡萄糖、果糖和麦芽糖。它们在植物体内的分布，不仅反映植物体内碳水化合物的运转情况，而且也是呼吸作用的基质。还原糖还能形成其他物质，如有机酸等；此外，水果、蔬菜中含糖量的多少，也是鉴定其品质的重要指标。还原糖在有机体的代谢中起着重要的作用，其他碳水化合物，如淀粉、蔗糖等，经水解也生成还原糖。各种单糖和麦芽糖是还原糖，蔗糖和淀粉是非还原糖。利用溶解度不同，可将植物样品中的单糖、双糖和多糖分别提取出来，再用酸水解法使没有还原性的双糖和多糖彻底水解成有还原性的单糖。

在碱性条件下，还原糖与 3,5-二硝基水杨酸共热，3,5-二硝基水杨酸被还原为 3-氨基-5-硝基水杨酸(棕红色物质)，还原糖则被氧化成糖酸及其他产物。

反应机理如下：

$$\text{3,5-二硝基水杨酸（黄色）} + \text{还原糖} \xrightarrow[\text{碱性条件}]{\text{加热}} \text{3-氨基-5-硝基水杨酸（棕红色）} + \text{糖酸}$$

（3,5-二硝基水杨酸：COOH、OH、O_2N、NO_2；3-氨基-5-硝基水杨酸：COOH、OH、O_2N、NH_2）

在一定范围内，还原糖的量与棕红色物质颜色深浅的程度成一定的比例关系，在540 nm波长下测定棕红色物质的吸光度，查对标准曲线并计算，便可分别求出样品中还原糖和总糖的含量。

由于多糖水解为单糖时，每断裂一个糖苷键需增加一个水分子，所以在计算多糖含量时需乘以 0.9。

仪器、试剂与材料

1. 仪器

刻度试管；离心管或玻璃漏斗；容量瓶（100 mL）；恒温水浴；沸水浴；离心机（过滤法不用此设备）；电子天平；分光光度计。

2. 试剂

1 mg · mL^{-1}葡萄糖标准溶液：准确称取 100 mg 分析纯葡萄糖（预先在 80 ℃烘至恒重），置于小烧杯中，用少量蒸馏水溶解后，定量转移到 100 mL 容量瓶中，以蒸馏水定容至刻度，摇匀，冰箱中保存备用。

3,5-二硝基水杨酸试剂（DNS 试剂）：将 6.3 g 3,5-二硝基水杨酸和 262 mL 2 mol · L^{-1} NaOH 溶液，加到 500 mL 含有 185 g 酒石酸钾钠的热水溶液中，再加 5 g 结晶酚和 5 g 亚硫酸钠，搅拌溶解。冷却后加蒸馏水定容至1 000 mL，储存在棕色瓶中备用。

碘-碘化钾溶液：称取 5 g 碘和 10 g 碘化钾，溶于 100 mL 蒸馏水中。

酚酞指示剂：称取 0.1 g 酚酞，溶于 250 mL 70%乙醇中。

6 mol · L^{-1} HCl；6 mol · L^{-1} NaOH。

3. 材料

食用面粉。

实训内容

1. 制作葡萄糖标准曲线

取 7 支 25 mL 刻度试管，编号，按表 3-4 操作。

表 3-4　标准曲线绘制试剂用量

操作项目	编号						
	0	1	2	3	4	5	6
葡萄糖标准溶液体积/mL	0.0	0.2	0.4	0.6	0.8	1.0	1.2
蒸馏水体积/mL	2.0	1.8	1.6	1.4	1.2	1.0	0.8
3,5-二硝基水杨酸（DNS）体积/mL	1.5	1.5	1.5	1.5	1.5	1.5	1.5
葡萄糖含量/mg	0.0	0.2	0.4	0.6	0.8	1.0	1.2

将各管摇匀，在沸水浴中加热 5 min，取出后立即冷却至室温，再以蒸馏水定容至 25 mL，混匀。在 540 nm 波长下，用 0 号管调零，分别读取 1～6 号管的吸光度。以吸光度为纵坐标，葡萄糖含量为横坐标，绘制标准曲线。

2. 样品中还原糖和总糖含量的测定

(1) 样品中还原糖的提取：准确称取 3 g 食用面粉，放在 100 mL 烧杯中，先以少量蒸馏水调成糊状，然后加 50 mL 蒸馏水，搅匀，置于 50 ℃恒温水浴中保温 20 min，使还原糖浸出。离心或过滤，用 20 mL 蒸馏水洗残渣，再离心或过滤，将两次离心的上清液或滤液全部收集在 100 mL 容量瓶中，用蒸馏水定容至刻度，混匀，作为还原糖待测液。

(2) 样品中总糖的水解和提取：准确称取 1 g 食用面粉，放在 100 mL 烧杯中，加入 10 mL 6 $mol \cdot L^{-1}$ HCl 及 15 mL 蒸馏水，置于沸水浴中加热水解 30 min。取 1～2 滴水解液于白瓷板上，加 1 滴碘-碘化钾溶液，检查水解是否完全。若已水解完全，则不显蓝色。待烧杯中的水解液冷却后，加入 1 滴酚酞指示剂，以 6 $mol \cdot L^{-1}$ NaOH 中和至微红色，过滤，再用少量蒸馏水冲洗烧杯及滤纸，将滤液全部收集在 100 mL 容量瓶中，用蒸馏水定容至刻度，混匀。精确吸取 10 mL 定容过的水解液，移入另一个 100 mL 容量瓶中，以水稀释定容，混匀，作为总糖待测液。

(3) 显色和比色：取 4 支 25 mL 比色管，编号，按表 3-5 所示的量操作。

表 3-5　样品测定试剂用量

管　　号	还原糖测定管号		总糖测定管号	
	①	②	Ⅰ	Ⅱ
还原糖待测液体积/mL	1.0	1.0	0.0	0.0
总糖待测液体积/mL	0.0	0.0	1.0	1.0
蒸馏水体积/mL	1.0	1.0	1.0	1.0
3,5-二硝基水杨酸体积/mL	1.5	1.5	1.5	1.5

将各管摇匀，在沸水浴中加热 5 min，取出后立即冷却至室温，再以蒸馏水定容至 25 mL，混匀。在 540 nm 波长下，用标液 0 号管调零，测定吸光度值。

数据处理

以管①、②的吸光度平均值和管Ⅰ、Ⅱ的吸光度平均值，分别在标准曲线上查出相应的还原糖含量。按下式计算出样品中还原糖和总糖的含量。

$$\text{还原糖含量}=\text{查曲线所得还原糖质量}\times\frac{\text{提取液总体积}}{\text{测定时取用体积}\times\text{样品质量}}\times 100\%$$

$$\text{总糖含量}=\frac{\text{查曲线所得到水解后还原糖质量}\times\text{稀释倍数}}{\text{样品质量}}\times 100\%$$

注意事项

标准曲线制作与样品含糖量测定应同时进行，一起显色和比色。

思考题

(1) 使用不同材料,比较含糖量的差异。

(2) 面粉中主要含有何种糖?

(3) 在提取糖时,其他杂质是否会影响测定?

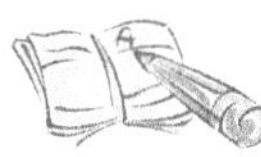

实训五　维生素 B_{12} 注射液的含量测定

实训目的

(1) 掌握紫外-可见分光光度计的操作方法。

(2) 熟悉吸光系数法定量分析方法的应用。

方法原理

维生素 B_{12} 注射液是含钴的有机化合物,为粉红色至红色的澄清透明液体,用于治疗贫血等疾病。维生素 B_{12} 在(278±1) nm、(361±1) nm 及(550±1) nm 波长处有较大吸收,其中以(361±1) nm 处吸收峰干扰因素最小,因此,药典规定以(361±1) nm 处吸收峰的比吸收系数值 $E_{1\,\text{cm}}^{1\%}=\frac{A_{样}}{c_{样}\ L}=\frac{A_{样}}{0.002\ 5\times 1}$ 为测定维生素 B_{12} 注射液含量的依据。药典规定维生素 B_{12} 注射液的正常含量应为标示量的 90.0%～110%。

仪器与试剂

1. 仪器

紫外-分光光度计(任意型号);容量瓶(100 mL);吸量管(5 mL)。

2. 试剂

维生素 B_{12} 注射液样品($c_{样}$=0.002 5 g·(100 mL)$^{-1}$)。

实训内容

1. 维生素 B_{12} 样品液的配制

用吸量管精密吸取浓度为 0.5 mg·mL^{-1}的维生素 B_{12} 注射液 5.00 mL,置于100 mL 容量瓶中,加蒸馏水稀释至刻线,充分混匀,其浓度 $c_{样}$=0.002 5 g·(100 mL)$^{-1}$。

2. 测定

将空白液(蒸馏水)直接和样品放置于紫外-可见分光光度计中测定。

3. 计算

根据朗伯-比耳定律,计算样品溶液的比吸收系数:

$$E_{1\,\mathrm{cm}}^{1\%}=\frac{A_{样}}{c_{样}L}=\frac{A_{样}}{0.0025\times 1}$$

则样品液中维生素 B_{12} 的质量分数为

$$w_{B_{12}}=\frac{(E_{1\,\mathrm{cm}}^{1\%})_{样}}{(E_{1\,\mathrm{cm}}^{1\%})_{标}}\times 100\%=\frac{(E_{1\,\mathrm{cm}}^{1\%})_{样}}{207}\times 100\%$$

数据处理

计算样品液中维生素 B_{12} 的质量分数，并与维生素 B_{12} 注射液的标示量作比较。

注意事项

(1) 本实验直接采用维生素 B_{12} 在(361±1) nm 处吸收峰比吸收系数的文献值(207)，此方法由于实验条件、仪器型号等不同而会使测定结果产生误差。若使用维生素 B_{12} 标准液比较测定，则测定结果更可靠。

(2) 维生素 B_{12} 有不同规格，测定时，稀释倍数应根据具体情况而定。

实训六　甲硝唑片的含量测定

实训目的

(1) 掌握紫外-可见分光光度计的原理和操作。

(2) 掌握用紫外-可见分光光度法对物质进行鉴别的方法。

(3) 掌握吸光系数法测定物质含量的方法。

方法原理

甲硝唑片为白色或类白色片。可以用其盐酸溶液作测量液，用与配制其盐酸溶液相同的溶剂(本实验为盐酸)作为参比溶液。

甲硝唑的盐酸溶液最大吸收波长在 277 nm 处，药典规定以此吸收峰处测得的吸光度为其定性鉴别的依据。

甲硝唑的盐酸溶液在 277 nm 的吸收峰干扰因素少，可依朗伯-比耳定律，按药典规定，以 277 nm 处吸光系数值(377)计算得到含量。

仪器与试剂

1. 仪器

紫外-可见分光光度计；容量瓶；比色皿。

2. 试剂

盐酸(AR)；甲硝唑片。

盐酸使用液：取 9 mL 盐酸(AR)于 1 000 mL 容量瓶中，定容。

实训步骤

1. 甲硝唑的鉴别

用 1 cm 石英比色皿，以盐酸作空白，在仪器上找出 235～280 nm 范围内的吸收峰，读取其吸光度值。在 277 nm 波长处有最大吸收，在 241 nm 侧波长处有最小吸收。

2. 吸光系数法测含量

取本品 10 片，精密称定，研细，精密称取适量(约相当于甲硝唑 50 mg)，置于 100 mL 容量瓶中，加盐酸使用液约 80 mL，微温使甲硝唑溶解，加盐酸使用液稀释至刻度，摇匀，用干燥滤纸过滤，弃去初滤液，精密量取续滤液 5 mL，置于 200 mL 容量瓶中，加盐酸使用液稀释至刻度，摇匀，在 277 nm 波长处测定吸收度，按吸收系数为 377 计算，即得含量。

数据处理

根据朗伯-比耳定律按吸光系数法计算求得含量。

注意事项

(1) 在溶液的配制过程中要注意容量仪器的规范操作和使用。

(2) 注意比色皿的规范使用。

(3) 在操作前要使仪器预热 30 min 以上，以保证仪器正常工作。

(4) 不要把液体洒入仪器中，以免腐蚀仪器。

实训七　混合液中 Co^{2+} 和 Cr^{3+} 双组分的光度法测定

实训目的

(1) 掌握用分光光度法测定双组分的原理和方法。

(2) 掌握比色皿校正的方法。

方法原理

当样品溶液中含有多种吸光物质时，一定条件下不经分离即可用分光光度法对混合物进行多组分分析。这是因为吸光度具有加和性，在某一波长下总吸光度等于各个组分吸光度的总和。

如果混合物中各组分的吸收带互有重叠，只要它们能符合朗伯-比耳定律，对 n 个组分即可在 n 个适当波长进行 n 次吸光度测定，然后解 n 元联立方程，即可求出各个组分的含量。

现以简单的二元组分混合物为例，若测定时用1 cm比色皿，从下列方程组可求得A、B二元组分的浓度c_A和c_B。

$$A_{\lambda_1}^{A+B} = A_{\lambda_1}^{A} + A_{\lambda_1}^{B} = \varepsilon_{\lambda_1}^{A} c_A + \varepsilon_{\lambda_1}^{B} c_B$$
$$A_{\lambda_2}^{A+B} = A_{\lambda_2}^{A} + A_{\lambda_2}^{B} = \varepsilon_{\lambda_2}^{A} c_A + \varepsilon_{\lambda_2}^{B} c_B$$

式中：$A_{\lambda_1}^{A+B}$、$A_{\lambda_2}^{A+B}$分别为所选两个波长下的测定值；λ_1、λ_2一般选各组分的最大吸收波长。$\varepsilon_{\lambda_1}^{A}$、$\varepsilon_{\lambda_1}^{B}$、$\varepsilon_{\lambda_2}^{A}$、$\varepsilon_{\lambda_2}^{B}$依次代表组分A及B组分在不同波长下的摩尔吸光系数，测定各ε值时最好采用标准曲线法，以标准曲线的斜率作为ε值较准确。

本实训测定Co^{2+}和Cr^{3+}的有色混合物的组成。

仪器与试剂

1. 仪器

分光光度计；比色皿、容量瓶、吸量管等。

2. 试剂

30 $\mu g \cdot mL^{-1}$ $K_2Cr_2O_7$溶液；0.350 $mol \cdot L^{-1}$ $Co(NO_3)_2$标准溶液；0.100 $mol \cdot L^{-1}$ $Cr(NO_3)_3$标准溶液。

实训内容

1. 比色皿间读数误差检验

在一组1 cm比色皿中加入浓度为30 $\mu g \cdot mL^{-1}$的$K_2Cr_2O_7$溶液，选其中透光率最大的比色皿为参比，测定并记下其他比色皿的透光率值，要求各比色皿间透光率之差不超过0.5%。

2. 溶液的配制

取4个50 mL容量瓶，分别加入2.50、5.00、7.50、10.00 mL 0.350 $mol \cdot L^{-1}$ $Co(NO_3)_2$溶液，另取4个50 mL容量瓶，分别加入2.50、5.00、7.50、10.00 mL 0.100 $mol \cdot L^{-1}$ $Cr(NO_3)_3$标准溶液。用水稀释至刻度，摇匀。

另取1个50 mL容量瓶，加入未知样品溶液10.00 mL，用水稀释至刻度，摇匀。

3. 波长的选择

分别取$Co(NO_3)_2$标准溶液5.00 mL及$Cr(NO_3)_3$标准溶液5.00 mL，用1 cm比色皿，以蒸馏水为参比溶液，从420～720 nm每隔20 nm测一次吸光度，吸收峰附近多测几个点。将两种溶液的吸收曲线绘在同一坐标系内，根据吸收曲线选择最大吸收峰的波长λ_1和λ_2。

4. 吸光度的测量

以蒸馏水作参比，使用检验合格的一组1 cm比色皿，在波长λ_1和λ_2处，分别测量上述配制好的9个溶液的吸光度。

数据处理

(1) 数据记录（见表3-6、表3-7、表3-8、表3-9）。

仪器型号：________　　　　　　　　　　比色皿厚度：________

表 3-6　不同波长下 Co^{2+} 溶液吸光度

λ/nm	
A	

表 3-7　不同波长下 Cr^{3+} 溶液吸光度

λ/nm	
A	

表 3-8　摩尔吸光系数的测定

标准溶液	0.350 mol·L^{-1} $Co(NO_3)_2$				0.100 mol·L^{-1} $Cr(NO_3)_3$			
取样量/mL	2.50	5.00	7.50	10.00	2.50	5.00	7.50	10.00
稀释后浓度/(mol·L^{-1})								
A_{λ_1}								
A_{λ_2}								

表 3-9　样品溶液中 Co^{2+} 和 Cr^{3+} 的测定

测定波长/nm	λ_1	λ_2
$A^{Co^{2+}+Cr^{3+}}$		

（2）绘制 Co^{2+} 和 Cr^{3+} 的吸收曲线，选择吸收波长 λ_1 和 λ_2。

（3）绘制 Co^{2+} 和 Cr^{3+} 标准溶液分别在 λ_1 和 λ_2 处的标准曲线。绘制时坐标分度的选择应使标准曲线的倾斜度在 45°左右，求出 4 条直线的斜率 $\varepsilon_{\lambda_1}^{A}$、$\varepsilon_{\lambda_1}^{B}$、$\varepsilon_{\lambda_2}^{A}$、$\varepsilon_{\lambda_2}^{B}$。

（4）通过解方程组，计算出试液中 Co^{2+} 和 Cr^{3+} 的浓度及样品的原始浓度。

思考题

（1）同时测定两组分时，一般应如何选择波长？

（2）吸光系数和哪些因素有关？如何求得？

（3）通过吸光系数测定实验，在最大吸收波长处，验证吸光系数和浓度的关系。如何判断所测浓度是否在线性范围内？

模块四

红外吸收光谱法

学习目标

掌握红外吸收光谱法的基本原理、基本术语、定性及定量分析方法、实验方法及制样技术；熟悉红外光谱仪的结构及各部分的功能；了解红外光谱仪的工作原理、使用及维护方法。

任务一　概述

红外吸收光谱法简称为红外光谱法(infrared spectroscopy，IR)，又称为红外分光光度法。它利用样品的红外吸收光谱进行定性分析、结构鉴定及定量分析。

红外吸收光谱法是物质结构研究的重要手段之一。物质分子内的原子、官能团之间的相对运动即分子的振动和转动是普遍存在的。除单原子和同核分子(如 Ne、He、O_2、H_2等)之外，几乎所有的化合物在红外光区都有吸收，且气态、液态、固态样品都可以用红外光谱法测定。近年来各种红外检测技术，如全反射红外、漫反射红外，以及各种联用技术的不断发展和完善，大大拓展了红外光谱的应用范围，使红外光谱在食品、医药、生物、化工、环境等领域得到了广泛的应用。

一、红外光谱

波长范围在 0.76～1 000 μm 的电磁波称为红外光。该范围比较大，故根据波长及引起能级跃迁的不同形式将红外光分为三个区：近红外区、中红外区、远红外区。三个区的波长(波数)范围和能级跃迁类型如表 4-1 所示。由分子的振动、转动能级跃迁引起的光谱，称为中红外吸收光谱，它对于研究分子结构和化学组成至关重要，因此，我们常说的红外光谱就是指中红外吸收光谱。本模块只介绍这方面的内容。

表 4-1 红外光区划

区 域	波长 $\lambda/\mu m$	波数 σ/cm^{-1}	能级跃迁类型
近红外区	0.76～2.5	12 800～4 000	OH、NH 及 CH 键的倍频吸收
中红外区	2.5～50	4 000～200	分子振动，伴随转动（基本振动区）
远红外区	50～1 000	200～10	分子转动

二、红外吸收光谱的表示方法

如果用连续改变频率（波数）的红外光照射某样品，由于样品分子选择吸收了某些波数范围内的红外光（$E=h\nu=hc\sigma$），它们通过样品后光强减弱，用仪器记录这种变化后即可得到样品的红外吸收光谱。红外吸收光谱一般用 T-λ 曲线或 T-σ 曲线表示。图谱的纵坐标用透光率 T（%）表示，因而吸收峰向下；横坐标既可以用波长 λ（单位为 μm ）也可以用波数 σ（单位为 cm^{-1}）来表示，后者更为常用。波数 σ（cm^{-1}）与波长 λ 之间的关系为

$$\sigma=\frac{1}{\lambda(\text{cm})}=\frac{10^4}{\lambda(\mu\text{m})} \tag{4-1}$$

任务二 基本原理

一、产生红外吸收的条件

分子的振动能级差为 0.05～1.0 eV，大于转动能级差（0.000 1～0.025 eV）。因此，在分子发生振动能级跃迁时，不可避免地伴随着转动能级的跃迁，因而无法测得纯振动光谱。为了学习上的方便，现以双原子分子的纯振动光谱为例，说明红外光谱产生的条件。

双原子分子是简单的分子，振动形式也很简单，它仅有一种振动形式——伸缩振动，即两原子之间距离（键长）发生改变的振动形式。若把组成分子的两个原子视为两个小球，把其间的化学键看成质量可以忽略不计的弹簧，则两个原子间的伸缩振动，可近似地看成沿键轴方向的简谐振动，双原子分子可视为谐振子。其振动形式和振动频率为

$$\nu=\frac{1}{2\pi}\sqrt{\frac{k}{\mu}} \tag{4-2}$$

其中

$$\mu=\frac{m_1m_2}{m_1+m_2}$$

式中：ν 为振动频率；k 为化学键力常数，$N\cdot cm^{-1}$，一般来说，单键化学键力常数的平均值约为 5 $N\cdot cm^{-1}$，而双键和三键的化学键力常数分别大约是此值的 2 倍和 3 倍；μ 为两原子折合质量（g）。

若用波数 σ 可表示为

$$\sigma = \frac{1}{2\pi c}\sqrt{\frac{k}{\mu}} \tag{4-3}$$

把折合质量与原子的相对原子质量单位之间进行换算，即可得到

$$\sigma = 1\,302\sqrt{\frac{k}{A_r}} \tag{4-4}$$

式中：A_r 为折合相对原子质量（$A_r = \frac{A_{r(1)}A_{r(2)}}{A_{r(1)}+A_{r(2)}}$，$A_{r(1)}$、$A_{r(2)}$ 分别为两原子的相对原子质量）。

由上述分析可见，σ 是分子固有的振动频率（波数），振动时若发生偶极矩的变化，即产生了波数为 σ 的交变电磁场，若有一频率同样为 σ 的红外光照射该分子，则分子振动的交变电磁场与红外光的交变电磁场发生耦合作用（或称为共振），红外光的能量转移到分子上，分子吸收了红外光，σ 不变，而振幅变大，振动能级发生跃迁，产生了红外吸收光谱。

所以，产生红外吸收的条件如下：①红外光具有的能量与发生振动、转动跃迁所需的跃迁能量相等；②分子振动必须伴随偶极矩的变化。

二、振动形式及振动自由度

双原子分子只有伸缩振动这一类振动形式。多原子分子具有两类振动形式：伸缩振动和弯曲振动。通过振动形式可以了解吸收峰的起源。通过振动形式的数目，有助于了解基频峰的可能数目。因此，振动形式的讨论，是了解红外吸收光谱的最基本内容。

1. 伸缩振动

键长沿键轴方向发生周期性的变化的振动称为伸缩振动。多原子分子（或基团）的每个化学键可近似地看做一个谐振子，其振动形式可分为两种：对称伸缩振动，表示符号为 ν_s；反对称伸缩振动，表示符号为 ν_{as}。

2. 弯曲振动

使键角发生周期性变化的振动称为弯曲振动或变形振动。弯曲振动分为面内、面外，对称及不对称弯曲振动等形式。

(1) 面内弯曲振动（β）：在由几个原子所构成的平面内进行的弯曲振动称为面内弯曲振动。按振动形式，面内弯曲振动可分为剪式及面内摇摆振动两种。

① 面内剪式振动（δ）：在振动过程中键角的变化类似剪刀开、闭的振动。

② 面内摇摆振动（ρ）：基团作为一个整体，在平面内摇摆。

(2) 面外弯曲振动（γ）：在垂直于由几个原子所组成的平面外进行的弯曲振动称为面外弯曲振动。面外弯曲振动分为两种：面外摇摆振动，表示符号为 ω；扭曲变形振动，表示符号为 τ。

(3) 对称与不对称弯曲振动分别以 δ_s、δ_{as} 表示。

亚甲基（$—CH_2—$）、甲基（$—CH_3$）的各种振动形式示意图见图 4-1、图 4-2、图 4-3、图 4-4。

3. 振动自由度

多原子分子虽然复杂，但可以分解为许多简单的基本振动来讨论。基本振动的数目

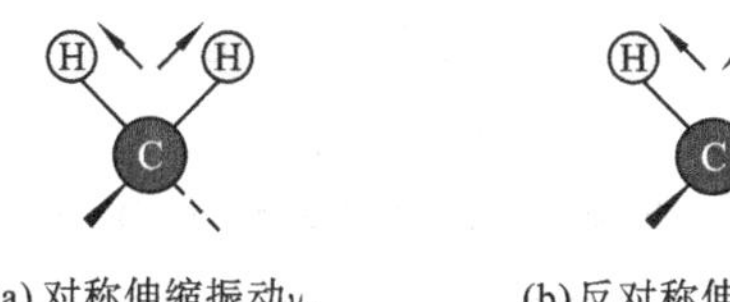

(a) 对称伸缩振动ν_s　(b) 反对称伸缩振动ν_{as}

图 4-1　亚甲基的对称伸缩及反对称伸缩振动

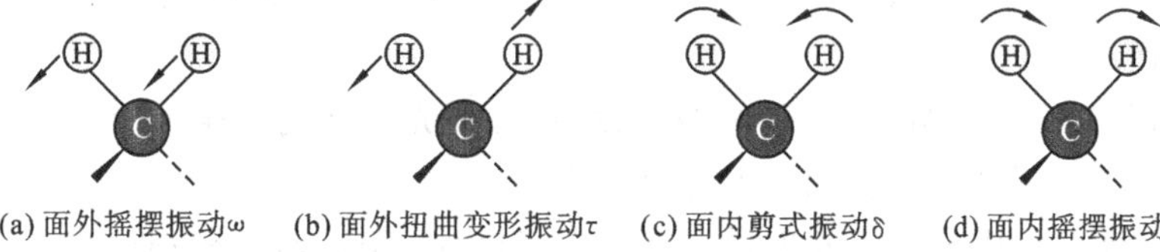

(a) 面外摇摆振动ω　(b) 面外扭曲变形振动τ　(c) 面内剪式振动δ　(d) 面内摇摆振动ρ

图 4-2　亚甲基面内弯曲及面外弯曲振动

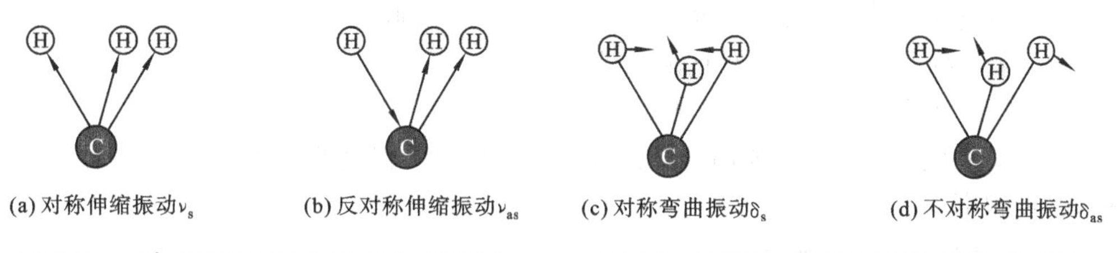

(a) 对称伸缩振动ν_s　(b) 反对称伸缩振动ν_{as}　(c) 对称弯曲振动δ_s　(d) 不对称弯曲振动δ_{as}

图 4-3　甲基的对称伸缩及反对称伸缩振动　**图 4-4　甲基的对称弯曲及不对称弯曲振动**

称为振动自由度，即分子的独立振动数，简称分子自由度。分子自由度数目与该分子中各原子在空间坐标中运动状态的总和密切相关。

分子中的每一个原子都可沿空间坐标的 x,y,z 轴方向运动，有三个自由度。一个由 n 个原子组成的分子，应有 $3n$ 个自由度。分子作为一个整体，其运动状态又可分为平动（平移）、转动和振动三类，故

$$\text{分子自由度数}(3n)=\text{平动自由度}+\text{转动自由度}+\text{振动自由度}$$

所以

$$\text{振动自由度}=\text{分子自由度数}(3n)-(\text{平动自由度}+\text{转动自由度})$$

$$\text{非线性分子振动自由度}=3n-(3+3)=3n-6$$

$$\text{线性分子振动自由度}=3n-(3+2)=3n-5$$

线性分子只有两个转动自由度，是因为以 z 轴（分子自身为轴）的转动空间位置不发生变化，转动惯量为零，故不产生自由度。如线性分子 CO_2 有 4（即 $3n-5$）个振动自由度，振动形式见图 4-5；非线性分子 H_2O 有 3（即 $3n-6$）个振动自由度，振动形式见图 4-6。通常分子振动自由度数目越多，则在红外吸收光谱中出现的峰数也就越多。

(a) 对称伸缩(无吸收峰)　(b) 非对称伸缩(2 349 cm^{-1})　(c) 面内弯曲(667 cm^{-1})　(d) 面外弯曲(667 cm^{-1})

图 4-5　线性分子 CO_2 的四种振动形式

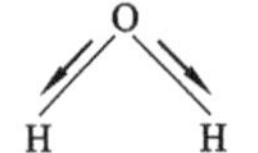

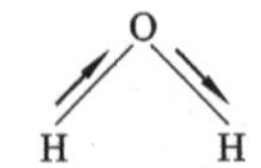

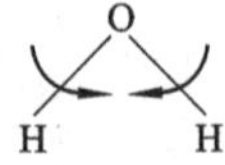

(a) 对称伸缩振动(3 652 cm^{-1})　(b) 非对称伸缩振动(3 756 cm^{-1})　(c) 弯曲振动(1 595 cm^{-1})

图 4-6　非线性分子 H_2O 的三种振动形式

CO_2分子的对称伸缩由于没有偶极矩的改变，呈现的是非红外活性，不产生吸收。面内弯曲和面外弯曲产生的吸收峰重叠，其中“＋”表示垂直于纸面向上运动，“－”表示垂直于纸面向下运动。

理论上，每一个振动自由度(基本振动数)在红外光谱区均产生一个吸收带。但是实际上峰数往往少于基本振动数目。其原因如下。

(1) 当振动过程中分子不发生瞬间偶极矩变化时，不引起红外吸收。

(2) 频率完全相同的振动彼此发生简并。

(3) 强宽峰往往要覆盖与之频率相近的弱而窄的吸收峰。

(4) 吸收峰有时落在中红外区域以外。

(5) 吸收强度太弱，导致无法测定。

当然也有使峰数增多的原因，如后面讲到的倍频峰，但这些峰落在中红外区的很少，并且强度很弱。

三、吸收峰的种类和强度

1. 吸收峰的种类

(1) 基频峰和泛频峰。

分子有一系列的振动能级，按能量由低到高依次记作 $V_0, V_1, V_2, V_3, \cdots$。在没有受到激发情况下，分子主要处于最低的振动能级，即基态 V_0。分子吸收一定频率的红外光后，可以从基态跃迁到相应的激发态上，其中从基态(V_0)跃迁到第一激发态(V_1)的概率最大(所需能量最低因而最易发生)，所产生的吸收带最强，称为基频峰，相应的吸收频率称为基频。从 V_0 跃迁到 $V_2, V_3, \cdots$激发态的可能性也有，但概率很小，因而所产生的谱带强度较弱，称为倍频峰(依次称为二倍频峰、三倍频峰等)，相应的吸收频率称为倍频。红外光谱图上最主要的吸收峰为基频峰，二倍频峰也经常可以观测到，三倍频峰一般都很弱而观测不到。

另外还有合频峰($V_1+V_2, 2V_1+V_2, \cdots$)和差频峰($V_1-V_2, 2V_1-V_2, \cdots$)，多为弱峰，一般在谱图上不易辨认。倍频峰、合频峰和差频峰统称为泛频峰。

(2) 特征峰和相关峰。

研究人员通过从大量的红外光谱图中研究发现，分子中官能团(或化学键)的存在与红外光谱图上的吸收峰的出现是对应的，因此可以用一些易辨认的具有代表性吸收峰来确定官能团(或化学键)的存在。这些可用于鉴定官能团(或化学键)存在的吸收峰，称为特征峰。一种官能团有多种振动形式，每一种具有红外活性的振动形式都有相应的吸收峰，因而一个官能团的存在会有一组相互依存的特征峰，互称为相关峰。在结构解析中，我们不能只由一个特征峰来确定某种官能团的存在，因为也有许多不同的官能团存在相似甚至相同的某个特征峰。在化合物的红外光谱图中，相关峰之间的这种相互依存关系，可用于区别非相互依存的其他特征峰，从而确定对应官能团的存在。

2. 吸收峰的强度

在红外光谱中，吸收峰的强度的表示方法主要有四种，其中最常用的为透光率 T（%）。红外吸收峰的强度（除浓度影响外）主要取决于分子振动过程中偶极矩的变化程度（$\Delta\mu$）和发生相应能级跃迁的概率两个因素。$\Delta\mu$ 越大，振动能级跃迁的概率越大，吸收峰也越强。一般有以下几个规律可循。

（1）基频峰因为相应的能级跃迁概率最大，通常吸收峰较强。而倍频峰则由于相应的能级跃迁概率很低，因此吸收峰较弱。

（2）化学键两端连接的原子之间的电负性差别越大，伸缩振动引起的吸收峰越强。

（3）相同基团振动方式不同，相应的吸收峰强度也不同。通常，反对称伸缩振动的吸收峰强度大于对称伸缩振动，伸缩振动的吸收峰强度大于弯曲振动的。

（4）分子对称性差，振动偶极矩变化大，相应的吸收峰较强；而对称性较强的分子，相应的吸收峰则较弱。中心对称的分子，没有净的振动偶极矩变化，没有红外吸收峰出现。

（5）分子中氢键的形成、极性基团的共轭效应及诱导效应等因素使吸收峰的强度增加。

任务三 红外光谱图

红外光谱图是记录物质的透光率随波数（或波长）变化的曲线。通过分析化合物的红外光谱图可以推测其结构。

一、红外光谱图的重要波段

中红外光谱区可分成 1 300～4 000 cm^{-1}和 600～1 300 cm^{-1}两个区域。最有分析价值的基团频率在 1 300～4 000 cm^{-1}之间，这一区域称为基团频率区、官能团区或特征区。区内的峰是由伸缩振动产生的吸收带，比较稀疏，容易辨认，常用于鉴定官能团。在600～1 300 cm^{-1}区域内，除单键的伸缩振动外，还有因弯曲振动产生的谱带。这种振动与整个分子的结构有关，当分子结构稍有不同时，该区的吸收就有细微的差异，并显示出分子特征。这种情况就像人的指纹一样，因此称为指纹区。指纹区对于指认结构类似的化合物很有帮助，而且可以作为化合物存在某种基团的旁证。

1. 基团频率区

基团频率区可分为三个区域。

（1）2 500～4 000 cm^{-1}为 X—H 伸缩振动区，X 可以是 O、N、C 或 S 等原子。主要提供有关羟基、氨基、烃基等的结构信息。

① 羟基（醇和酚的羟基）。羟基的吸收峰处于 3 200～3 650 cm^{-1}之间。游离的羟基只存在于气态或非极性溶剂的稀溶液中，其红外吸收在较高波数段（3 610～3 640 cm^{-1}），峰形尖锐。羟基可形成分子间或分子内的氢键，对红外吸收峰的位置、形状、强度等都有重要影响，当羟基发生缔合时，其吸收峰移向较低波数（3 300 cm^{-1}附近），峰形宽

而钝。羧酸分子内还可以发生羟基和羰基的强烈缔合,羟基的伸缩振动吸收峰可延伸到 2 500 cm^{-1}处,形成一个很宽而钝的吸收带。当样品或其载体中含有水分时,会在 3 300 cm^{-1}附近出现吸收峰(含水量较大时在 1 650 cm^{-1}处也有吸收峰,羟基无此吸收峰)。若要鉴别微量水与羟基,可观察指纹区内是否有羟基的吸收峰,或将干燥后的样品与石蜡油调糊作图,从而排除微量水的干扰。

② 氨基。氨基的吸收峰与羟基相似。游离氨基的红外吸收出现在 3 300～3 500 cm^{-1}之间,发生氢键缔合后约降低 100 cm^{-1}。伯胺有两个尖锐的吸收峰(因为有两个N－H键,有对称和非对称伸缩振动),脂肪族伯胺更突出,这是它与羟基的区别,其吸收强度比羟基弱。仲胺只有一个吸收峰(因为只有一种伸缩振动),也较羟基的要更尖锐些;芳香族仲胺的吸收峰比相应脂肪族仲胺的强度偏大且波数偏高。叔胺因氮上无氢,在这一区域无吸收。

③ 烃基。C－H 的伸缩振动可分为饱和和不饱和的两种。饱和 C－H 伸缩振动吸收峰出现在 3 000 cm^{-1}以下,为 2 800～3 000 cm^{-1},取代基对它们影响很小。如$-CH_3$基的伸缩振动吸收峰出现在 2 960 cm^{-1}和 2 876 cm^{-1}附近;$-CH_2$基的伸缩振动吸收峰在 2 930 cm^{-1}和 2 850 cm^{-1}附近;不饱和 C－H 伸缩振动吸收峰出现在 3 000 cm^{-1}以上,如三键上的碳氢键的吸收峰出现在 3 300 cm^{-1}附近,且峰形尖锐,可以此来判别化合物中是否含有不饱和 C－H 键。

④ 其他。硫、磷原子与氢原子形成的单键 S－H、P－H 的伸缩振动吸收出现在这一区域的最右端,可一直延伸到 2 500 cm^{-1}以下。

(2) 1 900～2 500 cm^{-1}为三键和累积双键区。

该区域主要包括 —C≡C—、—C≡N 等等三键的伸缩振动,以及—C═C═C、—C═C═O 等累积双键的不对称性伸缩振动。对于炔烃类化合物,可以分成 R—C≡CH 和 R′—C≡C—R 两种类型,R—C≡CH 的伸缩振动出现在 2 100～2 140 cm^{-1} 附近,R′—C≡C—R 出现在 2 190 ～ 2 260 cm^{-1} 附近。如果是 R—C≡C—R,因为分子是对称的,则为非红外活性。—C≡N 基的伸缩振动在非共轭的情况下出现在 2 240～2 260 cm^{-1}附近。当与不饱和键或芳核共轭时,该峰位移到 2 220～2 230 cm^{-1}附近。若分子中含有 C、H、N 原子,—C≡N 基吸收比较强而尖锐。若分子中含有 O 原子,且 O 原子离 —C≡N 基越近,—C≡N 基的吸收越弱,甚至观察不到。

(3) 1 200～1 900 cm^{-1}为双键伸缩振动区。

该区域主要包括三种伸缩振动。

① C═O 伸缩振动出现在 1 650～1 900 cm^{-1},是红外光谱中很特征的且是最强的吸收,以此很容易判断酮类、醛类、酸类、酯类以及酸酐等有机化合物。酸酐的羰基吸收带由于振动耦合而呈现双峰。

② C═C 伸缩振动。烯烃的 C═C 伸缩振动出现在 1 620～1 680 cm^{-1},一般很弱。单核芳烃的 C═C 伸缩振动出现在 1 600 cm^{-1}和 1 500 cm^{-1}附近,有两个峰,这是芳环的骨架结构,用于确认芳核的存在。

③ 苯的衍生物的泛频谱带，出现在1 650～2 000 cm^{-1}范围，是C—H面外和C═C面内变形振动的泛频吸收，虽然强度很弱，但它们的吸收面貌在表征芳核取代类型上是有用的。

2. 指纹区

指纹区可分为两个区域。

(1) 900～1 300 cm^{-1}区域是C—O、C—N、C—F、C—P、C—S、P—O、Si—O等单键的伸缩振动和C═S、S═O、P═O等双键的伸缩振动区。其中，1 375 cm^{-1}的谱带为甲基的C－H对称弯曲振动，对识别甲基十分有用；C－O的伸缩振动在1 000～1 300 cm^{-1}，是该区域最强的峰，也较易识别。

(2) 650～900 cm^{-1}区域是C－H面外弯曲振动区，提供鉴别烯烃取代特征及芳香核上取代基位置等有用的信息。例如，烯烃的═C—H面外弯曲振动出现的位置，很大程度上取决于双键的取代情况。对于RC═CRH结构，其顺、反构型分别在690 cm^{-1}和970 cm^{-1}出现吸收峰。

以上所述的红外光谱图的重要区段，对红外光谱图的解析很重要。从特征区可找出化合物存在的官能团，原则上每个官能团都可找到归属。指纹区的吸收峰数量较多，往往找不到归属，但大量的吸收峰表示了化合物的具体特征。虽然如此，某些有机同系物的指纹吸收可能是相似的，不同的制样条件也可能引起指纹区吸收的变化，应引起注意。

二、主要化合物及其官能团的特征吸收峰

红外光谱图的解析首先是要确定化合物中存在哪些官能团，因此，必须对主要化合物的官能团的特征吸收峰非常熟悉。表4-2列出了有机化合物中常见官能团红外光谱的特征吸收峰。

表4-2 常见官能团红外光谱的特征吸收峰

化合物	官能团	特征吸收峰 吸收类型：波数 cm^{-1}（峰强度）
烷烃	$—CH_3$	ν_{asCH}：2 960±10(s)；ν_{sCH}：2 872±10(s)；β_{asCH}：1 450±10(m)；β_{sCH}：1 375±5(s)
	$—CH_2—$	ν_{asCH}：2 926±10(s)；ν_{sCH}：2 853±10(s)；β_{CH}：1 460±20(m)
	$—\overset{\vert}{C}H—$	ν_{CH}：2 890±10(s)；β_{CH}：1 340(w)
烯烃	H H | | —C═C—	ν_{CH}：3 010～3 040(m)；$\nu_{C=C}$：1 540～1 695(m)；β_{CH}：1 295～1 310(m) γ_{CH}：665～770(s)
烯烃	H | —C═C— | H	ν_{CH}：3 010～3 040(m)；$\nu_{C=C}$：1 540～1 695(w)；γ_{CH}：960～970(s)
炔烃	—C≡C—H	ν_{CH}：约3 300(m)；$\nu_{C\equiv C}$：2 100～2 270(m)

续表

化合物	官能团	特征吸收峰 吸收类型:波数 cm^{-1}(峰强度)
芳烃	苯环	ν_{CH}:3 000～3 100(变);泛频:1 667～2 000(w);$\nu_{C=C}$:1 430～1 650(m),2～4 个峰;β_{CH}:1 000～1 250(w);γ_{CH}:665～900(s);单取代:730～770(vs),690～710(s);邻二取代:700～735(vs);间二取代:750～810(vs),680～725(m),860～900(m);对二取代:800～860(vs);五取代:860～900(s)
醇类	R—OH	ν_{CH}:3 200～3 700(变);β_{OH}:1 260～1 410(w);β_{CO}:1 000～1 250(s);γ_{OH}:650～750(s)
酚类	Ar—OH	ν_{OH}:3 000～3 750(s);ν_{CH}:3 125～3 705(s);$\nu_{C=C}$:1 430～1 650(m);ν_{CO}:1 165～1 335(s);β_{O-H}:1 B15～1 B90
脂肪醚	R—O—R′	ν_{C-O-C}:1 050～1 300(m)
酮类	R—C(=O)—R	$\nu_{C=O}$:约 1 715(vs)
醛类	R—C(=O)—H	ν_{CH}:约 2 820(m),约 2 720(w),双峰;$\nu_{C=O}$:约 1 725(vs)
羧酸	R—C(=O)—OH	ν_{OH}:2 500～3 400(m);$\nu_{C=O}$:1 690～1 740(m);β_{OH}:1 410～1 450(w);$\nu_{C=O}$:1 205～1 266(m)
酸酐	—C(=O)—O—C(=O)—	$\nu_{asC=O}$:1 850～1 880(s);$\nu_{sC=O}$:1 740～1 780(s);ν_{C-O}:1 050～1 170(s)
酯类	R—O—C(=O)—	泛频 $\nu_{C=O}$:约 3 450(w);$\nu_{C=O}$:1 720～1 770(s);ν_{COC}:1 000～1 300(s)
胺类	$—NH_2$	ν_{NH_2}:3 300～3 500(m),双峰;β_{NH}:1 590～1 650(s,m);$\nu_{CH(脂肪)}$:1 000～1 220(m,w);$\nu_{CN(芳香)}$:1 250～1 340(s)
	—NH	ν_{NH}:3 300～3 500(m);β_{NH}:1 550～1 650(vw);$\nu_{CH(脂肪)}$:1 000～1 220(m,w);$\nu_{CH(芳香)}$:1 280～1 350(s)
酰胺	$—CONH_2$	ν_{asNH}:约 3 350(s);ν_{sNH}:约 3 180(s);$\nu_{C=O}$:1 650～1 680(s);β_{NH}:1 250～1 650(s);ν_{CH}:1 400～1 420(m);γ_{NH_2}:600～750(m)
	—CONHR	ν_{NH}:约 3 270(s);$\nu_{C=O}$:1 630～1 680(s)
	—CONRR′	$\nu_{C=O}$:1 515～1 750(m)
酰卤	—COX	$\nu_{C=O}$:1 790～1 810(s)
硝基	$R—NO_2$	ν_{asNO_2}:1 543～1 560(s);ν_{sNO_2}:1 360～1 385(s);ν_{CH}:800～920(m)
	$Ar—NO_2$	ν_{asNO_2}:1 510～1 550(s);ν_{sNO_2}:1 335～1 365(s);ν_{CH}:840～860(s)

续表

化合物	官能团	特征吸收峰 吸收类型：波数 cm^{-1}（峰强度）
吡啶类	（吡啶环）	ν_{CH}：约 3 030(w)；$\nu_{C=N}+\nu_{C=C}$：1 430～1 667(m)；β_{CH}：1 000～1 175(w)；γ_{CH}：665～910(s)
腈	—C≡N	$\nu_{C\equiv N}$：2 240～2 260(s)
嘧啶类	（嘧啶环）	ν_{CH}：3 010～3 060(w)；$\nu_{C=N}+\nu_{C=C}$：1 520～1 580(m)；β_{CH}：960～1 000(m)；γ_{CH}：775～825(m)

注明：(1) 表中 vs、s、m、w、vw 表示峰的吸收强度，依次为很强、强、中、弱、很弱。

(2) ν_s 为对称伸缩振动；ν_{as} 为反对称伸缩振动；β 为面内弯曲振动；γ 为面外弯曲振动。

三、红外光谱图的解析

在解析红外光谱图之前，要对样品有所了解，包括以下几方面。

(1) 样品元素组成，纯度（要求 98%以上），物理状态。

(2) 一般理化常数，如溶解度、沸点、熔点、旋光度、折光率等。

(3) 测定条件（如物理状态、溶剂等），若用溶液测定，应特别注意排除溶剂本身的干扰。

解析红外光谱时，首先根据官能团区的吸收峰，确定待测化合物中存在的官能团或化学键，然后再观察指纹区。如果是芳香族化合物，应找出苯环的取代位置。根据频率位移值考虑基团类型及其连接方式，列出几种可能的结构。由指纹区的吸收峰与已知化合物红外光谱图或标准红外光谱图比较，判断待测物与已知物的结构是否相同。同时根据化合物的元素组成计算其不饱和度，结合其他分析方法（如紫外光谱、核磁共振波谱、质谱等）推测化合物的结构。

1. 官能团的确定

官能团的确定必须全面考察与相应官能团红外吸收有关的各种因素，包括红外吸收峰的三要素、相关峰的互相依存和印证及影响红外吸收峰的因素。

(1) 红外吸收峰的三要素。

红外吸收峰的位置（波数）、强度和峰形称为红外吸收峰的三要素。在确定化合物的官能团时，必须综合分析此三要素，才能得到较为可靠的结论。吸收峰的位置无疑是最重要的参量，但通常只有当吸收峰的位置和强度都处于一定范围时才能推断出某些官能团的存在。以羰基为例，羰基的吸收是比较强的，如在1 680～1 780 cm^{-1}之间有较弱的吸收峰，这并不表明化合物分子中有羰基，而是说明该化合物中存在有羰基化合物的杂质。吸收峰的形状也取决于官能团的类别，从峰形可以辅助判别官能团。如缔合羟基、缔合氨基和炔氢的伸缩振动，它们的吸收峰位置差别不明显，主要差别是峰形不同，缔合羟基峰形圆而钝，缔合伯胺的吸收峰有一个小或大的分叉，炔氢则峰形尖锐。

(2) 相关峰的互相依存和印证。

对任一官能团，由于存在着多种振动形式和相应的相关吸收峰，只有当其相关峰得到

互相印证时才能确定它的存在。如甲基，在 2 960 cm^{-1}、2 870 cm^{-1}和 1 460 cm^{-1}、1 380 cm^{-1}处有应有的 C—H 键的吸收峰出现。当分子中存在酯基时，应同时观察到羰基的吸收和 C—O—C 的吸收(1 050～1 300 cm^{-1})。

(3) 影响红外吸收峰的因素。

分子中的官能团和化学键并不是孤立存在的，其振动和相应的红外吸收也受到相邻基团的影响，有时还会受到溶剂、测定条件等外部因素的影响。因此分子结构的测定中可以根据不同测试条件下基团频率位移和强度的改变，推断产生这种影响的结构因素。

2. 标准红外光谱图库的应用

当无标准品但有标准图谱时，则可按名称、分子式索引查找核对，最常见的标准红外光谱图库有萨特勒(Sadtler)标准红外光谱图库、Aldrich 红外光谱图库和 Sigma 生物化学谱库等。其中萨特勒标准图库最常用，使用时必须注意两点。

(1) 所用仪器与标准图谱上是否一致。仪器分辨率高的则在某些峰的细微结构上会有差别。

(2) 测绘条件与标准图谱是否一致，如果样品的浓度不同，则峰强度会改变。

3. 分子不饱和度的计算

化合物的不饱和度 Ω 用下式计算：

$$\Omega = \frac{2 + 2n_4 + n_3 - n_1}{2} \tag{4-5}$$

式中：n_4、n_3、n_1 分别为分子中四价、三价、一价元素原子的数目，如碳为四价元素；氮为三价元素；氢、卤素为一价元素；二价元素(氧、硫等)不参加计算。

由分子的不饱和度可以推断分子中含有双键、三键、环、芳环的数目，验证谱图解析的正确性。当 $\Omega=0$ 时，表示分子是饱和的；$\Omega=1$，表示分子中有一个双键或一个环；$\Omega=2$ 时，表示分子中有一个三键，或者为 $\Omega=1$ 时所表示情况的两倍。

综上所述，谱图解析一般先从基团频率区的最强谱带开始，推测未知物可能含有的基团，判断不可能含有的基团。再从指纹区的谱带进一步验证，找出可能含有基团的相关峰，用一组相关峰确认一个基团的存在。对于简单化合物，确认几个基团之后，便可初步确定分子结构，然后查对标准谱图核实。

【例 4-1】 由元素分析某化合物的分子式为 $C_4H_6O_2$，测得红外光谱如图 4-7 所示，试推测其结构。

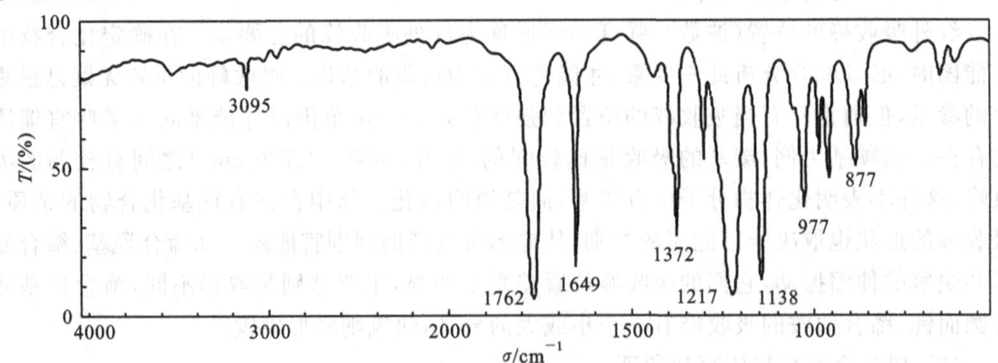

图 4-7 某化合物的红外光谱图

解 不饱和度计算 $\Omega = \frac{2 + 2n_4 + n_3 - n_1}{2} = 2$

谱峰归属如表 4-3 所示。

表 4-3 谱峰归属

波数/cm^{-1}	归 属	结构信息
3 095	不饱和 C—H 伸缩振动	—C═C—H
1 762	C═O 伸缩振动	—C═O
1 649	C═C 伸缩振动	谱带较弱，是被极化了的烯键
1 372	甲基对称弯曲振动	CH_3
1 217、1 138	C—O—C 的伸缩振动	C—O—C
977、877	单取代 —CH═CH_2	RCH═CH_2

推测结构： A：CH_2═CH—COO—CH_3 丙烯酸甲酯

B：CH_3—COO—CH═CH_2 醋酸乙烯酯

A 结构 C═C 与 C═O 共轭，导致 $\nu_{C=O}$ 向低波数位移（约 1 700 cm^{-1}），与谱图不符，排除。

B 结构双键与极性基氧相连，$\nu_{C=O}$ 吸收强度增大，氧原子对 C═O 的诱导效应增强，$\nu_{C=O}$ 向高波数位移，与谱图相符，故 B 结构合理。

任务四 红外光谱仪及制样技术

红外光谱仪的发展经历了三个过程：第一代的色散型红外光谱仪以棱镜为色散元件，由于光学材料制造困难，分辨率低，并且要求低温低湿等，这种仪器现已经被淘汰；20 世纪 60 年代后发展的以光栅为色散元件的第二代色散型红外光谱仪，其分辨率比第一代仪器高很多，仪器的测定范围也比较宽；20 世纪 70 年代后发展起来的傅里叶变换红外光谱仪为代表的干涉型红外光谱仪是第三代产品。目前生产和使用的红外光谱仪主要是色散型红外光谱仪和傅里叶变换红外光谱仪两种，常用的是傅里叶变换红外光谱仪。

一、红外光谱仪的类型及工作原理

1. 色散型红外光谱仪

色散型红外光谱仪又称为红外分光光度计，是经典的红外光谱分析仪器，按光路特点，色散型红外光谱仪也有单光束型、双光束型、双波长型。其中双光束型红外光谱仪具有技术成熟、操作和使用方便、价格适宜等优点。

双光束色散型红外光谱仪的工作原理如图 4-8 所示。

光源发出的红外光，分成等强度的两束，一束通过样品池，另一束通过参比池，通过参比池的光束经光学衰减器（也称为光梳或光楔）与通过样品池的光束会合于单色器内的斩光器（一个以一定频率转动的扇形镜）。斩光器周期性地切割两束光，使样品光束和参比光束交替进入单色器内的色散元件，经色散后最后交替被检测器检测。假定从单色器发出的为某波数的单色光，若该单色光不被吸收，则两光束的强度相等，检测器不产生交流

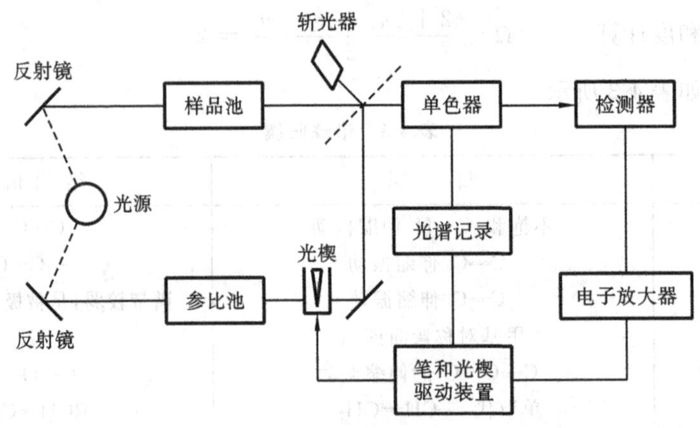

图 4-8 双光束色散型红外吸收光谱仪示意图

信号；若该单色光被吸收，将产生交流信号，其频率取决于斩光器的转动频率，其强度则取决于样品的吸收程度，吸收程度越大，两光束的差异越大，产生的交流信号强度就越大。此交流信号通过电子放大器放大后，由伺服系统驱动参比光路上的光楔移动遮住一定范围的参比光，使参比光路的光强度减弱，直至使投射到检测器上的光强度等于样品光路的光强度。样品对某波数的红外光吸收越多，光楔就越多地遮住参比光路以使参比光强度同样程度地减弱，使两束光重新处于平衡。样品对各种不同波数的红外光的吸收不同，参比光路上的光楔也按比例相应地移动进行补偿。记录笔与光楔同步，光楔位置的改变相当于样品的透射比（或吸光度），它作为纵坐标直接被标绘到记录纸上。由于单色器色散元件的转动，使单色光的波数连续改变，并与记录纸的移动同步，将波长作为横坐标。这样，记录笔的纵坐标和光楔相连，横坐标和单色器的色散元件相连，就在记录纸上描绘出透色比（或吸光度）对波数的红外光谱图。

2. 干涉型红外光谱仪

在干涉型红外光谱仪中，迈克尔逊干涉仪取代了色散型红外光谱仪中的单色器，并且该类仪器的另一个特点是利用了傅里叶变换技术，把包含样品信息的时畴信号干涉图转换为频畴的红外光谱，所以干涉型红外光谱仪又称为傅里叶变换红外光谱仪。

傅里叶变换红外光谱仪的核心部分是迈克尔逊干涉仪，与色散型红外光谱仪工作原理不同，见图 4-9。由光源发出的红外光先进入干涉仪，干涉仪主要由互相垂直排列的固定反射镜（定镜）和可移动反射镜（动镜）与两反射镜成 45°角的分光板组成。分光板使照射在它上面的入射光分裂为等强度的两束，50%透过，50%反射。透射光穿过分光板被动镜反射，沿原路回到分光板并被反射到达检测器；反射光则由定镜沿原路反射回来，通过分光板到达检测器。这样，在检测器上所得到的是透射光和反射光的相干光。若进入干涉仪的是波长为 λ 的单色光，则随着动镜的移动，使两束光到达检测器的光程差为 $\lambda/2$ 的偶数倍时，落到检测器上的相干光相互叠加，有相长干涉，产生明线，相干光强度有最大值；相反，当两束光的光程差为 $\lambda/2$ 的奇数倍时，则落到检测器上的相干光将相互抵消，发生相消干涉，产生暗线，其相干光强度有极小值。而部分相消干涉发生在上述两种位移之间。因此，当动镜以匀速向分光板移动时，也即连续改变两光束的光程差时，就会得到干涉图。当样品吸收了某频率的能量，所得到的干涉图强度曲线就会发生变化，这些变化在

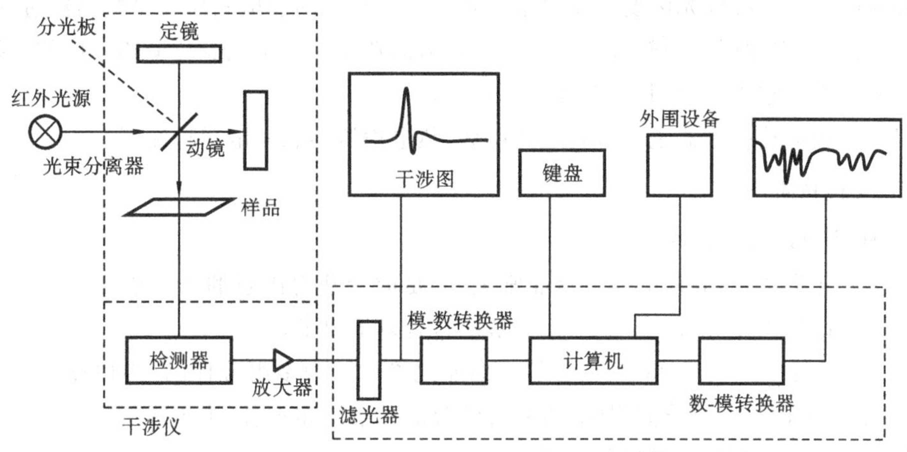

图 4-9 傅里叶变换红外光谱仪示意图

干涉图内一般难以识别。通过计算机将这种干涉图进行傅里叶变换后即可得到我们熟悉的红外吸收光谱图。

二、主要部件

红外光谱仪的部件类型与紫外-可见分光光度计类似，但在部件的排列顺序上有些差异，最基本的区别之一是红外光谱仪的吸收池在单色器之前，而紫外-可见分光光度计的吸收池则在单色器之后，究其原因一是红外光没有足够能量引起样品的光化学分解，二是可使到达检测器的杂散光能量减至最小。

1. 光源

红外光源应是能够发出足够强的连续红外光的物体。常用的有能斯特灯或硅碳棒。能斯特灯是用稀土金属（锆、钇和钍等）氧化物混合烧结而成的中空小棒，高温下导电并能发出红外线，但在室温下是非导体，因此在工作之前需要预热。它的优点是发光强度高，尤其在大于1 000 cm^{-1}的高波数区。硅碳棒是用碳化硅烧结而成的，工作温度在1 200～1 500 ℃。它的优点是坚固、发光面积大，在低波数区发光强度高，可以低到200 cm^{-1}，并且工作前不需要预热。

2. 吸收池

吸收池的光学窗口材料不应对红外光有吸收，而玻璃、石英等材料对红外光几乎全部吸收，因此吸收池窗口通常用 NaCl、KBr 等盐晶制成。NaCl、KBr 等材料制成的窗片需要注意防潮。固体样品也常与纯 KBr 混匀压片，然后直接测定。

3. 单色器

单色器的作用是把通过样品池和参比池的复合光色散成单色光，再射到检测器上加以检测。单色器由色散元件、准直镜和狭缝构成，复制的光栅是最常用的色散元件，其分辨率高，易于维护，而且价廉。

4. 检测器

由于红外光能量低，不足以引发电子发射，紫外-可见光检测器中的光电管等不适用

于红外光的检测。红外光区要使用以辐射热效应为基础的热检测器。热检测器通过小黑体吸收辐射,并根据引起的热效应测量入射辐射的功率。为了减少环境热效应的干扰,吸收元件应放在真空中,并与其他热辐射源隔离。

目前使用的热检测器主要有真空热电偶、热电检测器和光电导检测器。

三、制样技术

1. 样品的处理和制备

在红外光谱法中,制样的前处理非常重要,是能否获得满意的红外谱图的关键之一。红外样品可以是固体、液体或气体,但一般应符合以下要求。

(1) 样品纯度应大于98%,或者符合商业规格。若为多组分样品,应预先用分馏、萃取、重结晶或色谱法进行分离提纯,否则各组分的光谱互相重叠,难于解析,不便于与纯化合物的标准光谱或商业光谱进行对照。

(2) 样品不应含水(结晶水或游离水)。水有红外吸收,对羟基峰有干扰,而且会侵蚀吸收池的盐窗。所用样品应经过干燥处理。

2. 制样方法

在红外光谱的测定中,必须根据样品的状态、性质及分析的目的等具体情况,选择合适的样品装置和制样方法。

(1) 气体样品:可用气体池测定,用减压抽气的办法将样品吸入气体池。

(2) 液体样品:常用的方法有以下三种。

① 液膜法。该法适用于挥发性低的液体样品(沸点约 80 ℃以上),也可以用于挥发性低的浓溶液,将样品滴 1~2 滴在两块盐片之间,用专用夹具夹住,进行测定。黏度大的样品可直接涂在一块盐片上测定。

② 液体池法。低沸点易挥发的样品应注入封闭的吸收池中测定,液层厚度为 0.01~1 mm。某些红外吸收很强的液体可制成溶液,然后注入吸收池中测定。配制溶液时应考虑溶剂本身无吸收干扰。常用的溶剂有 CCl_4(适用于 1 350~4 000 cm^{-1})和 CS_2(适用于 600~1 350 cm^{-1})。

③ 多重衰减全反射法(ATR)。该方法将样品溶液点于 ATR 晶体两侧,待溶剂挥发形成薄膜。测定时红外光在样品薄膜之间多次全反射,被选择吸收,只需要极少量的样品(单分子层的膜)就可获得清晰的红外光谱。

(3) 固体样品:常用的方法有以下四种。

① 压片法。该法在固体红外制样中是最常用的方法,是固体样品红外光谱测定的标准方法,适用于可以研细的固体样品。具体做法如下:将 1~2 mg 样品与 200 mg 纯 KBr 研细混匀,置于模具中,在真空条件下用油压机压成 1~2 mm 厚的透明圆片,即可用于测定。KBr 应很纯,并经干燥处理。样品和 KBr 的粒度应小于 2 μm,以减小光的散射影响。该方法操作方便,而且吸光度正比于样品质量而与片的厚度无关,可用于定量分析。该方法的缺点是需要专用模具和油压机,另外 KBr 易吸水,会干扰羟基的测定。

② 薄膜法。此法适用于高分子化合物的测定,将样品溶于挥发性溶剂,涂在盐片上,

挥干溶剂制成薄膜来测定。某些找不到合适溶剂，但熔融时不分解的样品，也可用热压方法制成薄膜来测定，一些高分子薄膜可以直接测定。

③ 调糊法。当需检测样品中是否含有羟基时，可用调糊法，将干燥处理后的样品研细，与液体石蜡或全氟代烃混合，调成糊剂，夹在盐片中测定。多数固体样品都可用此法。

④ 溶液法。将样品溶于适当溶剂，用液体池测定。

无论何种制样方法，测定时都应注意选择适当的样品浓度或样品层厚度，使多数吸收峰的透射比处于15%～70%。有时为了得到完整的谱图，测定时需要用几种浓度或厚度的样品。

任务五　红外光谱法的应用

红外光谱法的应用大致可分为定性和定量分析两个方面。定性分析常常需要与紫外吸收光谱、核磁共振波谱和质谱等方法配合。

一、红外光谱的定性分析

1. 已知物及其纯度的定性鉴定

如果被鉴定的化合物的结构明确，仅要求用红外光谱证实它是否为所期待的化合物，通常采用比较法。该法是将相同条件下记录的被测物质与标准物质的红外光谱进行比较。若两者的制样方法、测试条件都相同，记录所得的红外光谱图在吸收峰位置、强度和峰形上都相同，则两种物质便可认定是同一物质。相反，如果两光谱图面貌不一样，或者峰位不对，则说明两种物质不是同一物质，或样品中含有杂质。

2. 未知物结构的确定

确定未知物的结构是红外光谱定性分析的一个重要用途。在定性分析过程中，除了获得清晰可靠的光谱图外，最重要的是对光谱图作出正确的解析。光谱图解析就是根据实验所测绘的红外光谱图的吸收峰位置、强度和形状，利用基团振动频率与分子结构的关系来确定吸收带的归属，确认分子所含的基团或化学键，并进一步推定分子的结构。结合样品的其他分析资料，综合判断分析结果，提出最可能的结构式。然后用已知样品或标准光谱图对照，核对判断结果是否正确。如果样品为一新化合物，则需要结合紫外吸收光谱、质谱、核磁共振谱等数据，才能确定所提出的结构是否正确。

二、红外光谱的定量分析

红外光谱的定量分析原理与紫外-可见分光光度法一样，也是依据朗伯-比耳定律，即在某一波长的单色光照射下，吸光度与物质的浓度呈线性关系。由于红外光谱有许多谱带可供选择，更有利于排除干扰。对于混合物，如果分别测定其特征谱带的吸收，甚至可以不经分离就可以定量分析。此外，该法不受样品状态的限制，能定量测定气体、液体和固体样品。因此，红外光谱定量分析应用广泛。但红外光谱法定量灵敏度较低，尚不适用于微量组分的测定。

根据红外光谱图的谱图特点，红外光谱定量分析时吸光度的测定常用以下两种方法。

(1) 基线法。通过谱带两翼透光率最大点作光谱吸收的切线，作为该谱线的基线，则分析波数处的垂线与基线的交点到最高吸收峰顶点的距离为峰高，其吸光度 $A=\lg(I_0/I)$。测量方法如图 4-10 所示。

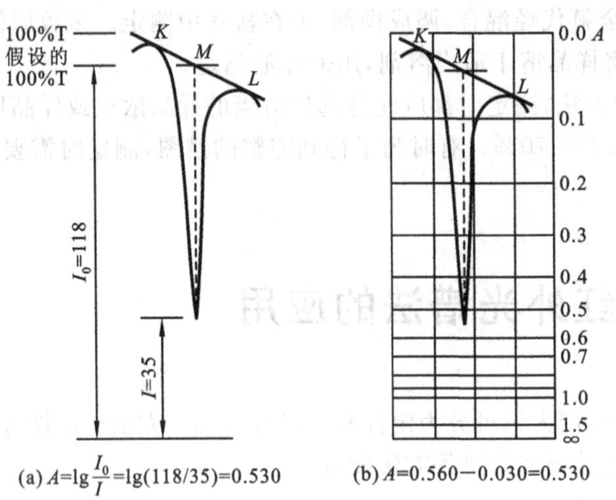

(a) $A=\lg\frac{I_0}{I}=\lg(118/35)=0.530$　　(b) $A=0.560-0.030=0.530$

图 4-10　红外光谱吸光度的基线法测量

(2) 峰高法。选定被测组分的特征吸收波数(被测组分有明显吸收而溶剂吸收很小或没有吸收的波数处)，使用同样的吸收池，分别测定样品溶液和溶剂的透光率，则样品的透光率等于两者之差，并由此求出吸光度。

红外光谱定量分析的方法可以采用工作曲线法、谱带比值法、内标法等。

知识链接

红外光谱法的发展概况

红外辐射是 18 世纪末 19 世纪初才被发现的。1800 年英国物理学家赫谢尔(Herschel)用棱镜使太阳光色散，研究各部分光的热效应，发现在红色光的外侧具有最大的热效应，说明红色光的外侧还有辐射存在，当时把它称为“红外线”或“热线”。这是红外光谱的萌芽阶段。由于当时没有精密仪器可以检测，所以一直没能得到发展。过了近一个世纪，才有了进一步研究并引起注意。

1892 年朱利叶斯(Julius)用岩盐棱镜及测热辐射计(电阻温度计)，测得了 20 几种有机化合物的红外光谱，这是一个具有开拓意义的研究工作，立即引起了人们的注意。1905 年库柏伦茨(Coblentz)测得了 128 种有机和无机化合物的红外光谱，引起了光谱界的极大轰动。这是红外光谱开拓及发展的阶段。

到了 20 世纪 30 年代，光的二象性、量子力学及科学技术的发展，为红外光谱的理论及技术的发展提供了重要的基础。不少学者对大多数化合物的红外光谱进行理论上研究和归纳、总结，用振动理论进行一系列键长、键力、能级的计算，使红外光谱理论日臻完善和成熟。尽管当时的检测手段还比较简单，仪器仅是单光束的，手动和非商业化的，但红外光谱作为光谱学的一个重要分支已为光谱学家和物理、化学家所公认。这个阶段是红外光谱理论及实践逐步完善和成熟的阶段。

20 世纪中期以后，红外光谱在理论上更加完善，而其发展主要表现在仪器及实验技术上的发展。

• 1947 年世界上第一台双光束自动记录红外分光光度计在美国投入使用。这是第一代红外光谱的商品化仪器。

• 20 世纪 60 年代，采用光栅作为单色器，比起棱镜单色器有了很大的提高，但它仍是色散型的仪器，分辨率、灵敏度还不够高，扫描速度慢。这是第二代仪器。

• 20 世纪 70 年代，干涉型的傅里叶变换红外光谱仪及计算机化色散型的仪器的使用，使仪器性能得到了极大的提高。这是第三代仪器。

• 20 世纪 70 年代后期到 80 年代，用可调激光作为红外光源代替单色器，具有更高的分辨本领、更高的灵敏度，也扩大了应用范围。这是第四代仪器。现在红外光谱仪还与其他仪器（如 GC、HPLC）联用，更扩大了其使用范围。而使用计算机存储及检索光谱，使分析更为方便、快捷。

习　题

1. 简述红外吸收光谱与紫外吸收光谱的区别。
2. 红外吸收光谱产生的条件是什么？什么是红外非活性振动？
3. 名词解释：基频峰、泛频峰、特征峰、相关峰，特征区、指纹区。
4. 特征区和指纹区有何特点？它们在图谱解析中主要解决什么问题？
5. 红外光谱法中，制样要符合哪些基本要求？
6. 由元素分析某液体化合物的分子式为 C_8H_8，测得红外光谱图如下，试推测其结构。

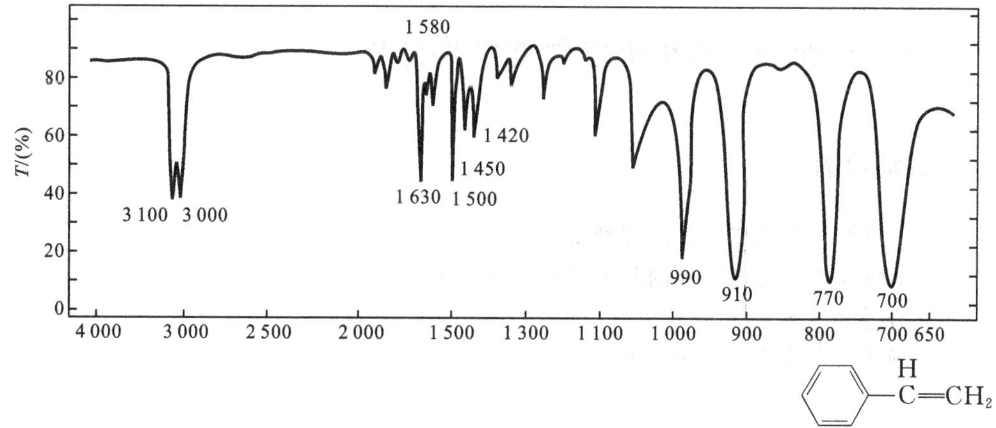

7. 由元素分析某化合物的分子式为 C_8H_7N，测得红外光谱图如下，试推测其结构。

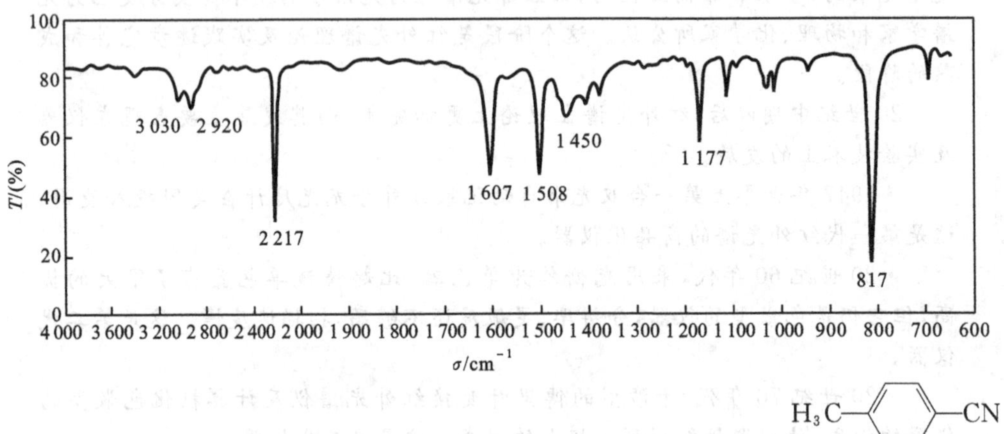

$H_3C-C_6H_4-CN$

8. 由元素分析某化合物的分子式为 $C_8H_8O_2$，测得红外光谱图如下，试推测其结构。

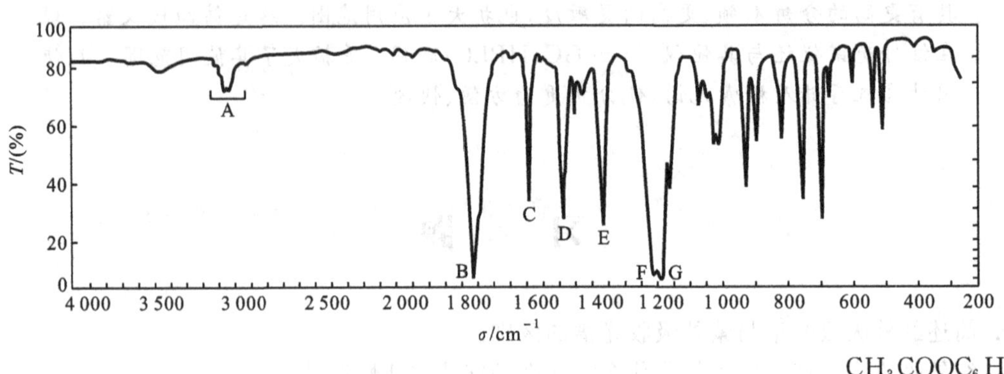

$CH_3COOC_6H_5$

实训

实训一　有机化合物的结构分析

实训目的

(1)了解红外光谱法中样品的制备方法。

(2)了解红外分光光度计的基本结构及其使用。

(3) 学会红外吸收光谱的绘制。

(4) 熟悉未知物红外光谱图的解析程序。

方法原理

红外光谱是用红外光照射样品，测定分子振动-转动能级跃迁时产生的吸收光谱。红外吸收光谱中的峰数较多，峰形较多，峰形较窄，易于识别，与分子内部的结构密切相关，能提供分子内部结构的大量信息，具有很强的特征性，故有机化合物均能显示出各自的特征红外光谱。因此利用解析光谱图能对有机化合物进行定性分析与结构鉴定。

仪器与试剂

1. 仪器

国产 IR-4010 型红外分光光度计。

2. 试剂

分子式为 $C_3H_8O_3$(AR)的液体。

实训内容

1. IR-4010 型红外分光光度计的准备工作与调校

(1) 接通电源：插上电源插座，打开仪器电源开关，预热 30 min。

(2) 设置参数：仪器开机后即进入初始化状态，初始化完毕后，仪器面板应呈现规定的显示状态，如有不符，应根据使用说明书进行调整。

(3) 调校 100%光楔位置：在参比光路中插入空白片后，纵坐标显示不是 100 时，应用 100%T 调节键调节，使其显示为 100。至此，仪器准备工作与调校已告结束，仪器正等待操作者的指令，随时可以进行光谱图的测绘。

2. 液体样品的制备

采用夹片法，取两个预先准备好的 KBr 空白片，取适量液体样品滴在一片上，将另一片盖上，放入片剂框中夹紧。

3. 绘制红外吸收光谱

将制备好的样品放入样品光路中，按下仪器上的扫描键，此时，扫描指示灯亮，仪器即开始全程扫描并记录下样品的红外吸收光谱。

数据处理

红外光谱图解析：根据样品来源，纯度、理化性质、分子式等，结合所测绘的红外光谱图，进行红外光谱解析。

解析程序包括：

① 计算不饱和度；

② 观察特征基团区，参考不饱和度，确定化合物类型和主要官能团；

③ 观察指纹区，确定化合物的细微结构；

④ 综合所得信息，写出化合物的结构式；

⑤ 与标准图谱进行对照(《药品红外光谱集》第一卷中 77 号标准光谱)；

⑥ 确定光谱图中各峰的归属，对未知物的结构作出推断。

注意事项

(1) 样品纯度应大于98%，且不含水。

(2) 用 KBr 制成的空白片，以空气为参比时，透光率应大于75%。

实训二　苯甲酸钠的红外吸收光谱测定

实训目的

(1) 掌握一般固体样品的制样方法以及压片机的使用方法。

(2) 了解红外光谱仪的工作原理。

(3) 掌握红外光谱仪的一般操作步骤。

方法原理

苯甲酸钠为固体粉末状样品，其制样常采用压片法，具体方法如下：将苯甲酸钠均匀地分散在固体介质(KBr)中使之成为固体溶液，用压片机压成均匀透明的薄片固定，放入红外光谱仪的光路中测定其红外吸收光谱。为了得到较为理想的光谱图，苯甲酸钠和溴化钾在使用时都要研细混匀，颗粒直径小于 2 μm(因为红外区的波长从 2.5 μm 开始)。

仪器与试剂

1. 仪器

傅里叶变换红外光谱仪(或其他类型)；压片机；压片模；玛瑙研钵；不锈钢药匙；不锈钢镊子(两个)；电吹风机；红外灯；样品夹板；干燥器；电子分析天平。

2. 试剂

苯甲酸钠(AR)、KBr(光谱纯)、丙酮(AR)。

实训内容

1. 准备工作

(1) 开机：打开红外光谱仪主机电源，预热 20 min。

(2) 打开计算机，进入工作站。

(3) 用脱脂棉蘸丙酮擦洗玛瑙研钵及研锤、不锈钢药匙及镊子、压片模各部件，用电吹风机吹干。

2. 样品的制备

取 2～3 mg 苯甲酸钠与 200 mg 干燥的 KBr 粉末，放入玛瑙研钵中，充分研磨，研细混匀，用不锈钢药匙取 70～80 mg，加入压片模的片剂框架内，用镊子摊平，组装好压片模，放到压片机的加压台上，均匀缓慢加压，约 5 min 后，压片完成，样品即成均匀透明的薄片并固定在片剂框架上，将片剂框架固定到样品夹板上，放于红外灯下烘烤干燥5 min，除去在制样过程中可能吸收的水分，然后放在干燥器中冷却至室温备用。

3. 样品的分析测定

（1）扫描背景：在未放入样品前，扫描背景一次。

（2）扫描样品：将制好的样品从干燥器中取出，放入样品室中，扫描样品一次。

数据处理

（1）基线校正：对基线倾斜的图谱要进行基线校正。

（2）平滑处理：噪声太大时要对谱图进行平滑处理。

（3）坐标调整：使谱图纵坐标处于百分透射比在 0～100％的范围内，横坐标一般在 4 000～5 000 cm^{-1}范围内。

（4）标出谱图上各主要吸收峰的波数值，然后拷贝或打印。

（5）归属主要吸收峰。

注意事项

（1）移动压片时注意不要使盐片碎裂。

（2）处理图谱时，注意平滑参数不要选择过高，否则会影响谱图的分辨率。

实训三　正丁醇-环己烷溶液中正丁醇含量的测定

实训目的

（1）熟练掌握仪器的操作及维护和保养。

（2）熟悉不同浓度样品的配制方法。

（3）了解红外光谱法进行纯组分定量分析的全过程。

（4）掌握标准曲线法定量分析的技术。

方法原理

红外定量分析的依据的朗伯-比耳定律。但由于存在杂散光和散射光，因此，调糊法制备的样品不适于用作定量分析。即便是液体池和压片法，由于盐片的不平整、颗粒不均匀，也会造成吸光度同浓度之间的非线性关系而偏离朗伯-比耳定律。所以在红外定量分析中，吸光度值要用工作曲线的方法来获得。另外，还必须采用基线法求得样品的吸光度值，这样才能保证相对误差小于 3％。

仪器与试剂

1. 仪器

FT-IR 红外光谱仪；一对液体池；样品架；注射器（1 mL）；红外灯；移液管（5 mL）；容

量瓶(10 mL)。

2. 试剂

正丁醇与环己烷标样(AR)各1瓶;无水乙醇(AR)1瓶;未知样品。

实训内容

1. 准备工作

(1) 开机。开机预热,并将仪器调到正常工作状态(根据所使用的仪器类型和型号,按使用说明书进行)。

(2) 清洗液体池。用注射器装上分析纯的无水乙醇清洗液体池3~4次。

(3) 配制标准溶液。分别移取含正丁醇20%的标准溶液1.00、2.00、3.00、4.00、5.00 mL至10 mL容量瓶中,用溶剂稀释到刻度,摇匀。

2. 测定液体池的厚度

(1) 在未放入样品前,扫描背景1次。

(2) 将空液体池作为样品进行扫描,测出空液体池的干涉条纹图。

(3) 按式 $b=\frac{n}{2}\cdot\frac{1}{\sigma_1-\sigma_2}$ 计算两个液体池的厚度。

其中:b 是液体池的厚度,cm;n 是两波数间所夹的完整波形的个数;σ_1 和 σ_2 分别为起始和终止的波数,cm^{-1}。

3. 标准溶液的测定

用厚度较小的一个液体池作为参比池。

(1) 扫描背景。

(2) 依次测定5个标准溶液的红外光谱图,保存,记录下样品名对应的文件名。

(3) 绘制工作曲线。

4. 未知样品的测定

用厚度较大的一个液体池作为样品池。

(1) 扫描背景。

(2) 测定未知样品的红外光谱图,保存,记录下样品对应的文件名。

数据处理

手动计算或由软件自动读取样品谱图上相应的峰高,并计算未知样品的含量,最后写出完整的结果报告。

注意事项

(1) 每做一个标样或样品前都需用无水乙醇清洗液体池,然后再用该标样或样品润洗3~4次。

(2) 配制的标准溶液要求最高浓度和最低浓度的特征吸收峰值应在0~1.5(吸光度)之间(可根据实际情况相应调节标准溶液的浓度)。

(3) 标准曲线的相关系数要求必须大于0.999 5。

模块五

分子发光法

学习目标

理解和掌握分子荧光分析法、分子磷光分析法和化学发光分析法的基本原理；了解影响荧光、磷光产生的因素；熟悉光谱仪的基本组成部件及作用并掌握相关实验操作技能；了解分子荧光光谱法、分子磷光光谱法和化学发光分析法的应用。

任务一　分子发光法概述

分子吸收了光能而被激发到较高能态，返回基态时发射出波长与激发光波长相同或不同的辐射的现象称为光致发光。光致发光的两种最常见的类型是分子荧光和分子磷光，两者产生的机理区别是：荧光是由激发单重态(S_1)的最低振动能级至基态(S_0)各振动能级间跃迁产生的；磷光是由激发三重态(T_1)的最低振动能级至基态各振动能级间跃迁产生的。荧光辐射的波长比磷光短；荧光的寿命($10^{-9}\sim10^{-7}$ s)比磷光($10^{-4}\sim10$ s)短。由测量荧光强度和磷光强度建立起来的分析方法分别称为分子荧光分析和磷光分析。

分子荧光光谱法最显著的特点之一是灵敏度高，比紫外-可见吸收光谱法高几个数量级，可以定量测定许多痕量无机和有机组分，而且荧光光度计作为高效液相色谱、毛细管电泳的高灵敏度检测器，在超高灵敏度的生物学体系大分子的分析方面得到了越来越广泛的应用。

分子发光除包括分子荧光、分子磷光外，还有化学发光。化学发光与荧光、磷光的主要区别是激发能不同，它是由化学反应提供激发能，激发产物分子或其他共存分子产生的光辐射。利用化学发光现象建立的分析方法称为化学发光分析法，其最大特点是灵敏度高，对气体和痕量金属离子的检出限都可达 10^{-9} g · mL^{-1}。

任务二　荧光法和磷光法的基本原理

一、荧光和磷光的产生

辐射的吸收和发射的基本原理前已叙及，荧光和磷光就是两种情况下的辐射的发射，包括激发和发射两个过程。

1. 激发过程

分子吸收辐射使电子从基态能级跃迁到激发态能级，同时伴随着振动能级和转动能级的跃迁。在分子能级跃迁的过程中，电子的自旋状态也可能发生改变。大多数分子都含有偶数电子，当分子处于基态时，这些电子在各原子或分子轨道中成对存在。根据泡里不相容原理，在同一轨道上的两个电子的自旋方向要彼此相反，即自旋成对，净自旋为零，具有抗磁性，这种所有电子自旋都配对的分子电子能态称为单重态。当分子吸收能量后，电子被激发到较高能级，在跃迁过程中电子自旋方向不发生变化，这时分子处于激发单重态；如果在跃迁过程中还伴随着电子自旋方向的改变，两个电子的自旋不再配对而是自旋方向相同了，这时分子处于激发三重态，具有顺磁性。这些状态如图 5-1 所示。

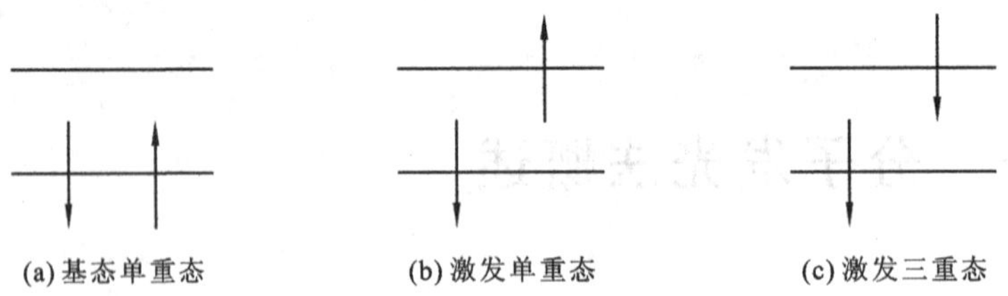

图 5-1　单重态和激发三重态示意图

2. 发射过程

处于激发态的分子是不稳定的，通常以辐射跃迁或无辐射跃迁方式返回到基态，这就是去激发过程（去活化过程）。辐射跃迁的去活化过程，发生光子的发射，即产生荧光和磷光；无辐射跃迁的去激发过程则是以热的形式失去其多余的能量，它包括振动弛豫、内转换、系间跨越及外转换等过程。如图 5-2 所示，S_0、S_1、S_2 分别表示分子的基态、第一和第二激发单重态；T_1、T_2 分别表示第一和第二激发三重态。

① 振动弛豫。振动弛豫指由于分子间的碰撞，振动激发态分子由同一电子能级中的较高振动能级转移至较低振动能级的无辐射跃迁过程。发生振动弛豫的时间约为10^{-12} s。

② 内转换。内转换指在相同多重态的两个电子能级间，电子由高能级转移至低能级的无辐射跃迁过程。当两个电子能级非常靠近以致其能级有重叠时，内转换很容易发生。两个激发单重态或两个激发三重态之间能量差较小，并且它们的振动能级有重叠，显然这两种能态之间易发生内转换。

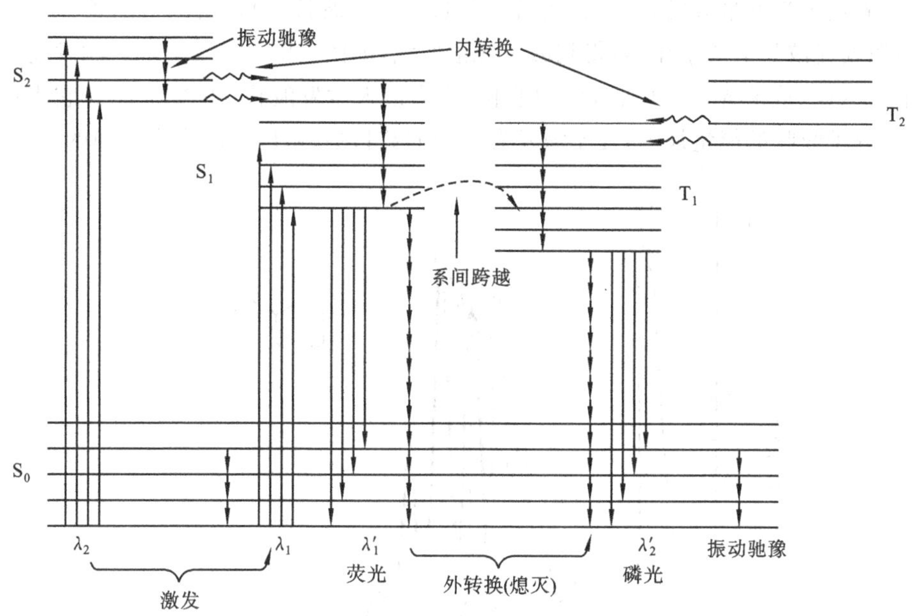

图 5-2 荧光和磷光的产生

③ 荧光发射。激发态分子经过振动弛豫降到激发单重态的最低振动能级后，如果是以发射光量子跃迁到基态的各个不同振动能级，又经振动弛豫回到最低基态时就会发射荧光。从荧光发射过程明显地看到：荧光从激发单重态的最低振动能级开始发射，与分子被激发至哪一个能级无关；荧光发射前、后都有振动弛豫过程。因此，荧光发射的能量比分子所吸收的辐射能低。所以溶液中分子的荧光光谱的波长与它的吸收光谱波长比较，荧光的波长要长一些。

④ 系间跨越。系间跨越是指不同多重态间的无辐射跃迁，同时伴随着受激电子自旋状态的改变，如 $S_1 \rightarrow T_1$。在含有重原子（如溴或碘）的分子中，系间跨越最常见，这是因为在原子序数较高的原子中，电子的自旋和轨道运动间的相互作用变大，原子核附近产生了强的磁场，有利于电子自旋的改变。因此，含重原子的化合物的荧光很弱或不能发生荧光。

⑤ 外转换。外转换是指激发分子通过与溶剂或其他溶质分子间的相互作用使能量转换，而使荧光或磷光强度减弱甚至消失的过程。

⑥ 磷光发射。第一激发单重态的分子有可能通过系间跨越到达第一电子激发三重态，再通过振动弛豫转至该激发三重态的最低振动能级，然后以辐射形式失去能量跃迁回基态而发射磷光。激发三重态的平均寿命为 $10^{-4} \sim 10$ s，因此，磷光在光照停止后仍可维持一段时间。

二、激发光谱和发射光谱

分子荧光和磷光的产生包括激发和发射两个过程，荧光或磷光化合物都具有两种特征的光谱即激发光谱和发射光谱。

1. 激发光谱

荧光和磷光均为光致发光现象，所以必须选择合适的激发光波长。激发光谱的测绘

方法为：固定荧光的最大发射波长，然后改变激发光的波长，根据所测得的荧光(或磷光)强度与激发光波长的关系作图，得到激发光谱曲线，如图 5-3 中虚线所示。激发光谱曲线上的最大荧光(或磷光)强度所对应的波长，称为最大激发波长，用 λ_{ex} 表示。它表示在此波长处，分子吸收的能量最大，处于激发态分子的数目最多，因而能产生最强的荧光。

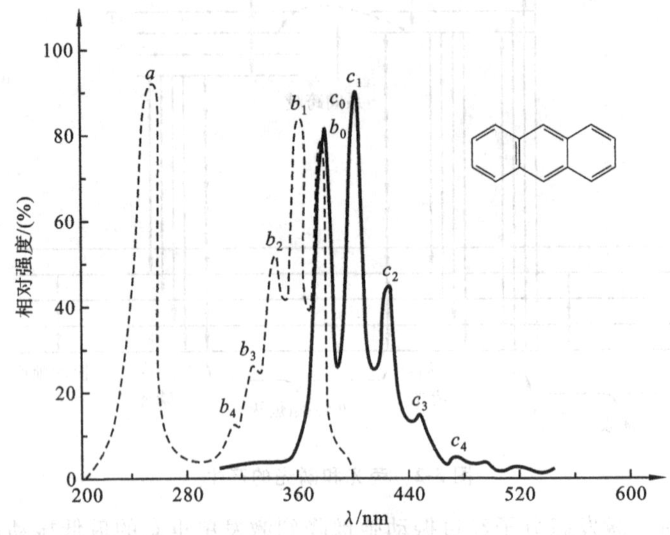

图 5-3 蒽的激发光谱和发射光谱

2. 发射光谱

发射光谱又称荧光(或磷光)光谱。选择最大激发波长作为激发光波长，然后测定不同发射波长时所发射的荧光(或磷光)强度，得到荧光(或磷光)光谱曲线，如图 5-3 中实线所示。其最大荧光(或磷光)强度处所对应的波长称为最大发射波长，用 λ_{em} 表示。发射光谱反映了在相同的激发条件下，不同波长处分子的相对发射强度。荧光发射光谱可以用于荧光物质的鉴别，并作为荧光测定时选择恰当的测定波长或滤光片的依据。

3. 荧光光谱的主要特征

(1) 斯托克斯位移。

在溶液的荧光光谱中，荧光波长总是大于激发光的波长，这种波长移动的现象称为斯托克斯位移。产生斯托克斯位移的主要原因是激发分子在发射荧光之前，通过振动弛豫和内转换去活过程损失了部分激发能；其次，辐射跃迁可能使激发分子下降到基态的不同振动能级，然后通过振动弛豫进一步损失能量；此外，溶剂与激发态分子发生碰撞导致能量损失，这种能量损失也将进一步加大斯托克斯位移。

(2) 发射光谱的形状通常与激发光谱无关。

虽然分子的吸收光谱可能含有几个吸收带，但其发射光谱却通常只含有一个发射带。这是因为即使分子被激发到 S_2 激发态以上的振动能级，它们也会通过极其快速的振动弛豫和内转换过程下降到 S_1 激发态最低振动能级，然后发射荧光。因此发射光谱形状只与基态振动能级的分布情况、跃迁回到各振动能级的概率有关，而与激发波长无关。

(3) 发射光谱与吸收光谱呈镜像关系。

吸收光谱是分子由基态激发至第一电子激发态的各振动能级所产生;发射光谱是由激发态的最低振动能级回到基态不同振动能级所致,其形状取决于基态各振动能级的分布。基态和第一激发态的各振动能级分布极为相似,因此吸收光谱与发射光谱通常呈镜像对称,如图 5-3 所示。

三、荧光量子效率

荧光量子效率也称荧光量子产率或荧光效率。它是发射荧光的分子数与总的激发态分子数之比,也可以定义为物质吸光后发射荧光的光子数与吸收激发光的光子数的比值,通常表述为

$$\phi = \frac{\text{发射荧光的分子数}}{\text{总的激发态的分子数}} = \frac{\text{发射荧光的光子数}}{\text{吸收激发光的光子数}}$$

它表示物质发射荧光的能力,ϕ 越大,发射的荧光越强。由前面已经提到的荧光产生的过程中可以明显地看出,物质分子的荧光产率必然由激发态分子的活化过程的各个相对速率决定。

若用数学式来表达这些关系,可得

$$\phi = \frac{k_f}{k_f + \sum k_i} \tag{5-1}$$

式中:k_f 为荧光发射的速率常数;$\sum k_i$ 为其他无辐射跃迁速率常数的总和。显然,凡是能使 k_f 升高而使 k_i 值降低的因素都可使荧光增强;反之,荧光就减弱。k_f 的大小主要取决于物质的化学结构;k_i 值则既受环境的影响(较强烈),也受化学结构的影响(较轻微)。

磷光的量子产率与此类似。

四、荧光与分子结构的关系

如上所述,荧光是由具有荧光结构的物质吸收激发光后产生的,其发光强度与该物质分子的吸光作用及荧光效率有关,因此荧光与物质分子的化学结构密切相关。

荧光与分子结构的关系主要有以下几个方面。

(1) 跃迁类型。实验证明,$\pi \rightarrow \pi^*$ 跃迁是产生荧光的主要跃迁类型,所以绝大多数能产生荧光的物质都含有芳香环或杂环。

(2) 共轭效应。增加体系的共轭度,π 电子更容易被激发,会产生更多的激发态分子,从而使荧光增强,并使荧光波长向长波方向移动。

(3) 刚性平面结构。荧光效率高的物质,其分子多是平面构型,且具有一定的刚性。例如,芴和联苯,芴在强碱溶液中的荧光效率接近 1,而联苯仅为 0.20,这主要是由于芴中引入亚甲基,使芴刚性增强的缘故。

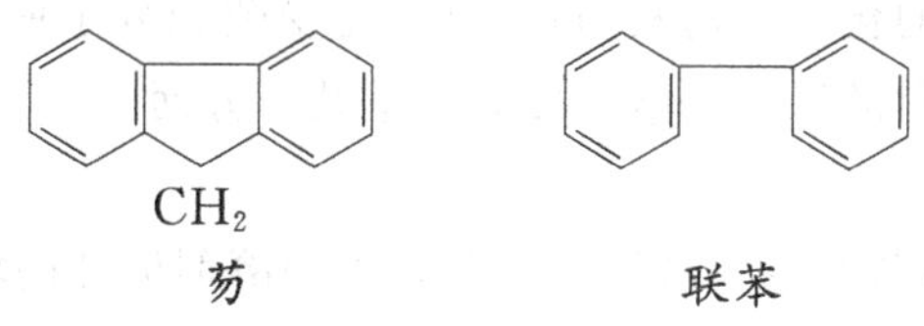

芴　　　　联苯

一般来说，分子结构刚性增强，共平面性增加，荧光增强。因为这样增加了 π 电子的共轭度，同时减少了分子的内转换和系间跨越过程，以及分子内部的振动等非辐射跃迁的能量损失，增强了荧光效率。

(4) 取代基效应。芳烃和杂环化合物的荧光光谱和荧光强度常随取代基的不同而改变。表 5-1 列出了部分基团对苯的荧光效率和荧光波长的影响。一般来说，给电子取代基(如—OH、$—NH_2$、—OR、$—NR_2$ 等)能增强荧光，这是由于产生了 n-π 共轭作用，增强了 π 电子的共轭程度，导致荧光增强，荧光波长红移；而吸电子取代基(如 $—NO_2$、—COOH、>C═O、卤素离子等)使荧光减弱。这类取代基也都含有 π 电子，然而其 π 电子的电子云不与芳环上 π 电子共平面，不能扩大 π 电子共轭程度，反而使 $S_1 \rightarrow T_1$ 系间跨越增强，导致荧光减弱，磷光增强。例如，苯胺和苯酚的荧光比苯的荧光强，而硝基苯则为非荧光物质。

卤素取代基随卤素相对原子质量的增加，其荧光效率下降，磷光增强。这是由于在卤素重原子中能级交叉现象比较严重，使分子中电子自旋轨道耦合作用加强，使 $S_1 \rightarrow T_1$ 系间跨越明显增强的缘故，称为重原子效应。

表 5-1　苯及其衍生物的荧光(乙醇溶液)

化　合　物	分　子　式	荧光波长/nm	相对荧光强度
苯	C_6H_6	270～310	10
甲苯	$C_6H_5CH_3$	270～320	17
丙苯	$C_6H_5C_3H_7$	270～320	10
氟苯	C_6H_5F	270～320	7
氯苯	C_6H_5Cl	275～345	7
溴苯	C_6H_5Br	290～380	5
碘苯	C_6H_5I	—	0
苯酚	C_6H_5OH	285～365	18
酚氧离子	$C_6H_5O^-$	310～400	10
苯甲醚	$C_6H_5OCH_3$	285～345	20
苯胺	$C_6H_5NH_2$	310～405	20
苯胺离子	$C_6H_5NH_3^+$	—	0
苯甲酸	C_6H_5COOH	310～390	3
苯甲氰	C_6H_5CN	280～360	20
硝基苯	$C_6H_5NO_2$	—	0

五、环境因素对荧光光谱和荧光强度的影响

荧光强度除与分子的化学结构密切相关外，还受荧光分子所处的溶液环境的直接影响。溶液环境对荧光发射的影响因素主要有以下几个方面。

1. 溶剂的影响

一般来说，许多共轭芳香族化合物的荧光强度随溶剂极性的增加而增强，且发射峰向

长波方向移动。8-羟基喹啉在四氯化碳、氯仿、丙酮和乙腈四种不同极性溶剂中的荧光光谱如图 5-4 所示。这是由于 $n \rightarrow \pi^*$ 跃迁的能量在极性溶剂中增大，而 $\pi \rightarrow \pi^*$ 跃迁的能量降低，从而导致荧光增强，荧光峰红移。在含有重原子的溶剂（如碘乙烷和四氯化碳）中，与将这些成分引入荧光物质中所产生的效应相似，导致荧光减弱，磷光增强。

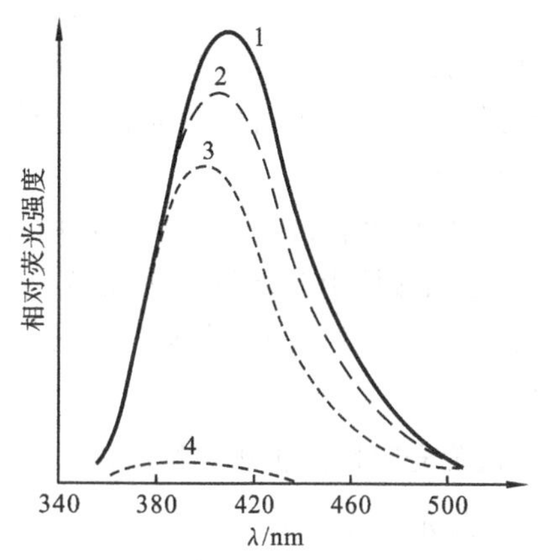

图 5-4　8-羟基喹啉在不同溶剂中的荧光光谱

1—乙腈；2—丙酮；3—氯仿；4—四氯化碳

2. 温度的影响

温度对于溶液的荧光强度有着显著的影响。通常，随着温度的降低，荧光物质溶液的荧光量子产率和荧光强度将增大。例如，荧光素钠的乙醇溶液，在 0 ℃以下，温度每降低 10 ℃，荧光量子产率约增加 3%，冷却至 −80 ℃时，荧光量子产率接近 100%。

3. pH 值的影响

假如荧光物质是一种弱酸或弱碱，溶液的 pH 值改变将对荧光强度产生很大的影响。大多数含有酸性或碱性基团的芳香族化合物的荧光光谱，对于溶剂的 pH 值和氢键能力是非常敏感的。表 5-1 中苯酚和苯胺的数据也说明了这种效应。其主要原因是体系的 pH 值变化影响了荧光基团的电荷状态。当 pH 值改变时，配位比也可能改变，从而影响金属离子-有机配位体荧光配合物的荧光发射。因此，在荧光分析中要注意控制溶液的 pH 值。

4. 荧光熄灭

荧光熄灭是指荧光物质分子与溶剂分子或其他溶质分子的相互作用引起荧光强度降低的现象。这些引起荧光强度降低的物质称为熄灭剂。

引起溶液中荧光熄灭的原因很多，机理也较复杂。下面讨论导致荧光熄灭的主要类型。

（1）碰撞熄灭。碰撞熄灭是荧光熄灭的主要原因。它是指处于激发单重态的荧光分子 M^* 与熄灭剂 Q 相互碰撞后，激发态分子以无辐射跃迁的方式返回基态，产生熄灭作用。这一过程可以表示为

$$M + h\nu \longrightarrow M^* \qquad \text{（激发）}$$

$$M^* \xrightarrow{k_1} M + h\nu' \qquad \text{（发生荧光）}$$

$$M^* + Q \xrightarrow{k_2} M + Q^* + \text{热} \qquad \text{（熄灭）}$$

式中：k_1、k_2 为相应的反应速率常数。显然，荧光熄灭的程度取决于 k_1 和 k_2 的相对大小及熄灭剂的浓度。

此外，不难理解，碰撞熄灭将随温度的升高而增强，随溶液黏度的减小而增强。

（2）能量转移。它是指处于激发单重态的荧光分子 M^* 与熄灭剂相互作用后，发生能量转移，使熄灭剂得到激发，其反应为

$$M^* + Q \longrightarrow M + Q^* \quad \text{（熄灭）}$$

（3）氧的熄灭。溶液中的溶解氧常对荧光产生熄灭作用。这可能是由于顺磁性的氧分子与处于单重激发态的荧光物质分子作用，促进形成顺磁性的三重态荧光分子，即加速系间跨越所致。

（4）自熄灭和自吸收。当荧光物质浓度较大时，常会发生自熄灭现象，这可能是激发态分子之间碰撞引起能量损失所致。假如荧光物质的吸收光谱和发射光谱有较大的重叠，由荧光物质发射的荧光有一部分可能会被自身的基态分子所吸收，这种现象称为自吸收。

六、荧光定性分析和定量原理

1. 荧光定性分析

激发光谱和发射光谱是荧（磷）光定性分析的基础。由于物质分子结构不同，所吸收的紫外光波长和发射波长具有特征性，因此根据荧光物质的激发光谱和发射光谱可鉴别化合物。最常用的荧光定性方法是比较法，即在相同的分析条件下，将待测物的荧光发射光谱与预期化合物的荧光发射光谱比较，如果发射光谱的特征峰波长及形态一致，则认为可能为同一物质。但有的情况下，不同物质的发射光谱相似或重叠，它们的荧光发射光谱非常相似，此时需同时使用激发光谱和发射光谱来定性。例如，苯并[a]芘和苯并[k]蒽醌都是强荧光物质，但激发光谱有较大差别，见图 5-5。因此以激发光谱结合发射光谱鉴定可提高定性结果的可信度。

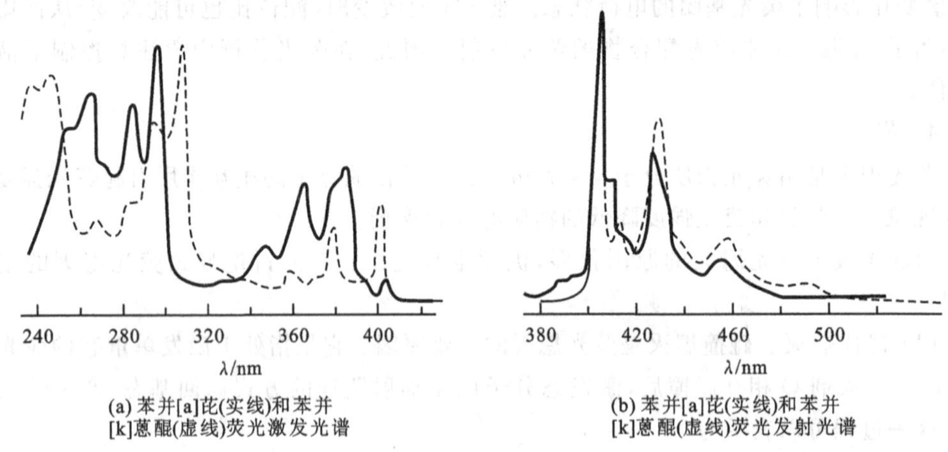

(a) 苯并[a]芘(实线)和苯并[k]蒽醌(虚线)荧光激发光谱

(b) 苯并[a]芘(实线)和苯并[k]蒽醌(虚线)荧光发射光谱

图 5-5 苯并[a]芘和苯并[k]蒽醌的荧光激发和荧光发射光谱

2. 荧光定量分析原理

在低浓度时，荧光强度与荧光物质的浓度呈线性关系，即在 $\varepsilon bc \leqslant 0.05$ 的条件下，入射光强度 I_0 和光程 b 一定时，荧光强度 I_f 和溶液浓度 c 的定量关系为

$$I_f = Kc \tag{5-2}$$

在高浓度时，荧光强度与荧光物质的浓度之间的线性关系将发生偏离，这是由于荧光自熄灭和自吸收等原因，荧光强度与溶液的浓度不呈线性关系。

荧光分析的定量方法一般采用标准曲线法。

任务三　荧光和磷光光谱仪

荧光和磷光分析仪器与大多数光谱分析仪器一样，主要由光源、激发单色器(滤光片或光栅)、样品池、发射单色器(滤光片或光栅)、检测器和放大显示系统组成。

一、荧光光谱仪

利用荧光进行物质定性定量分析的仪器有荧光计和荧光分光光度计。图 5-6 为荧光分光光度计示意图。

分析流程：由光源发出的光，经第一单色器(激发单色器)后，得到所需要的激发光波长。设其强度为 I_0，通过样品池后，由于一部分光被荧光物质所吸收，故其透射强度减为 I，荧光物质被激发后，将向四面八方发射荧光，但为了消除入射光及散射光的影响，荧光的测量应在与激发光呈直角的方向上进行。仪器中的第二单色器称为发射单色器，它的作用是消除溶液中可能共存的其他光线的干扰，以获得所需要的荧光。

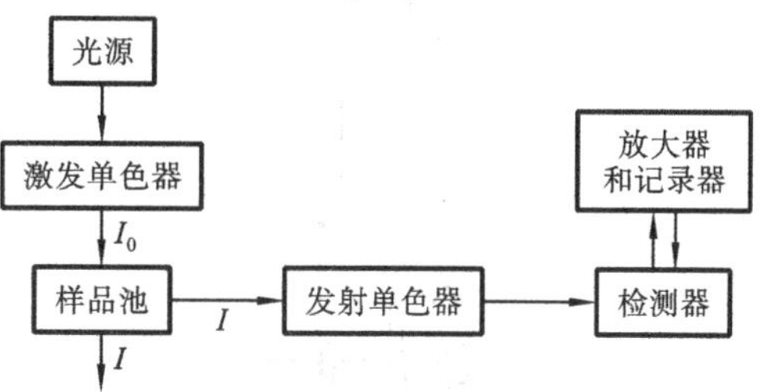

图 5-6　荧光分光光度计示意图

(1) 光源。理想的光源应具有强度大、波长范围较宽、稳定性好等特点。常用高压汞灯和氙弧灯。高压汞灯发射不连续光谱，在荧光分析中常用 365、405、436 nm 三条谱线。

氙弧灯是连续光源，发射光束强度大，可用于 200～700 nm 波长范围。但氙弧灯功率大，一般为 500～1 000 W，因而热效应大，稳定性较差。

激光器也可作为激发光源，激光的单色性好，强度大。脉冲激光的光照时间短，并可避免荧光物质的分解，是一种近年来应用日益普遍的新型荧光激发光源。

(2) 单色器。荧光计有两个单色器：激发单色器位于光源和样品池之间，用于选择激发波长；发射单色器位于样品池和检测器之间，用于选择发射的最大荧光波长。荧光分光光度计中常用光栅作为色散元件，且均带有可调狭缝，以供选择合适的通带。

(3) 样品池。荧光分析用样品池需用低荧光材料、不吸收紫外光的石英池，其形状为方形或长方形。样品池四面都经抛光处理，以减少散射光的干扰。

(4) 检测器。荧光的强度比较弱，所以要求检测器有较高的灵敏度。光电荧光计用光电池或光电管，但一般较精密的荧光分光光度计均采用光电倍增管作为检测器。

二、磷光光谱仪

磷光光谱仪与荧光光谱仪的结构组成相似。只不过磷光分析还需具备装有液氮的石英杜瓦瓶以及可转动的斩波片或可转动的圆柱形筒。

(1) 石英杜瓦瓶。它相当于液槽，为了实现在低温下测量磷光，需将样品溶液放置在

盛液氮的石英杜瓦瓶内。

(2) 可转动的斩波片。它也称为磷光镜，有些物质能同时产生荧光和磷光，为了能在荧光发射的情况下测定磷光，通常必须在激发单色器与液槽之间以及在液槽和发射单色器之间各装一个磷光镜，并由一个同步电动机带动，如图 5-7 所示。现以转盘式磷光镜为例说明其工作原理。当两个磷光镜调节为同相时，荧光和磷光一起进入发射单色器，测到的是荧光和磷光的总强度；当两个磷光镜调节为异相时，激发光被挡住，此时，由于荧光寿命短，立即消失，而磷光的寿命长，所以测到的仅是磷光信号。利用磷光镜，不仅可以分别测出荧光和磷光，而且可以调节两个磷光镜的转速，测出不同寿命的荧光。这种具有时间分辨功能的装置，是磷光光度计的一个特点。

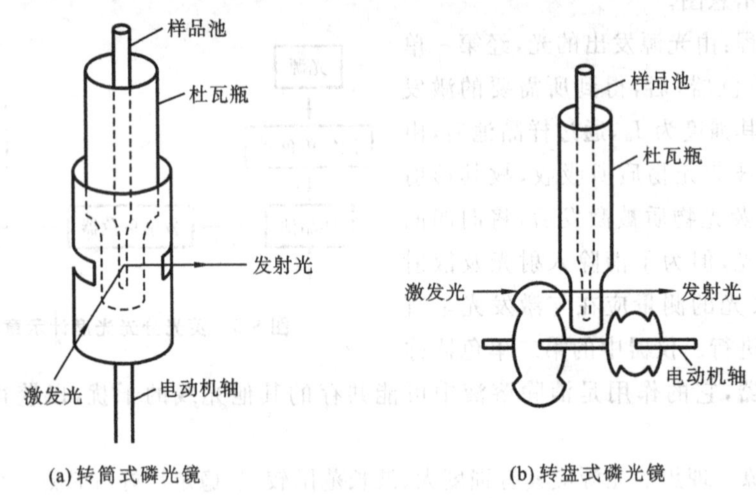

图 5-7　转筒式磷光镜和转盘式磷光镜

由于磷光由激发三重态返回基态时很容易受其他辐射或无辐射跃迁的干扰而使磷光减弱，甚至完全消失。为了获得较强的磷光，宜采取下列一些措施。

(1) 低温磷光。在低温(如液氮(77 K)甚至液氦(4 K)的冷冻环境)下，使样品成为刚性玻璃体。这时振动耦合和碰撞等无辐射去活化作用降到最低限度而使磷光增强。

(2) 固体磷光。在室温条件下，测量吸附在固体基质(如滤纸、硅胶等)上的待测物质所发射的磷光的方法，称为固体磷光法。这样可以减少激发三重态的碰撞熄灭等无辐射跃迁的去活化作用，获得较强的磷光。

(3) 分子缔合物的形成。在试液中，表面活性剂与待测物质形成胶束缔合物后，可增加其刚性，减少激发三重态的内转化及碰撞熄灭等无辐射跃迁的去活化作用，增加激发三重态的稳定性，获得较强的磷光。

(4) 重原子效应。如前所述，在含有重原子的溶剂中，待测物质的荧光将减弱，磷光将增强。

任务四 化学发光分析法

化学发光分析法是利用化学反应所产生的光而建立起来的一类分析方法。当某些物质在进行化学反应时，吸收了反应产生的化学能，使反应产物分子激发至激发态，再由第一激发态的最低振动能级回到基态的各振动能级，产生光辐射；或将能量转移给另一种分子而发射光子；少数情况下，也可通过系间跨越至激发三重态，再回到基态的各振动能级而产生磷光。因此，化学发光光谱与对应物质的荧光光谱和磷光光谱是十分相似的。

化学发光具有灵敏度高、分析速度快且适宜自动连续测定、线性范围宽、仪器装置比较简单等特点。

一、化学发光分析的基本原理

化学发光过程可表示为

$$A+B \longrightarrow C^* + D$$
$$C^* \longrightarrow C + h\nu$$

化学发光反应应满足以下条件。

(1) 必须能提供足够的化学能，能被反应产物分子吸收，以引起电子激发。许多氧化还原反应可以提供相当的能量，因此大多数化学发光反应为氧化还原反应。

(2) 要有有利的化学反应机理，以使所产生的化学能用于不断地产生激发态分子。

(3) 处于激发态的分子，必须能以辐射跃迁的形式回到基态，并释放出光子，而不是以热的形式消耗能量。

化学发光反应的化学发光效率 ϕ_{Cl} 取决于生成激发态产物分子的化学激发效率 ϕ_r 和激发态分子的发光效率 ϕ_f 这两个因素。可表示为

$$\phi_{Cl} = \frac{\text{发射光子数}}{\text{参加反应的分子数}} = \phi_r \phi_f$$

化学发光的发光强度 I_{Cl} 以单位时间内发射的光子数来表示，它等于化学发光效率 ϕ_{Cl} 与单位时间内起反应的被测物浓度 c_A 的变化(以微分表示)的乘积，即

$$I_{Cl}(t) = \phi_{Cl} \frac{dc_A}{dt} \tag{5-3}$$

通常，在发光分析中，被分析物的浓度与发光试剂相比要小很多，故发光试剂浓度可认为是一常数，因此发光反应可视为一级动力学反应，此时反应速率可表示为 $\frac{dc_A}{dt}=kc_A$，式中，k 为反应速率常数。由此可得：在合适的条件下，t 时刻的化学发光强度与该时刻的分析物浓度成正比，可以用于定量分析，也可以利用总发光强度 S 与被分析浓度的关系进行定量分析，此时，将式(5-3)积分，可得

$$S = \phi_{Cl} \int_{t_1}^{t_2} \frac{dc_A}{dt} dt = \phi_{Cl} c_A \tag{5-4}$$

如果取 $t_1=0$，t_2 为反应结束时的时间，则整个反应产生的总发光强度与分析物的浓

度呈线性关系。

二、化学发光反应的类型

常见的化学发光反应类型有气相化学发光和液相化学发光。

(1) 气相化学发光是指化学发光反应在气相中进行，主要有 O_3、NO、SO_2 和 CO 的化学发光反应，可应用于检测空气中的 O_3、NO、NO_2、H_2S、SO_2 和 CO_2 等。

如臭氧与乙烯反应生成激发态的甲醛而发光，反应式如下：

$$CH_2{=}CH_2 + O_3 \longrightarrow [HCOH]^* + HCOOH \longrightarrow HCHO + h\nu + HCOOH$$

此发光反应对 O_3 是特效的，最大发射波长为 435 nm。

(2) 液相化学发光。液相化学发光研究得较多，在痕量分析中十分重要。常用于化学发光分析的发光物质有鲁米诺(Lominol,3-氨基苯二甲酚肼)、光泽精(N,N-二甲基二吖啶硝酸盐)、洛粉碱(2,4,5-三苯基咪唑)、没食子酸、过氧草酸盐等。其中鲁米诺是最常用的发光试剂，在碱性水溶液、二甲基亚砜或二甲基甲酰胺等极性有机溶剂中能被某些氧化剂氧化，产生最大辐射波长为 425 nm(水溶液)或 485 nm(二甲基亚砜溶液)的光。

H_2O_2、ClO^-、I_2、$K_3[Fe(CN)_6]$、MnO_4^-、Cu^{2+} 等都能作氧化剂，据此建立了这些氧化剂的化学发光分析法。

三、化学发光的测量仪器

化学发光分析法的测量仪器简单，与荧光光谱仪相比，它不需要光源和单色器，化学发光反应在样品室中进行，反应发出的光直接照射在检测器上。

气相化学发光反应主要用于某些气体的检测，目前已有各种专用的监测仪。

在液相化学发光分析中，当样品与有关试剂混合后，化学发光反应立即发生，且发光信号瞬间即消失。因此，如果不在混合过程中立即测定，就会造成光信号的损失。由于化学发光反应的这一特点，样品与试剂混合方式的重复性就成为影响分析结果精密度的主要因素。

任务五　分子发光法的应用

一、荧光分析法的应用

在分光光度法中，由于被检测的信号为 $A=\frac{I_0}{I_t}$，即当样品浓度很低时，检测器所检测的是两个较大的信号(I_0 及 I_t)的微小差别，这是难以达到准确测量的。然而在荧光光度法中，被检测的是叠加在很小背景值上的荧光强度，从理论上讲，它是容易进行高灵敏、高准确测量的，与分光光度法相比较，荧光光度法的灵敏度要高 2～4 个数量级，常用于分析 10^{-8}～10^{-5} mol·L^{-1} 范围的物质，更适于微量及痕量物质的分析。它具有选择性好，工作曲线线性范围宽等优点，更能提供反映分子各种特性的参数，如激发光谱、荧光光谱、荧光寿命、荧光效率及荧光强度等。因此，它不但已成为一种重要的痕量分析技术，还能从不同角度为研究分子结构提供信息，使其在生物化学和药物学研究中发挥重大作用。

1. 单组分的荧光测定

在荧光测定时可以采用直接测定和间接测定的方法来测定单组分荧光被测物质的浓度。

(1) 若被测物本身发生荧光，则可以通过测量其荧光强度来测定该物质的浓度。

(2) 大多数的无机化合物和有机化合物，它们或不发生荧光，或荧光量子效率很低而不能直接测定，此时可采用间接测定的方法。

第一种间接方法是利用化学反应使非荧光物质转变为能用于测定的荧光物质。

第二种间接方法是荧光猝灭法。若被测物质是非荧光物质，但它具有使某荧光化合物的荧光猝灭的作用，此时，可通过测量荧光化合物荧光强度的降低来测定该物质的浓度，如对氟、硫、铁、银、钴和镍等元素的测定可采用此法。

2. 多组分的荧光测定

利用荧光物质的荧光激发光谱和发射光谱可实现多组分测定。若二组分的荧光光谱峰不重叠，可选用不同的发射波长来测定各组分的荧光强度；若二组分的荧光光谱峰相近，甚至重叠，而激发光谱有明显差别，这时可选用不同的激发波长来进行测定。

3. 化合物的荧光分析

(1) 无机化合物的分析。

无机化合物能直接产生荧光并用于测定的很少，但与有机试剂形成配合物后进行直接荧光测定或荧光熄灭测定的元素目前已达到 60 多种。其中铝、铍、镓、硒、钙、镁及某些稀土元素常用荧光法测定。常用的有机荧光测定试剂有安息香、2,2′-二羟基偶氮苯、8-羟基喹啉、2-羟基-3-萘甲酸等。

(2) 有机化合物的分析。

① 脂肪族有机化合物的分析。在脂肪族有机化合物中，本身会产生荧光的并不多，如醇、醛、酮、有机酸及糖类等。但可以利用它们与某种有机试剂作用后生成会产生荧光的化合物，通过测量荧光化合物的荧光强度来进行定量分析。例如，甘油三酸酯是生理化验的一个项目，人体血浆中甘油三酸酯含量的增高被认为是心脏动脉疾病的一个标志。测定时，首先将其水解为甘油，再氧化为甲醛，甲醛与乙酰丙酮及氨反应生成会发荧光的 3,5-二乙酰基-1,4-二氢卢剔啶，其激发峰在 405 nm，发射峰在 505 nm，测定浓度范围为 $400 \sim 4\ 000\ \mu g \cdot mL^{-1}$。

具有高度共轭体系的脂肪族化合物(如维生素 A、胡萝卜素等)本身能产生荧光，可直接测定。例如，血液中维生素 A，可用环己烷萃取后，以 345 nm 光为激发光，测量 490 nm 波长处的荧光强度，可以测定其含量。

② 芳香族有机化合物的分析。芳香族有机化合物具有共轭的不饱和体系，多能产生荧光，可直接测定。例如，3,4-苯并芘是强致癌芳烃之一，在 H_2SO_4 介质中用 520 nm 激发光测定 545 nm 波长处的荧光强度，可测定其在大气及水中的含量。

此外，药物中的胺类、甾体类、抗生素、维生素、氨基酸、蛋白质、酶等大多具有荧光，可用荧光法测定。

二、磷光分析法的应用

磷光分析在无机化合物测定中应用较少，它主要用于环境分析、药物研究等方面的有机化合物的测定。由于能产生磷光的物质很少，加上测量时需在液氮低温下进行，因此在应用上磷光分析远不及荧光分析普遍。但是通常具有弱荧光的物质能发射较强的磷光，如含有重原子（氯或硫）的稠环芳烃常常能发射较强的磷光，而不存在重原子的这些化合物则发射的荧光强于磷光，故在分析对象上，磷光与荧光法互相补充，成为痕量有机分析的重要手段。磷光分析已用于测定稠环芳烃和石油产物，农药、生物碱和植物生长激素，药物分析和临床分析等。另外，磷光分析技术已应用于细胞生物学和生物化学等研究领域。例如，用磷光分析法检验某些生物活性物质，通过其磷光特性研究蛋白质的构象，利用磷光表征细胞核的组分等。

习题

1. 试述分子荧光、磷光和化学发光的产生原理。
2. 何谓荧光的激发光谱和发射光谱？二者之间有什么关系？哪一个相当于吸收光谱？
3. 何谓荧光效率？
4. 有机化合物的荧光与其结构有何关系？
5. 影响荧光强度的环境因素有哪些？
6. 荧光定量分析的基本依据是什么？
7. 解释下列名词：单重态、三重态、振动弛豫、内转换、外转换、系间跨越、荧光熄灭、重原子效应。
8. 荧光和磷光分析仪器主要由几部分组成？
9. 荧光分光光度计各部件的作用是什么？
10. 根据图 5-3 所示蒽的激发光谱和发射光谱图，选择测定时激发光和发射荧光的最佳波长。

实训

实训一 奎宁的荧光特性和含量测定

实训目的

(1) 熟悉荧光仪的结构、性能及操作。

(2) 学习测绘奎宁的激发光谱和荧光光谱。

(3) 了解溶液的 pH 值和卤化物对奎宁荧光的影响及荧光法测定奎宁含量的方法。

方法原理

由于处于基态和激发态的振动能级几乎具有相同的间隔，所以有机化合物的荧光光谱和激发光谱具有镜像关系。

奎宁在稀酸溶液中是强的荧光物质，它有两个激发波长 250 nm 和 350 nm，荧光发射峰在 450 nm。在低浓度时，荧光强度与荧光物质浓度成正比，即

$$I_f = Kc$$

采用标准曲线法，即以已知量的标准物质，经过和样品同样处理后，配制一系列标准溶液，测定这些溶液的荧光后，用荧光强度对标准溶液浓度绘制标准曲线，再根据样品溶液的荧光强度，在标准曲线上求出样品中荧光物质的含量。

仪器与试剂

1. 仪器

LS50B 型荧光光谱仪；石英皿；容量瓶；吸量管。

2. 试剂

100.0 μg·mL^{-1} 奎宁储备液：在 20.7 mg 硫酸奎宁二水合物中加 50 mL 1 mol·L^{-1} H_2SO_4 溶液，并用去离子水定容至 1 000 mL。将此溶液稀释 10 倍，即得 10.00 μg·mL^{-1} 奎宁标准溶液。

0.05 mol·L^{-1} NaBr；缓冲溶液(pH 值为 1.0、2.0、3.0、4.0、5.0、6.0)；0.05 mol·L^{-1} H_2SO_4。

实训内容

1. 未知液中奎宁含量的测定

(1) 系列标准溶液的配制。

取 6 个 50 mL 容量瓶，分别加入 10.00 μg·mL^{-1} 奎宁标准溶液 0、2.00、4.00、6.00、8.00、10.00 mL，用 0.05 mol·L^{-1} H_2SO_4 溶液稀释至刻度，摇匀。

(2) 绘制激发光谱和荧光光谱。

以 λ_{em} = 450 nm，在 200～400 nm 范围内扫描激发光谱，以 λ_{ex} = 250 nm 和 λ_{ex} = 350 nm，在 400～600 nm 范围内扫描荧光光谱。

(3) 绘制标准曲线。

将激发波长固定在 350 nm(或 250 nm)，发射波长为 450 nm，测量系列标准溶液的荧光强度。

(4) 未知样的测定。

取 4～5 片药品，称其质量，在研钵中研磨，准确称取约 0.1 g，用 0.05 mol·L^{-1} H_2SO_4 溶液溶解，转移至 1 000 mL 容量瓶中，用 0.05 mol·L^{-1} H_2SO_4 溶液稀释至刻度，摇匀。取上述溶液 5.00 mL 至 50 mL 容量瓶中，用 0.05 mol·L^{-1} H_2SO_4 溶液稀释至刻度，摇匀。在同样条件下，测量样品溶液的荧光强度。

2. pH 值与奎宁荧光强度的关系

取 6 个 50 mL 容量瓶，分别加入 10.00 $\mu g \cdot mL^{-1}$奎宁溶液 4.00 mL，并分别用 pH 值为 1.0、2.0、3.0、4.0、5.0、6.0 的缓冲溶液稀释至刻度，摇匀。测定 6 个溶液的荧光强度。

3. 卤化物猝灭奎宁荧光实验

取 10.00 $\mu g \cdot mL^{-1}$奎宁溶液 4.00 mL 分别加至 5 个 50 mL 容量瓶中，并分别加入 0.05 $mol \cdot L^{-1}$ NaBr 溶液 1.00、2.00、4.00、8.00、16.00 mL，用 0.05 $mol \cdot L^{-1}$ H_2SO_4溶液稀释至刻度，摇匀。测量它们的荧光强度。

数据处理

(1) 绘制荧光强度对奎宁溶液浓度的标准曲线，并由标准曲线确定未知样品的浓度，计算药片中的奎宁含量。

(2) 以荧光强度对 pH 值作图，并得出奎宁荧光强度与 pH 值关系的结论。

(3) 以荧光强度对溴离子浓度作图，并解释结果。

注意事项

奎宁溶液必须每天配制并避光保存。

思考题

(1) 为什么测量荧光必须和激发光的方向呈直角？

(2) 如何绘制激发光谱和荧光光谱？

(3) 能用 0.05 $mol \cdot L^{-1}$ HCl 代替 0.05 $mol \cdot L^{-1}$ H_2SO_4稀释溶液吗？为什么？

实训二　荧光法测定维生素 B_2的含量

实训目的

(1) 理解荧光分析法的基本原理。

(2) 熟悉荧光光度计的构造，掌握其操作技术和使用方法。

(3) 学习荧光分析法测定维生素 B_2含量的方法。

方法原理

维生素 B_2，又称核黄素，是橘黄色无臭的针状晶体，易溶于水而不溶于乙醚等有机溶剂，在中性或者酸性溶液中稳定，光照易分解，对热稳定。其结构如下：

$CH_2(CHOH)_3CH_2OH$

H_3C N N O

NH

H_3C N

O

由于其母核氮元素间具有共轭双键，增加了整个分子的共轭程度，因此维生素 B_2 是一种具有强烈荧光特性的化合物。在 430～440 nm 蓝光照射下，维生素 B_2 就会发生绿色荧光，荧光峰值波长为 535 nm。在 pH 值为 6～7 的溶液中最强，在 pH＝11 时荧光消失。

一般情况下，激发光谱就是荧光物质的吸收光谱，因此，只要查阅荧光物质的吸收光谱，或先将其在分光光度计上测绘吸收光谱，便可选择被测荧光物质合适的激光波长。

荧光滤光片的选择应根据荧光物质的荧光光谱、激发光波长、溶剂的拉曼光波长来决定。如激发光源波长为 365 nm，得到的荧光光谱峰值波长为 450 nm 的荧光时，可选择透光界限为 420 nm 的截止型滤光片。它能透过 450 nm 的荧光，而将波长小于 420 nm 的激发光(365 nm)及水的拉曼光(360 nm)的影响除去。

实验应首先选择激发滤光片，它的最大透光率波长应与被测物质激发光谱的最大峰值相近。滤光片选择的基本原则是使测量能获得最强荧光，且受背景影响最小。

在低浓度时，维生素 B_2 在 535 nm 处测得的荧光强度与其浓度成正比。

本实验采用标准曲线法来测定维生素 B_2 的含量。

仪器与试剂

1. 仪器

F93 型荧光光度计(附液槽一对、滤光片一盒)；容量瓶(50、1 000 mL)；吸量管(50 mL)。

2. 试剂

10.0 $\mu g \cdot mL^{-1}$ 维生素 B_2 标准溶液：称取 10.0 mg 维生素 B_2，先溶解于少量 1%醋酸溶液中，再加入到 1 000 mL 容量瓶中，稀释至刻度，摇匀。溶液应保存在棕色瓶中，置于阴凉处。

实训内容

1. 系列标准溶液的配置

取 5 个 50 mL 容量瓶，分别加入 10.0 $\mu g \cdot mL^{-1}$ 维生素 B_2 标准溶液 1.00、2.00、3.00、4.00、5.00 mL，用水稀释至刻度，摇匀。

2. 标准曲线的绘制

在荧光光度计上选择合适的激发滤光片与荧光滤光片，在激发波长 440 nm，发射波长 540 nm 处，用 1 cm 荧光比色皿，以蒸馏水为空白，将读数调至零，测量系列标准溶液的荧光强度。

3. 未知样品的测定

将未知浓度的样品溶液置于比色皿中，在相同条件下测量荧光强度。

数据处理

(1) 记录标准系列溶液的荧光强度 I_f，并绘制标准曲线。

(2) 记录未知样品的荧光强度，并从标准曲线上求得其浓度。

思考题

(1) 在荧光测量时，为什么激发光的入射方向与荧光的接受方向不在一直线上，而成一定角度？

(2) 根据维生素 B_2 的结构特点，进一步说明能发生荧光的物质一般应具有什么样的分子结构？

实训三　荧光法测定乙酰水杨酸和水杨酸

实训目的

(1) 学习测定荧光物质的激发光谱和荧光光谱。

(2) 掌握用荧光分析法测定药物中乙酰水杨酸和水杨酸的方法。

(3) 进一步熟悉和掌握荧光仪的操作方法。

方法原理

乙酰水杨酸(ASA，即阿司匹林)水解即生成水杨酸(SA)，而在乙酰水杨酸中，都或多或少存在一些水杨酸。用三氯甲烷(氯仿)作为溶剂，用荧光分析法可以分别测定它们的含量。加少许醋酸可以增加二者的荧光强度。

为了消除药片之间的差异，可取几片药片一起研磨，然后取部分有代表性的样品进行分析。

仪器与试剂

1. 仪器

荧光仪；石英皿；容量瓶；吸量管。

2. 试剂

乙酰水杨酸储备液：称取 0.400 0 g 乙酰水杨酸溶于 1%醋酸-氯仿溶液中，用 1%醋酸-氯仿溶液定容于 1 000 mL 容量瓶中。

水杨酸储备液：称取 0.75 g 水杨酸溶于 1%醋酸-氯仿溶液中，并将其定容于 1 000 mL 容量瓶中。

醋酸；氯仿。

实训内容

1. 绘制乙酰水杨酸和水杨酸的激发光谱和荧光光谱

将乙酰水杨酸和水杨酸储备液分别稀释 100 倍（每次稀释 10 倍，分两次完成）。用该溶液，分别绘制乙酰水杨酸和水杨酸的激发光谱和荧光光谱曲线，并分别找到它们的最大激发波长和最大发射波长。

2. 制作标准曲线

（1）乙酰水杨酸标准曲线。

在 5 个 50 mL 容量瓶中，用吸量管分别加入 4.00 $\mu g \cdot mL^{-1}$ 乙酰水杨酸溶液 2.00、4.00、6.00、8.00、10.00 mL，用 1%醋酸-氯仿溶液稀释至刻度，摇匀。分别测量它们的荧光强度。

（2）水杨酸标准曲线。

在 5 个 50 mL 容量瓶中，用吸量管分别加入 7.50 $\mu g \cdot mL^{-1}$ 水杨酸溶液 2.00、4.00、6.00、8.00、10.00 mL，用 1%醋酸-氯仿溶液稀释至刻度，摇匀。分别测量它们的荧光强度。

3. 阿司匹林药片中乙酰水杨酸和水杨酸的测定

将 5 片阿司匹林药片称量后磨成粉末，称取 400.0 mg，用 1%醋酸-氯仿溶液溶解，全部转移至 100 mL 容量瓶中，用 1%醋酸-氯仿溶液稀释至刻度。迅速通过定量滤纸过滤，用该滤液在与标准溶液同样条件下测量水杨酸的荧光强度。

将上述滤液稀释 1 000 倍（用三次稀释来完成），在同样条件下测量乙酰水杨酸的荧光强度。

数据处理

（1）从绘制的乙酰水杨酸和水杨酸激发光谱和荧光光谱曲线上，确定它们的最大激发波长和最大发射波长。

（2）分别绘制乙酰水杨酸和水杨酸标准曲线，并从标准曲线上确定样品溶液中乙酰水杨酸和水杨酸的浓度，并计算每片阿司匹林药片中乙酰水杨酸和水杨酸的含量（mg），并将乙酰水杨酸测定值与说明书上的值比较。

注意事项

阿司匹林药片溶解后，1 h 内要完成测定，否则乙酰水杨酸的量将降低。

思考题

（1）标准曲线是直线吗？若不是，从何处开始弯曲？并解释其原因。

（2）从乙酰水杨酸和水杨酸的激发光谱和发射光谱曲线解释这种分析方法可行的原因。

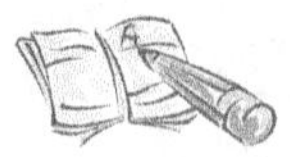

实训四　荧光法测定铝(以8-羟基喹啉为配合剂)

实训目的

(1) 掌握铝的荧光测定方法及荧光测量、萃取等基本操作。

(2) 进一步熟悉荧光仪的结构、性能及操作。

方法原理

铝离子可与许多有机试剂形成会发光的荧光配合物，其中8-羟基喹啉是较常用的试剂，它与铝离子所生成的配合物能被氯仿萃取，萃取液在365 nm紫外光照射下，会产生荧光，峰值波长在530 nm处，以此建立铝的荧光测定方法。其测定范围为0.002～0.24 $\mu g \cdot mL^{-1}$。Ga^{3+}及In^{3+}会与该试剂形成会发光的荧光配合物，应加以校正。存在大量的Fe^{3+}、Ti^{4+}、VO_3^-会使荧光强度降低，应加以分离。

实验使用标准硫酸奎宁溶液作为荧光强度的基准。

仪器与试剂

1. 仪器

930型荧光光度计(附液槽一对，滤光片一盒)；容量瓶；吸量管；量筒；分液漏斗；漏斗。

2. 试剂

铝标准溶液：(1)1.000 $g \cdot L^{-1}$铝标准储备液：溶解17.57 g硫酸铝钾[$Al_2(SO_4)_3 \cdot K_2SO_4 \cdot 24H_2O$]于水中，滴加$H_2SO_4$溶液(1+1)至溶液清澈，移至1 000 mL容量瓶中，用水稀释至刻度，摇匀。(2)2.00 $\mu g \cdot L^{-1}$铝标准使用液：取2.00 mL铝标准储备液于1 000 mL容量瓶中，用水稀释至刻度，摇匀。

2% 8-羟基喹啉溶液：溶解2 g 8-羟基喹啉于6 mL冰醋酸中，用水稀释至100 mL。

缓冲溶液：此溶液每升含NH_4Ac 200 g及浓氨水70 mL。

50.0 $\mu g \cdot mL^{-1}$标准奎宁溶液：将0.500 g奎宁酸盐溶解在1 000 mL 0.5 $mol \cdot L^{-1}$ H_2SO_4溶液中。再取此溶液10 mL，用0.5 $mol \cdot L^{-1}$ H_2SO_4溶液稀释到100 mL。

氯仿。

实训内容

1. 系列标准溶液的配制

取6个125 mL分液漏斗，各加入40～50 mL水，分别加入0.00、1.00、2.00、3.00、4.00、5.00 mL 2.00 $\mu g \cdot mL^{-1}$铝标准使用液。沿壁加入2 mL 2% 8-羟基喹啉溶液和2 mL缓冲溶液至以上各分液漏斗中。每个溶液均用20 mL氯仿萃取两次。萃取氯仿溶液通过脱脂棉滤入 50 mL 容量瓶中，并用少量氯仿洗涤脱脂棉，用氯仿稀释至刻度，摇匀。

2. 荧光强度的测量

选择合适的激光滤光片及荧光滤光片，用标准奎宁溶液调节荧光强度读数为 100，然后分别测量系列标准溶液各自的荧光强度。

3. 未知试液的测定

取一定体积的未知试液，按步骤 1、2 的方法处理并测量。

数据处理

（1）记录系列标准溶液的荧光强度，并绘制标准曲线。

（2）记录未知样液的荧光强度，由标准曲线求得未知试液的铝浓度。

思考题

标准奎宁溶液的作用是什么？若不用标准奎宁溶液，测量应如何进行？

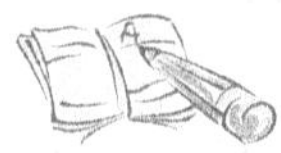

实训五　肉制品中苯并[a]芘的测定

实训目的

（1）学习分析检测苯并[a]芘的原理和方法。

（2）掌握分析样品的制备和处理对实验结果的影响。

（3）进一步加强对基础分析化学方法的技能掌握。

方法原理

苯并[a]芘是多环芳烃类化合物中一种主要的食品污染物。

粮食谷物在烟道中直接烘干或熏制鱼、肉等制品（特别是熏烤时食品直接和炭火接触）时，即可受到苯并[a]芘的污染或产生苯并[a]芘。

检验时样品先用有机溶剂提取，或经皂化后提取，提取液经萃取或色谱柱纯化后，在乙酰化滤纸上分离苯并[a]芘。苯并[a]芘在紫外光照射下呈蓝色荧光斑点，将分离后有苯并[a]芘的滤纸部分剪下，用溶液溶解后，用荧光分光光度计测定荧光强度，与标准系列比较定量。

仪器与试剂

1. 仪器

脂肪抽提器；色谱柱，10 mm×350 mm，上端有内径 25 mm、长 80～100 mm 漏斗，下端具有活塞；层析缸；K-D 全玻璃浓缩器；紫外光灯，带有波长为 365 nm 或 254 nm 的滤光片；回流皂化装置：锥形瓶磨口处接冷凝管；荧光分光光度计。

2. 试剂

苯(重蒸馏);环己烷(重蒸馏或经氧化铝柱处理至无荧光)或石油醚(沸程 30~60 ℃);二甲基甲酰胺或二甲基亚砜;无水乙醇(重蒸馏);无水硫酸钠。

展开剂:95%乙醇-二氯甲烷(体积比 2∶1)。

硅镁吸附剂:将 60~100 目筛孔的硅镁吸附剂水洗 4 次(每次用水量为吸附剂质量的 4 倍)于垂融漏斗中抽滤后,再以等量的甲醇洗(甲醇与吸附剂质量相等);抽滤干后,将吸附剂铺于干净瓷盘上于 130 ℃干燥 5 h,装瓶储存于干燥器内,临用前加 5%水减活,混匀并平衡 4 h 以上,最好放置过夜。

色谱分离用氧化铝(中性):于 120 ℃活化 4 h。

乙酰化滤纸:将中速层析用滤纸裁成 30 cm×4 cm 的条状,逐条放入盛有乙酰化混合液(180 mL 苯,130 mL 醋酸酐,0.1 mL 硫酸)的 500 mL 烧杯中,使滤纸充分接触溶液,保持溶液温度在 21 ℃以上,不断搅拌,反应 6 h,再放置过夜。取出滤纸条,在通风橱内吹干,再放入无水乙醇中浸泡 4 h,取出后放在垫有滤纸的干净白瓷盘上,在室温内风干压平备用。一次可处理滤纸 15~18 条。

100 $\mu g \cdot mL^{-1}$ 苯并[a]芘标准溶液:精密称取 10.0 mg 苯并[a]芘,用苯溶解后移入 100 mL 棕色容量瓶中定容,放置于冰箱中保存。

苯并[a]芘标准使用液:吸取 1.00 mL 苯并[a]芘标准溶液,置于 10 mL 容量瓶中,用苯定容,同法依次用苯稀释,最后配成苯并[a]芘浓度分别为 1.0 $\mu g \cdot mL^{-1}$ 和 0.1 $\mu g \cdot mL^{-1}$ 的两种标准使用液,放置于冰箱中保存。

实训内容

1. 样品制备

称取 50.0~60.0 g 切碎混匀的熏肉,用无水硫酸钠搅拌(样品与无水硫酸钠的比例为 1∶1 或 1∶2),然后装入滤纸筒内,放入脂肪提取器,加入 100 mL 环己烷,于 90 ℃水浴上回流提取 6~8 h,然后将提取液倒入 250 mL 分液漏斗中,再用 6~8 mL 环己烷淋洗滤纸筒,洗液合并于 250 mL 分液漏斗中,以环己烷饱和过的二甲基酰胺提取三次(每次 40 mL,振摇 1 min),合并二甲基酰胺提取液,用 40 mL 经二甲基酰胺饱和过的环己烷提取 1 次,弃去环己烷液层。将二甲基酰胺提取液合并于预先装有 240 mL 20 $g \cdot L^{-1}$ 硫酸钠溶液的 500 mL 分液漏斗中,混匀后静置数分钟,用环己烷提取两次(每次 100 mL,振摇 3 min),将环己烷提取液合并于第一个 500 mL 分液漏斗。

2. 样品提取液的净化处理

(1) 于色谱柱下端填入少许玻璃棉,先装入 5~6 cm 氧化铝,轻轻敲管壁使氧化铝层填实、无空隙,顶面平齐,再同样装入 5~6 cm 硅镁型吸附剂,上面再装入 5~6 cm 无水硫酸钠。用 30 mL 环己烷淋洗装好的色谱柱,待环己烷液面流下至无水硫酸钠层时关闭活塞。

(2) 将样品环己烷提取液倒入色谱柱中,打开活塞,调节流速为 1 $mL \cdot min^{-1}$,必要时可用适当方法加压,待环己烷液面下降至无水硫酸钠层时,用 30 mL 苯洗脱。此时应在紫外光灯下观察,以蓝紫色荧光物质完全从氧化铝层洗下为止,若苯用量不足,可适当增加苯用量。收集苯液，于 50～60 ℃减压浓缩至 0.1～0.5 mL(根据样品中苯并[a]芘含量而定，注意不可蒸干)。

3. 样品提取液的分离

(1) 在乙酰化滤纸条上的一端 5 cm 处，用铅笔画一横线，作为起始线，吸取一定量经净化后的浓缩液，点于滤纸条上。用电吹风从纸条背面吹冷风，使溶剂挥散。同时点 20 μL 1 $\mu g \cdot mL^{-1}$苯并[a]芘的标准使用液，点样时斑点的直径不超过 3 mm，层析缸内盛有展开剂，滤纸条下端浸入展开剂约 1 cm，待溶剂前沿至约 20 cm 时取出阴干。

(2) 在 365 nm 或 254 nm 紫外光灯下观察展开后的滤纸条，用铅笔画出标准苯并[a]芘及其同一位置的样品的蓝紫色斑点。剪下此斑点分别放入小比色管中，各加 4 mL 苯，加盖，插入 50～60 ℃水浴中振摇浸泡 15 min。

4. 样品测定

(1) 将样品及标准斑点的苯浸出液移入荧光分光光度计的石英比色皿中，以 365 nm 为激发光波长，在 365～460 nm 波长范围内进行荧光扫描，所得荧光光谱与标准苯并[a]芘的荧光光谱比较定性。

(2) 在样品分析的同时做试剂空白对照，包括处理样品所用的全部试剂都同样操作，分别读取样品、标准及试剂空白于波长 406 nm、(406±5) nm 处的荧光强度(I_{f406}、I_{f411}、I_{f401})，按基线法由下式计算得到的数值，为定量计算的荧光强度(I_f)。

$$I_f = I_{f406} - \frac{I_{f401} + I_{f411}}{2}$$

数据处理

样品中苯并[a]芘含量按下式计算，结果保留小数点后一位。

$$X = \frac{\frac{s}{I_f} \times (I_{f1} - I_{f2}) \times 1\,000}{m \times \frac{V_2}{V_1}}$$

式中：X 为样品中苯并[a]芘的含量，$\mu g \cdot kg^{-1}$；s 为苯并[a]芘标准斑点的质量，μg；I_f 为标准的斑点浸出液荧光强度，mm；I_{f1} 为样品斑点浸出液荧光强度，mm；I_{f2} 为试剂空白浸出液荧光强度，mm；V_1 为样品浓缩液体积，mL；V_2 为点样体积，mL；m 为样品质量，g。

注意事项

(1) 制备乙酰化滤纸时，必须严格控制处理时间与温度。温度高，处理时间长，乙酰化程度过大，则展开时分离困难(R_f值过小)；反之则乙酰化程度太低，则展开时几乎与溶剂前沿相近(R_f值过大)。一般展开后的苯并[a]芘的 R_f值为 0.1～0.2 较为适宜。

(2) 实验用的滤纸规格、乙酰化混合物的数量、乙酰化温度、乙酰化时间、滤纸与乙酰化混合液的接触程度均对乙酰化程度有影响，应严格依法操作。

(3) 供测的玻璃仪器不能用洗衣粉洗涤，以防止荧光性物质干扰，产生实验测定误差。

(4) 苯并[a]芘是致癌活性物质,操作时应戴手套。接触苯并[a]芘的玻璃应由5%～10% HNO_3 溶液浸泡后,再进行清洗。

(5) 实验精密度要求为:在重复性条件下获得两次独立测定结果的绝对差值不得超过算术平均值的20%。

思考题

(1) 荧光分光光度计的基本结构与使用注意事项有哪些?

(2) 样品净化处理、样品分离等操作的关键环节是什么?实验中可能会产生实验误差的环节有哪些?

实训六　荧光法测定硫酸奎尼丁

实训目的

(1) 掌握用校正曲线进行荧光定量分析的方法。

(2) 熟悉荧光分光光度计的使用方法。

方法原理

奎尼丁为奎宁的右旋体,属生物碱类抗心率失常药。其分子具有喹啉环结构,可产生较强的荧光,可以用直接荧光法测定其荧光强度,由校正曲线法或回归方程可求出样品中奎尼丁的浓度。

仪器与试剂

1. 仪器

930型荧光分光光度计;刻度吸量管;容量瓶。

2. 试剂

硫酸奎尼丁对照品;硫酸奎尼丁样品;0.05 mol·L^{-1} H_2SO_4 溶液。

实训内容

1. 标准溶液的制备

精密吸取1.00、2.00、3.00、4.00、5.00 mL用0.05 mol·L^{-1} H_2SO_4溶液配制的硫酸奎尼丁标准溶液(100 μg·mL^{-1}),分别置于50 mL容量瓶中,各加0.05 mol·L^{-1} H_2SO_4溶液稀释至刻度线,摇匀,供制备对照品的标准曲线用。

2. 样品溶液的制备

精密称取硫酸奎尼丁样品约50 mg,置于50 mL容量瓶中,用0.05 mol·L^{-1} H_2SO_4溶液溶解并稀释至刻度线,摇匀。吸取此溶液0.50 mL于100 mL容量瓶中,用0.05

mol·L^{-1} H_2SO_4溶液稀释至刻度，摇匀，即制得待测样品溶液。

3. 合适滤光片的选择

(1) 荧光滤光片的选择。将激发光滤光片(暂用 360 nm 代替)置于被测溶液前面的光径中，将波长稍大于 360 nm 的滤光片放在被测溶液后面的光径中，接通仪器电源开关，打开样品室箱盖，旋动调零电位器，使电表指针处于“0”位。待仪器预热 20 min 后，放入某一浓度的标准溶液，测定其荧光强度，必要时调节刻度旋钮及灵敏度钮(两钮一经调节，不得变动!)。然后，再更换波长更长一些的滤光片，依次同上法测定个滤光片的荧光强度，从中选出能使荧光强度达到最强的一块荧光滤光片供测定用。

(2) 激发光滤光片的选择。将已选择好的荧光滤光片(暂定 420 nm)固定，用波长小于荧光滤光片的滤光片来代替波长为 360 nm 的激发光滤光片，依次用上法测定各滤光片的荧光强度，从中选择荧光强度较强的一块激光滤光片供测定用。

4. 标准曲线的绘制

将 10 μg·mL^{-1}硫酸奎尼丁标准系统溶液盛于比色皿中，调节刻度旋钮至满刻度(必要时可调节灵敏度旋钮至满刻度)。以 0.05 mol·L^{-1} H_2SO_4溶液作空白，依次测定各硫酸奎尼丁标准溶液的荧光强度。然后，以硫酸奎尼丁标准溶液的浓度(c)为横坐标，以荧光强度(I_f)为纵坐标，绘制标准曲线(I_f-c)。

5. 样品的含量测定

以 0.05 mol·L^{-1} H_2SO_4溶液作空白，按测定硫酸奎尼丁标准溶液的方法分别测定样品溶液和空白溶液的荧光强度，然后根据标准曲线计算出样品中硫酸奎尼丁的含量。

数据处理

(1) 记录标准系列溶液的荧光强度 I_f，并绘制标准曲线。

(2) 结果计算：根据样品溶液荧光强度在标准曲线上查得样品溶液的浓度，计算原样品中硫酸奎尼丁的含量，即

硫酸奎尼丁的含量＝标准曲线上查得的样品溶液的浓度×稀释倍数

注意事项

(1) 在溶液的配制过程中要注意容量仪器的规范操作和使用。

(2) 测定顺序为由低浓度到高浓度，以减少测量误差。

(3) 进行校正曲线测定和样品测定时，应保持仪器参数设置一致。

(4) 打开仪器电源开关之前，必须将滤光片插入仪器中。更换滤光片时，必须先将电源切断，以免光电管受损。

第二部分

电分析化学方法

模块六

电位分析法

学习目标

掌握电位分析法的基本原理、直接电位法的定量方法;熟悉化学电池、电极电位、离子选择性电极等基本概念,熟悉离子选择性电极的结构、类别及其响应机理,熟悉酸度计及离子计的使用方法及电位法的实际应用;了解影响电位法测量的主要因素,电位滴定法的测量机理及其应用。

任务一　电分析化学法概述

电分析化学是仪器分析的一个重要分支,是建立在溶液电化学性质基础上的一类仪器分析方法。通常是利用将待测样品溶液构成化学电池,通过测定电池的某些物理量(如电位、电流、电导、电量等),根据这些物理量与被测组分之间的关系来确定样品的组成或含量的。习惯上按上述测量的物理量将电分析化学法分为电位分析法、伏安分析法、电导分析法、库仑分析法等。

一、化学电池

化学电池是进行电化学反应的场所,是化学能和电能相互转化的装置,通常有原电池、电解池两种。能自发地将化学能转变成电能的装置称为原电池;由外电源提供电能将电能转化为化学能的装置称为电解池。典型的化学电池如图 6-1 所示。

图 6-1 所示的化学电池分别为 Cu-Zn 原电池(a)和电解池(b),装置中两个电极(Cu、Zn)分别浸在相应的电解质溶液中,溶液用盐桥连接。除电导分析法外,其他电分析化学方法都是研究在电极和电解质溶液界面上或界面附近发生的反应及其规律。

以原电池为例(见图 6-1(a)),发生氧化反应的电极称为阳极,发生还原反应的电极称为阴极。对外电路来说,电子由阳极流向阴极,所以阳极为电池的负极,阴极为电池的正极。阳极和阴极所发生的电极反应如下。

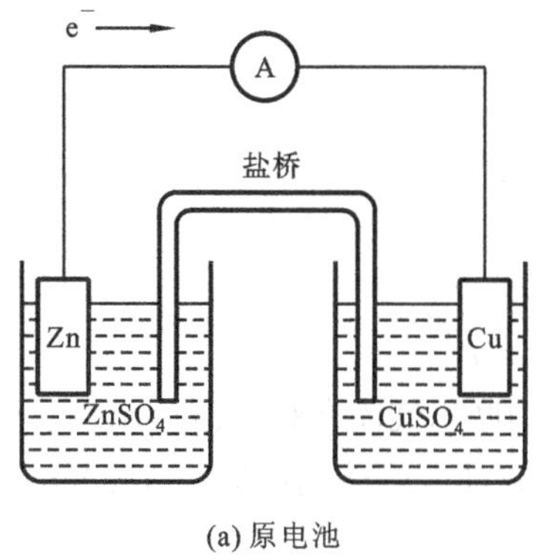

(a) 原电池

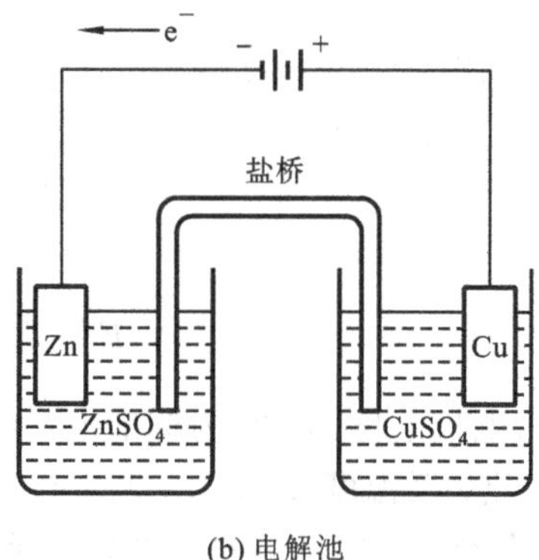

(b) 电解池

图 6-1 原电池和电解池

在阳极(负极)上：$Zn \xlongequal{} Zn^{2+} + 2e^-$(氧化反应)

在阴极(正极)上：$Cu^{2+} + 2e^- \xlongequal{} Cu$(还原反应)

上述两个电极反应分别称为半电池反应，二者的总反应称为电池反应。上述电池的电池反应为：$Zn + Cu^{2+} \xlongequal{} Zn^{2+} + Cu$。

化学电池可用符号表示。用符号表示化学电池时，习惯上将负极写在左边，正极写在右边；用一条竖线表示电极与电解质溶液之间的界面；同一相中存在多种组分时，用“,”隔开；用两条竖线表示盐桥；气体或均相的电极反应，反应物本身不能直接作为电极的，要用惰性材料(如 Pt、C 等)作电极，以传导电流；电池中的溶液应注明浓度，气体应注明温度、压力(若不注明则是指 25 ℃、100 kPa，即标准压力)。例如，图 6-1(a)所示的原电池的电池符号可表示为

$$(-)Zn \mid ZnSO_4(x\ mol \cdot L^{-1}) \parallel CuSO_4(y\ mol \cdot L^{-1}) \mid Cu(+)$$

将图 6-1(a)所示的原电池的两个电极用导线连接时，电流即从正极流向负极。电池的电动势等于正极与负极的电极电位的差值，即 $E = E_{正} - E_{负}$。

二、电极电位

1. 电极电位的产生

以金属电极为例，当把金属电极插入该金属离子的盐溶液中时，金属与溶液接触界面间存在着两种倾向：一是金属表面上的正离子受到极性水分子的作用进入溶液，使金属电极带负电，而溶液由于溶入过多的金属离子而带正电，金属越活泼，电解质溶液的浓度越小，这种倾向越大；二是溶液中的金属离子也会从溶液中沉积到金属表面，使金属电极表面带正电，溶液带负电，金属越不活泼，电解质溶液的浓度越浓，这种倾向越大。当这种溶解和沉积平衡形成之后，在金属电极与溶液界面就形成了双电层，产生相界面电位，这种在电极和溶液的相界面间所产生的双电层的过程即是电极电位产生的过程。两种结果分别如图 6-2(a)、图 6-2(b)所示。可见，不同金属因为其化学活泼性的不同，与其盐溶液组成的电极的电极电位就会

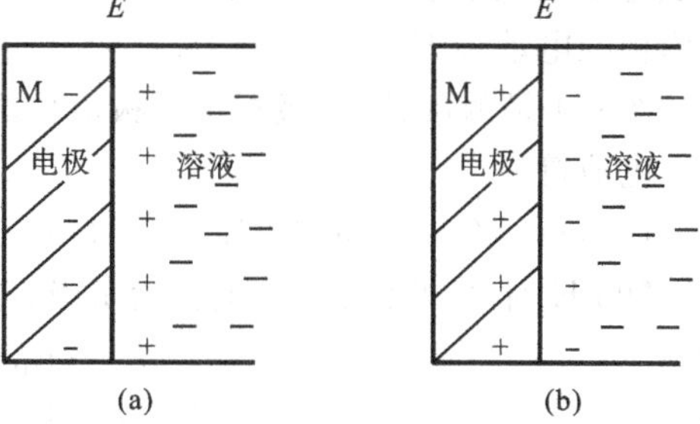

图 6-2 电极电位形成示意图

不同。

2. 能斯特(Nernst)方程

对于任一电极反应：

$$\mathrm{Ox}+ne^{-}=\mathrm{Red}$$

其电极电位可表示为

$$E = E^{\ominus}_{\mathrm{Ox/Red}} + \frac{RT}{nF}\ln\frac{a_{\mathrm{Ox}}}{a_{\mathrm{Red}}} \tag{6-1}$$

式中：E 为电极电位，V；$E^{\ominus}$ 为标准电极电位，V；R 为摩尔气体常数，值为 8.314 J·mol^{-1}·K^{-1}；T 为热力学温度，K；n 为参与电极反应的电子数；F 为法拉第常数，值为 96 486.7 C·mol^{-1}；a 为参与电极反应的各物质的活度，mol·L^{-1}。

式(6-1)即为能斯特方程，是表示电极电位的基本关系式。

(1) 将式(6-1)以常用对数表示：

$$E = E^{\ominus}_{\mathrm{Ox/Red}} + \frac{2.303RT}{nF}\lg\frac{a_{\mathrm{Ox}}}{a_{\mathrm{Red}}} \tag{6-2}$$

(2) 在 298 K，将有关常数代入式(6-2)，则可表示为

$$E = E^{\ominus}_{\mathrm{Ox/Red}} + \frac{0.059}{n}\lg\frac{a_{\mathrm{Ox}}}{a_{\mathrm{Red}}} \tag{6-3}$$

(3) 对于金属电极，其还原态为纯金属，活度等于 1，则可以表示为

$$E = E^{\ominus}_{\mathrm{Ox/Red}} + \frac{0.059}{n}\lg a_{\mathrm{Ox}} \tag{6-4}$$

(4) 当溶液很稀时，活度可近似用浓度代替，上式可表示为

$$E = E^{\ominus}_{\mathrm{Ox/Red}} + \frac{0.059}{n}\lg c_{\mathrm{Ox}} \tag{6-5}$$

由能斯特方程可见，如果能测定得到电极的电极电位，就可以确定离子的活度或浓度。

3. 电极电位的测量

电化学分析中以标准氢电极(SHE)为标准电极，它的构造是将镀有铂黑的 Pt 片浸入 $a_{\mathrm{H^+}}=1$ mol·L^{-1}的酸溶液中，通入分压为标准压力($p_{\mathrm{H_2}}=100$ kPa)的纯氢气，即构成标准氢电极，如图 6-3 所示。电化学中规定标准氢电极的电极电位恒等于零。

电极反应：$2\mathrm{H^+}(a_{\mathrm{H^+}}=1.0\ \mathrm{mol\cdot L^{-1}})+2e^{-}=\!=\!=\mathrm{H_2}(p_{\mathrm{H_2}}=100\ \mathrm{kPa})$，　$E^{\ominus}_{\mathrm{H^+/H_2}}=0$

将处于标准状态(溶液中各离子活度均为 1，气体的分压为 100 kPa)的待测电极与标准氢电极组成原电池，用检流计确定电池的正、负极，用电位计测量电池的电动势，此电动势为标准电动势 $E^{\ominus}_{标准}$($E^{\ominus}_{标准}=E^{\ominus}_{正}-E^{\ominus}_{负}$)，由 $E^{\ominus}_{标准}$ 可求得待测电极的标准电极电位。

图 6-4 是测量 Zn 电极标准电极电位的装置图。

电池符号：

$(-)\mathrm{Zn}\,|\,\mathrm{Zn^{2+}}(1\ \mathrm{mol\cdot L^{-1}})\,\|\,\mathrm{H^+}(1\ \mathrm{mol\cdot L^{-1}})\,|\,\mathrm{H_2}(100\ \mathrm{kPa})\,|\,\mathrm{Pt}(+)$

298 K 时，实验测得 Zn 电极为负极，电池的标准电动势 $E^{\ominus}=+0.76$ V。

由　$$E^{\ominus}=E^{\ominus}_{\mathrm{H^+/H_2}}-E^{\ominus}_{\mathrm{Zn^{2+}/Zn}}$$

则　$$E^{\ominus}_{\mathrm{Zn^{2+}/Zn}}=E^{\ominus}_{\mathrm{H^+/H_2}}-E^{\ominus}=(0-0.76)\ \mathrm{V}=-0.76\ \mathrm{V}$$

即 298 K 时，锌电极的标准电极电位 $E^{\ominus}_{\mathrm{Zn^{2+}/Zn}}=-0.76$ V。

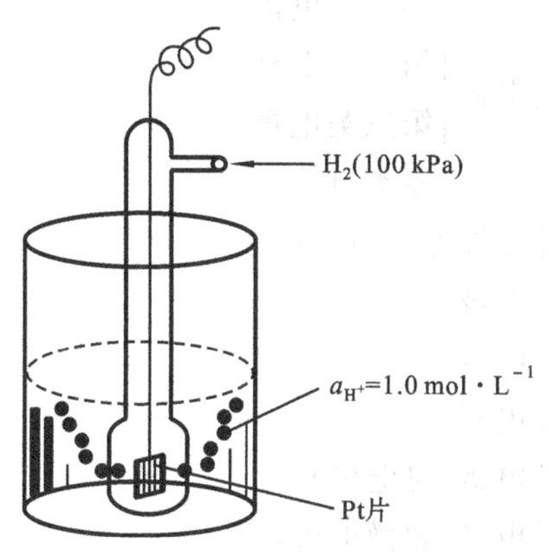

图 6-3 标准氢电极

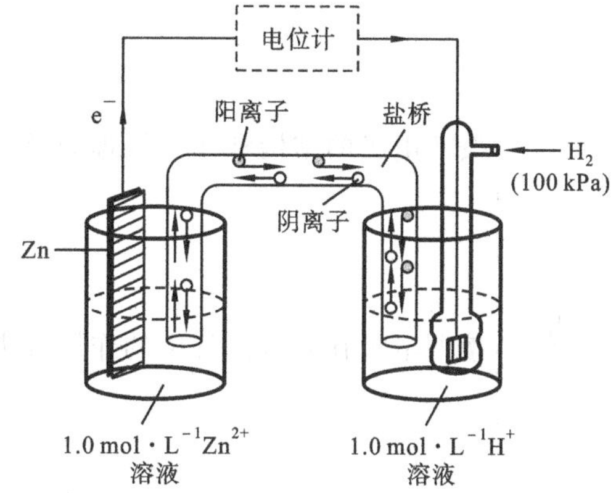

图 6-4 测量 Zn 电极标准电极电位的装置图

按照这个方法可测量和计算出各种电极的标准电极电位。由于标准氢电极的使用条件极为苛刻，为应用方便，常用电极电位稳定的饱和甘汞电极作为二级标准电极，代替标准氢电极。

饱和甘汞电极(SCE)是由金属 Hg、Hg_2Cl_2(甘汞)和 KCl 溶液组成的电极，由两个玻璃套管(电极管)组成，内电极管中封接一根铂丝，铂丝插入纯汞中(厚度为 0.5～1 cm)，下置一层甘汞(Hg_2Cl_2)和汞的糊状物，放入外玻璃管中，并在外电极管中充入饱和 KCl 溶液，内外电极管下端都用多孔纤维或熔结陶瓷芯或玻璃砂芯等多孔物质封口，其构造如图 6-5 所示。

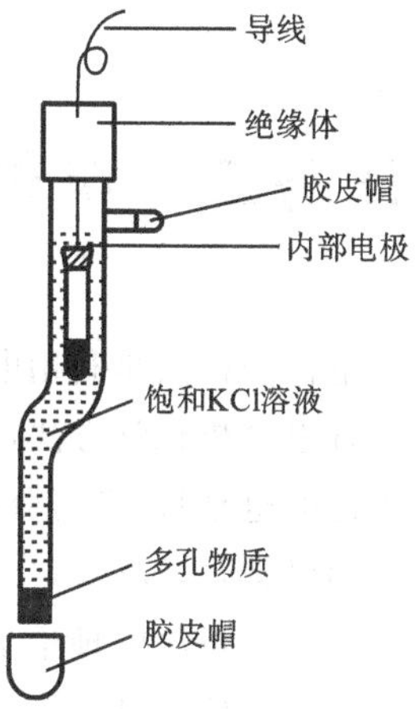

图 6-5 甘汞电极

甘汞电极结构：$Hg\,|\,Hg_2Cl_2\,|\,KCl(a)$

电极反应：$Hg_2Cl_2(s) + 2e^- \rightleftharpoons 2Hg + 2Cl^-$

电极电位(298 K)：$E_{Hg_2Cl_2/Hg} = E^{\ominus}_{Hg_2Cl_2/Hg} - 0.059\ \lg a_{Cl^-}$

在一定温度下，当 Cl^- 的活度(或浓度)一定时，其电极电位为定值，如表 6-1 所示。

表 6-1 298 K 时甘汞电极的电极电位(相对于标准氢电极)

电 极 名 称	KCl 溶液的浓度 $c/(mol \cdot L^{-1})$	电极电位 E/V
饱和甘汞电极(SCE)	饱和溶液	+0.243 8
标准甘汞电极(NCE)	1.0	+0.282 8
0.1 $mol \cdot L^{-1}$ 甘汞电极	0.1	+0.336 5

甘汞电极的稳定性和重现性都较好，是最常用的参比电极。

若温度不是 298 K，其电极电位应进行校正。当温度超过 80 ℃时，甘汞电极不够稳定，应选用 Ag-AgCl 电极。

三、电极的类型

常用电极的分类如下：

电极
- 按照电极的结构和作用机理分类
  - 金属基电极
    - 第一类电极
    - 第二类电极
    - 第三类电极
    - 零类电极
  - 离子选择性电极（见“任务三”）
- 按照电极在测量过程中的作用分类
  - 指示电极
  - 工作电极
  - 参比电极
  - 辅助电极（对电极）
- 按照电极的尺寸大小和是否修饰分类
  - 微电极（超微电极）
  - 化学修饰电极

具体参见“知识链接”。

任务二　电位分析法原理

电位分析法是利用电极电位与溶液中待测物质离子的活度（或浓度）的关系进行分析的一种电分析化学方法，其实质是通过在零电流条件下测定两电极之间的电位差（即测定原电池的电动势）进行分析的，通常包括直接电位法和电位滴定法。

前已叙及，Nernst 方程表示电极电位与离子的活度（或浓度）的关系，Nernst 方程式就是电位分析法的理论基础。

直接电位法是将指示电极和参比电极（常用饱和甘汞电极）浸入试液，构成一个测量电池，测得电池的电动势的。由于$E_{参比}$不变，$E_{指示}$符合 Nernst 方程式，所以电池电动势的大小取决于待测物质离子的活度（或浓度），根据 Nernst 方程式即可求得待测离子的活度或浓度。

电位滴定法是通过测量滴定过程中的电动势变化来确定滴定终点的一种滴定分析法。因为在滴定分析过程中，化学计量点附近将发生待测组分浓度的突变，引起电极电位发生突变，借以确定终点，进而可以根据标准溶液的使用量计算待测物质的浓度。

任务三　离子选择性电极

从电位分析法原理可以知道，无论是直接电位法还是电位滴定法，均需要灵敏度高、选择性好的指示电极。离子选择性电极（ISE）是电位分析法常用的指示电极，它是一种电化学传感器，其电极电位对特定离子具有选择性响应。

一、离子选择性电极的结构

无论何种离子选择性电极(见图 6-6)都是由电极腔体、对特定离子有选择性响应的敏感膜、内参比电极、内参比溶液及导线等部件构成的。敏感膜是离子选择性电极的主要组成部分,敏感膜将膜内侧的内参比溶液和膜外侧的待测离子溶液分开,是电极的最关键部件。内参比电极一般选用 Ag-AgCl 电极,内参比溶液由一定浓度的响应离子的强电解质溶液组成。电极腔体由玻璃或高分子聚合物材料制成。与金属基电极的本质区别在于电极的薄膜本身并不给出或得到电子,而是选择性地让一些离子渗透和交换从而产生膜电位。

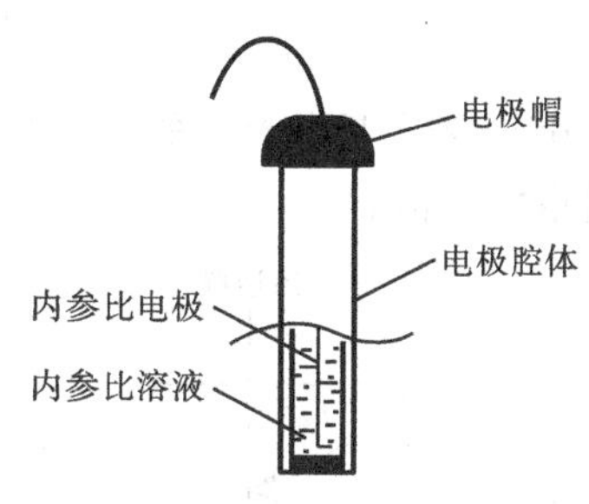

图 6-6 离子选择性电极示意图

二、离子选择性电极的电极电位

1. 液体的接界电位(扩散电位)

当两种组成或浓度不同的电解质溶液相接触时,由于不同离子的扩散速率不同,在两溶液接触的相界面两侧会积累不同的电荷而形成双电层,当扩散达到平衡时,会产生一个稳定的相界面电位差,即液体的接界电位(液接电位),如图 6-7 所示。

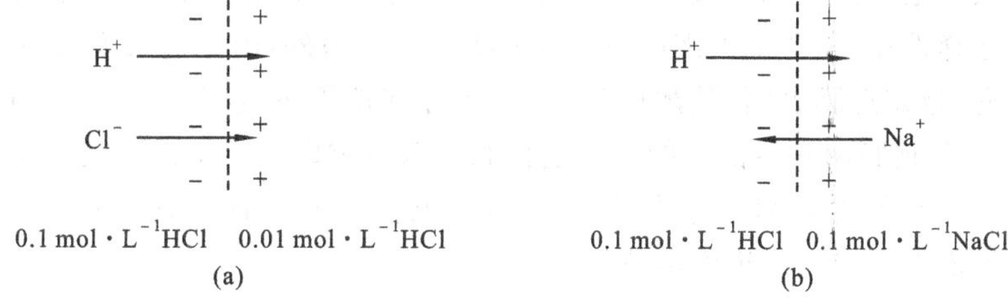

图 6-7 液体接界电位产生示意图

图 6-7(a)中界面两侧的溶液均为 HCl,由于浓度不同,界面间存在浓度梯度,产生了扩散作用。H^+ 的扩散速率比 Cl^- 快,界面的右侧积聚了过量的阳离子,界面的左侧积聚了过量的阴离子,在两溶液接触的相界面两侧形成双电层,产生相界面电位。图 6-7(b)中界面两侧的溶液分别为相同浓度的 HCl 和 NaCl,由于 H^+ 的扩散速率比 Na^+ 快,因此界面的右侧积聚了过量的阳离子,界面的左侧积聚了过量的阴离子,同样产生相界面电位。这种液体和液体的相界面电位差称为液体接界电位或扩散电位,一般为 30 mV 左右。扩散电位不仅存在于液-液界面,也存在于其他两相界面之间。显然,这种扩散属于自由扩散,阴、阳离子都可以扩散通过界面,没有强制性和选择性。

液体接界电位的存在影响了电动势的计算。实际工作中,在两个溶液间连接一个盐桥,可将液体接界电位消除或减小到 1～2 mV,电动势计算时即可忽略液体接界电位。

2. 道南(Donnan)电位

如图 6-8 所示中的渗透膜,Na^+ 能选择性通过,而 Cl^- 不能,由于浓差关系($a_1 > a_2$),发生 Na^+ 在膜两侧的扩散作用,结果造成溶液和膜两相界面上正、负电荷分布不均衡,形成双电层结构而产生电势差,称为道南电位。这种电荷的迁移形式带有选择性或强制性。

道南电位的计算公式为

$$E_{道} = E_2 - E_1 = \pm \frac{RT}{nF} \ln \frac{a_1}{a_2} \tag{6-6}$$

式中：n 表示扩散离子的电荷数，当扩散离子为阳离子时取“+”值；当扩散离子为阴离子时取“−”值。

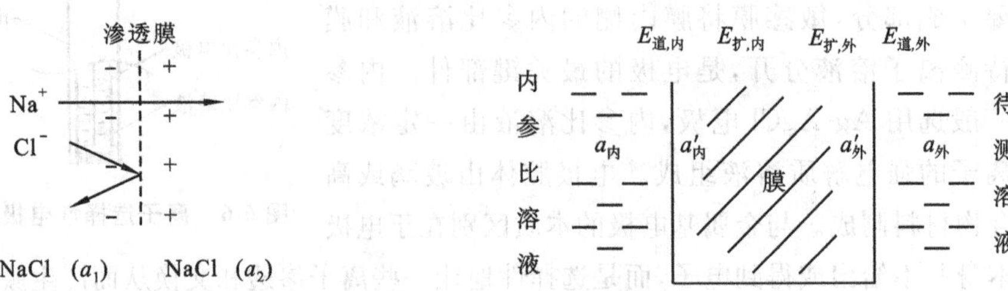

图 6-8　道南电位产生示意图($a_1 > a_2$)

图 6-9　膜电位的产生示意图

3. 膜电位

各种类型的离子选择性电极的响应机理虽各有特点，但其电极电位产生的原因都是相似的，即膜电位。图 6-9 所示即为膜电位的产生过程。

将离子选择性电极插入试液中，则在电极敏感膜两侧各有一个界面，即膜与被测溶液间的界面和膜与电极内参比溶液（含有一定活度的被测离子）的界面，在这两个界面上，由于膜的特殊选择性作用，产生道南电位（$E_{道,内}$，$E_{道,外}$）。另外，由于进入膜内的待测离子浓度分布不均衡，越靠近膜表面，其浓度越大，由于存在浓度梯度，即产生扩散电位（$E_{扩,内}$，$E_{扩,外}$）。这样，跨越膜两侧界面间的道南电位和扩散电位即构成了该电极的膜电位。

若敏感膜仅对阳离子 M^{n+} 有选择性响应，当电极浸入含有该离子的溶液中时，在膜的内外两个界面上所产生的道南电位值为

$$E_{道,外} = k_1 + \frac{RT}{nF} \ln \frac{a_{M,外}}{a'_{M,外}} \tag{6-7}$$

$$E_{道,内} = k_2 + \frac{RT}{nF} \ln \frac{a_{M,内}}{a'_{M,内}} \tag{6-8}$$

式中：a_M 为液相中 M^{n+} 的活度；a'_M 为膜相中 M^{n+} 的活度；n 为离子的电荷数。由于膜内、外两表面性质基本相同，$k_1 = k_2$，$a'_{M,内} = a'_{M,外}$，膜与内、外溶液接触所产生的扩散电位近似相等，即 $E_{扩,外} = E_{扩,内}$，故膜电位为

$$E_{膜} = E_{道,外} - E_{道,内} = \frac{RT}{nF} \ln \frac{a_{M,外}}{a_{M,内}} \tag{6-9}$$

由于内参比溶液的离子活度不变，因此上式可表示为

$$E_{膜} = k_3 + \frac{RT}{nF} \ln a_{M,外} \tag{6-10}$$

4. 离子选择性电极的电极电位

离子选择性电极的电极电位为内参比电极电位和膜电位的代数和，由于内参比电极的电极电位基本不变，所以与膜电位的常数项合并，记做 k，表示式如下：

$$E_{ISE,阳} = E_{内参比} + E_{膜} = k + \frac{RT}{nF} \ln a_{M,外} = k + \frac{0.059}{n} \lg a_{M,外} \quad (298\ \text{K}) \tag{6-11}$$

若敏感膜仅对阴离子 R^{n-} 有选择性响应，则离子选择性电极的电极电位表达式为

$$E_{\text{ISE,阴}} = k - \frac{RT}{nF}\ln a_{\text{R,外}} = k - \frac{0.059}{n}\lg a_{\text{R,外}} \qquad (298\ \text{K}) \qquad (6\text{-}12)$$

三、离子选择性电极的分类

按照 IUPAC 的推荐，离子选择性电极分类如下：

- 离子选择性电极
  - 原电极
    - 晶体膜电极
      - 均相膜电极：如 F^-、S^{2-} 离子电极
      - 非均相膜电极：如 Ag_2S 掺入硅橡胶的 S^{2-} 电极
    - 非晶体膜电极
      - 刚性基质电极：如 pH、pM 电极
      - 流动载体电极：如 NO_3^-、Ca^{2+}、K^+ 电极
  - 敏化电极
    - 气敏电极：如氨电极
    - 酶电极：如尿酶电极

注：原电极是指敏感膜直接与试液接触的离子选择性电极。敏化电极是以原电极为基础装配成的离子选择性电极。

任务四　常用的离子选择性电极及其响应机理

如前所述，离子选择性电极的种类很多，其本质区别在于敏感膜的性质、材料不同，从而使各种离子选择性电极的响应机理各有特点。

一、玻璃电极

玻璃电极包括对 H^+ 响应的 pH 玻璃电极及对 Li^+、Na^+、K^+、Ag^+ 等离子有响应的 pLi、pNa、pK、pAg 等玻璃电极。这类电极的结构相似，其选择性源于敏感膜的组成不同。

1. 玻璃电极的结构

玻璃电极由玻璃管、内参比溶液、内参比电极及敏感玻璃膜组成。以 pH 玻璃电极为例，它是对溶液中 H^+ 呈选择性响应的一种玻璃膜电极，其结构如图 6-10 所示。其底部有一个由特殊玻璃材料制成的薄膜状玻璃泡，玻璃泡封接在一段对离子不响应的高阻玻璃管上。泡内充有 0.1 mol・L^{-1} HCl 溶液，作为内参比溶液，并插入 AgCl-Ag 电极，作为内参比电极。

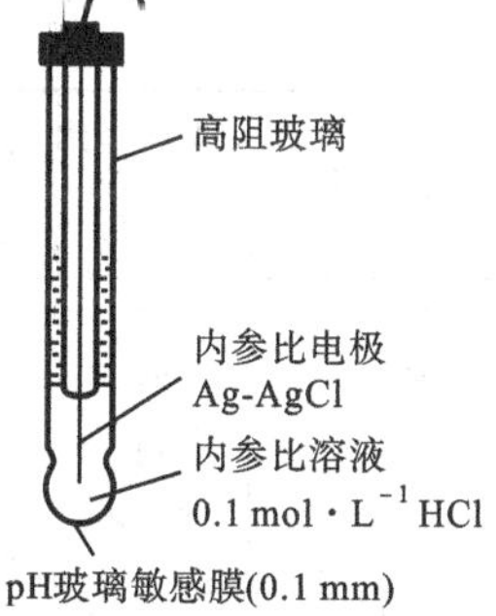

2. pH 玻璃电极的相应机理

常用的 pH 玻璃球膜材料由考宁 015 玻璃做成，其配方为：Na_2O 21.4%，CaO 6.4%，SiO_2 72.2%（摩尔分数）。其 pH 值的测量范围为 1～10，若加入一定比例的 Li_2O，可以扩大其测量范围。

玻璃中含有 Si—O 键，它在空间构成固定的带负电荷的三维网络骨架，金属离子与氧原子以离子键的形式结合，存在并活动于网络之中，承担着传导电荷的作用。

高阻玻璃
内参比电极 Ag-AgCl
内参比溶液 0.1 mol・L^{-1} HCl
pH玻璃敏感膜(0.1 mm)

图 6-10　pH 玻璃电极示意图

当玻璃膜与纯水或稀酸接触时，由于 Si—O 与 H^+ 的结合力远大于与 Na^+ 的结合力(约为 10^{14} 倍)，因而发生交换反应：

$$NaG + H^+ \longrightarrow HG + Na^+$$

通过这种作用使玻璃膜表面形成了类似硅酸的水化层(厚度为 $10^{-5} \sim 10^{-4}$ mm)。因此经浸泡后的玻璃膜由三部分组成：膜内、外两表面的两个水化层及膜中间的干玻璃层。

根据式(6-11)，玻璃电极的电位、玻璃膜电位、溶液 pH 值之间有如下关系：

$$E_{玻} = E_{膜} + E_{内参比} = k + \frac{RT}{F}\ln a_{H^+} = k - 0.059\ \text{pH} \quad (298\ \text{K}) \qquad (6\text{-}13)$$

当 pH 玻璃电极内外 H^+ 活度相同时，膜电位应该为零。但实际上仍有一个很小的电位存在，称为不对称电位，它是由膜内、外表面的性状不可能完全相同引起的。

不同电极或同一电极使用状况、使用时间不同，都会使 $E_{不对称}$ 不一样，所以 $E_{不对称}$ 难以测量和确定。玻璃电极使用前经长时间在纯水或稀酸中浸泡，可以形成稳定的水化层，能降低 $E_{不对称}$。所以玻璃电极在使用前必须在纯水或待测离子的稀溶液中浸泡两个小时以上，进行 pH 值测量时，先用 pH 标准缓冲溶液对仪器进行定位，可消除 $E_{不对称}$ 对测定的影响。

3. pH 玻璃电极的选择性

任何一种离子选择性电极都不可能只对一种离子响应而对其他离子没有响应。pH 玻璃电极除了能对 H^+ 响应外，还能对 Na^+、K^+、NH_4^+ 等离子响应，但响应程度各不相同。pH 玻璃电极对阳离子的选择性响应顺序是：$H^+ > Na^+ > K^+ > Rb^+ > Cs^+$。它对 H^+ 的响应程度远大于 Na^+ 等离子的响应程度(约为 10^9 倍)，只有当试液中 pH 值很高(H^+ 浓度很小)时，Na^+ 才有可能产生干扰。

pH 玻璃电极一般在 pH=1～9 的范围内电极响应正常。在 pH 值超过 10 或含 Na^+ 浓度较高的溶液中，测出的 pH 值一般偏低(称为碱差或钠差)。

pH 玻璃电极在强酸性条件下(pH<1 或在非水溶液中)，由于水分子活度变小，a_{H^+} 也减小，致使 pH 测定值偏高(称为酸差)。

4. 阳离子玻璃电极

改变玻璃的某些成分，可以制成某些阳离子玻璃电极，如表 6-2 所示。

表 6-2　阳离子玻璃电极

主要响应离子	玻璃膜组成(摩尔分数/(%))			选择性系数
	Na_2O	Al_2O_3	SiO_2	
Na^+	11	18	71	K^+ 3.3×10^{-3}(pH=7)，3.6×10^{-4}(pH=11)，Ag^+ 500
K^+	27	5	68	Na^+ 5×10^{-2}
Ag^+	11	18	71	Na^+ 1×10^{-3}
	28.8	19.1	52.1	H^+ 1×10^{-5}
Li^+	Li_2O 15	25	60	Na^+ 0.3 K^+ $<1\times10^{-3}$

二、晶体膜电极

晶体膜电极分为均相晶体膜电极、非均相晶体膜电极。均相晶体膜由一种化合物的单晶或几种化合物混合均匀的多晶压片而成。非均相晶体膜由在多晶中掺入惰性物质经热压制成。

1. 晶体膜电极结构

晶体膜电极由电极腔体、晶体膜、内参比电极、内参比溶液构成。电极腔体用玻璃或高分子聚合物材料制成；晶体膜厚为 1～2 mm；内参比电极常用 Ag-AgCl 电极；内参比溶液为待测离子的强电解质。已知只有很少几种晶体在室温下具有离子导电性，如 LaF_3、Ag_2S、AgX 等，导电离子通常是晶体中离子半径最小和电荷最少的晶格离子，如 F^-、Ag^+ 等。

2. 晶体膜电极的响应机理

晶体的导电过程是借助于晶格空穴来进行的。晶体膜电极的响应机理包括两种情况：一是晶体膜表面与溶液的两相界面上响应离子扩散形成的界面电位，即道南电位；二是晶体膜内部离子的导电机制形成的扩散电位，即由于膜-液界面上响应离子的扩散，使膜内晶格离子分布不均匀，即空穴不均匀，引起晶格离子的扩散，空穴的移动，如 LaF_3 晶体中 F^- 的扩散，靠近空穴的 F^- 能够移动至空穴中，而 F^- 的移动又导致新空穴的产生，附近的 F^- 又移至新空穴中……

晶体空穴的大小、形状、电荷分布等的特殊性，决定了进入空穴的离子不是任意的，而是具有特殊选择性。所以，不同的晶体膜具有特定的选择性。

3. 氟离子选择性电极

(1) 结构。氟离子选择性电极是目前固态晶体膜电极中最典型、性能最好、应用最为广泛的一种离子选择性电极，其结构如图 6-11 所示。它的敏感膜由难溶的 LaF_3 单晶片制成，电极的底部是封在塑料管一端的 LaF_3 单晶片（为了增加导电性，加入了少量 EuF_2），管内充以0.1 $mol \cdot L^{-1}$ NaF 和 0.1 $mol \cdot L^{-1}$ NaCl 的混合溶液，作为电极内参比溶液，插入 Ag-AgCl 电极，作为内参比电极。

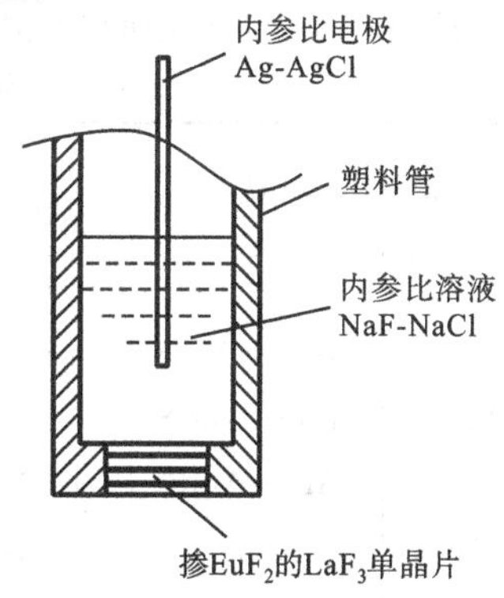

图 6-11　氟离子选择性电极结构示意图

根据式(6-12)，氟离子选择性电极的电位与 F^- 活度的关系为

$$E_{F^-} = k - \frac{RT}{F}\ln a_{F^-} = k - 0.059\lg a_{F^-} \quad (298\ K) \qquad (6\text{-}14)$$

(2) 氟离子电极的选择性。氟电极的膜电位是 F^- 直接与 LaF_3 晶格中的 F^- 交换和扩散作用引起的。因此，氟离子选择性电极使用前无需浸泡活化，晶片表面也不用特别处理。在 LaF_3 单晶中，只有 F^- 与试液中的 F^- 响应，溶液中也只有 F^- 能进入膜相并参与导电，所以氟离子选择性电极的选择性很高。

溶液 pH 值会影响 F^- 在溶液中存在的形态，在 F^- 溶液中存在如下平衡：

$$H^+ + F^- \rightleftharpoons HF \underset{-F^-}{\overset{+F^-}{\rightleftharpoons}} HF_2^- \underset{-F^-}{\overset{+F^-}{\rightleftharpoons}} HF_3^{2-}$$

当酸度较高时,平衡向右移动,形成多种氟离子的酸式形态,使游离 F^- 活度降低,造成测定值偏低。

此外,当 pH 值较大时,LaF_3 单晶膜与溶液中 OH^- 作用,生成 $La(OH)_3$,置换出 F^-:

$$LaF_3 + 3OH^- \rightleftharpoons La(OH)_3 + 3F^-$$

由于 LaF_3 电极晶体膜会溶解产生 F^-,使电极测定结果显著偏高。实践证明,氟离子选择性电极最佳的 pH 值使用范围为 5～5.5,实际工作中,通常使用柠檬酸盐的缓冲溶液来控制溶液的 pH 值,同时,柠檬酸盐还能与铁、铝等离子形成配合物,可消除它们由于与 F^- 配合而产生的干扰作用。

4. 其他晶体膜电极

(1) Ag_2S 电极。

Ag_2S 电极对 S^{2-} 响应的电位为

$$E_{S^{2-}} = k - \frac{RT}{2F}\ln a_{S^{2-}} \tag{6-15}$$

Ag_2S 电极对 Ag^+ 响应的电位为

$$E_{Ag^+} = k + \frac{RT}{F}\ln a_{Ag^+} \tag{6-16}$$

(2) 卤离子选择性电极。

卤离子选择性电极的电位为

$$E_{X^-} = k - \frac{RT}{F}\ln a_{X^-} \tag{6-17}$$

表 6-3 列出了常用的晶体膜电极。

表 6-3 晶体膜电极的品种和性能

电　极	膜材料	线形响应浓度范围 $c/(mol \cdot L^{-1})$	适用 pH 值	主要干扰离子
F^-	LaF_3+EuF_2	5×10^{-7}～1×10^{-1}	5～6.5	OH^-
Cl^-	$AgCl+Ag_2S$	5×10^{-5}～1×10^{-1}	2～12	Br^-,$S_2O_3{}^{2-}$,I^-,CN^-,S^{2-}
Br^-	$AgBr+Ag_2S$	5×10^{-6}～1×10^{-1}	2～12	$S_2O_3{}^{2-}$,I^-,CN^-,S^{2-}
I^-	$AgI+Ag_2S$	1×10^{-7}～1×10^{-1}	2～11	S^{2-}
CN^-	AgI	1×10^{-6}～1×10^{-1}	>10	I^-
Ag^+,S^{2-}	Ag_2S	1×10^{-7}～1×10^{-1}	2～12	Hg^{2+}
Cu^{2+}	$CuS+Ag_2S$	5×10^{-7}～1×10^{-1}	2～10	Ag^+,Hg^{2+},Fe^{3+},Cl^-
Pb^{2+}	$PbS+Ag_2S$	5×10^{-7}～1×10^{-1}	3～6	Cd^{2+},Ag^+,Hg^{2+},Cu^{2+},Fe^{3+},Cl^-
Cd^{2+}	$PbS+Ag_2S$	5×10^{-7}～1×10^{-1}	3～10	Pb^{2+},Ag^+,Hg^{2+},Cu^{2+},Fe^{3+}

三、流动载体电极

流动载体电极,也称液膜电极。与其他电极不同,此类电极中有能与被测离子选择性作用的物质(即载体)在膜相中流动。载体可以是带电荷的离子,也可以是中性分子,相应的把它们分别称为带电荷的流动载体电极、不带电荷的流动载体电极。

(1) 流动载体电极的结构。该电极结构如图 6-12 所示,其关键部分是液体敏感膜,它由三部分组成:载体、有机溶剂和惰性微孔膜。将载体溶入有机溶剂组成活性物质,使其渗透在惰性多孔材料的孔隙内(直径 1 μm),惰性材料用来支持载体物质溶液。

(2) 响应机理。以钙离子选择性电极为例,当液膜电极与测量溶液接触时,响应离子(Ca^{2+})进入膜相(二癸基磷酸钙的苯基磷酸二辛酯溶液),与束缚在膜相中的载体物质(二癸基磷酸根)结合成离子型缔合物(二癸基磷酸钙),被束缚在膜相中,其他非响应离子不能进入膜内,由于 Ca^{2+} 在液、膜两相间的交换及在膜相中的扩散,就形成了膜电位。图 6-13为 Ca^{2+} 流动载体膜作用示意图。

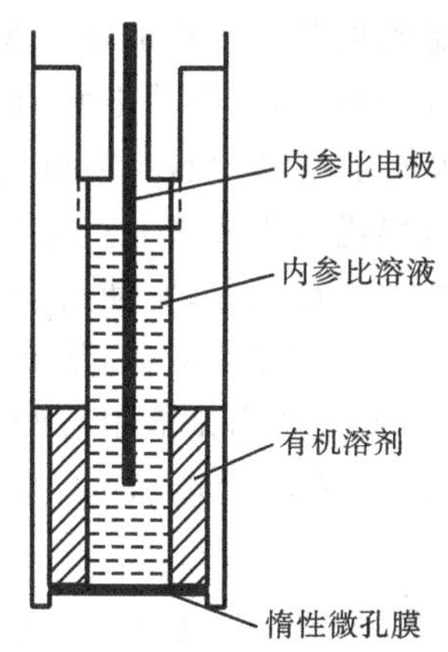

图 6-12 流动载体电极结构示意图

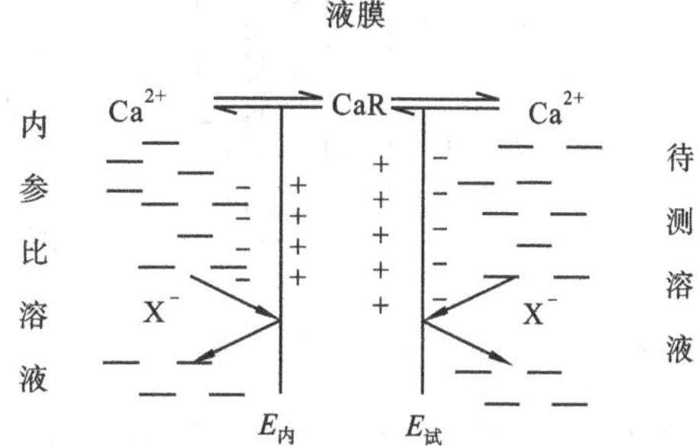

图 6-13 带电荷流动载体膜作用示意图

X^-—非响应离子;R—载体;CaR—离子型缔合物

表 6-4、表 6-5 列出了几种常见流动载体电极及其响应离子。

表 6-4 带电荷的流动载体电极

离子选择性电极	活 性 物 质	线形响应浓度范围 $c/(mol \cdot L^{-1})$	主要干扰离子
Ca^{2+}	二癸基磷酸钙溶于苯基磷酸二辛酯	$1\times10^{-5}\sim1\times10^{-1}$	Zn^{2+},Mn^{2+},Cu^{2+}
水硬度 ($Ca^{2+}+Mg^{2+}$)	二癸基磷酸钙溶于癸醇	$1\times10^{-5}\sim1\times10^{-1}$	Na^+,K^+,Ba^{2+},Sr^{2+} Cu^{2+},Ni^{2+},Zn^{2+},Fe^{2+}
NO_3^-	四(十二烷基)硝酸铵	$5\times10^{-6}\sim1\times10^{-1}$	NO_2^-,Br^-,I^-,ClO_4^-
ClO_4^-	邻二氮杂菲铁(Ⅱ)配合物	$1\times10^{-5}\sim1\times10^{-1}$	OH^-
BF_4^-	三庚基十二烷基氟硼酸铵	$1\times10^{-6}\sim1\times10^{-1}$	I^-, SCN^-, ClO_4^-

表 6-5 中性载体电极

离子选择性电极	中 性 载 体	线形响应浓度范围 $c/(mol \cdot L^{-1})$	主要干扰离子
K^+	缬氨霉素	$1\times10^{-5}\sim1\times10^{-1}$	Rb^+,Cs^+,$NH_4{}^+$
	二甲基二苯基-30-冠醚-10	$1\times10^{-5}\sim1\times10^{-1}$	Rb^+,Cs^+,$NH_4{}^+$
Na^+	三甘酰双苄苯胺	$1\times10^{-4}\sim1\times10^{-1}$	K^+,Li^+,$NH_4{}^+$
	四甲氧基苯基-24-冠醚-8	$1\times10^{-5}\sim1\times10^{-1}$	K^+,Cs^+
Li^+	开链酰胺	$1\times10^{-5}\sim1\times10^{-1}$	K^+,Cs^+
NH_4^+	类放线菌素+甲基类放线菌素	$1\times10^{-5}\sim1\times10^{-1}$	K^+,Rb^+
Ba^{2+}	四甘酰双二苯胺	$5\times10^{-6}\sim1\times10^{-1}$	K^+,Sr^{2+}

四、气敏电极

气敏电极是一种气体传感器，它对某些气体具有选择性作用，能用于测定溶液或其他介质中某种气体的含量，通常也称为气敏探针。实际上，其结构是一种化学电池，用离子选择性电极（如 pH 电极等）作为指示电极，与参比电极一起组装在一个套管内；电极管中充有特定的电解质溶液，称为中介液；电极管底端紧靠离子选择性电极敏感膜处装有特殊的透气膜，它具有憎水性和透气性，利用透气膜使电解质溶液与测定液隔开，即构成了气敏电极。测量时，样品中的气体通过透气膜进入中介液并产生作用，引起中介液中相应化学平衡的移动，使得能引起选择电极响应的离子的活度发生变化，从而使电池电动势发生变化，进而反映出试液中待测组分的量。图 6-14 所示为气敏氨电极的结构示意图。

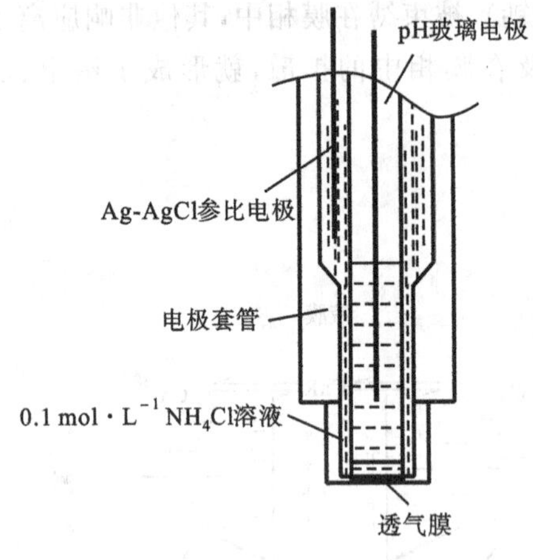

图 6-14　气敏氨电极结构示意图

气敏氨电极以平头 pH 玻璃电极为指示电极，参比电极为 Ag-AgCl 电极，透气膜为聚偏四氟乙烯，中介质为 0.1 mol · L^{-1} NH_4Cl 溶液。测定样品中的氨时，向样品中加入强碱，生成的 NH_3 穿过透气膜进入 NH_4Cl 溶液，引起下列平衡的移动：

$$NH_3 + H_2O \rightleftharpoons NH_4^+ + OH^-$$

因此，溶液的 pH 值会相应发生变化，指示电极的电极电位也会随之变化，所以通过测定电池的电动势就可以求出氨的含量。

同样的方法可制作其他气敏电极，如 CO_2、NO_2、SO_2、H_2S、Cl_2 等。

五、生物催化膜电极

酶电极、组织电极、免疫电极均属于生物催化膜电极。下面简单介绍酶电极和组织电极的作用机理。

1. 酶电极

酶电极是将酶活性物质涂布在指示电极的敏感膜上，通过酶的酶促作用，使待测物质反应生成指示电极能响应的物质，从而达到间接测定的目的。

例如，尿素在尿素酶催化下发生下面的反应：

$$CO(NH_2)_2 + H_2O \xrightarrow{\text{脲酶}} 2NH_3 + CO_2$$

$$CO(NH_2)_2 + H^+ + 2H_2O \xrightarrow{\text{脲酶}} 2NH_4^+ + HCO_3^-$$

氨基酸在氨基酸氧化酶作用下发生反应：

$$RCHNH_2COOH + O_2 + H_2O \xrightarrow{\text{氨基酸氧化酶}} RCOCOO^- + NH_4^+ + H_2O_2$$

可用氨气敏电极或铵离子选择性电极检测生成的氨或铵离子，间接测定尿素和氨基酸的含量。由于酶的选择性很高，所以酶电极的选择性也是相当高的。表 6-6 所列的是一些常见的酶电极。

表 6-6 酶电极的组成和性能

测定物质	酶	指示电极或检测物	测定范围/(mol·L^{-1})
葡萄糖	葡萄糖氧化酶	O_2	$1\times10^{-4}\sim2\times10^{-2}$
脲	脲酶	NH_3	$1\times10^{-5}\sim1\times10^{-2}$
胆固醇	胆固醇氧化酶	H_2O_2	$1\times10^{-5}\sim1\times10^{-2}$
L-谷氨酸	谷氨酸脱氢酶	NH_4^+	$1\times10^{-4}\sim1\times10^{-2}$
L-赖氨酸	赖氨酸脱羧酶	CO_2	$1\times10^{-4}\sim1\times10^{-2}$

2. 组织电极

动、植物组织内存在的丰富的酶可作为催化剂，利用指示电极对酶促反应产物进行测定，可实现对待测物质的测定。通常将组织切片覆盖在指示电极上，制成组织电极。如将猪肝切片夹在尼龙网中紧贴在氨气敏电极上，猪肝组织中的谷氨酰胺酶能催化谷氨酰胺反应释放出氨，从而可以测定样品中的谷氨酰胺。

组织电极具有灵敏度高、酶源丰富、性质稳定、使用寿命长、简单经济等特点，发展空间广阔。表 6-7 列出了几种组织电极。

表 6-7 组织电极

组织	测定对象	使用指示电极
猪肾	谷氨酰胺	NH_3
兔肝	鸟嘌呤	NH_3
黄瓜	谷氨酸	CO_2
大豆	尿素	NH_3,CO_2
香蕉肉	多巴胺	O_2

六、离子选择性电极的性能参数

1. 线性范围和检出限

离子选择性电极的电极电位与离子活度的关系为

$$E_{ISE}=k\pm\frac{RT}{nF}\ln a_i$$

用 E_{ISE}对 $\lg a_i$ 作图，所得 E_{ISE}-$\lg a_i$ 曲线称为校准曲线，如图 6-15 所示。校准曲线的直线部分（ab 线段）所对应的离子活度范围称为线性范围。大多数商品电极的线性范围在 $10^{-6}\sim10^{-1}$ mol·L^{-1}。离子选择性电极的检出限由校正曲线确定，按 IUPAC 定义，校正曲线的两切线的交点所对应的离子活度，即为该电极对 i 离子的检出限。它表明离子选择性电极能够检测待测离子的最低浓度，一般为 $10^{-7}\sim10^{-5}$ mol·L^{-1}。

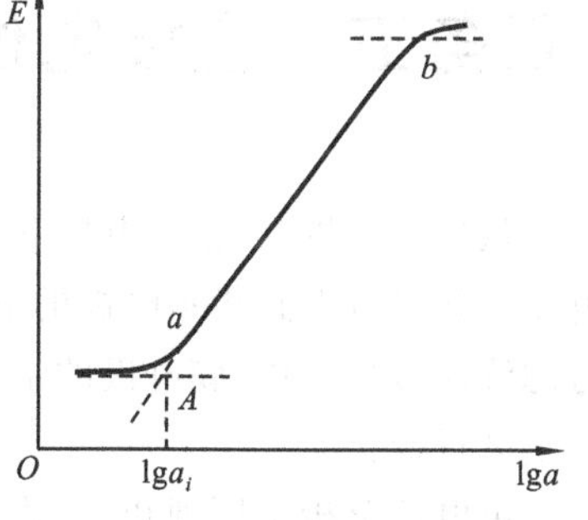

图 6-15 校正曲线

2. 响应斜率

校正曲线线性响应部分的直线斜率 $S=\frac{dE}{d\lg a_i}$，称为离子选择性电极的实际响应斜率。

按照 $E_{ISE}=k\pm\frac{0.059}{n}\lg a_i$，298 K 时直线斜率应为 $S=\frac{0.059}{n}$，称为 ISE 的理论响应斜率 $S_{理}$。

可见，298 K 时，对于一价离子，$S_{理}=59.16$ mV；对于二价离子，$S_{理}=29.58$ mV，说明用离子选择性电极测定低价态离子比测定高价态离子相应斜率大，灵敏度高。S 一般比 $S_{理}$ 小，而且随电极使用时间的延长，电极斜率逐渐降低。对一支电极，若 $\frac{S}{S_{理}}>0.9$，说明电极质量较好，灵敏度较高，测量误差小；当 $\frac{S}{S_{理}}<0.9$，一般认为 ISE 的灵敏度过低而不宜使用。

3. 电位选择性系数

离子选择性电极对离子呈选择性响应的基础在于电极的膜电位，而膜电位主要来自膜界面上的交换与扩散。任何离子若参与这个过程均有可能为电极所响应，因此膜电位的响应并没有绝对的专一性。电极对各种离子的选择性可用电位选择性系数来表示。当待测离子 i 与干扰离子 j 共存时，考虑到共存离子 j 对电位的贡献，电极电位可写为

$$E_{ISE}=k\pm\frac{RT}{n_iF}\lg(a_i+K_{i,j}a_j^{\frac{n_i}{n_j}}) \tag{6-18}$$

式中：a_i、a_j 分别为待测离子和干扰离子的活度；n_i、n_j 分别表示待测离子和干扰离子所带电荷数；$K_{i,j}$ 为 j 离子对 i 离子的电位选择性系数，或简称为选择性系数。

$K_{i,j}$ 是表示当待测离子 i 与干扰离子 j 所贡献的电位相同时，i 离子的活度与 j 离子的活度的比值(离子电荷相同时)。因此 $K_{i,j}$ 越小，电极的干扰越小，选择性越好。应该注意，$K_{i,j}$ 并非是一个常数，其值与 i、j 离子的活度和测量的条件有关，因此不能直接用 $K_{i,j}$ 的文献值作为分析测定时的干扰校正。

4. 响应时间

离子选择性电极的响应时间是指从离子选择性电极和参比电极一起接触测量溶液到电极电位数值稳定(波动在 1 mV 以内)所经历的时间。影响响应时间的因素主要有：(1)待测离子的浓度越低，响应时间越长；(2)电极膜越厚，响应时间越长；(3)干扰离子存在，可使响应时间增长；(4)加快搅拌速度，响应时间可缩短；(5)温度升高可使响应时间缩短等。

任务五　直接电位法的定量方法

从理论上讲，将指示电极和参比电极一起浸入待测溶液中组成原电池，通过测量电池电动势就可以得到指示电极的电位，进而计算待测物质的浓度。但在实际测定过程中，要考虑液体接界电位、膜电极的不对称电位等因素对直接测定结果的影响，因此，要对定量方法进行校正。

由电位分析法原理知道，直接电位法是利用指示电极(离子选择性电极)、参比电极(常用饱和甘汞电极)及试液组成原电池，通过测量原电池的电动势计算待测离子活度。

若指示电极为电池负极，参比电极为正极，则电池符号可表示成：

（一）指示电极｜试液‖参比电极（＋）

该电池电动势为

$$E = E_{参比} - E_{指示} = E_{参比} - \left(k \pm \frac{2.303RT}{nF}\lg a_i\right)$$

$$= k' \pm \frac{2.303RT}{nF}\lg a_i$$

$$= k' \pm \frac{0.059}{n}\lg a_i \quad (298\ \mathrm{K}) \tag{6-19}$$

式中：i 为阳离子时，取"－"号；i 为阴离子时，取"＋"号。

由式(6-19)可知，在一定条件下，电池电动势 E 与待测离子的活度的对数 $\lg a_i$ 呈线性关系，这是利用离子选择性电极测定离子活度（或浓度）的定量依据。

在分析工作中，通常测定的是离子的浓度。因此，在测定工作中往往加入离子强度调节剂，以建立 E 与待测离子浓度 c_i 的定量关系。实验中，通常向待测试液中加入大量对测定不干扰的强电解质溶液来固定溶液的离子强度，称为离子强度调节剂。此外，由于离子选择性电极的电极电位还要受到溶液的 pH 值和某些干扰离子的影响，因此，在离子强度调节剂中还要加入适量的 pH 缓冲溶液和一定的掩蔽剂，用以控制溶液的 pH 值和掩蔽干扰离子。将离子强度调节剂、pH 缓冲溶液和掩蔽剂合在一起，称为总离子强度调节缓冲剂（TISAB），它有着恒定离子强度、控制溶液 pH 值、掩蔽干扰离子等作用。

电位分析法定量可以采用标准曲线法、标准比较法和标准加入法。

一、标准曲线法

配制一系列浓度已知的标准溶液，分别向标准溶液和样品溶液加入一定量的 TISAB 溶液，测定相应的电动势 E，绘制 E-$\lg a_i$（$\lg c_i$）曲线（校正曲线，见图 6-15）。在同样条件下测得样品溶液的电动势 E_x，根据样品溶液的电动势 E_x，从标准曲线上查出样品溶液中待测组分的浓度 c_x。

标准曲线法的优点是曲线的浓度范围宽，便于测定浓度变化大的批量样品，适用于比较简单或组成较为恒定的样品的测定。

二、标准比较法

溶液 pH 值的测定常采用标准比较法，通常称为 pH 标度法，其测定过程如下：分别用样品溶液和已知 pH 值的标准缓冲溶液作测定液，测定电池的电动势，两次测定结果相比较即可求出待测液的 pH 值。

测定 pH 值的电池结构为

（一）玻璃电极｜试液‖参比电极（＋）

根据式(6-19)，电池电动势与 pH 值的关系为

$$E = k' - 0.059\lg a_{H^+} = k' + 0.059\ \mathrm{pH} \quad (298\ \mathrm{K}) \tag{6-20}$$

在相同实验条件下，若待测试液的 pH 值为 $\mathrm{pH}_{试}$，以该试液组成的电池的电动势值为 $E_{试}$；已知标准缓冲溶液的 pH 值为 $\mathrm{pH}_{标}$，以该标准缓冲液组成电池的电动势值为 $E_{标}$，则

$$E_{试} = k' + 0.059\ \mathrm{pH}_{试} \tag{6-21}$$

$$E_{标} = k' + 0.059\ \mathrm{pH}_{标} \tag{6-22}$$

由式(6-21)和式(6-22)得

$$\mathrm{pH}_{试} = \mathrm{pH}_{标} + \frac{E_{试} - E_{标}}{0.059} \tag{6-23}$$

常用的几种标准缓冲溶液的标准 pH 值列于表 6-8 中。实际工作中常利用仪器上 pH 功能键，首先将已水化好的 pH 玻璃电极和参比电极插入已知 pH 值的标准缓冲溶液组成原电池，对 pH 计进行校准(称为定位)，然后对待测液进行测定，即可在 pH 计上直接读出待测溶液的 pH 值。

采用"两次测量法"消除了玻璃电极不对称电位的影响，但饱和甘汞电极在标准缓冲溶液和在待测溶液中产生的液接电位未必相同，二者之差称为残余液接电位。为了减小残余液接电位对测量结果的影响，要求选用与被测液的 pH 值尽可能接近的标准缓冲溶液"定位"。

表 6-8　pH 标准缓冲溶液的 pH 值

温度/℃	0.05 mol·L⁻¹ 四草酸氢钾	饱和酒石酸氢钾	0.05 mol·L⁻¹ 柠檬酸二氢钾	0.05 mol·L⁻¹ 邻苯二甲酸氢钾	0.025 mol·L⁻¹ KH_2PO_4-Na_2HPO_4	0.01 mol·L⁻¹ $Na_2B_4O_7$	饱和 $Ca(OH)_2$
10	1.670	—	3.820	3.998	6.923	9.332	13.01
15	1.672	—	3.802	3.999	6.900	9.276	12.82
20	1.675	—	3.788	4.002	6.881	9.225	12.64
25	1.679	3.557	3.776	4.008	6.865	9.180	12.46
30	1.683	3.552	3.766	4.015	6.853	9.139	12.29
35	1.688	3.549	3.759	4.024	6.844	9.102	12.13
40	1.694	3.547	3.753	4.035	6.838	9.068	11.98

三、标准加入法

1. 一次标准加入法

当待测溶液的组成比较复杂，加入 TISAB 难以使试液和标准溶液离子强度相等时，可采用标准加入法。本法是先测定待测溶液的电动势 E_1，然后加入适量浓度较大(通常是待测溶液浓度的 100 倍)、体积较小(通常是待测液体积的 1/100)的标准溶液，再测量一次电池的电动势 E_2。根据两次测定结果计算待测离子的浓度。以 F^- 的测定为例，设待测溶液中 F^- 浓度为 c_x，体积为 V_x，加入标准溶液浓度为 c_s，体积为 V_s，根据式(6-19)，电池的电动势为 $E = k' + \frac{2.303RT}{nF}\lg a_i$，令 $S = \frac{2.303RT}{nF}$，则

$$E_1 = k' + S\lg c_x \tag{6-24}$$

$$E_2 = k' + S\lg \frac{c_xV_x + c_sV_s}{V_x + V_s} \tag{6-25}$$

因标准溶液加入体积远远小于待测溶液体积，溶液稀释效应很小，溶液的离子强度及 k' 基本一致，将式(6-24)和式(6-25)相减并近似处理可得

$$\Delta E = E_2 - E_1 = S\lg \frac{c_xV_x + c_sV_s}{c_xV_x} = S\lg\left(1 + \frac{c_sV_s}{c_xV_x}\right) \tag{6-26}$$

取反对数并整理后即得

$$c_x = \frac{c_s V_s}{V_x}(10^{\Delta E/S} - 1)^{-1} \tag{6-27}$$

式中，$\frac{c_s V_s}{V_x}$为加入标准溶液后引起的溶液浓度变化，可用 Δc 表示，则上式可写成：

$$c_x = \Delta c\,(10^{\Delta E/S} - 1)^{-1} \tag{6-28}$$

2. 多次标准加入法(格式作图法)

在测量过程中，需连续多次(3～5 次)加入标准溶液，以连续测定 E 值。以 F^- 的测定为例，根据式(6-25)，每次测得 E 值为

$$E_2 = k' + S\lg\frac{c_x V_x + c_s V_s}{V_x + V_s}$$

将其重排，得

$$E_2 + S\lg(V_x + V_s) = k' + S\lg(c_x V_x + c_s V_s)$$

$$\frac{E_s}{S} + \lg(V_x + V_s) = \frac{k'}{S} + \lg(c_x V_x + c_s V_s)$$

$$10^{\frac{E_s}{S}}(V_x + V_s) = 10^{\frac{k'}{S}}(c_x V_x + c_s V_s)$$

式中，$10^{\frac{k'}{S}}$在一定测定条件下为常数，设为 k，则上式可写成

$$10^{\frac{E_s}{S}}(V_x + V_s) = k(c_x V_x + c_s V_s) \tag{6-29}$$

可以看出，$10^{\frac{E_s}{S}}(V_x+V_s)$与 V_s 呈线性关系。

测定过程中，每次加入体积为 V_s 的标准溶液(累计值)，测出一个 E_s 值，并计算出 $10^{\frac{E_s}{S}}(V_x+V_s)$的值，绘制$10^{\frac{E_s}{S}}(V_x+V_s)$-$V_s$ 曲线，如图 6-16 所示。

当直线的反向延长线与横坐标相交时，$10^{\frac{E_s}{S}}(V_x+V_s)=0$，由式(6-29)可知，$k(c_x V_x + c_s V_s)=0$，则 $c_x = -\frac{c_s V_s}{V_x}$，$V_s$即为图中 V'_s(为负值)。

在实际工作中，上述的计算是很不方便的。通常采用一种半反对数的格氏作图纸，若规定所取样品的体积 V_x 为 100.00 mL，加入标准溶液的体积 V_s 为 0～10 mL(准确到 0.01 mL)，并带有 10%稀释体积校正。在这种作图纸上，纵坐标表示实测电位 E，横坐标表示实际加入的标准溶液的体积，直接作 E-V_s 曲线，结果的计算公式同上。图 6-17 是采用格氏作图纸测定饮用水中 F^- 含量的一个示例。为了减小测定误差，通常做空白实验，

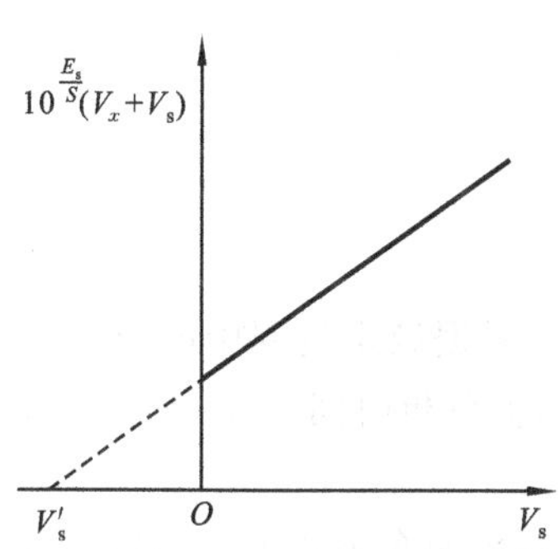

图 6-16 连续加入法校正曲线

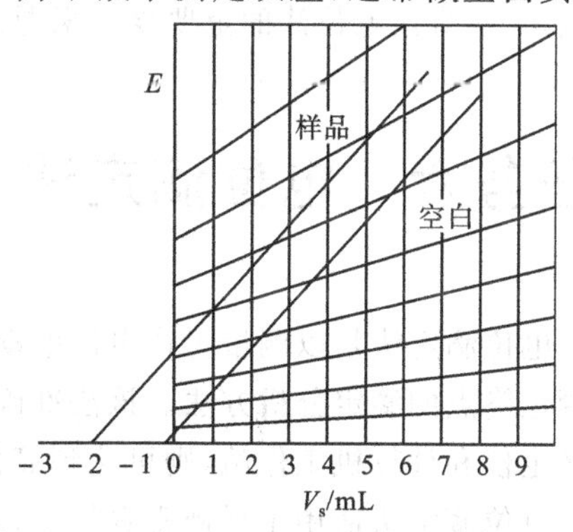

图 6-17 格氏作图法

空白校正曲线与横坐标的交点和样品校正曲线与横坐标的交点之间的差值即为V'_s。

使用格氏作图法应注意:若所测试液体积为100.00 mL的A倍,则横坐标上每一大格相当于A;纵坐标对于一价离子来说,假设其斜率S为58 mV,则每一大格代表5 mV。若测定二价离子,其斜率S为29 mV,应将测得的电动势乘以2。

四、影响测量的主要因素

影响离子选择性电极测量结果的因素较多,现讨论一些较为重要的影响因素。

1. 温度

我们知道,电动势$E=k'\pm\frac{2.303RT}{n}\lg a_i$,温度$T$不仅影响直线的斜率,而且式中的$k'$包括离子选择性电极的内参比电极电位、液体的液接电位等,这些参数都与温度有关。所以整个测定过程中应保持温度恒定,以提高测定的准确度。

2. 电动势的测量

电极电位测量误差ΔE,对于一价离子来说,±1 mV将产生±4%的浓度相对误差;对于二价离子为±8%;对于三价离子为±12%。可见,用直接电位法测定一般误差较大,对高价离子尤为严重。所以,直接电位法适宜测定低价离子,高价离子在测定时可将其转变为低价配离子进行测定。另外,在测定过程中,必须严格控制实验条件,保持Nernst方程式中的常数不变。

3. 干扰离子

有些干扰离子能直接与电极膜发生作用,对待测离子的测定产生干扰。以F^-电极为例,当试液中存在大量的柠檬酸根离子时,会与电极膜LaF_3中的La^{3+}发生配位反应而使F^-溶入待测试液中,使测定结果偏高。有些干扰离子可与待测离子反应生成非电极响应物质,给测定带来误差。一般可通过加入掩蔽剂消除干扰离子的影响,必要时需分离干扰离子。

4. 溶液的pH值

溶液的酸度能影响某些离子的测定,必要时应用缓冲溶液控制溶液的pH值。

5. 迟滞时间

迟滞时间是指电极在测定某一活度的离子试液之前所接触的试液成分对测定结果的影响,它是直接电位法的重要误差来源。可通过固定电极的测定前预处理条件进行减免。

任务六　电位滴定法

电位滴定法是以测量工作电池电动势的变化为基础,根据滴定过程中电位的变化确定滴定终点的滴定分析方法。该法准确度和精密度较高,但分析时间较长,若使用自动电位滴定仪和计算机工作站,则可达到简便、快速的目的。

电位滴定法适用于平衡常数较小、滴定突跃不明显、试液有色或浑浊的酸碱、沉淀、氧化还原和配位滴定反应等,还能用于混合物溶液的连续滴定及非水介质的滴定。

一、电位滴定的基本方法和仪器装置

电位滴定法所用的基本仪器装置如图 6-18 所示。与直接电位法相似，也是由指示电极和参比电极插入待测试液组成工作电池，不同之处是还装有滴定管和电磁搅拌器。

滴定过程中，每滴入一定量的滴定剂，就测量一次电动势，直到超过化学计量点为止。这样就可得到一系列滴定剂的体积(V)和相应的电动势(E)数据，根据所得到的数据作 E-V 曲线、$\Delta E/\Delta V$-V 曲线或 $\Delta^2 E/\Delta V^2$-V 曲线，确定滴定终点。在化学计量点附近每加入 0.10～0.20 mL 等体积的滴定剂就要测量一次电动势值。

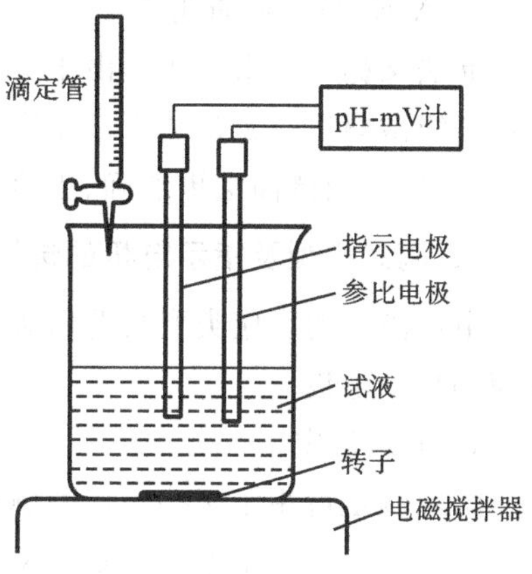

图 6-18 电位滴定分析装置

二、确定终点的方法

电位滴定法的关键是要能准确确定滴定终点。终点确定方法常有：E-V 曲线法、$\Delta E/\Delta V$-V 曲线法(一级微商法)及 $\Delta^2 E/\Delta V^2$-V 曲线法(二级微商法)。

1. E-V 曲线法

以加入的滴定剂体积 V 为横坐标，测得的电动势为纵坐标绘制曲线，即得到 E-V 曲线，如图 6-19(a)所示。化学计量点位于曲线的拐点处。拐点的求法是：作两条与滴定曲线相切并与横坐标轴成 45°倾斜角的平行切线，在两条切线之间作一条垂线，通过垂线的中点再作一条与两条切线平行的直线，该直线与滴定曲线相交的交点即为拐点。拐点所对应的横坐标的体积即为滴定终点所消耗的滴定剂的体积。

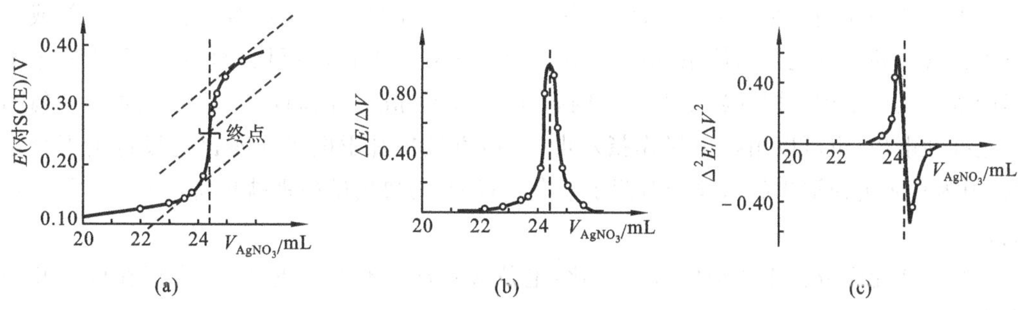

图 6-19 $AgNO_3$ **滴定** Cl^- **滴定曲线**

2. $\Delta E/\Delta V$-V 曲线法

此法又称一级微商法。若滴定曲线较平坦，滴定突跃不明显，拐点不易求得，可采用一级微商法。它表示在 E-V 曲线上体积改变一较小值引起的电动势 E 的增加量。

从 E-V 曲线上可以看出，远离滴定终点处，V 改变，E 的增加量很小，即 $\Delta E/\Delta V$ 很小；靠近滴定终点处，V 改变一较小值，E 的增加量逐渐增大，即 $\Delta E/\Delta V$ 逐渐增大；滴定终点处，E 的增加量最大，$\Delta E/\Delta V$ 达到最大值；滴定终点过后，E 的增加量又逐渐减小。以 $\Delta E/\Delta V$ 对 V 作曲线，可得到一级微商曲线，如图 6-19(b)所示。曲线上的最高点(外延

绘出)所对应的横坐标体积为终点体积。

3. $\Delta^2E/\Delta V^2$-V 曲线法

此法又称二级微商法。由于一级微商法的滴定终点是由外延法得到的，不够准确，可采用二级微商法。$\Delta^2E/\Delta V^2$ 表示在 $\Delta E/\Delta V$-V 曲线上，体积改变一较小值引起的 $\Delta E/\Delta V$ 的变化，比一级微商法更准确、更简便，在日常工作中更为常用，如图 6-19(c)所示。

三、滴定类型及指示电极的选择

电位滴定的反应类型与普通滴定分析完全相同。滴定时应根据不同的滴定反应选择相应的指示电极。

1. 酸碱滴定

酸碱滴定可用于某些极弱酸(碱)的滴定。指示剂法滴定弱酸碱时，准确滴定要求是 $K_ac(K_bc)\geqslant10^{-8}$，而电位法只需 $K_ac(K_bc)\geqslant10^{-10}$。电位法所用的指示电极为 pH 玻璃电极，参比电极为甘汞电极。

2. 氧化还原滴定

指示剂法准确滴定的要求是滴定反应中氧化剂和还原剂的标准电位之差必须满足 $\Delta E^\ominus\geqslant0.36$ V$(n=1)$，而电位法只需 $\Delta E^\ominus\geqslant0.2$ V，应用范围广。电位法采用的指示电极一般是 Pt 电极，参比电极为甘汞电极。

3. 配合滴定

指示剂法准确滴定的要求是滴定反应生成配合物的稳定常数必须满足 $c\lg K\geqslant6$，而电位法可用于稳定常数更小的配合物。电位法所用的指示电极一般是 Pt 电极，参比电极为甘汞电极。

4. 沉淀滴定

电位法的应用比指示剂法广泛，尤其是某些在指示剂滴定法中难以找到指示剂或难以进行选择滴定的混合物体系，电位法往往可以进行。电位法所用的指示电极应根据不同的滴定反应采用不同的指示电极。例如，以硝酸银标准溶液滴定氯离子时，可以用氯离子选择性电极，也可以用银电极作指示电极；但直接用甘汞电极作参比电极也是不合适的，因为甘汞电极漏出的氯离子对测定是有干扰的，需要用硝酸钾盐桥将试液与甘汞电极隔开。

与普通化学分析中的滴定方法相比，电位滴定法具有明显的优点，表现在以下几个方面。

(1) 准确度高，与普通容量分析相比，由于采用仪器记录滴定过程中相应量的变化，克服了手工操作带来的误差，测定的相对误差可低至 0.2%。

(2) 能用于难以用指示剂判断终点的浑浊或有色溶液的滴定。

(3) 可用于非水溶液的滴定，某些有机物的滴定需在非水溶液中进行，一般缺乏合适的指示剂，可采用电位滴定。

(4) 能用于连续滴定和自动滴定，并适用于微量分析。

知识链接

电极的分类

1. 按照电极的结构和作用机理分类

(1) 金属基电极。

金属基电极是最早使用的一类电极，其共同特点是电极电位的产生与氧化还原反应即与电子转移有关。因有金属参加，故称为金属基电极，一般有以下四类。

第一类电极：金属与该金属离子溶液组成体系的电极，如银、汞、铜、铅、锌等电极。

电极反应 $M^{n+}+ne^{-}=M$

电极电位(298 K) $E=E^{\ominus}_{M^{n+}/M}+\frac{0.059}{n}\lg a_{M^{n+}}$

可见，电极电位随溶液中待测离子活度(或浓度)的变化而变化，可用以指示溶液中待测离子的浓度，这类电极称为指示电极，第一类电极常作为指示电极。

第二类电极：金属与其难溶盐(或配离子)及难溶盐的阴离子(或配位离子)所组成的电极体系，如：银-氯化银电极(Ag-$AgCl$，Cl^{-})、饱和甘汞电极(Hg-Hg_2Cl_2，Cl^{-})；银-银氰配离子电极(Ag-$Ag(CN)_2^{-}$，CN^{-})。

以 Ag-AgCl 电极为例，其电极反应为

$$AgCl+e^{-}=Ag+Cl^{-}$$

电极电位(298 K) $E_{Hg_2Cl_2/Hg}=E^{\ominus}_{Hg_2Cl_2/Hg}-0.059\lg a_{Cl^{-}}$

可见，第二类电极的电极电位取决于阴离子的活度，所以可以作为测定阴离子的指示电极。若溶液中存在能与该金属阳离子生成难溶盐的其他阴离子，将产生干扰，所以这类电极选择性较差，一般不用作指示电极而用作参比电极。参比电极是指在一定温度下，电极电位值在测定过程中基本恒定不变，不受试液中待测离子浓度变化而改变的电极。参比电极在特定温度下电位必须稳定、重现性好、且容易制备。Ag-AgCl 电极和饱和甘汞电极是常用的参比电极。

第三类电极：金属与两种具有相同阴离子难溶盐(或难解离配合物)及第二种难溶盐(或配合物)的阳离子所组成体系的电极。这两种难溶盐(或配合物)中，阴离子相同，而阳离子一种是组成电极的金属的离子，另一种是待测离子。如 Ag-$Ag_2C_2O_4$、CaC_2O_4、$Ca^{2+}(a_{Ca^{2+}})$、Ca^{2+} 为电极的响应离子。

零类电极(惰性金属电极)：惰性金属与可溶性氧化态和还原态溶液(或气体)组成体系的电极。惰性电极本身不发生电极反应，只起电子转移的介质作用。最常用的是 Pt 电极，如：$Pt \mid Fe^{3+}(a_1)$、$Fe^{2+}(a_2)$；$Pt \mid H_2(p_{H_2})$、$H^{+}(a_{H^{+}})$等。

(2) 离子选择性电极。

离子选择性电极是对待测离子具有选择响应的一类电极。详见任务三、任务四。

2. 按照电极在测量过程中的作用分类

(1) 指示电极：用来指示电极表面待测离子的活度，在测量过程中溶液本体浓度保持不变的电极。如电位分析法的测量电极，测量回路中电流几乎为零，电极反应基本上不进行，本体浓度几乎不变。

(2) 工作电极：用来发生所需要的电化学反应或响应信号，在测量过程中溶液本体浓度发生变化的体系的电极，如电解分析中的阴极等。在实际应用过程中并不严格区分指示电极和工作电极。

(3) 参比电极：电位不随测量体系的组分及浓度变化而变化的电极。这种电极具有较好的可逆性、重现性和稳定性。常用的参比电极有标准氢电极(SHE)、AgCl-Ag、Hg_2Cl_2-Hg 电极。

(4) 辅助电极(对电极)：在电化学分析或研究工作中，常常使用三电极系统，除了工作电极、参比电极外，还需第三支电极，这种电极所发生的电化学反应并不是测试或研究所需要的，而仅仅是作为电子传递的场所，它与工作电极组成电池形成电流回路，这种电极称为辅助电极或对电极。

3. 按照电极的尺寸大小和是否修饰分类

(1) 微电极(超微电极)：用 Pt 丝或玻碳纤维做成的电极，具有很多优良的特性，用于某些特殊的微体系，如生命科学的研究等。

(2) 化学修饰电极(CME)：Pt 或玻碳电极表面通过共价键合或强吸附或高聚物涂层等方法，将具有某种功能的基团修饰在电极表面，做成的具有特殊性能的电极。

习　题

1. 简述电位分析法的基本原理及分类。
2. 化学电池由哪几部分组成？如何表达电池的电池符号？书写电池的电池符号有哪些规定？
3. 以 pH 玻璃电极为例简述膜电位的形成过程。
4. 电极电位与电池电动势有何不同？
5. 电极有几种类型？各种类型电极的电极电位如何表示？
6. 何谓指示电极、工作电极、参比电极和辅助电极？
7. 在电位法中，总离子强度调节缓冲剂的作用是什么？
8. 电位滴定法有哪些类型？与普通化学分析中的滴定方法相比有何特点？并说明为什么有这些特点？
9. 下述电池：玻璃电极 | H^+(未知液或标准缓冲液) ‖ SCE，25 ℃时测得 $pH_s=4.00$ 的缓冲液的电动势为 0.209 V。测定待测液时的电动势分别为(1)0.312 V；(2)−0.017

V;计算未知液的 pH_x 值。(5.75,0.17)

10. 在 20 ℃时用银离子选择性电极测定 50 mL 含 Ag^+ 的试液,测得电位为 42 mV,加入 1.0 g·L^{-1}的 Ag^+ 标准液 0.50 mL 后,测得电位为 72 mV,求试液中 Ag^+ 的浓度。(4.4 mg·L^{-1})

11. 25 ℃时,测得下述电池的电动势为 0.275 V:

    镁离子选择性电极 | Mg^{2+}(a=1.15×10^{-2} mol·L^{-1}) ‖ SCE

    用未知溶液取代已知镁离子活度的溶液后,测得电池的电动势为 0.412 V,问未知液的 pMg 是多少?(6.58)

12. 两支性能相同的氟离子选择性电极,分别插入体积为 25 mL 的含氟试液和体积为 50 mL 的空白溶液中(两溶液含相同的离子强度调节剂),两溶液间用盐桥连接,测量此电池的电动势。向空白溶液中滴加浓度为 1×10^{-4} mol·L^{-1}的氟离子标准溶液,直至电池电动势为零,所消耗标准溶液的体积为 5.27 mL。计算试液的含氟量。(0.18 mg·L^{-1})

实训

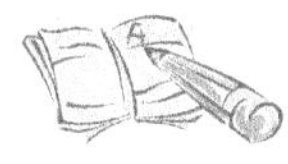

实训一 酸度计的使用及工业废水 pH 值的测定

实训目的

(1) 熟悉 pHS-2F 型酸度计的使用方法。

(2) 掌握 pHS-2F 型酸度计测量溶液 pH 值的方法。

方法原理

pH 计是用电位法测量溶液 pH 值的仪器,将 pH 复合电极插入被测溶液后,复合电极的电位随氢离子浓度的变化而变化,这一变化符合能斯特方程,与复合的参比电极一起形成电极电位,可以用输入阻抗高的毫伏计测量电池的电动势,再由仪器转换为相对应的 pH 值。

直接电位法测定溶液 pH 值通常以玻璃电极为指示电极,饱和甘汞电极为参比电极,浸入被测溶液中组成原电池,用下式表示:

(一)玻璃电极(GE) | 待测溶液([H^+]=x mol·L^{-1}) ‖ 饱和甘汞电极(SCE) (+)

上述电池的电动势

$$E_x = E_{SCE} - E_{GE} + 2.303\frac{RT}{F} \times pH_x$$

$$= K + 0.059\ pH_x(25\ ℃)$$

上式中，K 随溶液组成、电极类型和电极使用时间长短等的不同而发生变动，而变动值又不易准确测定，故实际工作中采用两次测量法测定溶液 pH 值以消除 K。其原理是：pH 值已知的标准缓冲溶液和待测的试液，在测定条件完全一致时，各自的电动势分别为

$$E_x = K + 0.059\ \mathrm{pH}_x$$

$$E_s = K + 0.059\ \mathrm{pH}_s$$

两式相减，得

$$\mathrm{pH}_x = \mathrm{pH}_s + \frac{E_x - E_s}{0.059}$$

可见，未知溶液的 pH 值与未知溶液的电位值 E_x 呈线性关系。进行 pH 计校准时，可用标准缓冲溶液校准截距，通过调整曲线的斜率进行温度校准。pH 计使用时，应尽量使温度保持恒定，并选用与待测溶液 pH 值接近的标准缓冲溶液。

仪器与试剂

1. 仪器

pHS-2F 型数字酸度计；容量瓶(250 mL)；洗瓶；滤纸；蒸馏水。

2. 试剂

标准 pH 缓冲液的配制方法如下。

(1) 邻苯二甲酸盐标准缓冲溶液(pH=4.00)：称取 10.21 g 于 115 ℃烘干冷却后的 $HKH_2C_8O_4$(GR)，定容于 1 000 mL 重蒸馏水中。(也可用市售袋装标准缓冲溶液试剂，按规定配制。以下同)

(2) 中性磷酸盐标准缓冲溶液(pH = 6.86)：称取于 120 ℃烘干冷却后的 KH_2PO_4(GR)3.400 g，Na_2HPO_4(GR)3.550 g，定容于 1 000 mL 三次蒸馏水中。

(3) 硼酸盐标准缓冲溶液(pH=9.18)：称取 3.810 g 于蔗糖及 NaCl 饱和溶液干燥器中平衡数日后的 $Na_2B_4O_7 \cdot 10H_2O$(GR)，定容于 1 000 mL 重蒸馏水中。

所用蒸馏水需煮沸以除去 CO_2，这三种 pH 标准缓冲溶液在不同温度下的 pH 值见表 6-8)。

实训内容

1. 酸度计的使用

开机：

(1) 调节电极夹到适当位置；

(2) 将复合电极夹在电极夹上，取下电极前端的电极套；

(3) 拉下电极上端的胶塞；

(4) 用纯水清洗电极；

(5) 打开电源开关，预热 30 min。

标定：

(1) 将选择开关“pH/mV”拨至“pH”挡；

(2) 将 pH 标准溶液转入塑料烧杯中，测量 pH 标准溶液的温度；

(3) 调节温度补偿旋钮至标准溶液对应的温度；

(4) 将斜率调节旋钮顺时针旋到底(100%位置)；

(5) 将电极插入 pH=6.86 的标准溶液中，调节定位旋钮，使显示的数字与 pH 标准溶液值相符。用纯水清洗电极，再插入 pH=4.00(或 pH=9.18)的标准溶液中，调节斜率旋钮至标准溶液的 pH 值。

2. 测量

被测溶液的温度与定位溶液的温度相同时：

(1) 用纯水清洗电极，再用被测溶液清洗一次；

(2) 把电极浸入被测溶液中，轻摇，至读数稳定，读数。

被测溶液与定位溶液的温度不同时：

(1) 用纯水清洗电极，再用被测溶液清洗一次；

(2) 用温度计测量被测液温度；

(3) 调节温度补偿旋钮至温度与被测溶液温度一致；

(4) 将电极插入被测溶液中，轻摇，至读数稳定，读数。

3. 清洗电极并将仪器恢复原样

注意事项

(1) 电极必须按规定处理好并清洗干净。

(2) 测量用器皿必须清洁，每更换一次测试液必须用去离子水冲洗电极，并用滤纸将电极擦干。

(3) 响应读数时间应保持一致。

(4) 由于水样的 pH 值常常随空气中 CO_2 等因素的改变而改变，因此水样分析要及时。

(5) 含油脂的水样必须滤去油脂后才能使用复合电极。

思考题

(1) 酸度计为什么要用已知 pH 值的标准缓冲溶液校正?

(2) 溶液酸度过高或过低对 pH 值测定有何影响?

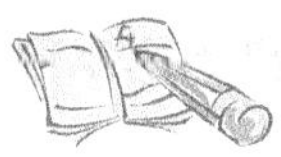

实训二 离子选择性电极法测定天然水中 F^- ——标准曲线法

实训目的

(1) 掌握 PXJ-1B 型数字式离子计的使用方法。

(2) 掌握电位法的基本原理。

(3) 掌握标准曲线法的操作过程及数据处理方法。

(4) 了解总离子强度调节剂的组成和作用。

方法原理

氟离子选择性电极是以氟化镧单晶片为敏感膜的指示电极，对溶液中的氟离子具有良好的选择性。氟离子选择性电极与饱和甘汞电极组成的电池可表示为

Ag|AgCl,Cl^-(0.1 mol·L^{-1}),F^-(0.001 mol·L^{-1})|LaF_3|试液|KCl(饱和)甘汞电极

其电动势为

$$E = K + 0.059\lg a_{F^-}\ (25\ ℃)$$

用离子选择性电极测量的是溶液中离子的活度，而通常定量分析需要测量的是离子的浓度，不是活度，所以必须控制试液的离子强度。如果测量试液的离子强度维持一定，则上述方程可表示为

$$E = K + 0.059\lg c_{F^-}$$

用氟离子选择性电极测量F^-浓度时，最适宜pH值范围为5.5～6.5，pH值过低，易形成HF_2^-，影响F^-活度；pH值过高，易引起单晶膜中La^{3+}的水解，形成$La(OH)_3$，影响电极的响应。另外，与F^-易形成配合物的多价阳离子(Al^{3+}、Fe^{3+}、Si^{4+}等)会干扰测定，故需加入TISAB(总离子强度调节剂)进行调节。

仪器与试剂

1. 仪器

PXJ-1B型数字式离子计；电磁搅拌器；吸量管；容量瓶；氟离子选择性电极；饱和甘汞电极。

2. 试剂

100 μg·mL^{-1}氟离子标准储备液：称取0.221 0 g于110 ℃干燥2 h并冷却的NaF，用水溶解后转入1 000 mL容量瓶中，稀释至刻度，摇匀，储存于聚乙烯瓶中。

10.0 μg·mL^{-1}氟离子标准溶液：吸取10.00 mL氟离子标准储备液于100 mL容量瓶中，用水稀释至刻度，摇匀。

总离子强度调节溶液(TISAB)：加入500 mL水与57 mL冰醋酸，58 g NaCl，12 g柠檬酸钠($Na_3C_6H_5O_7\cdot 2H_2O$)，搅拌至溶解。将烧杯放冷后，缓慢加入125 mL 6 mol·L^{-1} NaOH溶液，直到pH=5.0～6.5，冷至室温，转入1 000 mL容量瓶中，用去离子水定容至刻度。

实训内容

1. 仪器准备

将氟离子选择性电极和甘汞电极分别与离子计相接，开启仪器开关，预热仪器。

2. 清洗电极

取50～60 mL去离子水至100 mL烧杯中，放入搅拌磁子，插入氟离子选择性电极和饱和甘汞电极。开启搅拌器，2～3 min后，若读数大于－300 mV，则更换去离子水，继续清洗，直至读数小于−300 mV。

3. 标准曲线法测定

（1）标准溶液的配制及测定。

按表6-10配制系列标准溶液：

表6-10 系列标准溶液配制

编　　号	1	2	3	4	5	6	7	8
10.0 $\mu g \cdot mL^{-1}$ 氟离子标准溶液体积/mL	0.00	0.25	0.50	1.50	2.50	4.00	5.00	水样（20 mL）
TISAB体积/mL	10							
定容体积/mL	50							
溶液浓度/($\mu g \cdot mL^{-1}$)	0.00	0.05	0.10	0.30	0.50	0.80	1.00	

将标准系列溶液分别倒出一部分于塑料烧杯中，放入搅拌磁子，插入经洗净的电极，搅拌2 min，停止搅拌后，读取稳定的电位值（或一直搅拌，待读数稳定后，读取电位值）。按顺序从低浓度至高浓度依次测量，每测量一份试液，无需清洗电极，只需用滤纸蘸去电极上的水珠。测量结果列表记录。

（2）水样的测定。

将上述经过处理的水样倒出部分于塑料烧杯中，放入搅拌磁子，插入干净的电极进行测定，按操作（1）方法读取稳定电位值。

数据处理

1. 标准曲线的绘制

用系列标准溶液的数据，在普通坐标纸上绘制 $E\text{-}\lg c_{F^-}$ 曲线，或在半对数坐标纸上以 E 对 c_{F^-} 作图，绘制标准曲线。

2. 结果计算

根据水样测得的电位值，在校正曲线上查到其对应的浓度，计算水样中氟离子的含量（$mg \cdot L^{-1}$）。

注意事项

（1）氟离子选择性电极在使用前，应在含 10^{-4} $mol \cdot L^{-1}F^-$ 或更低浓度的 F^- 溶液中浸泡（活化）约30 min。使用时，先用去离子水冲洗电极，再在去离子水中洗至电极的纯水电位（空白电位）。其方法是将电极浸入去离子水中，在离子计上测量其电位，然后，更换去离子水，观察其电位变化，如此反复进行处理，直至其电位稳定并达到它的纯水电位为止。氟离子选择性电极的纯水电位与电极组成（LaF_3 单晶的质量，内参比溶液的组成）有关，也与所用纯水的质量有关，一般为300 mV左右。氟离子选择性电极若暂不使用，宜存在于干处。

（2）操作前后条件要保持一致。

（3）要注意消除电极表面的气泡。

（4）测定要按照浓度由低到高的顺序，水洗电位必须达到标准值。

思考题

(1) 氟离子选择性电极在使用时应注意哪些问题?

(2) TISAB在测量溶液中起哪些作用?

实训三　氨离子选择性电极的使用及水中氨氮的测定

实训目的

(1) 熟悉离子计及氨离子选择性电极的使用方法。

(2) 学会一次标准加入法的测量方法。

方法原理

1. 氨离子选择性电极的构造及实验原理

氨离子选择性电极属于气敏电极。它的主要构成见“任务四(气敏电极)”。

当水样中加入强碱溶液,使pH值提高到11以上时,铵盐将转化为氨,生成的氨由于扩散作用而通过半透膜(水和其他离子不能通过),使氯化铵电解质液膜层内中$NH_4^+ \rightleftharpoons H^+ + NH_3$平衡向左移动,引起氢离子浓度改变,由pH玻璃电极可测得其变化。在恒定的离子强度下,测得的电动势与样品中氨氮浓度遵守能斯特方程。

2. 一次标准加入法

一次标准加入法测定氨氮的基本过程为:首先,准确量取一定体积V_x(mL)的试液(设其浓度为c_x),用电极测量它的电位,设为E_1(mV);然后加入浓度为c_s的标准溶液V_s(mL,准确量取,V_s较V_x小20～100倍),在相同的条件下,再测量其电位,设为E_2(mV)。对于阳离子来说,有

$$c_x = \Delta c\,(10^{\frac{\Delta E}{S}} - 1)^{-1}$$

上式中的电极斜率S可用两个标准溶液测定,按式$S=\dfrac{E_1-E_2}{\lg c_1-\lg c_2}$计算。

因此,c_x可由测得的S及ΔE值得出。

仪器与试剂

1. 仪器

PXJ-1B型离子计;电磁搅拌器;氨离子选择性电极,用前处理方法如下。

① 取出玻璃电极于水中浸泡24 h,再于0.1 mol·L^{-1} NH_4Cl溶液中浸泡1 h,用水洗至水洗电位。

② 装半透膜、试漏,装入电解液(0.1 mol·L^{-1} NH_4Cl溶液)。

③ 组装好电极。用浸泡液浸泡1 h以上,再用去离子水进行水洗,检查水洗电位。

2. 试剂

1 000 mg·L^{-1}氨氮标准溶液;TISAB(5 mol·L^{-1}NaOH-0.5 mol·L^{-1}EDTA混合

液）。

实训内容

(1) 取水样 20 mL，放入 50 mL 烧杯中，加入 2.0 mL TISAB，搅拌，立刻测定电动势 E_1。

(2) 取 0.1 mL 浓度为水样浓度 100 倍以上的标准溶液，放入上述水样中，测定其电动势为 E_2。

(3) 算出两次电动势之差，记录数据（见表 6-12）。

表 6-12　氨离子选择性电极标准加入法测定水中氨氮实验记录

加入标准溶液体积/mL	0	0.1
读数 $\Delta E=E_2-E_1$	E_1	E_2

(4) 分别配制氨氮浓度为 10 mg・L^{-1}、100 mg・L^{-1}的标准溶液，在相同的条件下测定其电动势，其差值为 S，记录数据（见表 6-13）。

表 6-13　实测电极斜率 S 实验记录

标准溶液中氨氮浓度/(mg・L^{-1})	10	100
读数 $S=E_{S2}-E_{S1}$	E_{S1}	E_{S2}

数据处理

(1) 计算加入标准溶液后溶液的浓度变化：

$$\Delta c=\frac{c_s V_s}{V_x}$$

(2) 计算待测溶液浓度：

$$c_x=\Delta c\ (10^{\frac{\Delta E}{S}}-1)^{-1}$$

注意事项

(1) 加完缓冲溶液后，要立即进行测定，以免产生的氨气跑掉。

(2) 测量 ΔE 时，要求 ΔE 最好在 15～40。

(3) 测量水样时的 pH 值要求要大于 11，否则 NH_4^+的转化率达不到 98%。

实训四　电位滴定法测定水中氯离子含量

实训目的

(1) 了解电位滴定仪的构造、工作原理。

(2) 掌握电位滴定法的原理与实验方法。

(3) 熟悉各种滴定终点确定方法(V-E 曲线法、一阶微商法与二阶微商法)。

实验原理

电位滴定是根据滴定过程中指示电极电位的突跃来确定滴定终点的一种滴定分析方法。与直接电位法的区别是定量参数不同。与化学滴定法的区别是确定滴定终点方法不同。

滴定装置见图 6-18 。

确定滴定终点的方法如下(见图 6-19)。

(1) E-V 曲线法:记录每次滴定时的滴定剂用量(V)和相应的电动势数值(E),绘制 E-V 曲线,此曲线上的拐点对应的体积即为滴定终点时所耗标准滴定溶液的体积。

(2) 一阶微商法:将 V 对 $\Delta E/\Delta V$ 作图,可得到一条呈峰状曲线,曲线最高点可由实验点连线外推得到,其对应的体积即为滴定终点时标准滴定溶液所消耗的体积 V_{ep}。

(3) 二阶微商法(作图法):以 $\Delta^2 E/\Delta V^2$ 对 V 绘制曲线,此曲线最高点与最低点连线与横坐标的交点即为滴定终点体积。

仪器与试剂

1. 仪器

DZ-1 型滴定装置;ZD-2 型自动电位滴定仪;滴定管;银离子选择性电极,银电极事先需擦去表面氧化物。

2. 试剂

0.050 0 $mol \cdot L^{-1}$硝酸银标准溶液:准确称取 8.500 g $AgNO_3$(AR),用水溶解后稀释至 1 L。此溶液最好用标准氯化钠溶液进行标定。

实训内容

1. 手动电位滴定

将银离子选择性电极及饱和甘汞电极(带盐桥)固定在滴定台的夹子上。

银离子选择性电极接仪器"+",甘汞电极接仪器"-",将 DZ-1 型滴定装置的工作开关放在手动挡,将 ZD-2 型的选择开关放在测量挡,滴液开关放在"-"的位置。

准确吸取水样 25.00 mL,置于 150 mL 烧杯中,加水约 25 mL,放入搅拌磁子,置于电磁搅拌器上。将两电极浸入试液,按下读数开关,读取初始电位,一边搅拌,一边按下 DZ-1 型装置的滴定开始按键。

每加入一定体积的硝酸银溶液,记录一次电位值,读数时停止搅拌。开始滴定时,每次可加 1.00 mL;当达到化学计量点附近时(化学计量点前后约 0.5 mL),每次加 0.10 mL;过了化学计量点后,每次仍加 1.00 mL,一直滴定到 9.00 mL。

2. 自动电位滴定

根据手动电位滴定曲线图($\Delta^2 E/\Delta V^2$-V 图),可求得终点电位。以此电位值为控制依据,进行自动电位滴定。

将 ZD-2 型的选择开关放在“终点”，按下读数开关，调节预定终点调节器，调节指针使其指向终点位置，把工作开关放在“滴定”挡。

取试液 25.00 mL，加水约 25 mL，插入电极，按下滴定开始按键，此时终点指示灯亮，滴定指示灯时亮时暗，随着硝酸银标准溶液的加入，电表指针向终点逐渐接近，当电表指针到达终点时，终点指示灯熄灭，滴定结束，记下硝酸银标准溶液的用量。

实验结束，将仪器复原，洗净电极，擦干，于干燥处保存。

数据处理

(1) 根据手动电位滴定的数据，绘制电位(E)对滴定剂体积(V)的滴定曲线，以及 $\Delta E/\Delta V\text{-}V$、$\Delta^2 E/\Delta V^2\text{-}V$ 曲线，并用二次微商法确定终点体积。

(2) 根据滴定终点所消耗的硝酸银标准溶液的体积，计算水样中 Cl^- 的质量浓度($g \cdot L^{-1}$)。

思考题

(1) 用硝酸银溶液滴定氯离子时，是否可以用碘化银电极作指示电极？

(2) 与化学分析中的容量分析法相比，电位滴定法有何特点？

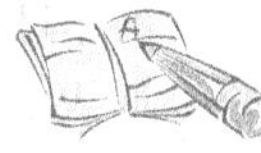

实训五　电位滴定法测定磷酸的含量

实训目的

(1) 掌握电位滴定法操作及确定滴定终点的方法。

(2) 掌握测定磷酸电位滴定曲线及磷酸试液浓度的方法。

方法原理

电位滴定法是以指示电极电位(或 pH 值)的突跃确定滴定终点的方法。如磷酸为三元酸，用 NaOH 标准溶液滴定时，有两个滴定突跃，滴定反应如下：

$$H_3PO_4 + NaOH \longrightarrow NaH_2PO_4 + H_2O$$

$$NaH_2PO_4 + NaOH \longrightarrow Na_2HPO_4 + H_2O$$

进行磷酸电位滴定的装置是以玻璃电极为指示电极(负极)、饱和甘汞电极为参比电极(正极)，连接在 pH 计上，将两电极浸入磷酸试液中，用 NaOH 标准溶液进行滴定。以滴定中消耗的 NaOH 标准溶液的体积 V(mL)及相应的溶液 pH 值绘制 pH-V 滴定曲线(见图 6-20)。曲线上有两个滴定突跃，第一滴定突跃

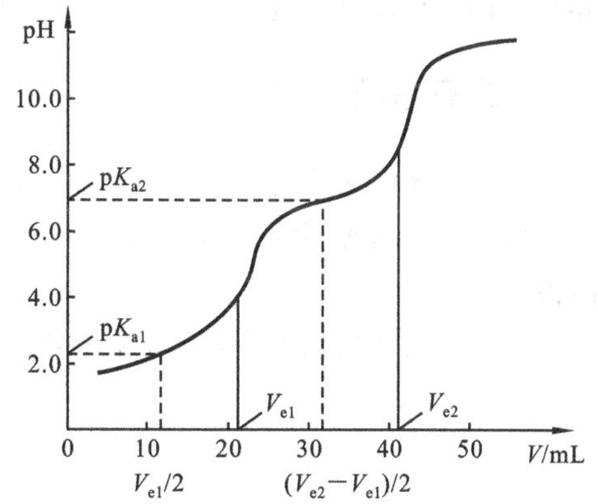

图 6-20　磷酸电位滴定曲线

的 pH 值为 4.0～5.0，第二滴定突跃的 pH 值为 9.0～10.0。化学计量点可用作图法求得。为更准确地确定化学计量点，还可用 $\Delta pH/\Delta V$-V 曲线法及二阶微商内插法进行。

 仪器与试剂

1. 仪器

pHS-2 型 pH 计（或其他型号 pH 计）；pH 玻璃电极；饱和甘汞电极；电磁搅拌器；碱式滴定管等。

2. 试剂

0.1 $mol \cdot L^{-1}$ NaOH 标准溶液；0.05 $mol \cdot L^{-1}$ 邻苯二甲酸氢钾标准缓冲溶液（pH＝4.00）；0.1 $mol \cdot L^{-1}$ 磷酸样品溶液。

 实训步骤

（1）正确安装电位滴定装置。

（2）按 pH 计使用方法“调零”、“校正”，用 pH＝4.00 的 0.05 $mol \cdot L^{-1}$ 邻苯二甲酸氢钾标准缓冲溶液“校准”（定位）pH 计。

（3）磷酸的电位滴定：吸取磷酸样品溶液 10.00 mL，置于 100 mL 烧杯中，放入搅拌磁子，加水约 20 mL，插入玻璃电极和饱和甘汞电极，测定 0.1 $mol \cdot L^{-1}$ 磷酸溶液的 pH 值，开启电磁搅拌器，在不断搅拌下用 0.1 $mol \cdot L^{-1}$ NaOH 标准溶液滴定。开始每加入 2 mL 记录一次 pH 值，在接近化学计量点（NaOH 的加入使 pH 值变化较大）时，每次加入 NaOH 溶液的量应逐渐减少，在计量点前后，每加入 0.1 mL 或 0.05 mL NaOH 标准溶液，记录一次 pH 值。滴定在过了第二化学计量点直至 pH 约为 11.5 后结束。

滴定结束后，取下玻璃电极，浸泡于蒸馏水中，饱和甘汞电极套好橡胶套，用水洗净，并用滤纸吸干，存放在电极盒中。

 数据处理

以 V_{NaOH} 为横坐标，pH 值为纵坐标，绘制 pH-V 曲线。用作图法求出化学计量点 pH_e 和相应的 NaOH 标准溶液体积 V_e，求出磷酸样品溶液的浓度。

 注意事项

（1）电极浸入溶液的深度应合适，搅拌磁子不能触及电极。

（2）注意观察化学计量点的到达，在计量点前后应等量小体积加入 NaOH 标准溶液。

（3）为便于数据处理，滴定应在第二化学计量点后 pH 值约为 11.5 时方可结束。

模块七

极谱分析法

学习目标

掌握极谱分析法的基本概念、基本原理、定量依据及定量方法，掌握单扫描极谱法的原理及特点；熟悉极谱分析的定性依据，极谱分析的应用；了解极谱分析的干扰因素及其消除方法，了解各类极谱分析方法的特点。

任务一　伏安分析法概述

伏安分析法是一种特殊的电解方法，以小面积、易极化的电极为工作电极，以大面积、不易极化的电极为参比电极组成电解池，电解被分析物质的稀溶液，由所测得的电流-电压特性曲线来进行定性和定量分析的方法。极谱分析法是伏安分析法的特例，它使用滴汞电极作为测量的工作电极。

极谱分析法诞生于 1925 年，但是在短短的几十年里，这一分析方法的应用范围已延伸到很多领域。可以说，电化学在 20 世纪的发展中最大的成果就是极谱分析法。极谱分析法发展至今，其类型在日益增多，除了经典极谱分析法外，还出现了通过改进和发展极谱仪器而建立起来的新的极谱分析方法，如单扫描极谱法、循环伏安法、交流极谱法、方波极谱法、脉冲极谱法等。极谱分析已成为电化学分析中最重要、最成功和应用最广泛的一种分析方法，不仅在组分的痕量分析中得以广泛应用，而且也成为电化学分析基本理论研究的一种重要手段。

任务二　极谱分析的基本原理

一、电解过程

1. 电解

将两电极插入电解质溶液中，外加直流电压至一定值后，在两电极上便发生电极反应，这个过程称为电解。电解时，电解池的阳极与外加电流电源的正极相连，发生氧化反应；阴极与外加直流电源的负极相连，发生还原反应。例如，在硫酸铜溶液中，插入两个铂电极，并与直流电源的正极和负极相连接。当外加电压足够大时，则可以观察到明显的电极反应。

阳极：$$2H_2O = 4H^+ + O_2 + 4e^-$$

阴极：$$Cu^{2+} + 2e^- = Cu$$

可以看到，在阳极上有氧气放出，在阴极有金属铜析出，形成金属镀层。

在电解过程中，电子从电源的负极沿导线流入电解池的阴极，电解质溶液中的阳离子向阴极移动，获得电子，发生还原反应；同时，电解质溶液中的阴离子向阳极移动，失去电子，发生氧化反应。通过此过程，电子便从电解池的阳极流出，并沿导线流回电源的正极。这样，电流就依靠电解质溶液中的阴、阳离子的定向移动而通过溶液，所以电解质溶液的导电过程，就是电解质溶液的电解过程。

2. 浓差极化

在电极反应过程中，电极表面附近溶液的浓度和主体溶液的浓度产生差别所引起的极化现象称为浓差极化。当电解进行的时候，由于电极表面附近的一部分离子在电极上发生氧化或还原反应而消耗，因此其附近离子浓度迅速降低，而溶液中的离子又来不及扩散至电极表面，因此电极表面的离子浓度与主体浓度不再相同。由于电极的电极电位与电极表面离子的浓度有关，所以电解时的电极电位就不等于其平衡时的电极电位，两者之间存在偏差。要减少浓差极化，可采用增大电极表面积、减小电流密度、提高溶液温度、加强搅拌等办法实现。

二、滴汞电极与极谱分析装置

1. 滴汞电极

滴汞电极是极化电极。由毛细管（H）和储汞瓶（E）组成。储汞瓶中的汞通过塑料管进入毛细管（内径约 0.05 mm），然后由毛细管尖端滴入电解池溶液中。当汞滴下落后，毛细管尖端又形成新的汞滴，然后再长大、滴落，周期为 3～5 s，这样可保持电极表面始终新鲜。

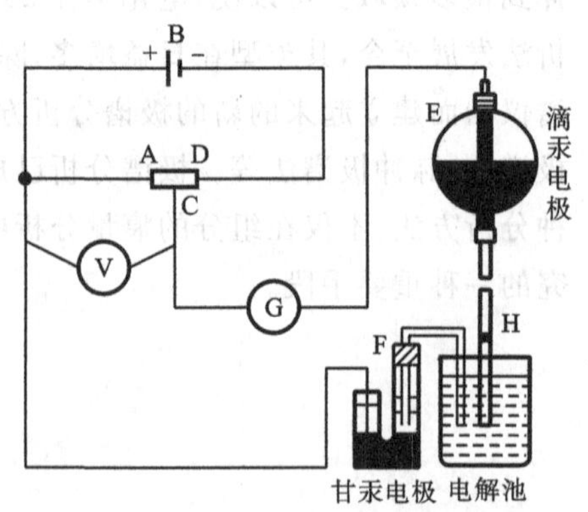

图 7-1　极谱分析装置图

2. 极谱分析装置

极谱分析简单装置如图 7-1 所示。滴汞电极和饱和甘汞电极分别作为工作电极和参比电极。AD 为一滑线电阻器，移动接触点 C，可调节加在电解池两极上的电压。AC间的电压由伏特计(Ⓥ)读出，G为灵敏检流计，可测量电解过程中线路上通过的微弱电流。B为直流电源。

3. 极谱电极的特点

在极谱分析中，常用滴汞电极作工作电极。这不仅是由于滴汞电极的面积小，电解时电流密度很大，容易形成浓差极化等，而且还由于滴汞电极具有下述其他固体电极所不具备的优点。

(1) 由于汞滴不断生长和落下，电极表面始终是新鲜的，接触的溶液也是新鲜的，从而保证了同一外加电压下的不同汞滴上的电流数值的一致性，故分析结果的重现性很高。

(2) 氢在汞电极上的超电位比较大，一般当滴汞电极电位达到－1.3 V(对SCE)时，还不会有氢气析出，因此可以在酸性溶液中对很多物质进行极谱测定。

但滴汞电极也有其自身的局限性。①滴汞电极易被氧化。当用滴汞电极作阳极时，电位一般不能超过＋0.40 V(对SCE)，否则，汞自身被氧化，所产生的电流会掩盖掉溶液中其他可氧化组分的极谱波。故滴汞电极只能用来分析可还原或很易氧化的物质。②汞蒸气有毒、电极的制备较麻烦、使用中毛细管易堵塞等。

三、极谱波、半波电位

1. 极谱波的形成

极谱分析是利用浓差极化现象来测量溶液中待测离子的浓度的。

以电解氯化铅的稀溶液为例来说明极谱波的产生过程。在电解池中，加入 10^{-3} mol·L^{-1} $PbCl_2$ 溶液，同时加入大量KCl(1 mol·L^{-1})电解质溶液，滴加几滴动物胶，通入氮气数分钟以除去溶解氧。以滴汞电极为阴极，饱和甘汞电极为阳极，调节储汞瓶高度，使汞滴以每3～5 s一滴的速度滴下，在溶液保持静止的条件下进行电解。通过移动C的位置改变外加电压，从零逐渐增大，分别记录电压、电流值，得到电流-电压曲线即极谱波，如图7-2所示。

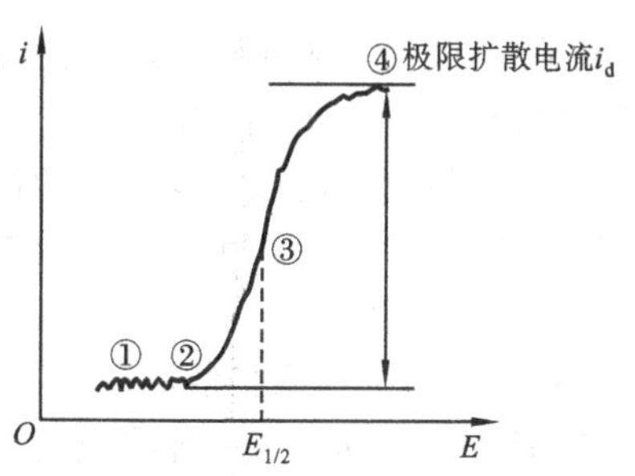

图7-2 $PbCl_2$溶液的电流-电压曲线

下面分段对极谱波进行讨论。

(1) 残余电流部分。

残余电流即极谱图上的第①段，这时外加电压还没有达到 Pb^{2+} 的分解电压，也就是滴汞电极电位较 Pb^{2+} 的析出电位为正，电极上没有 Pb^{2+} 被还原，应该没有电流通过电解池。但通常会有极微小的电流通过电解池，此电流称之为残余电流。它是极限扩散电流的一部分。

(2) 电流开始上升阶段。

当外加电压达到 Pb^{2+} 的分解电压时，也就是滴汞电极电位变负到等于 Pb^{2+} 的析出电位时，Pb^{2+} 在滴汞阴极上被还原而析出金属铅，金属铅再与汞生成铅汞齐Pb(Hg)；甘汞阳极中的汞则被氧化生成氯化亚汞。电极反应如下。

滴汞电极：　　$Pb^{2+}+2e^-+Hg \longrightarrow Pb(Hg)$

参比电极：　　$2Hg+2Cl^- \longrightarrow Hg_2Cl_2+2e^-$

此时电解池中就开始有 Pb^{2+} 的电解电流通过，体现在图上的第②段，滴汞电极的电位可用下式表示：

$$E_{d,e}=E_{析(Pb)}=E^{\ominus}_{Pb^{2+}/Pb}+\frac{0.059}{2}\lg\frac{a_{Pb^{2+}}}{a_{Pb(Hg)}} \quad (7\text{-}1)$$

式中：$a_{Pb(Hg)}$为铅在汞齐中的活度。

(3) 电流急剧上升阶段。

当继续增加外加电压，使滴汞电极的电位较 Pb^{2+} 的析出电位稍负一些，根据式(7-1)，$E_{d,e}$变负，就要求 $a_{Pb^{2+}}/a_{Pb(Hg)}$ 的比值与之相适应而变小，即滴汞电极表面附近的 Pb^{2+} 迅速地被还原，电解电流也就随着急剧上升，即图上的第③段。

电极反应只是在电极表面附近进行。由于滴汞电极表面附近的一部分 Pb^{2+} 被还原而沉积在电极上，因此出现了在滴汞电极表面附近的 Pb^{2+} 浓度较溶液本体中 Pb^{2+} 的浓度要低的现象(浓差极化)，Pb^{2+} 即发生由本体溶液向滴汞电极表面的扩散作用。这样，刚建立起来的电极平衡又因电极表面附近的 Pb^{2+} 浓度的增大而遭受破坏，结果使得刚扩散过来的 Pb^{2+} 立即在电极表面还原，继续产生电解电流。

这种不断的扩散，不断的引起电极反应而不断产生的电流称为扩散电流。由于电极反应速度是很快的，而扩散速度则是较缓慢的，所以扩散电流的大小取决于扩散速度的大小。

(4) 极限扩散电流阶段。

当外加电压继续增加，滴汞电极电位负到一定的数值，使电极反应可以进行到如此完全的程度，以致电极表面附近的 Pb^{2+} 绝大部分被还原了，其浓度趋近于零，此时，溶液中达到 Pb^{2+} 最大的浓度梯度，即完全浓差极化。此时的电流值完全由扩散引起，称为极限扩散电流(i_d)，即图上的第④段。它包括残余电流和扩散电流。

另外，极谱波所以呈锯齿形的振荡是由于测定时汞滴作周期性的滴落，引起电流呈周期性变化，而检流计采用的是长周期记录方式，光点的实际振荡较小所致。

2. 半波电位

扩散电流为极限扩散电流一半时的滴汞电极的电位($E_{1/2}$)称为半波电位。当溶液的组分和温度一定时，每一种物质的半波电位是一定的，不随其浓度的变化而改变，因此可作为定性的依据。例如，在 3 mol·L^{-1} 盐酸中，铅的半波电位为－0.46 V，镉的半波电位为－0.70 V，而与铅、镉的浓度无关。锌离子较难还原，其半波电位负于－1.0 V，所以可用极谱法同时测定金属锌中的铅与镉，而不致互相干扰。

表 7-1 列出了一些金属离子的半波电位数据。

表 7-1 某些金属离子在不同底液中的半波电位(25 ℃，对 SCE)

金属离子	1 mol·L^{-1} KCl	1 mol·L^{-1} HCl	1 mol·L^{-1} KOH(NaOH)	2 mol·L^{-1} HAc +2 mol·L^{-1} NH_4Ac	1 mol·L^{-1} $NH_3·H_2O$ +1 mol·L^{-1} NH_4Cl
Al^{3+}	－1.75				
Fe^{3+}	>0	>0		>0	
Fe^{2+}	－1.30		1.46		1.49
Mn^{2+}	－1.51		1.70		1.66
Co^{2+}	－1.30		1.43	1.14	－1.29
Ni^{2+}	－1.10			－1.10	－1.10
Zn^{2+}	－1.00		－1.48	－1.10	－1.35
Cd^{2+}	－0.64	－0.64	－0.76	－0.65	－0.81

续表

金属离子	1 mol·L^{-1} KCl	1 mol·L^{-1} HCl	1 mol·L^{-1} KOH(NaOH)	2 mol·L^{-1} HAc +2 mol·L^{-1} NH_4Ac	1 mol·L^{-1} NH_3·H_2O +1 mol·L^{-1} NH_4Cl
Pb^{2+}	−0.44	−0.44	−0.76	−0.50	
Tl^{+}	−0.48	−0.48	−0.46	−0.47	−0.48
Cu^{2+}	0.04	0.04	−0.41	−0.07	−0.24
Bi^{3+}		−0.09	−0.6	−0.25	

四、干扰电流及其消除方法

极谱分析是在静止溶液中进行的，溶液中没有对流，此时极谱的电流可以认为由三部分组成：一部分是由扩散力决定的扩散电流，其大小与该离子在电极附近的浓度梯度成正比；另一部分是由电场力决定的迁移电流；第三部分是由杂质还原的电解电流和滴汞长大所形成的充电电流组成的残余电流。迁移电流、残余电流与被测物的浓度无关，统称为干扰电流，在极谱分析中必须设法消除。

1. 迁移电流

迁移电流是由于电解池的正极和负极对被分析离子的静电作用力，使离子迁移到电极表面而发生电极反应所形成的电流。例如，Pb^{2+} 在滴汞电极上被还原，由于浓度梯度，Pb^{2+} 由溶液本体扩散到电极表面，产生电极反应形成扩散电流；同时，滴汞电极对阳离子起静电吸引作用，由于这种吸引力，使 Pb^{2+} 的移动速度增加，在一定的时间内，将有更多的 Pb^{2+} 抵达滴汞电极表面而被还原，产生迁移电流。

迁移电流对被测离子是非专属性的，溶液中其他的离子也会被推动，它与被测物的浓度无关，应设法消除。

消除迁移电流的方法是在电解池试液中加入大量的不参与电极反应的电解质，称为支持电解质，如 KCl、KNO_3 等。由于电解质在溶液中电离为阳离子和阴离子，阴极对所有阳离子都有引力。因此作用于被测阳离子的静电引力大大减弱，以致由静电引力所引起的迁移电流趋近于零，从而达到消除迁移电流的目的。

2. 残余电流

进行极谱分析时，外加电压虽未达到被测物的分解电压，但仍有微小的电流通过电解池，这种电流称为残余电流。产生残余电流的原因有两方面。

(1) 溶液中存在着可在滴汞电极上还原的微量杂质，这些杂质在没有达到被测物的分解电压以前就已在滴汞电极上被还原，从而产生很小的电解电流，通过使用足够纯的试剂和水，这部分电流可降低至十分微小。

(2) 电容电流：指电解过程中，滴汞电极与溶液界面上双电层的充电现象所产生的充电电流，它是残余电流的主要部分，也是提高极谱分析灵敏度的主要障碍，因此必须深入了解电容电流形成的原因、影响程度及消除办法。

按图 7-1 所示的极谱分析装置进行极谱分析时，当电路断开，滴汞电极的电位是其与溶液间所形成的电极电位。当电解装置连接而外加电压为零时，此时滴汞电极和甘汞电极短路。由于甘汞电极的电极电位较滴汞电极的电极电位更正，所以当与滴汞电极短路时，甘汞电极就向滴汞电极充电，使汞滴表面带正电荷，且吸引溶液中的阴离子而形成双电层。如果汞滴不下落而是悬垂状态，则这一充电过程是瞬时的。当滴汞电极充电至具有甘汞电极的电位时,甘汞电极上的正电荷便停止流入,但由于滴汞电极的汞滴面积不断在改变,即汞滴不断长大而下落,所以必须继续不断地向滴汞电极充电,这样便形成了连续不断的充电电流。

当外加电压由零逐渐增大时,由于滴汞电极与外加电压的负极相连,汞滴从外加电压取得负的电荷抵消了部分正电荷,汞滴的正电荷减小,充电电流亦随之降低。当外加电压达到−0.56 V(对 SCE)时,汞滴上的正电荷完全消失,汞滴就不带电荷,即达到等电点,此时充电电流为零。当外加电压继续增大时,汞滴带负电荷,此时产生阴极电流。

通常电容电流可达 10^{-7} A 数量级,相当于 10^{-5} mol·L^{-1}一价金属离子产生的极限扩散电流。在测定小于 10^{-5} mol·L^{-1}的物质时,极限扩散电流比电容电流还小,对测定的影响很大。所以充电电流的存在是提高极谱分析灵敏度的主要障碍,为解决此问题,才有了新的极谱技术,如方波极谱、微分脉冲极谱等。

残余电流与被测离子浓度无关,在定量分析时必须将残余电流从极限电流中扣除。通常采用切线作图法,也可用极谱仪器上设计的残余电流补偿装置进行补偿抵消。

3. 极谱极大

在极谱分析中,常会出现一种特殊现象,即当外加电压达到被测物质的分解电压后,极谱电流随外加电压增高而迅速增大到极大值,随后又下降到正常的扩散电流值,在极谱图上便出现了比扩散电流大得多的不正常的电流峰,称为极谱极大或称畸峰(见图 7-3)。

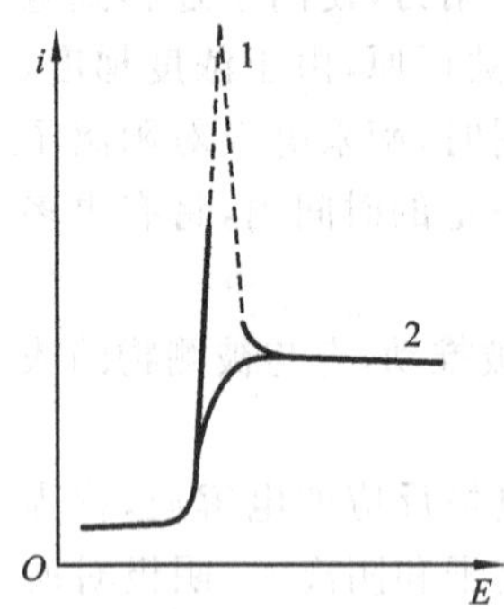

图 7-3 极谱极大

极谱极大是极谱分析中常见的现象,大多数离子的极谱波都会出现极大,只有那些半波电位接近于汞的零电荷电位(−0.56 V)的离子才没有极大产生。如 Cd^{2+} 在 1 mol·L^{-1} KCl 溶液中便没有极大。极谱极大具有再现性,不论电位由正到负或由负到正,极大总是在一定电位内出现,电流的大小也是固定的。

极大产生的原因是由于在汞滴生成过程中,毛细管末端对滴汞颈部的屏蔽效应。被测离子不易接近滴汞颈部,而可以无阻碍地接近滴汞下部。离子还原时,电荷分布的不均匀造成滴汞表面张力不均而形成对周围溶液的扰动作用,促使被测离子急速地到达电极表面而产生电极反应,因而电流急剧增大。由于电极表面被测物质的迅速消耗,达到完全浓差极化,所以电流又回落到正常的扩散电流。

消除极大的方法是在溶液中加入极少量的表面活性物质,这些物质称为极大抑制剂。最常用的有明胶、Triton X-100(非离子表面活性剂)或其他高分子有机化合物,如聚乙烯醇。几种表面活性物质混用,效果更好。

4. 氧波

溶液测定前与空气接触,其中会溶解有少量氧,溶解氧在滴汞电极上还原时产生的极谱波称为氧波。

氧很容易在滴汞电极上还原,还原过程分两步进行。

第一个波:$O_2 + 2H^+ + 2e^- = H_2O_2$ (酸性溶液)

$O_2 + 2H_2O + 2e^- = H_2O_2 + 2OH^-$ (中性或碱性溶液)

$E_{1/2} = -0.05$ V (对 SCE)

第二个波：$H_2O_2+2H^++2e^-$ ══ $2H_2O$ （酸性溶液）

$H_2O_2+2e^-$ ══ $2OH^-$ （中性或碱性溶液）

$E_{1/2}=-0.8$ V

这两个波覆盖在一个较广的电压范围内，在此范围起波的物质，其极谱波将与氧波重叠，故氧有干扰应除去。除去氧的方法如下。①在中性或酸性溶液中通入 N_2、H_2 或 CO_2 等气体，10～15 min 即可将氧气带出来。②在碱性溶液中加入 Na_2SO_3，将氧还原。在酸性溶液中不能用 Na_2SO_3，通常于微酸性溶液中加入抗坏血酸，以还原氧而除去干扰。为了防止试液重新吸收氧气，分析过程还可以在氮气保护下进行。

5. 氢波

氢波的产生是因为在酸性介质中，氢离子在滴汞电极的析出电位为－1.4～－1.2 V，会产生很大的氢还原电流，对一些半波电位较负的离子，如 Co^{2+}、Ni^{2+}、Zn^{2+}、Mn^{2+} 等离子，其极谱波在氢波之后，故无法进行测定。消除的办法可控制溶液的 pH 值或在配合性的介质中测定。

任务三　极谱定量分析基础

极谱分析中，将电解池内的溶液体系称为底液，它包括支持电解质、极大抑制剂、除氧剂，以及为消除干扰和改善极谱波而加入的试剂，如 pH 缓冲溶液、配位剂等。定量分析首先要选择一个合适的底液。

一、扩散电流方程式

通过前面的讨论，我们知道用滴汞电极进行电解时所得到的极限扩散电流完全受被测离子由溶液本体扩散到电极表面的扩散速度的控制，不随外加电压的增加而增加。捷克学者尤考维奇(D. Ilkovic)首先推导出极限扩散电流公式，此公式为经典极谱的扩散电流公式，称为尤考维奇方程，是极谱法定量分析的理论基础。

$$i_d = Kc \tag{7-2}$$

式中：i_d为汞滴上的平均极限扩散电流，代表汞滴自形成至落下过程中汞滴上的平均电流，μA；比例常数 K，称为尤考维奇常数，它的大小为 $K=607nD^{1/2}m^{2/3}t^{1/6}$。把该常数带入尤考维奇公式中，则

$$i_d = 607nD^{1/2}m^{2/3}t^{1/6}c \tag{7-3}$$

式中：n 为电极反应中电子的转移数；D 为电极上起反应的物质在溶液中的扩散系数，$cm^2\cdot s^{-1}$；m 为滴汞电极毛细管中汞的流速，$mg\cdot s^{-1}$；t 为测量 i_d电压时的滴汞周期，s；c 为在电极上起反应的物质的浓度，$mmol\cdot L^{-1}$。

二、极谱定量方法

用极谱法作定量分析时，由 i_d的大小直接根据尤考维奇方程式计算浓度是很困难的，而且因为影响因素很多，难以测准。因此在实际工作中一般采用直接比较法、标准曲线法和标准加入法定量。

1. 直接比较法

将浓度为 c_s 的标准溶液及浓度为 c_x 的样品溶液在同一实验条件下，分别测量极谱波并测得其波高 h_s 及 h_x。然后根据两者的波高及标准溶液的浓度，即可求出样品溶液的浓度。即根据

$$h_s = Kc_s, \quad h_x = Kc_x$$

合并两式，消去 K 值，得

$$\frac{h_s}{h_x} = \frac{c_s}{c_x}$$

则

$$c_x = \frac{c_s h_x}{h_s} \tag{7-4}$$

采用本方法时，测定应在同一实验条件下进行，即应使两个溶液的底液组成、温度等保持一致。

2. 标准曲线法

分析大量同一类样品时，采用标准曲线法较为方便。其方法是配制一系列标准溶液，在相同的实验条件下测量极谱波，分别测量其波高，将波高与相对应的浓度绘制标准曲线。然后在相同实验条件下测量试液的波高，再在标准曲线上找出其相应的浓度值。

3. 标准加入法

当分析个别样品时，常采用标准加入法。该方法是先取一定体积(V)未知溶液，测其极谱波高(h_x)，然后于其中加入一定体积(V_s)的相同物质的标准溶液(c_s)，在同一实验条件下再测定其极谱波高(H)，由波高的增加计算出被测物的浓度。由扩散电流公式，得

$$h_x = Kc_x$$

$$H = K\frac{Vc_x + V_s c_s}{V + V_s}$$

合并以上两式，消去 K 值，即可求得被测物浓度(c_x)：

$$c_x = \frac{c_s V_s h_x}{H(V + V_s) - h_x V} \tag{7-5}$$

4. 波高的测量

由上述定量方法可见，极谱波的波高测量非常关键，波高 H 的单位可以是微安表测出的电流(μA)，也可以是记录纸上所显示的高度(cm)，还可以用坐标纸的格数来表示，定量取值时应注意单位一致。H 的测量方法有如下两种。

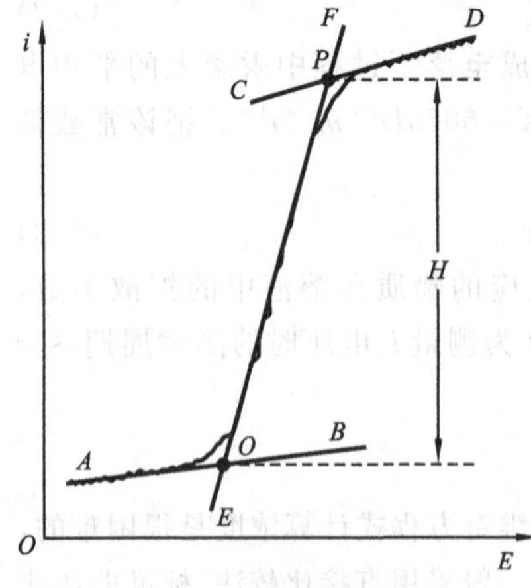

图 7-4 三切线法测量波高

(1) 平行法。对于波形较好的极谱波，残余电流与极限电流的延长线基本平行。故可通过两线段作两条平行线，其垂直距离即为波高。

(2) 交点法(也叫三切线法)。对波形不好的不对称极谱波，这是常用的方法。

如图 7-4 所示。通过残余电流，极限电流及扩散电流分别作三条切线 AB、CD 和 EF，相交于 O 和 P，通过 O、P 作两条平行于横坐标的平行线，其垂直距离即为波高。

任务四　单扫描极谱法

从前面的极谱法讨论中可知，在极谱法中采用滴汞电极，其表面可不断更新，表面性质稳定，重现性好。但由于汞滴在成长过程中表面积不断变化而产生较大的充电电流，限制了测定灵敏度的提高，而且完成一次测定需要跟踪测定近百滴汞，因而记录一条极化曲线费时较长、分析速度较慢。

单扫描极谱法施加的是一个快速扫描的锯齿电压，并且测量时机选择在汞滴生长后期，即在汞滴表面积变化率最小，电容电流较小时记录极谱波，可消除电容电流的干扰，大大提高测定的灵敏度。由于扫描的速率很快，又采用阴极射线示波器观察极谱图，所以又称为单扫描示波极谱法。

一、单扫描极谱的工作原理

单扫描极谱仪的基本装置如图 7-5 所示。

在极谱电解池两个电极上加一个随时间作线性变化的直流电压，电解过程中产生的电流通过 R 后产生电压降，经放大后将其输入至示波器的垂直偏向板上，因此垂直偏向板代表电流坐标；另外参比电极和工作电极 DME 之间的电位差经放大后输入至示波器的水平偏向板上，因此水平偏向板代表工作电极的极化电压。

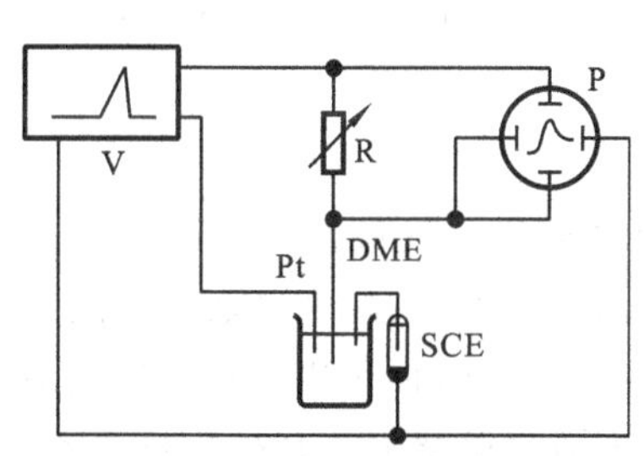

图 7-5　单扫描极谱仪装置简图

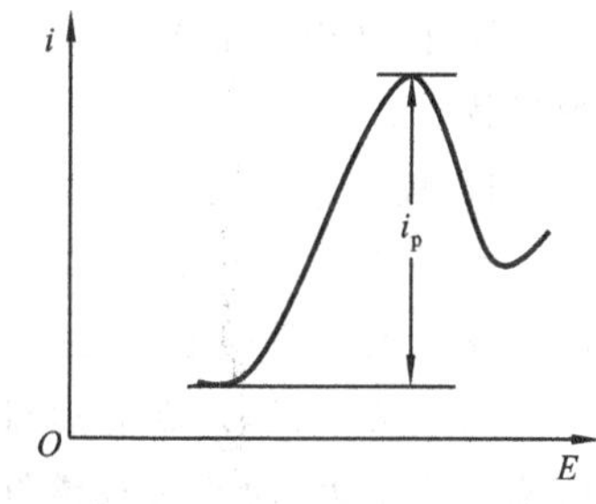

图 7-6　单扫描极谱波

经典极谱仪扫描速度一般较慢，约为 200 mV · min^{-1}，仪器记录的是滴汞电极上的平均电流值；而单扫描极谱仪是在每滴汞的生长周期内又加上一个锯齿脉冲电压，而且电压随时间线性增加，其速度约为 250 mV · s^{-1}，于是，在示波器的显示屏上将出现完整的极化曲线，获得呈峰形的单扫描极谱波，如图 7-6 所示。

在单扫描极谱法中，汞滴生长周期约为 7 s，初期汞滴的表面积变化较大。故在生长期的后 2 s 才施加一次扫描电压，一般约为 0.5 V(扫描起始电压可任意控制)。为了使滴下时间与扫描同步，在滴汞电极上安有敲击装置，每次扫描结束时，自动启动敲击器，将汞滴敲落，此后汞滴又开始生长，到后 2 s 期间，又进行一次扫描。每进行一次电压扫描，荧光屏上就重复出现一个完整的极谱波。

二、单扫描极谱法的特点

(1) 方法快速。由于极化速度快，数秒钟就可完成一次测量，并可在显示屏上直接读取峰高值。

(2) 灵敏度较高。由于产生的电流比普通极谱大，所以灵敏度高。对可逆电极反应来说，一般可达 10^{-7} mol·L^{-1}。

(3) 分辨能力高。由于极谱图呈尖峰状，所以提高了分辨率，物质的峰电位相差 0.1 V 以上，就可分开，并能同时测定。采用导数单扫描极谱，分辨力更高。

(4) 前放电物质的干扰小。在数百倍甚至数千倍前放电物质存在下，不影响后还原物质的测定。因为在扫描前有 5 s 的静止期，相当于在电极表面附近预先进行电解分离。

(5) 特别适合于配合物吸附波和具有吸附性的催化波的测定，这使得单扫描极谱分析成为测定许多物质的有力工具。

知识链接

极谱分析的产生及现代极谱分析方法简介

极谱法的创始人是捷克斯洛伐克的化学家海洛夫斯基(J. Heyrovsky，1890—1967)，他于 20 世纪 20 年代开始研究极谱分析法。1925 年，他与日本化学家志方益三合作，发明了世界上第一台能自动记录电流、电压曲线的极谱仪。1946 年，他又在极谱仪上配置了示波器，从而发明了示波极谱法。极谱法在痕量分析中发挥了极为重要的作用，海洛夫斯基因此于 1959 年获得了诺贝尔化学奖。

20 世纪六七十年代以来，极谱分析的理论研究及应用得到了迅速发展，各种新技术、新方法不断出现。

1. 极谱催化波

极谱催化波又称平行催化波，是一种特殊的极谱波。极谱催化波的形成是基于在普通极谱的电解过程中，同时伴随着一个化学反应，从而使得电解电流增加。从广义来说，凡在普通极谱条件下，引入一种(或数种)化学试剂后能使极谱电流大为增加，均称为极谱催化波法。根据所加入的化学试剂所起的作用不同，可分为氧化还原反应型、氢催化波、金属配合物吸附波等几种类型的催化波。催化电流比电活性物质的扩散电流大得多，并与被测物的浓度在一定范围内呈线性关系。可用于对超纯物质、冶金材料、环保监测和复杂的矿石分析作微量、痕量甚至超痕量测定。到目前为止，极谱催化波已研究的元素有 50 多种，经常作分析应用的有 30 多种。

2. 方波极谱

方波极谱是将一个振幅很小的方形波电压(振幅小于 30 mV，频率为 225 Hz)，叠加在缓慢而均匀变化的直流极化电压上，通过极化池的交变电流，与直流组分分开之后，进行放大。然后利用仪器中的特殊的时间开关，使在每一次加入方波电压之后，等待一段时间，直到充电电流减至很小数值时，再记录电解电流，这样便可消除充电电流的影响。

3. 脉冲极谱

脉冲极谱是在缓慢变化的直流电压上，在滴汞电极的每一汞滴生长的末期，叠加一个小振幅的周期性脉冲电压，并在电压衰减的后期记录电解电流。由于此法使电容电流和毛细管的噪声电流充分衰减，提高了信噪比，因此脉冲极谱成为极谱方法中灵敏度较高的方法之一。脉冲极谱分为常规脉冲极谱(NPP)和微分脉冲极谱(DPP))两种类型。

4. 溶出伏安法

溶出伏安法是在极谱法的基础上发展起来的一种痕量分析方法，它是电解法和伏安法的结合。溶出伏安法的操作主要分为电解富集过程和溶出过程两步，记录所得的电流-电压曲线，即为溶出伏安曲线，呈峰状，在一定的实验条件下，通过测量峰高可以求出被测物质的浓度。溶出伏安法按照溶出时工作电极发生氧化反应还是还原反应，可以分为阳极溶出和阴极溶出，前者在电解富集时，工作电极为阴极，溶出时则作为阳极；后者则相反。

习 题

一、选择题

1. 由于在极谱分析研究领域的突出贡献而荣获 1958 年诺贝尔化学奖的化学家是(　　)。

   A. D. Nkovic　　B. J. Heyrovsky　　C. J. E. B. Randles　　D. A. Sevcik

2. 与直流极谱比较，单扫描极谱大大降低的干扰电流是(　　)。

   A. 电容电流　　B. 迁移电流　　C. 残余电流　　D. 极谱极大

3. 单扫描极谱常使用三电极系统，即滴汞电极、参比电极与铂丝辅助电极，这是为了(　　)。

   A. 有效地减少电位降　　B. 消除充电电流的干扰

   C. 增强极化电压的稳定性　　D. 提高方法的灵敏度

二、填空题

1. 滴汞电极的滴汞面积很________，电解时电流密度很________，很容易发生极化，是极谱分析的________。
2. 极谱极大可由在被测电解液中加入少量________物质予以抑制，加入________可消除迁移电流。
3. ________是残余电流的主要部分，这种电流是由于对滴汞电极和待测液的________形成的，所以也称为________。
4. 选择极谱底液应遵循的原则是：________好；极限扩散电流与________物质浓度的关系好；干扰少等。

5. 示波极谱仪采用三电极系统是为了确保工作电极的电位完全受________的控制，而参比电极的电位始终保持为________的恒电位控制体系，所以 i-E 即________。

三、简答题

1. 极谱分析法采用的滴汞电极具有哪些特点？在极谱分析法中为什么常用三电极系统？
2. 何谓半波电位？它有何性质和用途？
3. 何谓极谱扩散电流方程式(也称尤考维奇方程式)？式中各符号的意义及单位是什么？
4. 影响极谱扩散电流的因素是什么？极谱干扰电流有哪些？如何消除？
5. 极谱的底液包括哪些物质？其作用是什么？
6. 在极谱分析中，为什么要使用滴汞电极？
7. 在极谱分析中，影响扩散电流的主要因素有哪些？测定中如何注意这些影响因素？
8. 单扫描极谱与普通极谱的曲线图形是否有差别？为什么？
9. 极谱分析中的干扰电流有哪些？如何消除？
10. 极谱分析和电解分析有何显著的不同之处？

四、计算题

1. 极谱法测定水样中的镉，取水样 25.0 mL，测得扩散电流为 0.217 3 μA。在样品溶液中加入 5.0 mL 0.012 0 mol·L^{-1}镉离子标准溶液后，测得扩散电流为 0.544 5 μA，求水样中镉离子的浓度。(1.2×10^{-3})
2. 在 1 mol·L^{-1}盐酸介质中用极谱法测定 Pb^{2+}，若 Pb^{2+} 浓度为 2.0×10^{-4} mol·L^{-1}，滴汞流速为 2.0 mg·s^{-1}，汞滴下的时间为 4.0 s，求 Pb^{2+} 在此体系中所产生的极限扩散电流。(Pb^{2+} 的扩散系数为 1.01×10^{-5} cm^2·s^{-1})(3.3×10^{-2} μA)
3. 1.00 g 含铅的样品，溶解后配制在 100 mL 0.1 mol·L^{-1} HCl、1 mol·L^{-1} KCl、0.02%明胶溶液中，已知在此介质中 Pb^{2+} 还原的扩散电流常数为 3.78。取此样品溶液 20.0 mL 进行测定，测得扩散电流为 3.00 μA。实验测得 10 滴汞滴下的时间为 40.0 s，汞流速度为 2.00 mg·s^{-1}，求此样品中铅的质量分数。(0.038%)

实训

实训一 单扫描示波极谱法测定样品中的铅

实训目的

(1) 了解单扫描示波极谱法的原理及其特点。

(2) 掌握单扫描示波极谱仪的使用方法。

方法原理

单扫描示波极谱法的基本原理，是在含有被测离子的电解池的两电极上，施加一个随时间作线性变化的电压(称为扫描电压)。被测离子在滴汞电极上反应产生的极谱电流，通过电阻 R 时，在其两端产生电压降，此电压降经过放大后，加到示波器的垂直偏转板上，并在示波器的荧光屏上显示电流-电压曲线。峰电流与被测物质的浓度成正比，这是定量分析的依据。

本实训是在 KI、磺基水杨酸、抗坏血酸底液中用单扫描示波极谱法测定 Pb^{2+}。Pb^{2+} 与 I^- 形成配离子，该配离子能在电极上被吸附后，进行可逆的还原反应，形成灵敏度较高的配合吸附波，其峰电位为 -0.59 V(对 SCE)。此法适于人发、矿样和一些化学试剂等样品中铅的测定。

仪器与试剂

1. 仪器

示波极谱仪；容量瓶。

2. 试剂

50 $\mu g \cdot mL^{-1}$ 铅标准溶液；HCl 溶液(1+1)；25%磺基水杨酸；5%碘化钾；2.5%抗坏血酸。

实训内容

在 7 个 25 mL 容量瓶中，分别加入 4.00 mL 25%磺基水杨酸、2.5 mL 5%碘化钾、1.50 mL 2.5%抗坏血酸，数滴 HCl 溶液，再分别加入含量为 50 $\mu g \cdot mL^{-1}$ 的铅标准溶液 0.00、0.10、0.20、0.50、0.80、1.20、2.00 mL，用水稀释至刻度，摇匀。按顺序取上述试液约 10 mL 加到电解池中。示波极谱仪开始扫描，记下峰电流高度，作铅含量-峰电流高度工作曲线。

准确称取 0.5 g 样品，转移至 25 mL 容量瓶中，加 4.00 mL 25%磺基水杨酸、2.5 mL 5%碘化钾、1.50 mL 2.5%抗坏血酸，加数滴 HCl 溶液，用水稀释至刻度，摇匀。取 10 mL 上述样品液于电解池中，以同样条件作示波图，测定峰电流高度。

数据处理

根据样品峰电流高度，在所得的 Pb^{2+} 工作曲线上查出样品中 Pb^{2+} 的含量。

注意事项

(1) 实训前，应检查参比电极是否装好参比溶液；做低浓度实验时，一般需先通氮 2～5 min，以消除前后两个氧峰的干扰；做高浓度实验时，加入标样后，可以用磁力器进行搅拌。

(2) 电解池中废液必须倒入废液桶，严禁倒入水槽。

实训二　单扫描示波极谱法测定痕量铬

实训目的

(1) 了解单扫描示波极谱仪的原理及使用方法。

(2) 学习用单扫描示波极谱法测定水中痕量铬的方法。

方法原理

铬是有毒元素，是水质监测的重点元素之一。地面水水质标准规定：工业废水中铬的最高允许排放浓度为 0.1 mg・L^{-1}。

本实训是在 NH_3-NH_4Cl 底液中用单扫描示波极谱仪测定水中微量铬(Cd^{2+})。为消除溶解氧干扰，可加入少量 Na_2SO_3。由于氧在单扫描示波极谱条件下峰很小(氧为不可逆波，扫描速度较快时氧峰极小)，所以在样品浓度较大时，可以不除氧。通过加入少量动物胶可以消除极谱极大现象。

仪器与试剂

1. 仪器

示波极谱仪。

2. 试剂

1.00×10^{-3} mol・L^{-1}铬标准溶液；1 mol・L^{-1} NH_3-NH_4Cl 缓冲溶液(pH＝9)；无水 Na_2SO_3(AR)；0.1%动物胶。

实训内容

打开示波极谱仪，预热 20 min。

在 7 个 10 mL 容量瓶中分别加入 NH_3-NH_4Cl 缓冲溶液 2.0 mL，1.00×10^{-3} mol・L^{-1}铬标准溶液 0.00、0.05、0.10、0.20、0.30、0.40、0.50 mL，动物胶一滴，无水 Na_2SO_3 数粒，用纯化水稀释至刻度，摇匀。

用纯化水清洗电极，并用滤纸吸干。将上述配制好的溶液转入洁净的干燥的 15 mL 烧杯中，在电位－0.9～－0.4 V 范围内作极谱图，从极谱图上读取相应的标准溶液的峰高，绘制铬离子浓度与峰高的标准曲线。

在同样条件下吸取 5.00 mL 未知样品，并按与标准曲线制作相同的步骤测定未知样的峰高。平行测定三次。

数据处理

计算未知样品中铬含量的平均值、标准偏差。

注意事项

(1) 在测定之前应注意调节储汞瓶的高度，使汞滴的下落与仪器周期同步。

(2) 电极放入样品之后，应轻轻转动烧杯，使溶液搅拌均匀，静止片刻再滴定。

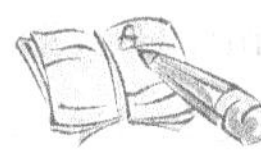

实训三　极谱法检测食品中的总硒

实训目的

(1) 了解极谱分析法在金属分析中的应用。

(2) 学习样品消化的方法。

(3) 掌握极谱分析定性、定量方法。

方法原理

硒是人体必需的微量元素之一。克山病、大骨节病均由体内缺硒造成。体内缺硒时，可使人的免疫力降低，癌症患病率升高。过量硒又能引起中毒、脱发、指甲改变等症状。硒有多种免疫与生物学功能，尤其是它的预防心血管病、抗肿瘤、对抗病毒性疾病及抗衰老等方面。

本实训测定的是食品中的总硒含量。食品样品经混酸消解后，各种形态的硒变为无机硒，并与亚硫酸钠反应生成硒硇，在碘酸钾存在的条件下可产生灵敏的催化波，其波高与硒含量成正比。

仪器与试剂

1. 仪器

极谱仪；消解仪。

2. 试剂

100 ng・mL^{-1}硒标准溶液；10%亚硫酸钠；消解剂，硝酸-高氯酸混合液(4+1)。

NH_3-NH_4Cl 缓冲液：将 20 g 氯化铵，5 g EDTA，200 mL 25%氨水混合，加水至 500 mL。

0.1%碘酸钾溶液：称取 0.50 g 碘酸钾，加入 20 mL 25%氨水，加水稀释至 500 mL。

硒底液：临用前，量取 200 mL 缓冲液加入 500 mL 容量瓶中，加入 50 mL 碘酸钾溶液，定容。

实训内容

1. 样品处理

取消化管，加入 0.200 g 食品样品，加入 1.00 mL 消解剂及 1 粒玻璃珠。将消化管放入消解仪上，于 160 ℃消解 3 h。取下消化管，放冷约 10 s 后，用加液器加入 100 μL 双氧水，于 160 ℃恒温消解 1 h；在消化管中加入 10.0 mL 水，此液称为样品溶液。在相同条件下，做空白实验。

2. 标准溶液的制备

取 5 只消化管，分别加入 0.00、0.20、0.40、0.60、0.80 mL 硒标准使用溶液，各管加水至 2.00 mL。于空白管中加入 2.00 mL 样品空白溶液，样品管中加入 2.00 mL 样品溶液。于空白管、样品管和标准管中各加入 2 滴高氯酸，混匀。再在各管中加入 2.0 mL 10%亚硫酸钠溶液，混匀，于室温下放置 20 min。于各管加入 4.00 mL 硒底液，混匀，即可用于测量。

3. 极谱条件

初始电位 −0.50 V，终止电位 −1.1 V。扫描速度 250 $mV \cdot s^{-1}$。参考峰电位 −0.82 V。

4. 测量

分别测量空白管、标准管和样品管溶液的峰高。

数据处理

(1) 找出线性范围及检出限。

(2) 计算精密度与回收率。

注意事项

(1) 硒是非金属元素，消化过程中硒酸易挥发，使回收率降低，因此要精密控制消化温度。

(2) 亚硫酸钠溶液要新配制，放置过久会失效，则无硒峰电流产生。

(3) 碘酸钾溶液应临用时配制，放置过久，催化效率会降低，使硒峰电流下降。

(4) 在底液中加入氨水，可防止碘酸钾分解。

模块八

电解和库仑分析法

学习目标

熟悉电解分析法的基本原理，掌握恒电流电解分析法和控制阴极电位电解分析法的原理与应用；了解电解与库仑分析仪的类型、结构和工作原理；熟悉库仑分析法的基本原理，熟悉分解电压与超电位的概念、法拉第电解定律和实现库仑分析的前提条件；掌握恒电流库仑分析法的原理、特点及应用。

任务一　电解分析法

电解分析法是最早出现的化学分析方法。它包括两方面的内容：一是利用外加电源，通过电解使被测元素以金属单质或金属氧化物的形式在电极上析出，并通过称量析出物质的质量，对被测元素进行定量测定的一种电化学分析方法，也称为电重量法。它与一般的重量法的区别在于：它不用化学试剂作为沉淀剂，而是以电子作为沉淀剂，通过电极反应使被测物质析出；二是它是通过电解实现物质定量分离的方法，称为电解分离法。电解分析法具有准确度高的特点，一般用于测定高含量的组分，常用于仲裁分析等对测定准确度要求高的场合。

一、电解分析法的基本原理

1. 电解现象

当在电解池的两个电极之间加一直流电压时，在两电极上便发生电极反应而引起物质的分解，同时有电流通过，该过程称为电解。同电位分析法一样，电解法也是使待测溶液和电极构成工作电池来进行分析的。但电位分析法的工作电池是原电池，而电解法的工作电池是电解池。

例如，在 $CuSO_4$ 溶液中侵入两个铂电极，通过导线分别与电池的正极和负极相连，如图 8-1 所示。当外加电压很小时，仅有微小的电流通过电解池。当两极之间有足够的电

压时，两电极上才发生连续不断的电极反应，电流明显增加。再继续增大外加电压，由电极反应产生的电流随电压的增大而直线上升。两电极发生的电极反应为

阴极反应：$Cu^{2+}+2e^{-}=Cu$

阳极反应：$2H_2O=4H^{+}+O_2+4e^{-}$

阳极上有氧气放出，阴极上有金属铜析出，电极反应伴随着电子的转移，所以电解实际上就是在外加电压的作用下，在浸入电解质溶液的电极上发生的氧化还原反应。电解池的负极即阴极，它与外界电源的负极相连，电解时阴极上发生还原反应；电解池的正极即阳极，它与外界电源的正极相连，电解时阳极上发生氧化反应。如果用网状铂电极作阴极，螺旋丝状铂电极作阳极进行电解，则通过称量电解前和电解完毕后铂网电极的质量，即可精确得到金属材料铜的质量，从而计算溶液中铜的含量。

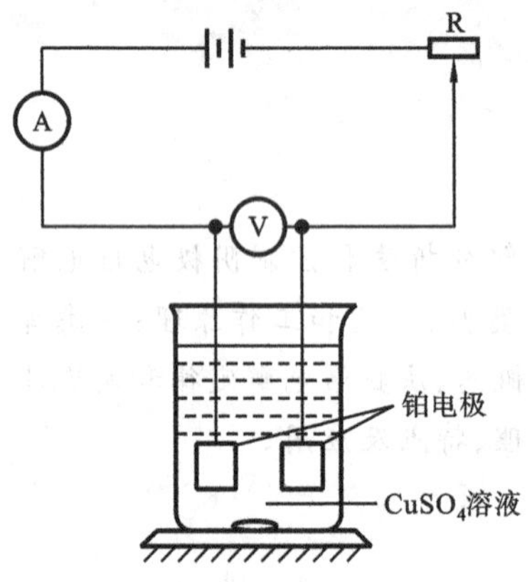

图 8-1　电解基本装置示意图

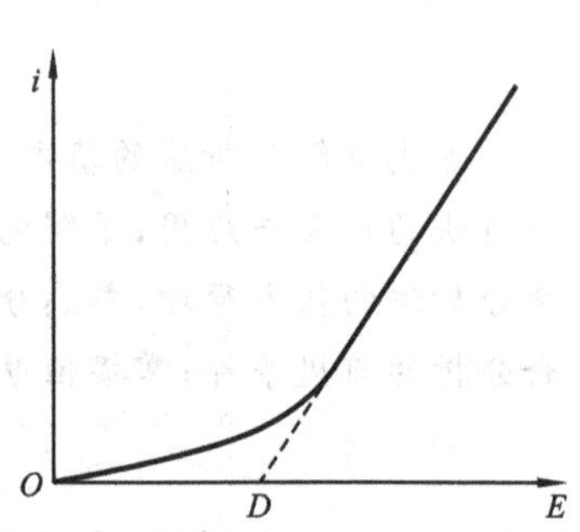

图 8-2　电解过程的电流-电压曲线

2. 分解电压与超电位

(1) 分解电压。

如前所述，在电解 $CuSO_4$ 溶液时，电解池系统外加电压很小时，仅有微小的电流通过电解池。当外加电压增加到某一数值时，两电极上才发生连续不断的电极反应，电流明显增加。再继续增大外加电压，由电极反应产生的电流随电压的增大而直线上升。以外加电压为横坐标，流经电解池的电解电流为纵坐标作图，即可得到如图 8-2 所示的电流-电压曲线。图中转折点 D 处所对应的电压，就是能够引起电解质电解的最低外加电压。这种被电解的物质在两电极上产生迅速的和连续不断的电极反应时所需的最小的外加电压就称为分解电压。从图 8-2 可见，欲使电解顺利进行，外加电压要大于分解电压。

外加电压必须大于分解电压电解过程才能顺利进行。因为当在电解池的两电极施加一定的外电压后，两电极发生了电极反应，此时铂阴极析出金属铜变成了铜电极，铂阳极产生了氧气变成了氧电极，并立即形成由氧电极和铜电极组成的原电池，产生一定的电动势，该电动势与外加电压的方向相反，它阻碍了电解过程的进行，因此称为反电动势($E_{反}$)。所以要使某一电解过程能够顺利进行，至少必须施加一个和反电动势大小相等(或稍大)、方向相反的外加电压，然后再增大电压，电解才可持续不断地进行，电解电流也随之显著增大。电解时电压与电流的关系表示如下：

$$E_{分解} - E_{反} = iR \tag{8-1}$$

式中：i 为分解电流；R 为电解回路总电阻。

从理论上讲，电解池的分解电压在数值上等于它本身所构成的原电池所产生的反电动势。根据能斯特公式计算，使反应进行需要提供的最小外加电压称为理论分解电压，即

$$E_{分解,理论} = E_{反} = \varphi_a - \varphi_c \tag{8-2}$$

式中：φ_a为阳极的电极电位；φ_c为阴极的电极电位。

【例 8-1】 计算在 0.100 mol·L^{-1} H_2SO_4介质中，电解 0.100 mol·L^{-1} $CuSO_4$溶液的理论分解电压。

解 由电极反应及式(8-2)得

$$\begin{aligned} E_{分解} &= \left(\varphi^{\ominus}_{O_2/H_2O} - \frac{0.059}{2}\lg\frac{1}{p^{1/2}_{O_2}a^2_{H^+}}\right) - \left(\varphi^{\ominus}_{Cu^{2+}/Cu} - \frac{0.059}{2}\lg\frac{1}{a_{Cu^{2+}}}\right) \\ &= \left[(1.23 - 0.337) - \frac{0.059}{2}\lg\frac{0.100}{1^{1/2}\times 0.200^2}\right]\text{V} \\ &= 0.881\ \text{V} \end{aligned}$$

该电压就是理论分解电压，它可由原电池的电动势求得。

(2) 超电位与极化。

电解时，实际所需的分解电压要比理论分解电压大，超出的部分是由于电极的极化作用引起的。极化是指电流流过电极时，电极电位偏离可逆电极电位的现象。为了表示电极的极化程度，通常以某一电流密度下的电极电位与可逆电极电位的差值表示，该差值称为超电位或过电位。由于超电位的存在，阴极电位一定要比可逆电极电位更负一些，阳极电位一定要比可逆电极电位更正一些，才能保证电解顺利进行。对于整个电解池来说，阳极超电位和阴极超电位的绝对值之和等于电解池的超电压或过电位。

根据极化产生的原因，极化分为浓差极化和电化学极化。

浓差极化前已叙及，此处不再赘叙。

电化学极化是由于电极反应迟缓引起的。电荷逾越相界面的放电反应所需要的超电位，称为电化学超电位。一般来说，析出金属时的超电位较小，可以忽略。当电极反应产生气体时，尤其是 H_2 和 O_2，超电位较大。H_2 和 O_2 在不同金属材料上的超电位值见表 8-1。超电位的存在使电解时消耗的电能增大，这是不利的一面；有利的一面在于氢在汞电极上的超电位特别大，使电动序中在氢以前的许多金属离子能在汞电极上析出。这是极谱分析法使用滴汞电极的原因之一。

电解时，由于超电位的存在，要使阳离子在阴极上析出，阴极电位一定要比可逆电极电位更负一些；要使阴离子在阳极上析出，阳极电位一定要比可逆电极电位更正一些。应该指出，在阴极上还原的不一定是阳离子，在阳极上氧化的也不一定是阴离子。在阴极上，析出电位越正者越容易还原；在阳极上，析出电位越负者越容易氧化。析出电位是对一个电极而言，分解电压是对整个电解池而言。对整个电解池来说，阳极超电位和阴极超电位的绝对值之和等于超电压(或称过电压)。

表 8-1　不同电极和电流密度时 H_2 和 O_2 的超电位(298 K)

电极材料	超电位/V							
	$0.001\,0\ A\cdot cm^{-2}$		$0.010\ A\cdot cm^{-2}$		$0.10\ A\cdot cm^{-2}$		$1.0\ A\cdot cm^{-2}$	
	H_2	O_2	H_2	O_2	H_2	O_2	H_2	O_2
平滑的 Pt	0.024	0.722	0.068	0.85	0.29	1.3	0.68	1.5
镀铂黑的 Pt	0.015	0.35	0.030	0.52	0.041	0.64	0.048	0.76
Au	0.24	0.67	0.39	0.96	—	—	0.80	1.6
Cu	0.48	0.42	0.58	0.58	0.80	0.66	1.3	0.79
Ni	0.56	0.35	0.75	0.52	1.1	0.64	1.2	0.85
Hg	0.9	—	1.0	—	1.1	—	1.2	—
Zn	0.72	—	0.75	—	1.1	—	1.2	—
Fe	0.40	—	0.56	—	0.82	—	1.3	—
Pb	0.52	—	1.0	—	1.2	—	1.3	—

分解电压包括理论分解电压和超电压，此外，还应包括电解池回路的电压降 iR。因此实际分解电压为

$$
\begin{aligned}
E_{分解} &= (\varphi_{+}+\eta_{+})-(\varphi_{-}+\eta_{-})+iR \\
&= (\varphi_{+}-\varphi_{-})+(\eta_{+}-\eta_{-})+iR \\
&= +iR
\end{aligned}
\tag{8-3}
$$

这就是电解时所需要的外加电压，该式称为电解方程式。式中：η_{+} 为阳极超电位，是正值；η_{-} 为阴极超电位，是负值；$E_{超电压}$ 为电解池的超电位。

式(8-3)说明了外加电压、分解电压及电解电流和电解池内阻之间的关系。当外加电压比分解电压大一个适当的数值时，电解电流 i 是正值，并随外加电压的增大而增大，电解持续进行。当外加电压小于分解电压时，电解电流是负值，表示电解池走向自己的反面，成为原电池，阴极上析出的金属将溶解。这也是为什么在电解分析法中，必须在切断外加电源以前将电极从电解质溶液中取出的原因。

【例 8-2】 在图 8-1 所示的 100 mL 0.100 $mol\cdot L^{-1}$ H_2SO_4 介质中电解 0.100 $mol\cdot L^{-1}$ $CuSO_4$ 溶液。若电解池内阻为 0.50 Ω，铂电极面积为 100 cm^2，电流维持 0.10 A，问需要多大的外加电压？

解　由式(8-3)知

$$E_{分解}=E_{分解,理论}+E_{超电压}+iR$$

由例 8-1 知 $E_{分解,理论}=0.881$ V。

超电压是铂阳极上 O_2 的超电位与铂阴极上 Cu 的超电位的绝对值之和。在此题中电流密度是 0.001 $A\cdot cm^{-2}$，由表 8-1 查得，O_2 在铂阳极上的超电位是 +0.722 V，析出金属 Cu 的超电位忽略不计。因此，超电压是 0.722 V。

电压降　　$iR=0.10\times0.50\ V=0.05\ V$

所以需要的外加电压

$$E_{分解}=(0.881+0.722+0.050)\ V=1.653\ V$$

二、电解法分离原理

用电解法测定某离子含量时，必须考虑其他共存离子的干扰，不难理解，各种离子析

出电位的差别就是电解分离的关键。如电解 Cu^{2+} 和 Ag^{+} 的混合溶液时，由于它们的析出电位相差很大，故可用电解法将它们分离。相反，电解 Pb^{2+} 和 Sn^{2+} 的混合液时，由于它们的析出电位相近，将同时在电极上析出，所以不能将它们分离。

在电解过程中，设有浓度相同的 A、B 两种二价的金属离子存在，A 的析出电位较正，故 A 先在电极上析出，但随着电解的进行，A 离子的浓度将不断地减小，因此阴极电位（此时取决于 A 离子的浓度）也将不断地变负，如果认为 A 离子的浓度被电解到溶液中只剩下为原来浓度的 10^{-6}～10^{-5} 倍时算作电解完全，那么这时的阴极电位将较开始时的析出电位负 0.15～0.18 V，如果此时还没有达到 B 离子的析出电位，B 离子就不会析出，就可以认为已经将这两种离子分离了。由此可见，电解时要使两种共存的二价离子分离，它们的析出电位相差必须在 0.15 V 以上。同理，分离两种共存的一价离子，它们的析出电位相差必须在 0.30 V 以上。

现以电解浓度分别为 0.01 $mol \cdot L^{-1}$ Ag^{+} 及 1 $mol \cdot L^{-1}$ Cu^{2+} 的硫酸盐为例来说明。由于银、铜的超电位很小，可以忽略不计，因此它们的析出电位分别等于它们的平衡电极电位，可用能斯特公式求得：

银的析出电位

$$\varphi_{Ag}=\varphi^{\ominus}_{Ag^{+}/Ag}+0.059\lg a_{Ag^{+}}=(0.80+0.059\lg 0.01)\ V=0.68\ V$$

铜的析出电位

$$\varphi_{Cu}=\varphi^{\ominus}_{Cu^{2+}/Cu}+\frac{0.059}{2}\lg a_{Cu^{2+}}=\left(0.34+\frac{0.059}{2}\lg 1\right)\ V=0.34\ V$$

因为 $\varphi_{Ag}>\varphi_{Cu}$，故 Ag^{+} 先在阴极上还原析出。

在电解过程中，Ag^{+} 浓度逐渐降低，阴极电位也随之变小。若设 Ag^{+} 浓度降至 10^{-7} $mol \cdot L^{-1}$ 时，可认为 Ag^{+} 已经电解完全，此时阴极电位为

$$\varphi_{Ag}=\varphi^{\ominus}_{Ag^{+}/Ag}+0.059\lg a_{Ag^{+}}=(0.80+0.059\lg 10^{-7})\ V=0.39\ V$$

因此当控制外加电压使阴极电位为 0.39 V 时，Ag^{+} 可完全析出而 Cu^{2+} 还没有析出，这样就可以将银和铜完全分离。

三、电解分析法及其装置简介

1. 恒电流电解分析法

恒电流电解分析法也称为控制电流电解分析法。它是在恒定的电流条件下进行电解，然后直接称量电极上析出物质的质量来进行分析的。其电解装置如图 8-3 所示。用直流电源作为电解电源，加在电解池上的电压可用可变电阻 R_1 调节，并可通过电压表Ⓥ指示。通过电解池的电流可从电流表Ⓐ读出。通过调节 R_1，不断增大外加电压，使电解电流大体保持恒定不变。以铂网电极为阴极，螺旋形铂丝作阳极并兼作搅拌之用。

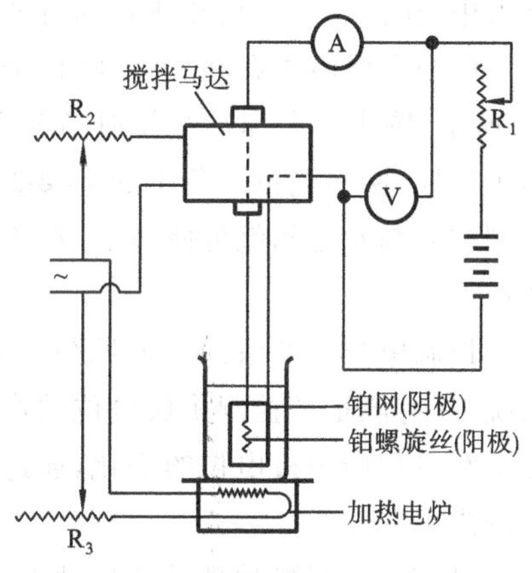

图 8-3 恒电流计电解法装置示意图

电解时，通过电解池的电流是恒定的。一般来说，电流越小，镀层越牢固，但所需时间就越长。实际工作中电解电流一般控制在 2 A 左右。随着电解的进行，被电解物质不断析出，电解电流将逐步下降。为保持电流恒定，必须增大外加电压。

本法的优点是装置简单，测定速度快，准确度高(相对误差可达到 0.2%)。缺点是选择性差，一般仅适用于溶液中只含有一种金属离子的测定，这是因为随着电解的不断进行，溶液中被测离子浓度不断下降，阴极电位也随之变负。当此电位达到溶液中其他离子的析出电位时，其他离子也将在阴极上析出，造成析出物的不纯。但这种方法可以分离电极电位表上在氢以下的金属和氢以上的金属。

恒电流电解分析法的一些应用实例见表 8-2。

表 8-2　用控制电流电解分析法测定的常见元素

离　子	称量形式	条　件
Cd^{2+}	Cd	碱性氰化物溶液
Co^{2+}	Co	氨性硫酸盐溶液
Cu^{2+}	Cu	HNO_3-H_2SO_4溶液
Fe^{2+}	Fe	$(NH_4)_2CO_3$溶液
Pb^{2+}	Pb	HNO_3溶液
Ni^{2+}	Ni	氨性硫酸盐溶液
Ag^{+}	Ag	氰化物溶液
Sn^{2+}	Sn	$(NH_4)_2C_2O_4$-$H_2C_2O_4$溶液
Zn^{2+}	Zn	氨性或强 NaOH 溶液

2. 控制阴极电位电解分析法

在控制阴极或阳极电位为一定值的条件下进行电解的方法称为控制电位电解分析法。

当溶液中存在两种以上可沉积的金属离子时，要使被测离子完全析出而共存离子不析出，电解时必须控制工作电极(通常是阴极)的电位，使其在电解的过程中始终介于被测离子和共存离子的析出电位之间。这样被测金属将析出沉积在电极上，共存离子仍留在溶液中，从而达到分离和测定的目的。

假设电解液中存在 A、B 两种金属离子，它们的电解电流与阴极电位关系曲线如图 8-4所示，图中 a 点和 b 点分别代表 A、B 两种离子的析出电位。从图中可以看出，要使 A 离子还原，阴极电位须负于 a，但要防止 B 离子析出，阴极电位又须正于 b，因此，阴极电位控制在 a 与 b 之间就可使 A 离子定量析出而 B 离子仍留在溶液中，这样就提高了方法的选择性。

控制电位电解法的装置见图 8-5。与恒电流电解装置的不同之处在于它采用三电极系统，具有测量及控制阴极电位的作用。利用电位计测量参比电极与阴极的电位差，以监控电解过程中阴极电位的变化，通过调节可变电阻可使阴极电位保持在特定数值或一定范围内。

目前已经有各种型号的自动控制恒电位电解仪，其装置如图 8-6 所示。它的阴极电位由恒电位源决定。电解开始前，调节变压器触点至适当位置，使甘汞电极和阴极之间的

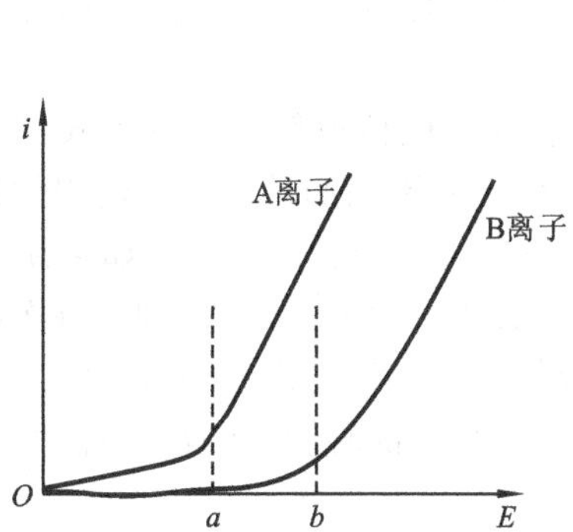

图 8-4 电解电流-阴极电位曲线

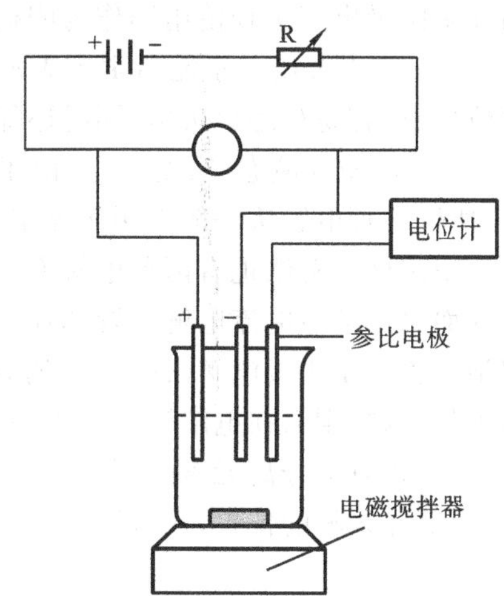

图 8-5 控制电位电解装置

电位差等于恒电位源的电动势，此时电阻 R 上没有电流通过。随着电解的进行，阴极电位变负，电阻 R 上将有电流通过，这样在电阻上就产生了一个电压降，经过放大器放大后，推动电动机运转，带动变压器上的触点移动，从而使阴极电位恢复到原先的数值。

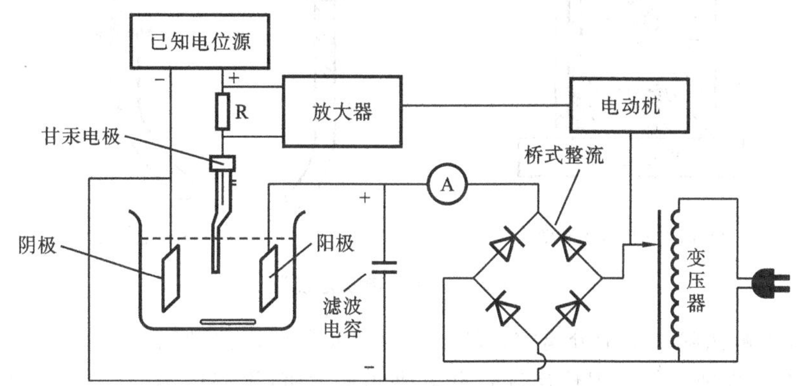

图 8-6 自动控制阴极电位电解装置

在控制电位电解过程中，由于被测金属离子在阴极上不断还原析出，所以电流随电解时间的延长而减小，最后达到恒定的最小值。阴极电位虽然不变，但外加电压却随时间下降，此时可以认为电解已经完全。

由于控制阴极电位能有效地防止共存离子的干扰，因此选择性好。该法既可用于定量测定，又可广泛地用作分离技术，常用于多种金属离子共存情况下某一种离子含量的测定。

3. 汞阴极电解法

前述电解分析的阴极都是以铂作阴极，如果以汞作阴极即构成汞阴极电解法。这种方法主要应用于除掉大量共存组分，有利于对微量组分的测定。以汞作阴极进行电解与普通的以铂作阴极的电解的不同之处主要有以下方面。

(1) 氢在汞阴极上的过电位很大，当电流密度为 0.01 $A \cdot cm^{-2}$时，过电位可达到 1.1 V 以上。所以在酸性溶液中，许多电动序高于氢的元素可先于氢在汞阴极上还原析出。

因此汞阴极电解法较使用铂作为阴极的电解分析法有更为广泛的应用。

(2) 许多金属元素能与汞形成汞齐，因此在汞阴极上这些金属的活度会减小，使析出电位变正，容易被还原析出；同时还能防止它再次被氧化溶解。

(3) 因汞为液态，密度大，不便于洗涤和干燥，更不便于称量，加上汞易挥发，蒸气有毒，所以这种电解法一般不用于测定，只用作分离。

汞阴极电解法也有两种电解方式，即恒电流电解和控制电位电解。两种方式的装置和前面讨论的恒电流电解装置和控制电位电解装置类似。所不同的是本法中使用的是电解池装置。汞阴极电解法的电解池有多种形状，常见的两种如图 8-7 所示。如果用作控制电位电解，则需在电解池中插入一支甘汞电极。麦拉文式电解池应用较方便，每次电解后，可将含有欲分离元素的那部分汞放出，进一步作分析处理。第二次使用时只需旋转活塞，调节储汞杯的位置，就可以充入新汞，可以很方便地进行汞的转移，并避免可能造成的污染。

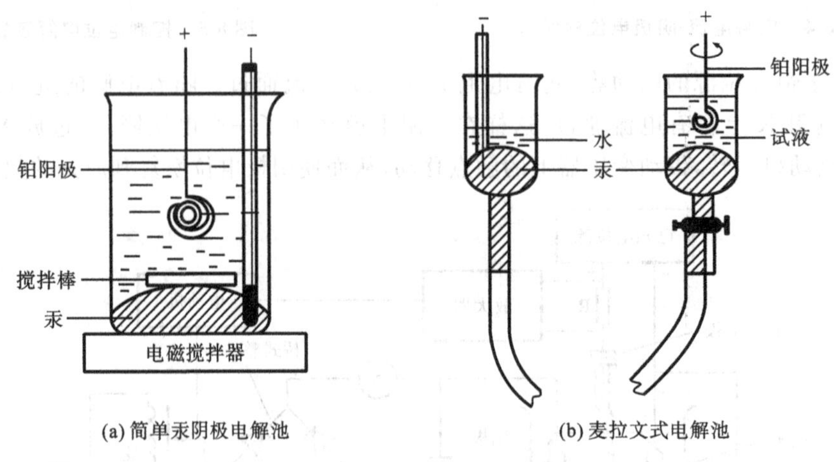

(a) 简单汞阴极电解池　　(b) 麦拉文式电解池

图 8-7　汞阴极电解池装置

汞阴极电解法除了用于分离常量的待测金属元素外，还有如下一些特殊的用途。

① 试剂的提纯。试剂中往往含有重金属元素杂质，影响试剂的纯度，这些微量重金属杂质可以很方便地用汞阴极电解法除去。

② 分离样品中的基体元素，以便测定微量成分。例如，钢铁中铅的测定，可以用汞阴极电解法分离除去大量的铁，然后很方便地用吸光光度法测定铅；又如，球墨铸铁中镁的测定，也可以用汞阴极电解法分离除去大量铁，然后用吸光光度法测定镁。

③ 分离和富集微量元素，以便分析测定。用汞阴极法分离样品中的微量元素，不但可使之与干扰元素分离而且可以起到富集作用，对微量成分的测定特别有好处。

任务二　库仑分析法

库仑分析法建立于 1940 年左右，它是在电解分析法的基础上发展起来的。库仑分析法是以法拉第定律为依据，通过测量电解完全时所消耗的电量来计算被测物质的含量的，所以这种方法又称为电量分析法。显然，库仑分析法的条件是必须保证电极反应专一，电解电流效率为100%。

根据电解过程中控制的条件不同，库仑分析法可分为恒电位库仑分析法和恒电流库仑分析法两种，可用于对无机和有机化合物，尤其不稳定化合物的定量分析。该方法准确度较高，因此其应用范围在不断地扩大。

一、库仑分析法原理

库仑分析法的基础是法拉第电解定律，法拉第电解定律可用如下关系式表示：

$$m = \frac{MQ}{nF} \tag{8-4}$$

式中：m 是被测物质在电极上析出的质量，g；Q 是通过电解池的电量，C；M 是被测物质的摩尔质量，$g \cdot mol^{-1}$；n 是电极反应转移的电子数；F 是法拉第常数，表示在电极上析出1 mol物质所需的电量为96 487 C。

在恒电流库仑分析中，电解电流 i 恒定不变，电流与电解时间 t 的乘积即为电量：$Q=it$。故式(8-4)可写为

$$m = \frac{MQ}{nF} = \frac{itM}{96\ 487n} \tag{8-5}$$

由式(8-4)、式(8-5)可以看出，对给定的被测物质，在适当的条件下电解，根据测得的电量，便可求得被测物质的含量。

这里应指出的是，上述所测得的电量应是全部用于被测物质所进行的电极反应，也就是电解电流效率为100%的情况，但在电解分析过程中，共存的电活性杂质的副反应也会消耗一定的电量，使电解电流效率达不到100%。因此，应用库仑分析法时应特别注意避免可能发生的各种副反应，提高电解电流效率，例如，使用铂电极可以减小电极副反应的影响，通过提纯溶剂可以消除溶剂及其离子所消耗的电量，通过控制实验条件可避免其他副反应的影响。

二、控制电位库仑分析法

1. 方法原理与装置

控制电位库仑分析法是指在电解过程中通过严格控制电极电位，使被测金属完全析出，而其他干扰性的金属不被析出，根据电解过程所消耗的电量，计算被测元素的含量的方法。

所用的仪器装置如图8-8所示，与电解分析法的仪器装置基本相同，不同的是在电解电路中串联了一个库仑计，以测量电解过程中消耗的电量。

测定时，一般先向样品溶液中通入几分钟惰性气体（如 N_2），以除去其中的溶解氧。然后调整工作电极的电位到一个适宜的数值，进行电解，直到电解电流低到接近于零。由库仑计可测得整个电解过程所消耗的电量，就可以求得被测物的含量。

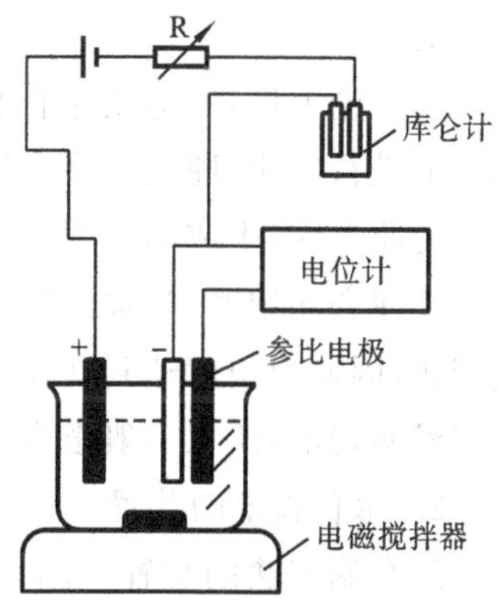

图8-8 控制电位库仑分析法装置示意图

2. 特点及应用

控制电位库仑分析法的特点是不需要标准溶液且选择性高,因此可进行金属元素混合物溶液的直接分离和分析。例如,可在多金属离子的样品溶液中依次测定铜、铋、铅和锡等元素:在试液中加入酒石酸,并调节酸度近于中性,使锡离子以酒石酸配合物形式掩蔽起来,以饱和甘汞电极为参比电极,首先控制负极电位为−0.2 V进行电解,当电解电流降为零时,根据所消耗的电量可测定出铜的含量,然后调节负极电位为−0.4 V进行电解,可测出铋离子的含量,再调节负极电位为−0.6 V进行电解,可测出铅离子的含量,最后使试液酸化,使锡离子解蔽出来,调节电位为−0.65 V进行电解,就可以测出锡离子的含量。

由于恒电位库仑分析法不需要称量电解产物,只要测量被测物质在电极上反应所消耗的电量,即可确定组分含量,因此,对于没有固体电解产物的样品也能应用,并且分析结果具有较高的准确度。例如,可以利用 Fe^{2+} 在一定的电势下转化为 Fe^{3+} 来测定 Fe 的含量,可利用 H_3AsO_3 在铂电极上氧化成 H_3AsO_4 的电极反应测定砷的含量。此外,此法还可应用于有机化合物含量的测定,如三氯乙酸和苦味酸等有机化合物在一定电势下可以在阴极上被定量还原。

三、恒电流库仑分析法

1. 方法原理

恒电流库仑分析法,也称为库仑滴定法,是在特定的电解液中,控制恒定的电流进行电解,以电解反应的产物作为"滴定剂"与待测物质定量作用,借助于电位法或指示剂来指示滴定终点,根据达到滴定终点的时间和电解电流求得所消耗的电量,按照式(8-5)和化学计量关系求得被测物质的含量的。因此库仑滴定法不需要按照化学滴定和其他仪器滴定分析中的标准溶液和体积进行计算。由此可见,库仑滴定法不必配制标准溶液,其标准溶液来自于电解时的电极产物,产生后立即与溶液中待测物质反应。又由于电解时间和电流都能精确测量,因而库仑滴定中的电量容易控制和准确测量,所以,库仑滴定法是目前最准确的常量分析法,也是一种灵敏度很高的微量分析法,可分析 10^{-9}~10^{-5} g·mL^{-1} 的组分含量。

从理论上讲,恒电流库仑滴定法可以按照两种方式进行,一种是被测物质直接在工作电极上进行反应,即直接库仑滴定法;另一种是利用辅助电解质,在一个工作电极上进行氧化还原反应,生成滴定剂,再与溶液中被测物质作用,即间接库仑滴定法。实际上,在进行直接库仑滴定时,当被测物质在电极上直接进行反应时,电极电势就会随反应进行而迅速变化,因而很快就达到副反应开始发生的电极电势,因此要保证100%的电解电流效率是很难实现的,所以一般很少采用直接库仑滴定法进行测定。

2. 库仑滴定的装置

库仑滴定法的装置如图8-9所示。装置包括终点指示系统和电解发生系统两大部分。前者的作用是指示滴定终点,以确定控制电解的结束;后者的作用是提供数值已知的恒电流,产生滴定剂并准确记录滴定时间。电解发生系统包括电解池(或称库仑池)、计时

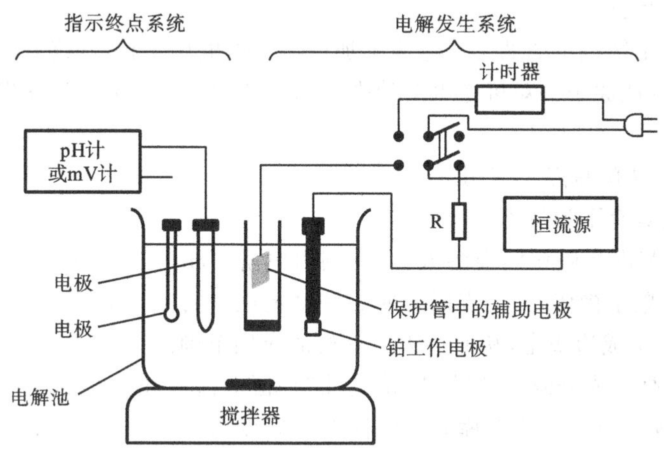

图 8-9　库仑滴定法装置示意图

器和恒流源。电解池中需插入工作电极，辅助电极及用于指示终点的电极。

为了实现数字直读和自动化，现采用恒流脉冲发生器作为恒流电源。电解池中，铂阴极为工作电极，产生滴定剂；铂阳极为辅助电极，通常要加隔离套，防止滴定过程发生干扰；玻璃电极和指示电极用来指示滴定终点。电解时间可用电秒表或精密计时器测量。

3. 库仑滴定指示终点的方法

由于电流和时间现在都可准确测量，因此影响库仑滴定准确度的一个重要因素是滴定终点指示的灵敏度和正确性，库仑滴定指示滴定终点的方法有化学指示剂法、电位法、电流法以及分光光度法等。常用的有以下三种。

(1) 化学指示剂法。

普通容量分析中所用的化学指示剂，均可用于库仑滴定法中。例如，肼的测定，电解液中有肼和大量 KBr，加入甲基橙为指示剂，电极反应为

铂阴极：　　$2H^+ + 2e^- = H_2$

铂阳极：　　$2Br^- = Br_2 + 2e^-$

电极上产生的 Br_2 与溶液中的肼起反应：

$$NH_2NH_2 + 2Br_2 = N_2 + 4HBr$$

过量的 Br_2 使指示剂褪色，指示终点，停止电解。

(2) 电位法。

利用库仑滴定法测定溶液中酸的浓度时，可用玻璃电极和甘汞电极为检测终点电极，用 pH 计指示终点。此时铂电极为工作电极，银阳极为辅助电极。电极上的反应为

铂阴极(工作电极)：　　$2H^+ + 2e^- = H_2$

银阳极(辅助电极)：　　$2Ag + 2Cl^- = 2AgCl + 2e^-$

工作电极发生的反应使溶液中有多余的 OH^-，作为滴定剂，使溶液中的酸度发生变化，由 pH 计上指示的 pH 值的突跃可指示终点。

(3) 永停终点法。

通常是在指示终点用的两支铂电极上加一小的恒电压，当达到终点时，由于试液中存在一对可逆电对(或原来一对可逆电对消失)，当铂指示电极的电流迅速发生变化时，则表示终点到达。

4. 库仑滴定法的特点及应用

库仑滴定法具有下列特点。

(1) 不需要基准物质和标准溶液，滴定剂由电解产生。这一方面减少了配制、标定、保管标准溶液等繁杂操作，另一方面可使一些稳定性差的滴定剂(Cu^+、Fe^{2+}、Mn^{2+}、Cl_2、Br_2、I_2等)边电解生成边滴定，从而扩大了分析的应用范围。

(2) 准确度高。库仑滴定法的“原始基准”是恒电流源和计时器，它们既不受化学性质的影响，测定又很准确。因此库仑滴定法的准确度高，一般相对误差达千分之几，可用作仲裁分析。

(3) 灵敏度高，适于微量和痕量分析。

(4) 易于实现自动化和数字化，可用于在线分析和环境连续监测分析。

由于库仑滴定法具有准确、快速、灵敏及仪器设备简单等特点，特别适合于成分单纯的样品(如半导体材料、试剂等)的常量分析；可适用于各种类型的化学滴定法，如酸碱滴定、氧化还原滴定、沉淀滴定及配位滴定等。表 8-3 列举了一些库仑滴定的应用实例。

表 8-3 库仑滴定法的典型应用

电生滴定剂	电极反应	被测物质
H^+	$2H_2O = O_2 + 4H^+ + 4e^-$	各种碱
OH^-	$2H_2O + 2e^- = H_2 + 2OH^-$	各种酸
Ag^+	$Ag = Ag^+ + e^-$	Cl^-、Br^-、I^-、硫醇类
EDTA	$HgNH_3Y^{2-} + NH_4^+ + 2e^- = Hg + 2NH_3 + HY^{3-}$	Ca^{2+}、Cu^{2+}、Zn^{2+}、Pb^{2+}
Br_2	$2Br^- = Br_2 + 2e^-$	As(Ⅲ)、Sb(Ⅲ)、U(Ⅳ)、酚、8-羟基喹啉
I_2	$2I^- = I_2 + 2e^-$	As(Ⅲ)、Sb(Ⅲ)、$S_2O_3^{2-}$、H_2S
Mn^{3+}	$Mn^{2+} = Mn^{3+} + e^-$	$H_2C_2O_4$、Fe(Ⅱ)、As(Ⅲ)
Ag^{2+}	$Ag^+ = Ag^{2+} + e^-$	Ce(Ⅲ)、V(Ⅳ)、$H_2C_2O_4$、As(Ⅲ)
Fe^{2+}	$Fe^{3+} + e^- = Fe^{2+}$	Cr(Ⅵ)、V(Ⅴ)、Ce(Ⅳ)
Ti^{3+}	$TiO_2 + 4H^+ + e^- = Ti^{3+} + 2H_2O$	Fe(Ⅲ)、V(Ⅴ)、Ce(Ⅳ)
$CuCl_3^{2-}$	$Cu^{2+} + 3Cl^- + e^- = CuCl_3^{2-}$	V(Ⅴ)、Cr(Ⅵ)、IO_3^-

由表 8-3 可以看出，一些不稳定的滴定剂，如 Br_2、Ag^{2+}、Ti^{3+} 等，在化学滴定法中的应用是很困难的，但在库仑滴定法中可以使用，这也是库仑滴定法的一大特点。因此，土壤、肥料、水质及生物材料等样品的分析，只要满足电解电流效率达 100%条件的都可以用库仑滴定法测定。例如，在环境保护方面，可利用库仑滴定法测定 CN^-、SO_2、As、氮氧化物等有害物质，以及测定 BOD、COD 等水质污染指标，并且具有独特的优点，便于组成自动连续监测装置。目前已经有自动数字显示的库仑滴定仪，使用方便，精密度较高。

知识链接

库仑分析法应用实例

库仑分析法与容量分析法相比，不需要制备标准溶液，不稳定试剂可以就地产生，样品量小，电流和时间能准确测定。它具有准确、灵敏、简便和易于实现自动化等优点。库仑分析法用途较广，不仅可用于石油化工、环保、食品检验等方面的微量或常量成分分析，而且还能用于化学反应动力学及电极反应机理等的研究。

库仑分析法可以测定微量水、硫、碳、氮、氧和卤素等等。

1. 微量水分的测定

卡尔·费休(Karl Fischer)在1935年首先提出测定水分含量的特效容量分析法，称为卡尔·费休法。它以卡尔·费休试剂作为滴定剂来滴定样品中的水分，相当于滴定分析中的碘量法。1955年A. S. Meyer和C. M. Bogd等将卡尔·费休容量法与库仑分析法相结合，用电解方式产生I_2，建立了卡尔·费休库仑法测定水分含量的方法，该方法是一种广泛用于测定液体、气体和固体样品中的微量水分的电化学分析法，操作方便，易于自动化。

卡尔·费休试剂是含有甲醇、二氧化硫、吡啶和碘的混合试剂。

在醇介质中，卡尔·费休反应表示如下：

$$2ROH + SO_2 \rightleftharpoons RSO_3^- + ROH_2^+ \quad （溶剂化作用）$$

$$B + RSO_3^- + ROH_2^+ \rightleftharpoons BH^+SO_3R^- + ROH \quad （缓冲作用）$$

$$H_2O + I_2 + BH^+SO_3R^- + 2B = BH^+SO_4R^- + 2BHI \quad （氧化还原）$$

在含碱B(吡啶)的缓冲溶液中，SO_2与醇反应产生烷基磺酸盐，其最佳pH值为5～8。pH<3时，反应缓慢。pH>8时，副反应发生。当H_2O存在时，若加入I_2，则发生氧化还原反应。在容量分析的滴定反应中，I_2由滴定管加入。在库仑滴定中I_2由I^-在阳极上电解而产生，电极反应为

铂阳极：　　$2I^- = I_2 + 2e^-$

由于吡啶、甲醇有毒，可改用无毒无味的卡尔·费休试剂（主要成分：I_2、SO_2、甲醇溶液等）。

2. 有机化合物中硫等成分的测定

样品中的硫在合适条件下，经燃烧转化为SO_2，由载气带入电解池中发生如下反应：

$$SO_2 + I_3^- + 2H_2O \rightleftharpoons SO_4^{2-} + 3I^- + 4H^+$$

导致I_3^-浓度降低，微库仑放大器的平衡状态破坏，$\Delta E \neq 0$，放大器中输出相应的电流，此时，阳极发生如下反应：

$$3I^- \rightleftharpoons I_3^- + 2e^-$$

从而使由SO_2消耗的I_3^-浓度恢复至原浓度，终点到达，自动停止电解。读出装置可显示出硫的含量。

3. 化学需氧量的测定

在环境保护中需要测定化学需氧量(COD)，这是评价水质污染的重要指标

之一。COD是指在一定条件下，1 L水中可被氧化的物质（有机物或其他还原性物质）氧化时所需要的氧的量。

在10.2 mol·L^{-1}硫酸介质中，以重铬酸钾为氧化剂，将水样回流消化15 min。通过铂阴极电解产生的Fe^{2+}与剩余的$K_2Cr_2O_7$作用。由消耗的电量计算COD值：

$$COD=\frac{i(t_0-t_1)}{96\ 485\ V}\times\frac{32}{4}$$

式中：i为恒电流，A；t_0为电解产生的Fe^{2+}标定电解池中重铬酸钾浓度所需要的电解时间，s；t_1为测定剩余重铬酸钾所需要的电解时间，s；V为水样体积，mL。

习　题

1. 什么是电解分析？它有何特点？
2. 分解电压和超电位的含义是什么？影响超电位的因素有哪些？
3. 试比较常用的三种电解方法的异同，为何恒电流电解法的选择性差，而控制电位电解法的选择性较好？
4. 试述库仑滴定的基本原理。
5. 汞阴极电解与通常的铂电极电解相比具有什么特点？
6. 应用库仑分析法进行定量分析的关键问题是什么？
7. 用库仑滴定法测定防蚁制品中砷的含量。称取样品6.39 g，溶解后用肼将As(Ⅴ)还原为As(Ⅲ)。在弱碱性介质中，由电解产生的I_2来滴定As(Ⅲ)：

$$2I^- \rightleftharpoons I_2+2e^-$$

$$HAsO_3^{2-}+I_2+2HCO_3^- \rightleftharpoons HAsO_4^{2-}+2I^-+2CO_2+H_2O$$

电流为95.4 mA，到达终点需14分钟2秒，计算样品中As_2O_3的质量分数为多少？(0.64%)

8. 在0.5 mol·L^{-1} H_2SO_4溶液中，电解0.100 mol·L^{-1} $CuSO_4$溶液，使之开始电解的理论分解电压为多少？（已知$E^\ominus_{Cu^{2+}/Cu}=0.337$ V，$E^\ominus_{O_2/H_2O}=1.23$ V）(0.923 V)
9. 若用2.00 A的电流电解$CuSO_4$的酸性溶液，则沉淀400 mg Cu(M=63.54 g·mol^{-1})需要的时间（以秒计）为多少？(607 s)
10. 在$CuSO_4$溶液中，用铂电极以0.100 A的电流通过10 min，在阴极上沉淀的Cu(M=63.54 g·mol^{-1})的质量是多少？(19.7 mg)
11. 从含0.400 mol·L^{-1} Ni^{2+}和0.200 mol·L^{-1} $HClO_4$的100 mL溶液中，将镍沉积在铂阴极上，铂阳极上放出O_2。若通过电解池的电流维持为0.450 A，电解池内阻为2.00 Ω，铂电极的面积为4.5 cm^2，试求：(1)理论分解电压；(2)iR降；(3)开始电解时的外加电压；(4)当Ni^{2+}浓度为0.010 mol·L^{-1}时，需要电解多长时间？（已知

$E^{\ominus}_{Ni^{2+}/Ni}=-0.246\ V,E^{\ominus}_{O_2/H_2O}=1.23\ V$)(1.45 V,0.90 V,3.65 V,8 362 s)

12. 用库仑滴定法测定苯酚含量。将 10.0 mL 含苯酚的试液放入烧杯中,再加入一定量的 HCl 和 0.1 $mol \cdot L^{-1}$ NaBr 溶液。由电解产生 Br_2 来滴定 C_6H_5OH:

$$2Br^- \rightleftharpoons Br_2 + 2e^-$$

$$C_6H_5OH + 3Br_2 \rightleftharpoons C_6H_2Br_3OH + 3HBr$$

电流为 6.43 mA,到达终点所需时间为 112 s,计算溶液中苯酚的浓度为多少?($1.24\times10^{-4}\ mol \cdot L^{-1}$)

实训

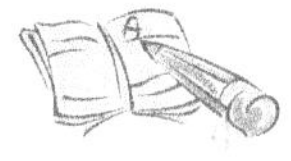

实训一 恒电流电解法测定精铜中铜的含量

实训目的

(1) 掌握恒电流电解法的基本原理。

(2) 学习电解法的实验技术。

方法原理

电解法是通过电解使金属离子在电极上还原成金属,或氧化成氧化物而析出,然后根据析出物的质量确定被测物质含量的分析方法。

精炼铜含铜量在 99.9%以上,需要有高精度的分析方法,常用电解分析结合光度法来测定。样品溶于硝酸后,先用恒电流电解铜的硝酸溶液,称量在铂网电极上析出的铜量,再用光度法测定电解液中残留的量,从两者相加来计算精铜中铜的含量。

电解时,溶液的酸度是很重要的因素,酸度过高使电解时间延长或电解不完全,酸度不足则析出的铜易被氧化。最适宜的酸度是在 0.5～0.8 $mol \cdot L^{-1}$ 的硝酸溶液中,硝酸有去极化作用,能防止氢气在阴极上析出,有利于金属在阴极上沉积。硝酸根离子还原时的电极反应为

$$NO_3^- + 10H^+ + 8e^- = NH_4^+ + 3H_2O$$

硝酸溶液中常含有各种低价氮的氧化物,它们能影响铜的定量沉积,故常需将溶液煮沸或加尿素等以除去之。

在酸性溶液中电解时,析出电位比铜离子负的金属一般不干扰测定。但 Fe^{3+} 因能在阴极上还原为 Fe^{2+},而 Fe^{2+} 又能还原硝酸产生亚硝酸,故应设法掩蔽。析出电位比铜更正的金属离子有干扰,应设法消除。但铅不干扰测定,因为在此条件下,生成 PbO_2 在阳极析出。

仪器与试剂

1. 仪器

电解分析仪;电解直流电源;铂网电极、螺旋形铂丝电极各一个;分光光度计一台。

2. 试剂

硝酸溶液(1+1);0.1 mol·L^{-1}盐酸;30%柠檬酸溶液;10%EDTA 溶液;0.2%铜试剂;0.5%阿拉伯胶溶液;氨水(1+1);尿素;无水乙醇。

2.00×10^{-3} mol·L^{-1}铜标准溶液:称取金属铜(99.9%)0.127 1 g,溶解于 10 mL 硝酸溶液(1+1)中,煮沸以除去氮化物,冷却,移入 1 000 mL 容量瓶中,以水稀释至刻度,摇匀。

实训内容

1. 铜的电解

(1) 将铂网电极置于硝酸溶液(1+1)中微热 4~5 min,取出后先用自来水冲洗,再用蒸馏水清洗,然后将电极浸入装有乙醇的烧杯中,浸洗两次。取出铂网电极放入烘箱中,于 105 ℃左右烘烤 5 min,移入干燥器中冷却,备用。

(2) 准确称取 1.5~2 g 精炼铜样品,再放上已处理好的铂网电极(阴极),称取其总质量为 m_1。将样品置于 250 mL 高型烧杯中,加入硝酸溶液(1+1)25~30 mL,盖好表面皿,在电热板上加热使样品分解完全(反应应缓慢进行,以免溅失),继续小心煮沸,赶尽氮的氧化物,取下烧杯稍冷后,用水洗涤表面皿及杯壁,加水稀释至 150 mL,加脲素 0.5 g,0.1 mol·L^{-1}盐酸 2 滴,搅拌均匀。

(3) 将铂网和铂螺旋形电极安装在电解分析仪上(铂网作阴极,螺旋形铂丝作阳极),轻轻转动阳极,此时,两电极应不能相碰。然后放上电解液烧杯,使铂网电极浸入试液中,以 0.5 A 电流进行电解,电解过夜。

(4) 在不中断电流的情况下,慢慢地将电解液烧杯向下移,在向下移动的同时用蒸馏水冲洗电极。待网状电极全部移出液面并已充分用水洗涤后,中断电流,取下阴极,浸入酒精中片刻。放在表面皿上于 105 ℃左右的烘箱中烘 5 min,取出,放入干燥器中冷却至室温。然后用同一天平称重,得质量 m_2。将铂网电极置温热的硝酸溶液(1+1)中,溶去铜的镀层。取出洗净后备用。

2. 光度法测定电解溶液中的残留铜

(1) 将电解析出铜后的溶液移入 250 mL 容量瓶中,用水稀释至刻度,摇匀。然后吸取 10.0 mL 此溶液置于 50 mL 容量瓶中,加 30%柠檬酸溶液 10 mL,10%EDTA 溶液 2 mL,氨水(1+1)5 mL,0.5%阿拉伯胶溶液 5 mL,0.2%铜试剂 5 mL,用水稀释至刻度,摇匀。15 min 后,在 470 nm 处测定吸光度。同时做试剂空白实验。

(2) 标准曲线制作:取铜标准溶液 0.0、0.2、0.4、0.6、0.8、1.0 mL,分别置于 50 mL 容量瓶中,按前述(1)加入试剂显色。然后,测定其吸光度,绘制工作曲线。

数据处理

（1）按下式计算电解析出的铜的质量：

$$m_{\mathrm{Cu},1}=m_s-(m_1-m_2)$$

式中：m_s为精炼铜质量；m_1、m_2分别为电解前后的称重质量。

（2）按下式计算电解溶液中残留铜的质量：

$$m_{\mathrm{Cu},2}=\frac{c_x V\times M\times 25.0}{1\ 000}$$

式中：c_x为测试液中铜的物质的量浓度，$\mathrm{mol\cdot L^{-1}}$；V为测试液的体积，50 mL；M为铜的摩尔质量，$\mathrm{g\cdot mol^{-1}}$。

（3）计算精炼铜中铜的总质量分数。

$$w_{\mathrm{Cu}}=\frac{m_{\mathrm{Cu},1}+m_{\mathrm{Cu},2}}{m_s}\times 100\%$$

思考题

（1）本实训为什么要将样品和铂网一起称重，而不单独称量铂网？

（2）电解完毕后，为什么要在不中断电流的情况下取出电极？

（3）要做好本实训，应特别注意哪些操作步骤？

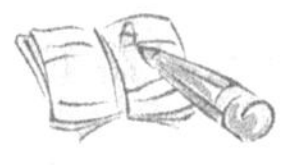

实训二　库仑滴定法测定砷的含量

实训目的

（1）通过本实训，学习并掌握库仑滴定法的基本原理。

（2）学会简易恒电流库仑仪的安装和使用。

（3）掌握恒电流库仑滴定法测定痕量砷的实验方法。

方法原理

库仑滴定法是通过电解产生的物质作为“滴定剂”来滴定被测物质的一种分析方法。在分析时，在100%的电解电流效率下将产生一种物质，能与被分析物质进行定量的化学反应，反应的终点可借助化学指示剂法、电位法、电流法等进行确定。这种滴定方法所需的滴定剂不是由滴定管加入的，而是借助于电解方法产生出来的，滴定剂的量与电解所消耗的电量成正比，所以称为库仑滴定。

本实训通过恒电流电解碘化钾的缓冲溶液（用碳酸氢钠控制溶液的pH值）产生的碘来测定砷的含量。在铂电极上，碘离子被氧化为碘，然后与试剂中的砷（Ⅲ）反应，当砷（Ⅲ）全部被氧化为砷（Ⅴ）后，过量的微量碘将淀粉溶液变为微红紫色，即达到终点。根据电解所消耗的电量（Q），按法拉第电解定律计算溶液中砷（Ⅲ）的含量。

 仪器与试剂

1. 仪器

干电池或恒压直流电源(45 V 以上);已校正的毫安表;电磁搅拌器;铂片电极(工作电极);螺旋铂丝电极及隔离管;秒表;可变电阻(约 5 000 Ω);单刀开关、导线。

2. 试剂

约 10^{-4} mol·L^{-1}亚砷酸溶液(用硫酸微酸化以使之稳定);0.5%新配淀粉试液;硝酸溶液(1+1);1 mol·L^{-1}硫酸钠溶液。

碘化钾缓冲溶液:溶解 60 g 碘化钾,10 g 碳酸氢钠,然后稀释至 1 L,加入亚砷酸溶液 2~3 mL,防止被空气氧化。

 实训内容

(1) 将铂电极浸入硝酸溶液(1+1)中,数分钟后,取出,用蒸馏水吹洗,滤纸蘸掉水珠。

(2) 连接好仪器。

(3) 量取碘化钾缓冲溶液 50 mL 及淀粉溶液约 3 mL,置于电解池中,放入搅拌磁子,将电解池放在电磁搅拌器上。在阴极隔离管中注入硫酸钠溶液至管的 2/3 部位,插入螺旋铂丝电极。将铂片电极和隔离管装在电解池之上(注意铂片要完全浸入试液中)。铂片电极接“阳极”,螺旋铂丝电极接“阴极”。启动搅拌器,按下单刀开关,迅速调节电阻器 R,使电解电流为 1.0 mA。细心观察电解溶液,当溶液出现微红紫色时,立即拉下单刀开关,停止电解。慢慢滴加亚砷酸溶液,直至微红紫色褪去,再多加 1~2 滴,再次继续电解至微红紫色出现,停止电解。为能熟悉掌握终点的颜色判断,可如此反复练习几次。

(4) 准确称取亚砷酸 10.0 mL,置于上述电解池中,按下单刀开关,同时开启秒表计时。电解至溶液出现与定量加亚砷酸前一样的微红紫色时,立即停止电解和秒表计时,记下电解时间。再加入 10.0 mL 亚砷酸溶液,同样步骤测定,重复 3~4 次。

 数据处理

根据几次测量结果,求出电解时间的平均值。按法拉第电解定律计算亚砷酸的含量(mol·L^{-1})。

 思考题

(1) 写出滴定过程的电极反应和化学反应式。

(2) 碳酸氢钠在电解溶液中起什么作用?

实训三　库仑滴定法测定硫代硫酸钠的浓度

实训目的

(1) 巩固库仑滴定法的原理。

(2) 掌握库仑滴定法测定 $Na_2S_2O_3$ 浓度的实验原理与技术。

(3) 学习计算机控制的电化学分析系统的使用。

方法原理

在酸性介质中，以恒电流电解碘化钾(KI)产生 I_2 来滴定 $S_2O_3^{2-}$，用永停终点法指示终点。由电解的时间和电解时的电流，根据法拉第电解定律计算 $Na_2S_2O_3$ 的浓度。其滴定反应为

$$I_2+2S_2O_3^{2-}=\!=\!=S_4O_6^{2-}+2I^-$$

仪器与试剂

1. 仪器

LK98Ⅱ电化学分析系统(或其他相应的电化学分析系统)；铂片电极(4 个)；电磁搅拌器；移液管(10 mL)；吸量管(2 mL)；高型烧杯(50 mL)；胶头滴管；秒表。

2. 试剂

0.1 $mol \cdot L^{-1}$ KI 溶液；0.5 $mol \cdot L^{-1}$ 淀粉溶液；1×10^{-4} $mol \cdot L^{-1}$ $Na_2S_2O_3$ 溶液；饱和 $Na_2S_2O_3$ 溶液。

实训内容

1. 准备工作

(1) 打开电脑，机器自检。

(2) 吸取 10 mL 0.1 $mol \cdot L^{-1}$ KI 于 50 mL 烧杯 1 中，放入搅拌磁子。

(3) 吸取 20 mL 饱和 $Na_2S_2O_3$ 溶液于 50 mL 烧杯 2 中，并把两个烧杯放在电磁搅拌器上，在烧杯 1 中滴加 10 滴 0.5 $mol \cdot L^{-1}$ 淀粉溶液。

(4) 将工作电极(绿色)接上烧杯 1 中的铂电极，另一个参比电极接上烧杯 2 中的铂电极。

2. 测量工作

(1) 预电解：指示系统参数调节至电流为 0.050 0 A，电解时间为 1 000 s，采样间隔时间为 0.100 0 s，电解终止电位为 15.000 0 V。

(2) 开启搅拌器，当工作电极出现少量蓝色后，预电解终止，并观察电极上颜色的变

化，准备测定。

(3) 向烧杯中加入 2 mL 1×10^{-4} mol·L^{-1} $Na_2S_2O_3$，点击开始，进行测定，注意观察烧杯 1 中铂片上的颜色变化，当发现颜色与预电解时观察的颜色接近时即可停止，并记录电解时间。

(4) 平行测定两次。

(5) 记录数据，按要求处理数据。

注意事项

(1) 平行测定之前都要对电极和烧杯进行清洗，并且要进行预电解。

(2) 注意观察微弱的颜色变化。注意本实训的颜色变化不明显，要认真观察其变化，与预电解时的颜色变化程度相比较，以确定其准确性。

第三部分

色谱分析方法

模块九

气相色谱法

学习目标

理解色谱法的基本理论及分离原理；熟练掌握色谱图及有关名词术语；掌握气相色谱的分析流程与仪器设备组成及各部分作用，掌握常用检测器的工作原理；掌握气相色谱操作条件的选择及仪器的使用；掌握色谱法的定性定量方法。

任务一　色谱法概述

一、色谱法的分类

1906 年，俄国著名植物学家 Tswett 在研究植物叶子的色素成分时，将植物叶子的萃取物倒入装有碳酸钙的直立玻璃管内，然后加入石油醚使其自由流下，结果萃取物中各种色素成分在玻璃管内分离形成不同颜色的谱带。他把这种色带叫做色谱，称这种分离方法为色谱法。此后，经过一个世纪的发展和完善，色谱法已形成了完整的理论体系，实验技术也日渐成熟，并显现出高分离效能、高灵敏度、高自动化、良好的选择性和分析速度快等优点。目前，色谱法在石油化工、医药卫生、环境监测、生物化学等领域都得到了广泛的应用。

色谱法也称为层析法。它的分离原理是当混合物随流动相(相当于上例中的石油醚)流经色谱柱(相当于玻璃管)时，就会与固定相(相当于碳酸钙)发生作用，由于各组分在性质或结构上的差异，与固定相发生作用的大小、强弱程度不同，因此在同一推动力的作用下，不同组分在色谱柱中的滞留时间不同，从而使混合物中各组分按一定顺序，先后流出色谱柱。

色谱法分类如下。

1. 按流动相和固定相状态分类

在色谱法中，流动相可以采用气体、液体或超临界流体，相应的色谱方法称为气相色谱法(GC)、液相色谱法(LC)和超临界流体色谱法(SFC)。在气相色谱法中,固定相为固体吸附剂的称为气-固色谱法,固定相为液体的称为气-液色谱法;同样,液相色谱法也分为液-固色谱法和液-液色谱法。

2. 按操作形式分类

将固定相装在柱管内的色谱法称为柱色谱,包括填充柱色谱和毛细管柱色谱。固定相涂在玻璃板或其他平板上的色谱法称为平板色谱法。

3. 按分离原理分类

(1) 吸附色谱法:根据不同组分在固体吸附剂(固定相)上吸附能力差异而进行分离的色谱方法,如气-固色谱法、液-固色谱法。

(2) 分配色谱法:根据不同组分在固定相(液体)和流动相之间分配能力(溶解度)的差异而进行分离的色谱方法,如气-液色谱法、液-液色谱法。

(3) 离子交换色谱法:根据组分离子与离子交换剂(固定相)的亲和力不同而进行分离的色谱方法。

(4) 尺寸排阻色谱法:又称凝胶色谱法,根据不同大小的组分分子在多孔性凝胶(固定相)中的选择性渗透而进行分离的色谱方法。

二、色谱流出曲线及相关术语

1. 色谱流出曲线

色谱柱流出物通过检测器时所产生的响应信号(根据所使用检测器的种类不同,通常是电位或电流信号)对时间的曲线称为色谱流出曲线。纵坐标表示信号强度,横坐标表示保留时间,如图 9-1 所示。

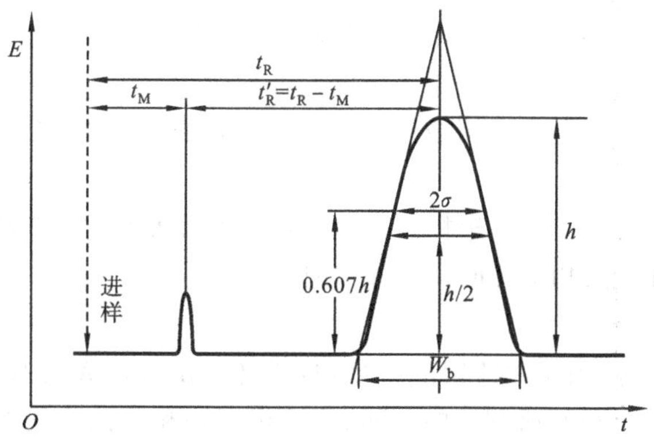

图 9-1 色谱流出曲线

2. 色谱术语

(1) 基线:无组分通过色谱柱时,检测器的噪声随时间变化的曲线。基线反映检测系统的噪声信号随时间变化的情况。稳定的基线应是一条直线。

① 基线噪声:没有溶质通过检测器时,检测器输出信号的随机扰动变化,如图 9-2 所示。

噪声分为长噪声和短噪声,短噪声来自仪器的电子系统和泵的脉冲,长噪声来自检测

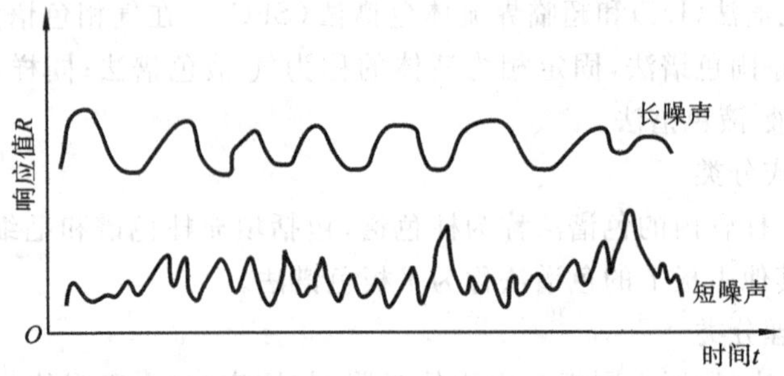

图 9-2 基线噪声曲线图

器本身组件不稳定或溶剂不纯，温度、流动相的波动等。

② 基线漂移：基线随时间的增加朝单一方向的偏离称为漂移，反映的是信号连续的递增和递减。基线漂移是由于电源电压不稳、色谱系统未达到平衡、固定相流失、流动相的变化、温度和流量的波动等原因造成的。

(2) 色谱峰：色谱柱流出组分通过检测器时产生的响应信号的微分曲线。

① 峰高 h：色谱峰最大值至基线的垂直距离。

② 峰面积 A：色谱峰与峰底间的面积。

③ 峰底宽度 W_b：通过色谱峰两侧的拐点作切线，切线与基线交点间的距离为峰底宽度。

④ 半峰宽 $W_{1/2}$：峰高一半处色谱峰的宽度。

⑤ 标准偏差 σ：0.607 倍峰高处色谱峰宽度的一半。

(3) 保留值：表示样品中各组分在色谱柱内停留时间的数值，通常用组分流出色谱柱的时间来表示。在一定的色谱条件下，由于各组分的性质不同，在同一根色谱柱上的保留值也不相同。因此保留值是色谱法中重要的定性参数。

① 死时间 t_M：不被固定相吸附或溶解的组分从开始进样到柱后出现最大值时所需要的时间。

② 保留时间 t_R：待测组分从进样到柱后出现浓度最大值时所需要的时间。

③ 调整保留时间 t'_R：扣除死时间的保留时间。

$$t'_R = t_R - t_M \tag{9-1}$$

④ 死体积 V_M：不被固定相滞留的组分，从进样到出峰最大值所需的流动相的体积，是色谱柱管内固定相颗粒间所剩留的空间、色谱仪管路和连接头间的空间及检测器的空间的总和。当后两项很小可以忽略不计时，即

$$V_M = t_M F \tag{9-2}$$

其中，F 为流动相流动线速度，$cm \cdot s^{-1}$。

⑤ 保留体积 V_R：组分从进样到出峰最大值所需的流动相的体积。同样有

$$V_R = t_R F \tag{9-3}$$

⑥ 调整保留体积 V'_R：扣除死体积后的保留体积。

$$V'_R = t'_R F \tag{9-4}$$

⑦ 相对保留值 r_{21}：指组分 2 和组分 1 的调整保留值之比。

$$r_{21}=\frac{t'_{R2}}{t'_{R1}} \tag{9-5}$$

相对保留值的特点是只与温度和固定相的性质有关，与色谱柱及其他色谱操作条件无关，反映了色谱柱对两组分 2 和 1 的选择性，r_{21} 值越大，相邻两组分分离得越好，$r_{21}=1$，说明两组分不能分离。r_{21} 也是气相色谱法中最常使用的定性参数。

利用色谱流出曲线可以解决以下问题。

① 根据色谱峰的位置，即保留值可以进行定性分析。

② 根据色谱峰的峰面积或峰高可以进行定量分析。

③ 根据色谱峰的位置及其宽度，可以对色谱柱的柱效进行评价。

三、色谱分离的基本原理

当样品组分通过色谱柱时，将与固定相之间发生相互作用，这种相互作用大小的差异使各组分之间彼此分离。气相色谱的固定相有固体吸附剂和固定液两大基本类型，分别对应于气相色谱中的气-固色谱和气-液色谱。下面分别以这两种基本类型介绍气相色谱分离的基本原理。

气-固色谱的分离原理：组分分子由载气携带进入色谱柱，与吸附剂接触时，很快被吸附剂吸附。随着载气的不断通入，被吸附的组分又从固定相中洗脱下来（这种现象称为脱附），脱附下来的组分随着载气向前移动时又再次被固定相吸附。这样，随着载气的流动，组分的吸附-脱附过程反复进行。由于样品中各组分性质的差异，易被吸附的组分，脱附较难，在柱内移动的速度慢，停留的时间长；反之，不易被吸附的组分在柱内移动速度快，停留时间短。这样，试样通过色谱柱后，性质不同的组分彼此间就实现了分离。

气-液色谱的分离原理：组分分子由载气携带进入色谱柱，与固定液接触时就溶解到固定液中。随着载气的不断通入，被溶解的组分又从固定液中挥发出来，挥发出的组分随着载气向前移动时又再次被固定液溶解。随着载气的流动，溶解-挥发的过程反复进行。显然，由于组分性质差异，固定液对它们的溶解能力会有所不同。易被溶解的组分，较难挥发，在柱内移动的速度慢，停留时间长；反之，不易被溶解的组分，挥发快，随载气移动的速度快，因而在柱内停留时间短。这样，试样通过色谱柱后，性质不同的组分便达到了彼此分离。

吸附-脱附、溶解-挥发的过程称为分配过程，组分在两相中的分配能力通常用分配系数和分配比来表示。

（1）分配系数：在一定温度和压力下，组分在流动相和固定相之间分配达到平衡时，组分在固定相中的平均浓度与在流动相中的平均浓度的比值称为分配系数，用 K 表示。

$$K=\frac{\text{组分在固定相中的平均浓度}}{\text{组分在流动相中的平均浓度}}=\frac{c_s}{c_m}$$

（2）分配比：在一定温度和压力下，组分在两相达到分配平衡时，分配在固定相中的质量与分配在流动相中质量的比值，也称为容量因子，用 k 表示。

$$k=\frac{\text{组分在固定相中的质量}}{\text{组分在流动相中的质量}}=\frac{m_s}{m_m}$$

被测物质各组分在两相间的分配系数（或分配比）是不相同的。分配系数（或分配比）

大的组分每次分配在流动相中的浓度较小，流出色谱柱所需的时间较长，分配系数（或分配比）小的组分则相反。所以，经过足够多次的反复分配，分配系数（或分配比）不同的各组分就可以彼此分离。

四、色谱法基本理论

1. 塔板理论

塔板理论将色谱柱比作蒸馏塔，把一根连续的色谱柱设想成由许多小段组成，在每一小段内，一部分空间为固定相占据，另一部分空间充满流动相。组分随流动相进入色谱柱后，就在两相间进行分配，并假定在每一小段内组分可以很快地在两相中达到分配平衡，这样一个小段称作一个理论塔板，一个理论塔板的长度称为理论塔板高度。由于柱内的塔板数相当多，经过多次分配，分配系数小的组分先出柱，分配系数大的组分后出柱，即使组分间分配系数只有微小差异，仍然可以获得好的分离效果。

(1) 理论塔板高度和理论塔板数。

理论塔板高度 H：使组分在柱内两相间达到一次分配平衡所需要的柱长。

理论塔板数 n：组分在色谱柱中进行平衡分配的总次数。

当色谱柱长为 L 时，则它们之间的关系为

$$n=\frac{L}{H} \quad 或 \quad H=\frac{L}{n}$$

可见，当色谱柱长 L 固定时，n 值越大，或 H 值越小，柱效越高，分离能力越强。所以，n 和 H 可以等效地用来描述柱效。

由塔板理论可导出理论塔板数 n 的计算公式：

$$n=16\left(\frac{t_R}{W_b}\right)^2=5.54\left(\frac{t_R}{W_{1/2}}\right)^2 \tag{9-6}$$

式中，保留时间和峰宽度的单位（cm 和 s）要一致，计算结果取两位有效数字。

(2) 有效塔板高度和有效塔板数。

由于保留时间 t_R 中包含了死时间 t_M，而 t_M 并不参加柱内的分配过程，因此理论塔板数和理论塔板高度并不能反映色谱柱真实的分离效能。为了更符合实际情况，常用有效塔板数和有效高度作为评价柱效的指标。其计算公式为

$$n_{有效}=16\left(\frac{t'_R}{W_b}\right)^2=5.54\left(\frac{t'_R}{W_{1/2}}\right)^2 \tag{9-7}$$

$$H_{有效}=\frac{L}{n_{有效}} \tag{9-8}$$

2. 速率理论

1956 年荷兰学者范第姆特等人在研究气-液色谱时，提出了色谱过程动力学理论。他们吸收了塔板理论的有益成果，并把影响塔板高度的动力学因素结合进去，指出影响塔板高度 H 的各种因素，导出了塔板高度 H 与载气线速度的关系式：

$$H=A+\frac{B}{u}+Cu \tag{9-9}$$

式中：A、B、C 为常数；u 为载气的线速度，$cm \cdot s^{-1}$。

下面以气-液填充色谱为例讨论各项的意义。

(1) 涡流扩散项 A。

在填充柱气相色谱中，由于填充物颗粒大小不同及填充的不均匀性，组分分子通过色谱柱所经过的路径长短不一，造成色谱峰的峰形扩展，称为涡流扩散。如图 9-3 所示。涡流扩散项 A 与担体(即承载固定液的固体颗粒，亦称载体)颗粒大小、几何形状及装填紧密程度有关：

$$A = 2\lambda d_p \tag{9-10}$$

式中：λ 为填充不规则因子，与填充均匀程度有关，对于空心毛细管柱 $\lambda=0$；d_p 为填充物颗粒的平均直径。

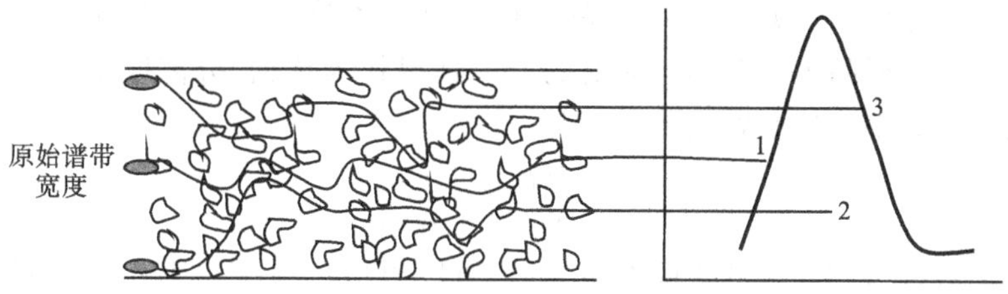

图 9-3 涡流扩散示意图

(2) 分子扩散项 $\frac{B}{u}$。

分子扩散项 $\frac{B}{u}$ 又称纵向扩散项，分子扩散系数 B 为

$$B = 2\gamma D_g \tag{9-11}$$

式中：γ 为弯曲因子；D_g 为组分分子在气相中的扩散系数，$cm^2 \cdot s^{-1}$。

对填充柱而言，$\gamma<1$；对空心毛细管柱，$\gamma=1$。若采用相对分子质量较大的载气(如 N_2)、控制较低的柱温、采用较高的载气流速，可以减小分子扩散项，有利于分离。

(3) 传质阻力项 Cu。

系统由于浓度不均而发生的物质迁移过程，称为传质。影响该过程进行速度的阻力，称为传质阻力。传质阻力系数 C 包括气相传质阻力系数 C_g 和液相传质阻力系数 C_L，即 $C=C_g+C_L$。

① 气相传质阻力 C_g：

$$C_g = \frac{0.01k^2}{(1+k)^2}\frac{d_p^2}{D_g} \tag{9-12}$$

式中：d_p 为填充颗粒直径；D_g 为组分分子在气相中的扩散系数；k 为分配比。可见，填充物颗粒粒度小、使用相对分子质量较小的载气可以减小气相传质阻力，提高柱效。如气相色谱采用 H_2 作载气可减小气相传质阻力。

② 液相传质阻力 C_L：

$$C_L = \frac{2}{3}\frac{k}{(1+k)^2}\frac{d_f^2}{D_L} \tag{9-13}$$

式中：d_f 为固定液液膜厚度；D_L 为组分在液相中的扩散系数。

可见，固定液的液膜越薄、组分在液相的扩散系数越大，液相传质阻力就越小。载气的流速对传质阻力项的影响很大，当载气流速增大时，传质阻力就增大，造成塔板高度 H 增大，柱效降低。

将 A、B、C 值分别代入式(9-9)中，得

$$H = 2\lambda d_{p} + \frac{2\gamma D_{g}}{u} + \left[\frac{0.01k^{2}}{(1+k)^{2}}\frac{d_{p}^{2}}{D_{g}} + \frac{2}{3}\frac{k}{(1+k)^{2}}\frac{d_{f}^{2}}{D_{L}}\right]u \tag{9-14}$$

式(9-14)称为范第姆特方程或速率方程，简称范氏方程。它表明引起峰扩展的诸因素对理论塔板高度的贡献。范氏方程对色谱分离条件的选择具有指导意义。它说明固定相填充均匀程度、填充物粒度、流动相的种类及流速、固定相的液膜厚度等对柱效和谱峰扩展的影响。

五、分离度 R

分离度又称分辨率，用 R 表示，是色谱柱的总分离效能指标。判断色谱柱分离效能高低通常以待分离样品中难分离物质对的分离情况作为依据，分离度定义为相邻两个组分保留值之差与其平均峰底宽度之比，即

$$R = \frac{2(t_{R(2)} - t_{R(1)})}{W_{b(2)} + W_{b(1)}} \tag{9-15}$$

当峰形不对称或相邻两峰之间有重叠时，可以用半峰宽 $W_{1/2}$ 来代替峰底宽度 W_{b}，表示为

$$R' = \frac{2(t_{R(2)} - t_{R(1)})}{W_{1/2(1)} + W_{1/2(2)}} \tag{9-16}$$

分离度 R 值越大，说明相邻两组分分离越好。当 $R=1$ 时，两峰的分离程度可以达到98%；当 $R=1.5$ 时，分离程度为99.7%，所以通常以 $R=1.5$ 作为相邻两色谱峰完全分离的标志。

六、分离操作条件的选择

由上述讨论我们知道，要使被测组分在短时间内得以分离，正确选择操作条件是十分重要的。下面根据色谱理论讨论最佳色谱操作条件选择的原则。

1. 载气及其流速的选择

从速率方程可知，载气线速度影响分子扩散项和传质阻力项大小，且影响结果是相反的。所以，在选择分离操作条件时通常要找到最佳线速度。最佳线速度可在色谱柱确定之后，针对某一特定物质在不同流速下测得理论塔板高度，以塔板高度 H 作纵坐标，以载气线速度 u 作横坐标绘制如图 9-4 所示的曲线。图中分别表示了涡流扩散项 A、分子扩

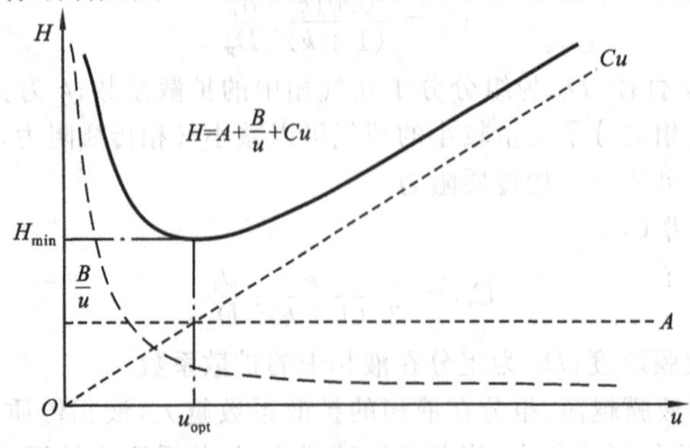

图 9-4　气相色谱的 H-u 曲线

散项$\frac{B}{u}$、传质阻力项Cu和总塔板高度H随载气线速率u的变化关系曲线。可见，在H-u曲线的最低点，H有最小值，即H_{min}，此时柱效最高，其相应的流速为最佳流速u_{opt}。

在实际工作中，为了缩短分析时间，往往使线速度略高于最佳线速度。对于填充柱来说，一般氮气的最佳实用线速度为10～12 cm·s^{-1}，氢气为15～20 cm·s^{-1}。

2. 柱长和柱内径的选择

增加柱长有利于组分的分离，但必然增大各组分的保留时间，延长分析时间。因此，在达到一定分离度的前提下，应尽量选择较短的色谱柱，一般填充柱以1～5 m为宜。柱内径对塔板高度影响较大，柱内径小，会增加柱效，但内径过小，会使填充填料发生困难。填充柱内径一般在2～6 mm。

3. 担体粒度的选择

担体粒度与其填充均匀程度是影响柱效的主要因素。担体粒度要求小而均匀，这样可以提高柱效。但粒度过细会增加阻力，使柱压降增大，对操作不利。一般2～6 mm内径的填充色谱柱以60～80目为佳，装填要充实均匀。

4. 固定液配比的选择

固定液配比是指固定液质量与担体质量之比，又称为液担比。一般来说，担体的表面积越大，固定液的用量可以越高，允许的进样量就越大，柱容量就大。降低固定液的液膜厚度，可使液相传质阻力减小而提高柱效。目前填充柱多采用低固定液配比，液担比一般为5∶100至25∶100。

5. 柱温的选择

柱温能影响分离效能和分析速度。提高柱温可使气液两相的传质加速，缩短分析时间。但提高柱温后，可使各组分的挥发靠拢，不利于分离；柱温太低时，被测组分在气液两相中扩散速率降低，分配不能迅速达到平衡，使峰形变宽或拖尾，柱效下降。一般的原则是在能使组分分离的前提下，选择较低的柱温。

对于沸点范围较宽的多组分混合物，不宜采用恒定的柱温，而要采用程序升温。所谓程序升温是指色谱分析中柱温由低到高呈阶段性升温的过程。开始采用较低的温度，让低沸点组分先出峰，然后柱温逐渐升高，使不同沸点范围的组分依次出峰，这样混合物中的所有组分都能在最佳柱温下得到有效分离。

6. 进样时间和进样量的选择

由于载气的流速较快，进样需在瞬时完成，进样要求在1 s之内完成。进样时间过长，造成样品原始宽度变大，使峰形变宽甚至变形。

进样量大会使色谱柱超负荷运行，使色谱峰重叠，影响分离效果。色谱分析中一般进样都很少，液体样品一般为0.1～5.0 μL，气体样品一般为0.1～10 mL。

七、定性及定量分析方法

1. 定性分析

(1) 利用保留值定性。

在一定的色谱系统和操作条件下，每种物质都有其相应的保留时间，如果在相同的色谱条件下，未知物的保留时间与标准物质相同，则可初步认为它们是同一种物质。为了提

高定性分析的可靠性，还可进一步改变色谱条件（如色谱柱、流动相、柱温等），如果被测物的保留时间仍然与标准物质一致，则可认为它们为同一物质。也可以通过在样品中添加标准物质增加待测组分峰高的方法定性。

（2）利用峰高增加定性。

当样品组成比较复杂，相邻两组分的保留值比较相近，而且操作条件又不易控制时，可以将适量的已知对照物质加入样品中，对比加入对照物前后的色谱图，若加入后某色谱峰相对增高，则该色谱组分与对照物质可能为同一种物质。由于所用的色谱柱不一定适合于对照物质与待定性组分的分离，即使为两种物质，也可能产生色谱峰叠加现象。为此，需重新选择与上述色谱柱极性差别较大的色谱柱，进行实验。若都产生叠加现象，一般可认定二者是同一物质。

（3）利用不同检测方法定性。

同一样品可以采用多种检测方法检测，如果待测组分和标准物质在不同的检测器上有相同的响应行为，则可初步判断两者是同一种物质。在液相色谱中，还可通过二极管阵列检测器比较两个峰的紫外或可见光谱图。

（4）柱前或柱后化学反应定性。

在色谱柱后装T形分流器，将分离后的组分导入官能团试剂反应管，利用官能团的特征反应定性。也可在进样前将被分离化合物与某些特殊反应试剂反应生成新的衍生物，于是，该化合物在色谱图上的出峰位置或峰的大小就会发生变化甚至不被检测，由此可得到被测化合物的结构信息。

（5）与其他仪器联用定性。

将具有定性能力的分析仪器，如质谱、红外光谱、原子吸收光谱、原子发射光谱等作为色谱仪的检测器可获得比较准确的定性信息。

2. 定量分析

色谱定量分析的依据是被测物质的量与它在色谱图上的峰面积（或峰高）成正比。因为峰高比峰面积更容易受分析条件波动的影响，且峰高标准曲线的线性范围也较峰面积的窄，因此，通常采用峰面积进行定量分析。

在一定操作条件下，若待测组分的质量为 m_i，该组分的峰面积为 A_i，则

$$m_i = f_i A_i \tag{9-17}$$

式中：f_i 为绝对校正因子。

可见，只要确定了峰面积及校正因子，就能计算待测组分的含量。

（1）峰面积的测量。

常用的峰面积测量方法主要有峰高乘半峰宽法和峰高乘平均峰宽法。若色谱峰对称，峰的面积可采用峰高乘半峰宽法，即 $A=1.065hW_{1/2}$；若色谱峰不对称，可采用峰高乘平均峰宽法，即 $A=\frac{1}{2}h(W_{0.15}+W_{0.85})$，其中 $W_{0.15}$、$W_{0.85}$ 分别为0.15倍和0.85倍峰高处的峰宽。

现代气相色谱仪的数据处理软件（工作站）带有自动积分功能，可以直接给出包括峰高和峰面积在内的多种色谱数据。

（2）相对校正因子。

气相色谱法是基于组分的峰面积与待测物的量成正比来定量的。但由于绝对校正因子无法准确测量，同一检测器对不同物质的检测灵敏度也不同，因而不能直接用峰面积计算各组分含量，需要引入相对校正因子。

① 相对校正因子的表示方法。

相对校正因子是指待测组分与标准物质的绝对校正因子之比，根据式(9-17)可表示成：

$$f'_i = \frac{f_i}{f_s} = \frac{m_i/A_i}{m_s/A_s} = \frac{A_s m_i}{A_i m_s} \tag{9-18}$$

式中：A_i、A_s分别为组分和标准物质的峰面积；m_i、m_s分别为组分和标准物质的质量。

这样，相对于标准物质来说，各组分的质量与其峰面积成正比，这是色谱定量的依据。即

$$m_i = f'_i A_i \tag{9-19}$$

相对校正因子可由有关文献查到，也可以通过实验测定。

② 相对校正因子的测量。

准确称取一定量待测组分的纯物质 m_i和标准物质 m_s，混合均匀后，取准确量在一定的色谱条件下注入色谱柱，分别测量待测物质和标准物质的峰面积 A_i和 A_s，由式(9-18)即可计算出相对校正因子。相对校正因子只与检测器类型有关，而与色谱条件无关。

（3）定量方法。

① 归一化法。

归一化法是将所有组分的峰面积分别乘以它们的相对校正因子后求和，即所谓“归一”，被测组分的含量可以用下式求得：

$$\omega_i = \frac{A_i f'_i}{\sum_{i=1}^{n} A_i f'_i} \times 100\% \tag{9-20}$$

采用归一化法进行定量分析的前提条件是样品中所有成分都能从色谱柱上洗脱下来，并能被检测器检测。

② 外标法。

外标法即标准曲线法。将被测组分的标准物质配制成不同浓度的标准溶液，经色谱分析后制作一条标准曲线，即物质浓度与其峰面积(或峰高)的关系曲线。根据样品中待测组分的色谱峰面积(或峰高)，从标准曲线上查得相应的浓度。标准曲线的斜率与物质的性质和检测器的特性相关，相当于待测组分的相对校正因子。

③ 内标法。

内标法是将准确称量的标准物质(内标物 s)加入到未知样品 i 中去，然后比较内标物和被测组分的峰面积，从而确定被测组分的浓度。由于内标物和被测组分处在同一基体中，因此可以消除基体带来的干扰。而且当仪器参数和洗脱条件发生非人为的变化时，内标物和样品组分都会受到同样影响，这样消除了系统误差。当对样品的情况不了解、样品的基体很复杂或不需要测定样品中所有组分时，采用这种方法比较合适。

具体做法是：将准确称量的内标物(m_s)加到准确称量的样品(m)中，根据待测组分和内标物的峰面积及内标物质量计算待测组分质量(m_i)。根据式(9-19)，可得出以下结论：

$$\frac{m_i}{m_s}=\frac{A_i f'_i}{A_s f'_s}$$

$$m_i=\frac{A_i f'_i}{A_s f'_s}m_s$$

$$w_i=\frac{m_i}{m}\times 100\%=\frac{A_i f'_i}{A_s f'_s}\frac{m_s}{m}\times 100\% \tag{9-21}$$

内标物的选择对内标法定量的准确性至关重要，内标物的选择有以下要求：具有较高的纯度，在所给定的色谱条件下具有一定的化学稳定性；与待测组分有相近的浓度和类似的保留行为；与两个相邻峰达到基线分离。

为了进行大批样品的分析，有时需建立校正曲线。具体操作方法是用待测组分的纯物质配制成不同浓度的标准溶液，然后在等体积的这些标准溶液中分别加入浓度相同的内标物，混合后进行色谱分析。以待测组分的浓度为横坐标，待测组分与内标物峰面积(或峰高)的比值为纵坐标建立标准曲线(或线性方程)。在分析未知样品时，分别加入与绘制标准曲线时同样体积的样品溶液和同样浓度的内标物，用样品与内标物峰面积(或峰高)的比值，在标准曲线上查出被测组分的浓度或用线性方程计算。

任务二　气相色谱仪

一、气相色谱仪的工作过程

一般气相色谱仪由五大部分组成：气路系统、进样系统、分离系统、检测系统、记录系统。

气相色谱分析流程如图9-5所示。载气由高压钢瓶供给，经减压、净化、调节和控制流量后进入色谱柱。待基线稳定后，即可进样。样品在汽化室汽化后被载气带入色谱柱，

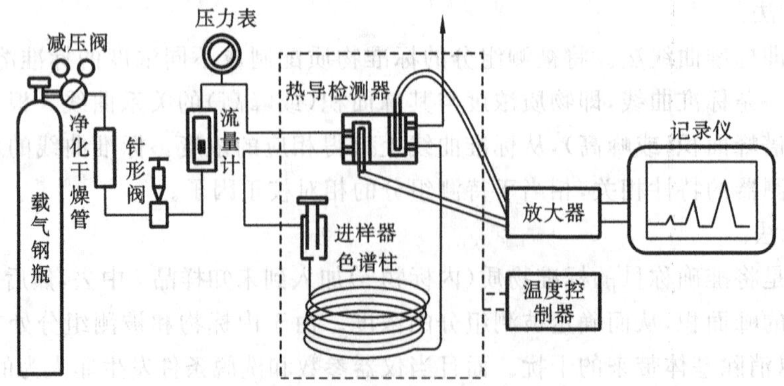

图9-5　气相色谱流程示意图

在柱内被分离。分离后的组分依次从色谱柱中流出，进入检测器，检测器将各组分的浓度或质量的变化转变成电信号(电压或电流)。经放大器放大后，由记录仪或微处理机记录色谱图。根据色谱图，即可对样品中待测组分进行定性和定量分析。

二、气相色谱仪的基本结构及功能

(1) 载气系统：包括气源、气体净化干燥管、气体流量控制和测量装置。

载气气源：载气一般为 N_2、H_2、He、Ar 等。

净化干燥管：装有催化剂或分子筛、活性炭，以除去载气中的水、氧、有机物等杂质。

载气流量控制装置：由稳压阀、压力表、流量计等装置控制，使载气流量按设定值恒定输出。

(2) 进样系统：包括进样器、汽化室和控温装置。

进样器：考虑样品的状态、柱型、进样量及进样方式等因素，可选用不同的进样器进样。

气体进样器：可选用注射器和六通阀直接进样。六通阀有推拉式和旋转式两种，样品首先用微量注射器注入定量管，切入后，载气携带定量管中的样品气体进入分离柱。

液体进样器：可选用六通阀或不同规格的专用注射器进样。填充柱色谱常用 10 μL 注射器，毛细管色谱常用 1 μL 注射器。新型仪器带有全自动液体进样器，清洗、润洗、取样、进样、换样等过程自动完成，一次可放置数十个样品。

固体样品用适当溶剂溶解后按液体进样方式进样。

汽化室：将样品瞬间汽化的装置。

(3) 分离系统：包括色谱柱、柱箱和控温装置。

色谱柱是色谱仪的核心部件，包括柱管和固定相两部分。

柱管材质：不锈钢、玻璃或石英等，内径与长度可根据柱型和需要确定。

柱填料(固定相)：粒度为 60～80 目或 80～100 目的色谱固定相。对于气-固色谱来说，即固体吸附剂；对于气-液色谱来说是涂敷固定液的担体。固定相是色谱分离的关键部分，种类很多，详见“任务三”。

(4) 检测系统：包括检测器、放大器、显示记录和控温装置。

常用的检测器：热导池检测器、氢火焰离子化检测器等。

被色谱柱分离后的组分依次进入检测器，按其浓度或质量随时间的变化，转化成相应的电信号，经放大后记录和显示，给出色谱图。

(5) 记录系统：采用记录仪、积分仪或色谱工作站。现已基本采用色谱工作站，工作站不仅可对色谱仪进行实时控制，还可自动采集数据和完成数据处理。

(6) 温度控制系统：气相色谱仪的汽化室、色谱柱、检测器三部分在操作时要进行温度控制。汽化室的温度要保证样品在瞬间汽化但不分解。色谱柱的温度要准确控制以保证组分有较好的扩散能力和适当的溶解性(吸附作用)，以利分离；前已叙及，当样品复杂时，可以利用程序升温，使各组分在最佳温度下分离。检测器的温度控制原则是要保证被分离后的组分通过检测器时不冷凝。

三、气相色谱检测器

气相色谱检测器分为浓度型检测器和质量型检测器。

浓度型检测器测量的是载气中某组分浓度瞬间的变化，即检测器的响应值和组分的浓度成正比，如热导池检测器和电子捕获检测器。

质量型检测器测量的是载气中某组分进入检测器的速度变化，即检测器的响应值和单位时间内进入检测器某组分的质量成正比，如氢火焰离子化检测器和火焰光度检测器。

1. 热导池检测器(TCD)

(1) 结构。热导池由池体和热敏元件构成，又可分为双臂热导池和四臂热导池，如图9-6所示。

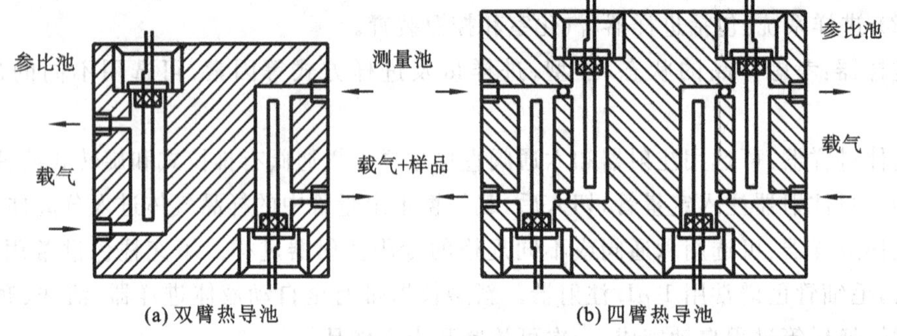

图 9-6　热导池检测器

池体由不锈钢块制成。热敏元件(以双臂热导池为例)是安装在池体孔道中的长短、粗细、电阻值完全相同的两根金属丝(钨丝或铼钨丝)，孔道的大小相同、形状完全对称。

(2) 工作原理。热导池检测器的工作原理是基于不同的物质具有不同的导热系数。如图9-7所示，桥路中 R_2、R_3是阻值相同的两个电阻。当接通电源，电路中有电流通过时，钨丝被加热到一定温度，钨丝的电阻值也随之增加到一定值(一般金属丝的电阻值随温度升高而增加)。在没有样品通过时，通过热导池两个池孔(参比池和测量池)的都是载气，由于载气的热导作用使钨丝的温度下降，电阻减小，此时热导池的两个池孔中钨丝温度下降和电阻减小的数值是相同的，电桥处于平衡状态，$R_1R_3=R_2R_4$，此时A、B两端的电位相等，$\Delta E=0$，没有信号输出，电位差计记录的是平直的基线。在有样品组分通过时，

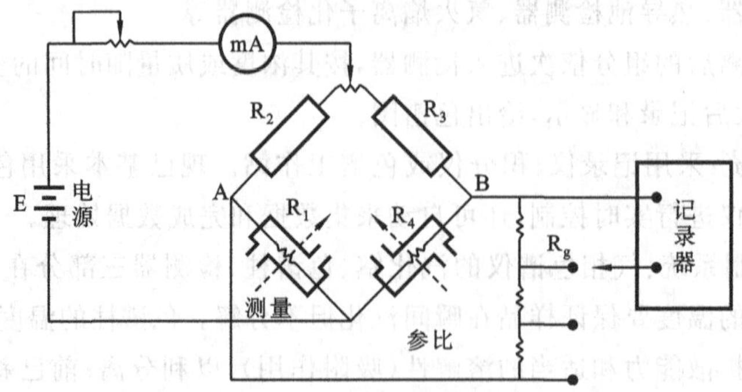

图 9-7　双臂热导池电桥电路图

载气流经参比池，而测量池通过的是载气和样品组分，由于被测组分与载气组成的二元混合气体的导热系数和纯载气的导热系数不同，因而测量池中钨丝的散热情况就发生变化，使两个池孔中的钨丝的电阻值有了差异，电桥不平衡。这时电桥A、B之间产生不平衡电位差，就有信号输出。在记录纸上即可记录各组分的色谱峰。

(3) TCD使用注意事项。

① 确保热丝不被烧断。在检测器通电之前，一定要确保载气已经通过了检测器，否则，热丝可能被烧断，致使检测器报废。同时，关机时一定要先关检测器电源，然后关载气。任何时候进行有可能切断通过TCD载气流量的操作，都要关闭检测器电源。这是TCD操作必须遵循的规则。

② 除氧。载气中含有氧气时，会使热丝寿命缩短，所以使用TCD时载气必须彻底除氧。另外，不要使用聚四氟乙烯作载气输送管，因为它会渗透氧气。

③ 选择合适载气。载气种类对TCD的灵敏度影响较大。原则上，载气与被测物的导热系数之差越大越好。故氢气或氦气作载气时比氮气作载气时的灵敏度要高。但要测定氢气时就必须用氮气作载气。

TCD由于结构简单，价格便宜，性能稳定，对所有物质都有响应。因此，它是一种应用广泛，也是最成熟的通用型气相色谱检测器。

2. 氢火焰离子化检测器(FID)

氢火焰离子化检测器，简称氢焰检测器。氢火焰离子化检测器以氢气和空气燃烧的火焰作为能源，利用含碳有机化合物在火焰中燃烧产生离子，在外加电场作用下，形成离子流，根据离子流产生的电流，经放大后用来检测被测组分。

(1) 结构。氢火焰离子化检测器主要是由离子室、火焰喷嘴和气体供应系统三部分组成。结构示意图见图9-8。

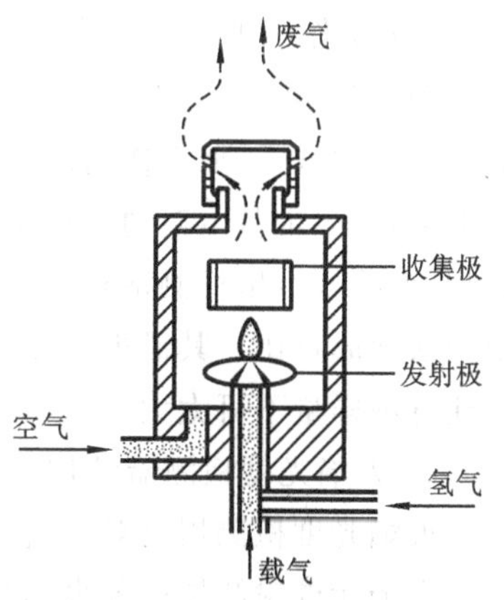

图9-8 氢火焰离子化检测器

离子室一般用不锈钢制成，在离子室的底部，氢气和载气按一定的比例混合后，由喷嘴喷出，再与助燃气空气混合，点燃形成氢火焰。靠近火焰喷嘴处有一圆环状的发射极(通常是由铂丝制成)，喷嘴的上方为一加有恒定电压(+300 V)的圆筒形收集极(不锈钢制成)，形成静电场，从而使在火焰中生成的带电离子能被对应的电极所吸引而产生电流。

(2) 工作原理。由色谱柱流出的载气(样品)流经温度高达2 100 ℃的氢火焰时，待测有机物组分在火焰中发生离子化作用，使两个电极之间出现一定量的正、负离子，在电场的作用下，正、负离子被相应电极所收集。当载气中不含待测物时，火焰中离子很少，即基流很小，约10^{-14} A。当待测有机物通过检测器时，火焰中电离的离子增多，电流增大(但仍很微弱，为$10^{-12}\sim10^{-8}$ A)，需经高电阻($10^{8}\sim10^{11}$ Ω)放大后得到较大的电压信号，才能在记录仪上显示出足够大的色谱峰。该电流的大小，在一定范围内与单位时间内进入检测器的待测组分的质量成正比。

氢火焰离子化检测器是一种选择型检测器，对有机化合物有很高的灵敏度，能检测到 10^{-12} g·s^{-1}的痕量物质，适用于痕量有机物的分析。因其结构简单，灵敏度高，响应快，稳定性好，死体积小，线性范围宽（可达 10^6 以上），因此是目前应用最广泛的气相色谱检测器。

3. 电子捕获检测器(ECD)

电子捕获检测器是一种应用广泛的具有选择性的、高灵敏度的浓度型检测器。它只对具有电负性的物质（如含有卤素、硫、磷、氧的物质）有响应，电负性愈强，灵敏度愈高。

(1) 结构。在检测器池体内，装有一个不锈钢棒作为阳极，一个圆筒状放射源（^{3}H、^{63}Ni）作阴极，两极间施加直流或脉冲电压。其结构示意图见图 9-9。

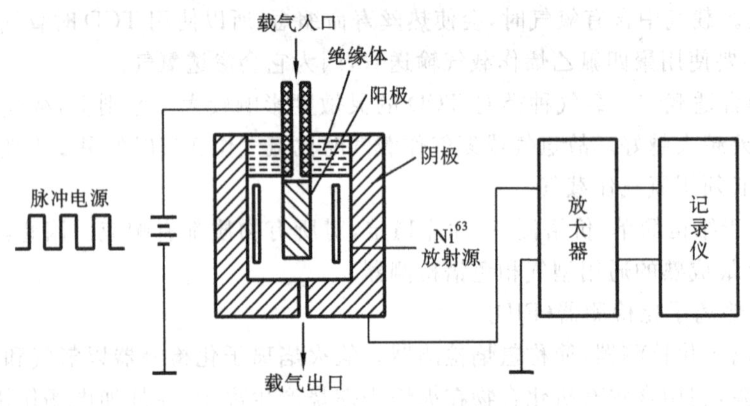

图 9-9 电子捕获检测器

(2) 工作原理。当纯载气（通常用高纯 N_2）进入检测室时，受射线照射，电离产生正离子 N_2^+ 和电子 e^-，生成的正离子和电子在电场作用下分别向两极运动，形成约 10^{-8} A 的电流，即基流。加入样品后，若样品中含有某种电负性强的元素的分子时，就会捕获这些电子，产生带负电荷的阴离子。这些阴离子和载气电离生成的正离子结合生成中性化合物，被载气带出检测室外，从而使基流降低，产生负信号，形成倒峰。倒峰大小（高低）与组分浓度成正比。其最小检测浓度可达 10^{-14} g·mL^{-1}，但其线性范围较窄，为 10^3 左右，要注意进样量不可太大。

4. 火焰光度检测器(FPD)

火焰光度检测器是对含磷、含硫化合物具有高选择性和高灵敏度的一种检测器。

火焰光度检测器由氢火焰和光度检测两部分组成。氢火焰部分与氢火焰离子化检测器的离子室相似。当含硫、磷化合物进入氢焰离子室时，在富氢焰中燃烧，有机含硫化合物首先氧化成 SO_2，被氢还原成 S 原子后在火焰温度下被激发生成激发态的 S_2^* 分子，当其回到基态时，发射出 350～430 nm 的特征分子光谱，最大吸收波长为 394 nm；含磷化合物被氧化成磷的氧化物，被富氢焰中的 H 还原成 HPO 裂片，此裂片被激发后发射出 480～600 nm 的特征分子光谱，最大吸收波长为 526 nm。这些发射光通过相应的滤光片，由光电倍增管接收，将光信号转变为电信号，经放大后由记录仪记录它们的色谱峰。

任务三　气相色谱的固定相及其选择原则

一、气-固色谱固定相

气-固色谱分离是利用固体吸附剂对样品中不同组分物质的吸附能力差别进行分离的。固定相物质就是固体吸附剂。常用的气-固色谱固定相有非极性的活性炭、弱极性的氧化铝、氢键型硅胶、极性的分子筛、高分子多孔微球等。

(1) 活性炭：有较大的比表面积，吸附性较强。

(2) 活性氧化铝：有较大的极性。适用于常温下 O_2、N_2、CO、CH_4、C_2H_6、C_2H_4 等气体的相互分离。CO_2能被活性氧化铝强烈吸附而不能使用。

(3) 硅胶：与活性氧化铝的分离性能大致相同，除能分析上述物质外，还能分析 CO_2、N_2O、NO、NO_2、O_3等。

(4) 分子筛：碱及碱土金属的硅铝酸盐(沸石)，具有多孔性。除了广泛用于 H_2、O_2、N_2、CH_4、CO 等的分离外，还能够分离测定 He、Ne、Ar、NO、N_2O 等。

(5) 高分子多孔微球(GDX 系列)：新型的有机合成固定相(苯乙烯与二乙烯苯共聚所得到的交联多孔共聚物)。适用于水、气体及低级醇的分析。

上述固体吸附剂对各种气体吸附能力的强弱不同，因而可根据分析对象选用。一些常用的吸附剂及其用途均可从有关手册中查得。

二、气-液色谱固定相

气-液色谱固定相由担体和固定液组成。

1. 担体(载体)

担体是一种化学惰性、多孔性的物质。它的作用是提供一个大的惰性表面，用以承担固定液，使固定液以薄膜状态分布在其表面上。

(1) 对担体有以下几点要求。

① 表面应是化学惰性的，即表面没有吸附性或吸附性很弱，更不能与被测物质起化学反应。

② 多孔性，即表面积较大，使固定液与样品的接触面较大。

③ 热稳定性好，有一定的机械强度，不易破碎。

④ 对担体粒度的要求，一般希望粒度均匀、细小，这样有利于提高柱效。

(2) 担体的类型。

担体可分为硅藻土型和非硅藻土型两类。

① 硅藻土型担体。硅藻土型担体是由天然硅藻土经煅烧而成的。它又可分为红色担体和白色担体(煅烧时加 Na_2CO_3作助熔剂，使氧化铁转化为白色的铁硅酸钠)两种。

红色担体：孔径较小，表面孔穴密集，比表面积较大($4\ m^2 \cdot g^{-1}$)，机械强度好。适宜分离非极性或弱极性组分的样品。缺点是表面存有活性吸附质点。

白色担体：颗粒疏松，孔径较大，表面积较小($1\ m^2 \cdot g^{-1}$)，机械强度较差，但吸附性显著减小。适宜分离极性组分的样品。

硅藻土类担体的预处理：普通硅藻土类担体表面并非惰性，含有═Si—OH、Si—O—Si、═Al—O—、═Fe—O—等基团，故既有吸附活性又有催化活性。若直接涂渍极性固定液，会造成固定液分布不均匀；分析极性样品时，由于活性中心的存在，会造成色谱峰拖尾，甚至发生化学反应。因此，担体使用前应进行钝化处理，方法如下。

酸洗（除去碱性基团）、碱洗（除去酸性基团）：用浓 HCl、KOH 的甲醇溶液分别浸泡，以除去铁等金属氧化物及表面的氧化铝等酸性作用质点。

消除氢键结合力：用硅烷化试剂（二甲基二氯硅烷等）与担体表面的硅醇、硅醚基团反应，以消除担体表面的硅醇基团。

釉化：以碳酸钠、碳酸钾等处理后，在担体表面形成一层玻璃化釉质（堵微孔）。

② 非硅藻土型担体。非硅藻土型担体有氟担体、玻璃微球担体、高分子多孔微球担体等。

(3) 选择担体的基本原则。

① 固定液用量在 5%以上的，采用硅藻土型担体；固定液用量在 5%以下的，采用表面处理过的担体。

② 高沸点组分的分离，由于控制的柱温（色谱柱温度）较高，使用玻璃微球作担体。

③ 对高腐蚀性的组分，应选用抗腐蚀性强的聚四氟乙烯担体（氟担体）。

担体的粒度常选用 60～80 目或 80～100 目，高效柱可选用 100～120 目。

2. 固定液

相对于气-固色谱固定相来说，气-液色谱固定液具有品种繁多，可选择范围大；用量选择范围宽；使用寿命长；分离效果好等优点。

(1) 对固定液的要求。

① 难挥发，热稳定性好。

② 在工作柱温下，固定液黏度小，能均匀分布在担体表面上形成液膜。

③ 对被测组分有一定的溶解度且有较高的选择性。

④ 化学稳定性好，在操作条件下，固定液不与载气、担体、被测组分发生不可逆的化学反应。

(2) 固定液的分类。

固定液通常按极性大小进行分类。以相对极性（P）大小分类较为普及，方法规定角鲨烷（异三十烷）的相对极性为零，β,β'-氧二丙腈的相对极性为 100，然后用一对物质环己烷-苯（或正丁烷-丁二烯）进行试验，分别测得这一对试验物质在 β,β'-氧二丙腈、角鲨烷及欲测固定液的色谱柱上的调整保留时间，然后按公式计算欲测固定液的相对极性 P_x。

$$P_x = 100 - \frac{100(q_1 - q_x)}{q_1 - q_2} \tag{9-22}$$

$$q = \lg \frac{t'_R(\text{苯})}{t'_R(\text{环己烷})} \tag{9-23}$$

式中：下标 1、2、x 分别表示 β,β'-氧二丙腈、角鲨烷及欲测固定液。这样测得的各种固定液的相对极性均在 0～100 之间。为了便于在选择固定液时参考，又将其分为五级，每 20 为一级："0"级为非极性固定液；"+1"、"+2"级为弱极性固定液；"+3"级为中等极性固定液;"+4"、"+5"级为强极性固定液。

表 9-1 列举了一些常用固定液的性质。

表 9-1 气相色谱常用固定液

固定液	英文名称	最高使用温度/℃	常用溶剂	相对极性	分析对象(供参考)
角鲨烷(异三十烷)	Squalane	140	乙醚	0	标准非极性固定液,分析烃类及非极性化合物
二甲基硅橡胶	Dimethysilicon (SE-30,E-301)	300	三氯甲烷+丁醇(1∶1)	+1	高沸点弱极性有机化合物
邻苯二甲酸二壬酯	Dinonyl phthalate(DNP)	130	乙醚、甲醇	+2	同上
有机皂土-34	Bentone-34	200	甲苯	+4	芳烃、二甲苯异构体分析有高选择性
聚乙二醇-20M	Polyethylene glycol (PEG 或 Carbowax)	200	乙醇、三氯甲烷、丙酮	氢键型	醇、醛、酮、脂肪酸、酯及含氮官能团等极性化合物

(3) 固定液的分离特征。

固定液的分离特征是选择固定液的基础。固定液的选择,一般根据"相似相溶"原理进行。在色谱分析过程中,常用"极性"来说明固定液和被测组分的性质。如果组分与固定液分子性质(极性)相似,固定液和被测组分之间的作用力就强,被测组分在固定液中的溶解度就大,K 值就大。分子间的相互作用力包括静电力(定向力)、诱导力、色散力和氢键力。

(4) 固定液的选择。

① 分离非极性物质,一般选用非极性固定液,这时样品中各组分按沸点次序先后流出色谱柱,沸点低的先出峰,沸点高的后出峰。

② 分离极性物质,选用极性固定液,这时样品中各组分主要按极性顺序分离,极性小的先流出色谱柱,极性大的后流出色谱柱。

③ 分离非极性和极性混合物时,一般选用极性固定液,这时非极性组分先出峰,极性组分(或易被极化的组分)后出峰。

④ 对于能形成氢键的样品,如醇、酚、胺和水等的分离,一般选择极性的或是氢键型的固定液,这时样品中各组分按与固定液分子形成氢键的能力大小先后流出,不易形成氢键的先流出,最易形成氢键的最后流出。

三、新型合成固定相

高分子多孔微球(如 GDX 系列)是新型的有机合成固定相。它是用苯乙烯与二乙烯苯共聚所得到的交联多孔共聚物,若在其中引入极性官能团,可以合成极性不同的高分子多孔微球系列。它既可以作为担体又可以作为固定相。由于这类高分子微球是人工合成的,所以能控制其孔径大小及表面性质,且颗粒均匀,广泛用于有机物中痕量水的分析,也适用于多元醇、脂肪酸、腈类、胺类的分析。

高分子多孔微球具有以下特点。

(1) 表面积大,机械强度好。

(2) 疏水性很强,可快速测定有机物中的微量水分。如顺丁橡胶合成中要求单体丁二烯含水量在 3×10^{-5} g·mL^{-1}以下,可用 ϕ4 mm×1 m 的 GDX-105 型色谱柱,在120 ℃柱温,载气流速为 33 mL·min^{-1}条件下使水得到很好分离。

(3) 耐腐蚀性好,可分析 HCl、NH_3、HCN、Cl_2、SO_2 等具有腐蚀性的气体。

任务四　毛细管柱气相色谱法

一、毛细管色谱柱

使用毛细管柱的气相色谱法称为毛细管柱气相色谱法(CGC)。它是一种高效、快速、高灵敏度的分离分析方法。随着现代气相色谱技术的发展,许多新柱型、新技术不断出现,CGC 不断完善,已广泛应用于石油化工、环境保护、天然产品、食品等领域的复杂有机混合物样品的分析。

毛细管色谱柱按照固定相的存在形式可以分为以下几种类型。

(1) 涂壁开管柱(WCOT):将固定液直接涂敷在管内壁上,这是最早使用的毛细管柱。现在使用的这种柱型通常对表面进行处理,以增加湿润性,减小表面接触角,再涂固定液,使其具有传质阻力小,渗透性好,柱长较长,分离效能高,分析速度快,柱寿命长等特点。

(2) 多孔层开管柱(PLOT):在管壁上涂敷一层多孔性吸附剂固体微粒。构成毛细管气-固色谱。

(3) 载体涂渍开管柱(SCOT):将非常细的担体微粒黏接在管壁上,再涂固定液。柱效较 WCOT 高。

(4) 化学键合或交联柱:将固定液通过化学反应键合在管壁上或交联在一起。这类柱子具有耐高温、抗溶剂提取、液膜稳定、柱效高、柱寿命长等特点,是目前应用最广的毛细管色谱柱。

二、毛细管色谱柱的特点

对于毛细管柱来说,毛细管内壁起着载体的支撑作用。使用毛细管色谱柱代替填充色谱柱,可以使气相色谱的分离效率大大提高。

毛细管柱和填充柱相比,有以下一些特点。

(1) 柱效高。毛细管柱的每米塔板数一般在 2 000～5 000,和填充柱相差不大,但由于长度长,所以总柱效高,能够解决复杂混合物的分离分析问题。

(2) 柱渗透性好。毛细管柱一般为空心柱,阻力小,因此渗透性好,可在较高的载气流速下分析,分析速度较快。

(3) 柱容量小。毛细管柱涂渍的固定液只有毫克级,能承载的样品量较少,因此进样量不能大,否则会导致色谱峰的峰形变差,柱效下降。为了解决这一问题,毛细管柱色谱一般采用分流方式进样。

毛细管柱和填充柱的比较见表 9-2。

表 9-2　毛细管柱和填充柱的比较

比较内容	毛细管柱	填充柱
柱长/m	20～200	0.5～6
内径/mm	0.1～0.5	2～6
每米有效塔板数	3 000(内径 0.25 mm)	2 500(内径 2 mm)
总有效塔板数	10^6	10^3
进样量/μL	0.01～0.2	0.1～10
渗透性/(10^{-7} cm^2)	10～1 000	1～10
载气流量/($mL \cdot min^{-1}$)	0.5～15	10～60
进样器	分流进样	直接进样
检测器	常用 FID	TCD、FID 等
定量结果	与分流器性能有关	重现性好

三、毛细管柱的色谱系统

毛细管柱气相色谱仪和填充柱色谱仪的色谱系统基本上是相同的。目前有专用的毛细管柱色谱仪，也有用填充柱色谱仪加一毛细管柱附件改装而成的两用色谱仪。毛细管柱和填充柱色谱仪的主要差别是在柱前安装了一个可以进行分流的进样器，在柱后加上了尾吹气路。图 9-10 是毛细管柱气相色谱仪的示意图。

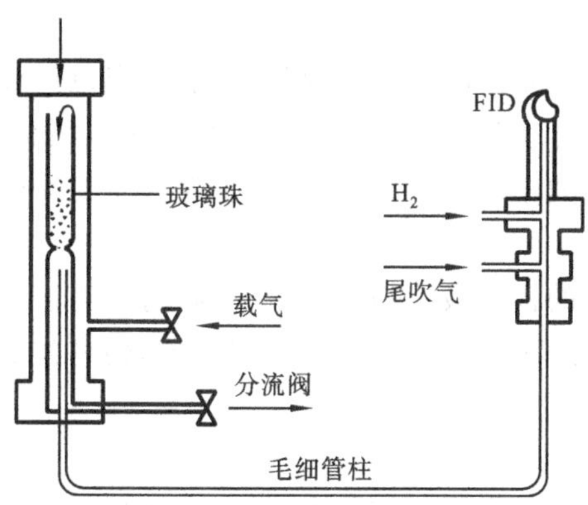

图 9-10　毛细管柱气相色谱仪示意图

毛细管柱气相色谱仪的进样系统是毛细管柱气相色谱仪的关键部件，它不仅和柱效有关，而且能正确反映样品的真实状况，并直接影响定量结果的准确性。由于毛细管柱柱体积很小，和填充柱相比柱容量很低，所以必须在很短的时间内把极小量样品通过进样器定量地注入毛细管柱中，以获得高柱效和准确的定量结果。利用微量注射器很难将小于 0.01 μL的液体样品直接送入，为此，发展了各种技术，分流进样是最简便，也是最常用的一种进样方法。

所谓分流进样，是将液体样品注入进样器使其汽化，并与载气混合均匀，在分流器的控制下，让少量样品和载气进入色谱柱，绝大部分放空。放空样品和进柱样品之比称为分流比，通常控制在 50∶1 到 500∶1。

分流进样方式简便易行，但不适用于痕量组分的定量分析，目前已发展了不分流进

样、冷柱头进样等多种进样技术。

毛细管色谱柱的载气流量很低，要求管路的死体积小，以防止色谱峰的扩张。所以通常在柱出口处设计安装尾吹气装置，以增加载气流速，减小柱出口到检测器之间的死体积，并使检测器处于最佳气体流速，以提高检测器的灵敏度。尾吹气根据所用的检测器可以选用 N_2、H_2、He 和空气，流速应根据检测器的灵敏度而定。

由于毛细管柱的柱容量小，只能分析少量样品，所以要求使用高灵敏度的检测器。常用的是氢火焰离子化检测器，也可以用电子捕获检测器和火焰光度检测器，目前使用得更多的是质谱检测器。

任务五　气相色谱法的特点及应用

气相色谱法具有高效能、高灵敏度、高选择性、快速、应用范围广、样品用量少等优点。不仅可以分析气体样品，也可以分析液体和固体样品，是近代仪器分析中重要的分析手段之一。

一、气相色谱法的特点

(1) 高效能。

高效能是指色谱柱具有较高的理论塔板数(一般填充色谱柱可达 10^3 块，毛细管柱可达 $10^5 \sim 10^6$ 块)，因而可以分析沸点十分相近的组分和组成极为复杂的混合物。例如，用毛细管柱一次可以分析轻油中 150 个组分，它已成为石油成分分析的重要工具。

(2) 高选择性。

高选择性是指固定相的性质极为相似的组分，如同位素、烃类异构体等有较强的分离能力。气相色谱法主要是通过选用高选择性的固定液，使各组分间的分配系数存在差别而实现分离的。

(3) 高灵敏度。

目前气相色谱法可分析 10^{-11} g 的物质，有的可达 $10^{-18} \sim 10^{-12}$ g 物质。例如，它可检测食品中 10^{-9} 数量级的农药残留量，大气污染中 10^{-12} 数量级的污染物等等。

(4) 快速。

气相色谱法一般只需几分钟或几十分钟便可完成一个分析周期。目前多使用色谱工作站控制整个分析过程，实现了自动化操作。

(5) 应用范围广。

气体、液体、固体样品，有机物、部分无机物都可以用气相色谱法进行分析。一般来说，在仪器允许的汽化条件下，凡能够汽化且热稳定性良好的物质，原则上都能用气相色谱法分析。目前气相色谱法所能分析的有机物约占全部有机物的 15%～20%。气相色谱还可用来测定物化常数和制备超纯的色谱试剂；亦可用作工厂自动化流程的在线仪表，完成自动分析的要求。对于沸点过高而难以汽化或易热解的化合物，则可以通过化学衍生化的方法，使其转变为易汽化或热稳定的物质后再进行分析。

对于组分易分解的液体与固体样品，气相色谱法是不适用的。它也不能像红外光谱、核磁共振和质谱仪那样直接定性；进行间接定性时也只能在掌握了有关已知纯物质的色谱图的情况下才能进行。定量时也需要用被测物的标准样品作对照，以计算被测物含量。

二、气相色谱法的应用

气相色谱法可以分析的样品范围极为广泛，从石油化工、环境保护，到食品分析、医药卫生等多个领域。

（1）石油和石油化工分析。

在石油和石油化工分析中，气相色谱是非常重要的分析手段，从油气田的勘探开发到油品质量的控制，都离不开气相色谱法。美国材料与测试协会（ASTM）已开发了、并将继续开发各种用于石化分析的气相色谱标准方法。气相色谱在石油和石油化工分析中主要涉及油气田勘探中的地球化学分析，原油分析，炼厂气分析，油品分析，含硫和含氮化合物分析，汽油添加剂分析，脂肪烃、芳烃分析，工艺过程色谱分析等。

（2）环境分析。

随着社会经济和科学技术的发展，环境污染问题已日益凸显，已经成为人类21世纪所面临的最大挑战之一。世界各国都在努力控制和治理各种环境污染，颁布了大量的污染物分析的标准方法。气相色谱在环境分析中的应用主要有以下几个方面：大气污染（有毒有害气体，气体硫化物、氮氧化物等等）分析；饮用水（多环芳烃、农药残留、有机溶剂等等）分析；水资源（包括淡水、海水和废水中的有机污染物）分析；土壤（有机污染物）分析；固体废物分析等。

（3）食品分析。

气相色谱在食品分析中的主要应用涉及食品成分分析、农药残留分析、食品添加剂分析、食品包装材料中挥发物的分析等。

（4）药物和临床分析。

气相色谱在医药和临床分析中的主要应用如雌三醇测定；尿中孕二醇和孕三醇测定；尿中胆甾醇测定；儿茶酚胺代谢产物分析；血液中乙醇、麻醉剂及氨基酸衍生物分析；血浆中的睾丸激素分析等。

（5）农药分析。

农药是一类复杂的有机化合物。根据其用途可以分为杀虫剂、杀菌剂、除草剂、植物生长调节剂、杀螨剂、杀鼠剂等。根据化学结构又可分为有机氯杀虫剂、有机磷杀虫剂、拟除虫菊酯杀虫剂、氨基甲酸酯杀虫剂，取代氯苯氧基酸或酯除草剂、尿素除草剂、三嗪除草剂，杀菌剂，以及其他农药，如尿嘧啶、氯代酚、有机汞或有机锡化合物等等。农药分析大致可以分为制剂分析和残留物分析。前者常用光谱法、气相色谱法和高效液相色谱法来测定商品农药中主成分的含量和杂质含量，后者则是分析各种样品，如谷物、蔬菜、水果、肉类食品、土壤、沉积物和水资源中的微量农药残留物等。

气相色谱法的应用还体现在诸如物化参数测定（比表面和吸附性能研究、溶液热力学分析、蒸气压的测定、配合常数测定等）；聚合物分析（单体分析、共聚物组成分析、聚合物结构表征分析、聚合物中的杂质分析等）；无机物分析（元素分析、二元化合物分析、阴离子分析等）等等。

知识链接

色谱法发展简史

1906 年俄国植物学家 Tswett(茨维特)在德国植物学杂志上发表文章时使用了 Chromatography 来定义他的实验方法,即色谱法。

1931 年德国的 Kuhn 和 Lederer 重复了茨维特的实验,用氧化铝和碳酸钙分离了 α-、β-和 γ-胡萝卜素,此后用这种方法分离了 60 多种这类色素。

1940 年 Martin 和 Synge 提出液-液分配色谱法。

1941 年 Martin 和 Synge 提出用气体代替液体作流动相的可能性。

1944 年 Consden 等发展了纸色谱。

1949 年 Mecllean 等发展了薄层色谱法(TLC)。

1952 年 James 和 Martin 发表了从理论到实践的比较完整的气液色谱方法,获得了 1952 年的诺贝尔化学奖。

1956 年 Stahl 开发出薄层色谱板涂布器,TLC 得到了广泛的应用。

1956 年 Van Deemter 等在前人研究的基础上发展了描述色谱过程的气相色谱速率理论。

1957 年 Golay 开创了开管柱气相色谱法,习惯上称为毛细管柱气相色谱法。

1965 年 Giddings 和 Snyder 在 Van Deemter 方程的基础上,根据液体与气体的性质差异,提出了液相色谱速率方程(即 Giddings 方程)。

20 世纪 60 年代末出现了高效液相色谱(HPLC)。

20 世纪 80 年代初毛细管超临界流体色谱(SFC)得到发展,在 20 世纪 90 年代末得到了较广泛的应用。

20 世纪 80 年代初由 Jorgenson 等集前人经验发展了毛细管电泳(CZE),在 20 世纪 90 年代得到了广泛的发展和应用,同时,集 HPLC 和 CZE 优点的毛细管电色谱在 20 世纪 90 年代后期受到了重视。

21 世纪色谱科学将在生命科学等前沿科学领域发挥它不可代替的重要作用。

习　题

1. 解释名词:固定相、流动相、色谱图、噪声、死时间、保留时间、调整保留时间、相对保留值、分离度、峰底宽度、半峰宽。
2. 何谓分配系数,其作用是什么?
3. 简述色谱分离原理。
4. 简述色谱分析流程。

5. 气相色谱仪由几部分组成，各部分的作用是什么？
6. 色谱分离的操作条件有哪些？
7. 分别举出气相色谱两种浓度型检测器及质量型检测器的名称及其英文缩写。
8. 气相色谱常用的定性方法有哪些？
9. 简述内标法与外标法的区别。
10. 简述气-液色谱的优点。
11. 对担体有哪些要求？
12. 担体选择的基本原则有哪些？
13. 简述毛细管色谱柱柱型规格与操作条件的选择依据。
14. 简述气相色谱法的特点及应用范围。
15. 某样品用气相色谱分析，从进样到两个色谱峰最大值的时间分别为 80 s 和 100 s，空气峰出现的时间为 4 s，计算两峰的调整保留时间、相对保留值。(76 s，96 s)
16. 在一定色谱操作条件下，两个组分的调整保留时间分别为 88 s 和 106 s，要使两组分达到恰好完全分离，需要多少块有效塔板？若柱的理论塔板高度为 0.1 cm，柱长应为多少？(1 296 块，130 cm)
17. 测定冰醋酸的含水量时，内标物为甲醇，质量为 0.489 6 g，冰醋酸质量为 2.16 g，用热导池检测器测定，其色谱图中水峰峰高为 16.30 cm，半峰宽为 0.159 cm，甲醇峰峰高 14.40 cm，半峰宽为 0.239 cm。已知水和甲醇的峰面积相对质量校正因子分别为 0.70 和 0.75，以峰面积相对质量校正因子计算该冰醋酸的含水量。(15.93%)

实训

实训一　气相色谱法分析苯系物

实训目的

(1) 掌握气相色谱仪的操作规程和使用方法。
(2) 学习色谱法分析苯、甲苯、二甲苯混合物的实训方法。
(3) 学会相对校正因子的测定方法及用归一化法定量的原理、操作及数据处理方法。

方法原理

色谱分析一般可以分离、定性和定量同时进行。

1. 气相色谱定性分析的依据和方法

在气相色谱法中，定性分析常用的方法有保留时间定性法和峰面积(峰高)增大法。

2. 气相色谱法定量分析的依据和方法

(1) 相对校正因子的测定。

相对校正因子是指待测组分与标准物质的绝对校正因子之比,可表示成:

$$f'_i=\frac{f_i}{f_s}=\frac{m_i/A_i}{m_s/A_s}=\frac{A_s m_i}{A_i m_s}$$

式中:A_i、A_s分别为组分和标准物质的峰面积;m_i、m_s分别为组分和标准物质的质量。

(2) 归一化定量方法。

使用归一化法定量,要求样品中的所有组分都能得到完全分离,全部流出色谱柱,并且在色谱图上应能绘出所有组分的色谱峰。假设样品中有 n 个组分,各组分的质量分别为 $m_1,m_2,\cdots,m_n$,各组分含量的总和为 m,则样品中任一组分 i 的质量分数 w_i 可用归一化法公式计算如下:

$$w_i=\frac{m_i}{m}\times 100\%=\frac{m_i}{m_1+m_2+\cdots+m_n}\times 100\%=\frac{A_i f'_i}{A_1 f'_1+A_2 f'_2+\cdots+A_n f'_n}\times 100\%$$

若用峰高代替峰面积计算时可写成:

$$w_i=\frac{h_i f''_i}{h_i f''_1+h_2 f''_2+\cdots+h_n f''_n}\times 100\%$$

式中:f''_i为峰高校正因子。

仪器与试剂

1. 仪器

GC7890Ⅱ型气相色谱仪(TCD 检测器或 FID 检测器);氮气发生器(或氮气瓶);氢气瓶;空压机;微量注射器。

2. 试剂

纯物质:苯、甲苯、对二甲苯、正庚烷(基准物质)。

标准二组分混合液(体积比):苯+正庚烷、甲苯+正庚烷、正庚烷+对二甲苯,体积比均为 1∶2。

实训内容

1. 仪器调试

(1) 打开气源。

(2) 打开计算机,启动色谱工作站,建立仪器条件。

参考条件:毛细管色谱柱,SE-54,15 m×0.25 mm×0.33 μm;柱温,80~120 ℃;汽化室,110~120 ℃;检测器 FID,110~130 ℃;TCD,250 ℃。

2. 实时采样

(1) 分别注入 1 μL 各纯物质,记录各色谱峰的保留时间;再吸取样品 2 μL 注入色谱柱,记录各色谱峰的保留时间。

(2) 分别准确注入二组分标准样 2 μL,记录色谱峰的保留时间及峰面积。

(3) 准确注入样品 2 μL,记录各色谱峰的保留时间及峰面积。

注意:开机前必须先通载气,关机后必须降温到 60 ℃,再关载气;分析完毕后,应先关桥电流(TCD),再关各电源开关。

数据处理

1. 定性数据及处理

纯物质和样品的定性数据见表 9-3。

表 9-3 纯物质和样品的定性数据

物　质	苯	甲苯	对二甲苯	正庚烷
纯物质保留时间 t_R/min				
纯物质峰面积				
样品保留时间 t_R/min				
结论				

2. 相对校正因子的测定结果及处理

相对校正因子的测定结果见表 9-4。

表 9-4 相对校正因子的测定结果

标准二组分混合液	苯＋正庚烷	甲苯＋正庚烷	正庚烷＋对二甲苯
保留时间/min			
峰面积			
相对校正因子 f_i'			

已知各纯物质的密度为:$\rho_{苯}=0.879\ g\cdot cm^{-3}$,$\rho_{甲苯}=0.866\ g\cdot cm^{-3}$,$\rho_{对二甲苯}=0.857\ g\cdot cm^{-3}$,$\rho_{正庚烷}=0.680\ g\cdot cm^{-3}$。

3. 归一化定量

归一化定量结果见表 9-5。

表 9-5 归一化定量结果

保留时间/min	
样品组成	
峰面积	
校正因子 f_i'	
各组分含量	

注意事项

(1) 应严格控制操作条件,测量校正因子及测定样品条件必须保持一致。

(2) 热导池电流不能过大,通电时必须先通气。

(3) 微型注射器使用必须小心,进样必须准确迅速。

(4) 进样操作必须在前一样品所有峰出尽,基线恢复正常后方可进行。

思考题

(1) 色谱归一化法定量有何特点,使用该法应具备什么条件?

(2) 做好本实训应注意哪些问题？

实训二　食品中苯甲酸的测定

实训目的

(1) 掌握气相色谱法测苯甲酸含量的基本原理及操作要点。

(2) 掌握气相色谱仪的基本工作原理，熟悉操作条件的选择。

(3) 能熟练绘制标准曲线并正确进行定量计算。

方法原理

将样品酸化后，用乙醚提取苯甲酸，用氢火焰离子化检测器的气相色谱仪进行分离测定，与标准系列比较定量。

仪器与试剂

1. 仪器

气相色谱仪(FID 检测器)；分析天平；容量瓶；恒温水浴。

2. 试剂

乙醚(不含过氧化物)；石油醚(沸程 30～60 ℃)；无水硫酸钠；盐酸(1+1)。

40 g·L^{-1}氯化钠酸性溶液：于 40 g·L^{-1}氯化钠溶液中加少量盐酸(1+1)酸化。

苯甲酸标准溶液：准确称取苯甲酸 0.200 0 g，置于 100 mL 容量瓶中，用石油醚-乙醚混合溶剂(3+1)溶解并稀释至刻度(此溶液每毫升相当于 2.0 mg 苯甲酸)。

苯甲酸标准使用液：吸取适量的苯甲酸标准溶液，以石油醚-乙醚混合溶剂(3+1)稀释至每毫升相当于 50、100、150、200、250 μg 苯甲酸。

实训内容

1. 色谱参考条件

(1) 色谱柱：玻璃柱，内径 3 mm，长 2 m，内装涂以 5%DEGS+1% H_3PO_4 固定液的 60～80 目 Chromosorb W AW。

(2) 气流速度：载气使用氮气，50 mL·min^{-1}(氮气和空气、氢气之比按各仪器型号不同选择各自的最佳比例条件)。

(3) 温度：汽化室 230 ℃；检测器 230 ℃；柱温 170 ℃。

2. 样品处理

称取 2.50 g 事先混合均匀的样品，置于 25 mL 具塞量筒中，加 0.5 mL 盐酸(1+1)酸化，用 15、10 mL 乙醚提取两次，每次振摇 1 min，静置分层后将上层乙醚提取液吸入另一个 25 mL 具塞量筒中，合并乙醚提取液。用 3 mL 40 g·L^{-1}氯化钠酸性溶液洗涤两次，静置 15 min，用滴管将乙醚层通过无水硫酸钠滤入 25 mL 容量瓶中，用乙醚洗量筒及硫酸钠层，洗液并入容量瓶。加乙醚至刻度，混匀。准确吸取 5 mL 乙醚提取液于 5 mL 具塞刻度试管中，于 40 ℃水浴上挥干，加入 2 mL 石油醚-乙醚混合溶剂(3+1)溶解残渣，备用。

3. 测定

通过进样口，进样 2 μL 标准系列中各浓度标准使用液于气相色谱仪中，可测量得到不同浓度苯甲酸的峰高值，以浓度为横坐标，相应的峰高值为纵坐标，绘制标准曲线。同时进样 2 μL 样品溶液，测得样品的峰高值。通过与标准曲线比较，进行定量。

数据处理

按下式计算样品中苯甲酸含量：

$$\omega=\frac{m_1\times 1\ 000}{m_2\times\frac{5}{25}\times\frac{V_2}{V_1}\times 1\ 000}$$

式中：ω 为样品中苯甲酸的含量，$g\cdot kg^{-1}$；m_1 为测定用样品液中苯甲酸的质量，μg；V_1 为加入石油醚-乙醚混合溶剂(3+1)的体积，mL；V_2 为测定时进样的体积，μL；m_2 为样品的质量，g；5 为测定时乙醚提取液的体积，mL；25 为样品乙醚提取液的总体积，mL。

结果取算术平均值的二位有效数。允许差：相对相差不超过 10%。

注意事项

(1) 进行样品处理时，一定按要求进行，尤其是要注意气相色谱仪的操作条件的选择。进样一定要迅速。

(2) 由测得苯甲酸的量乘以 1.18，即为样品中苯甲酸钠的含量。

思考题

(1) 气相色谱进样时，应注意什么问题？

(2) 能否采用热导池检测器进行检测？

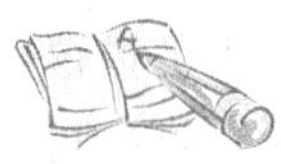

实训三　植物油中残留溶剂的测定

实训目的

(1) 学习气相色谱法的测定原理，并掌握气相色谱仪的操作。

(2) 学习样品处理方法。

(3) 掌握用标准曲线定量方法。

方法原理

取一定量的植物油样，置于密闭平衡瓶中，在一定温度下和一定时间内，使残留溶剂汽化达到平衡时，取液上气体注入气相色谱仪中，取得色谱峰后，与标准曲线比较定量。

 仪器与试剂

1. 仪器

SP-502 型气相色谱仪；SSC-922 型色谱数据处理机；顶空瓶，见图 9-11(100 mL 小输液瓶，橡胶塞)。

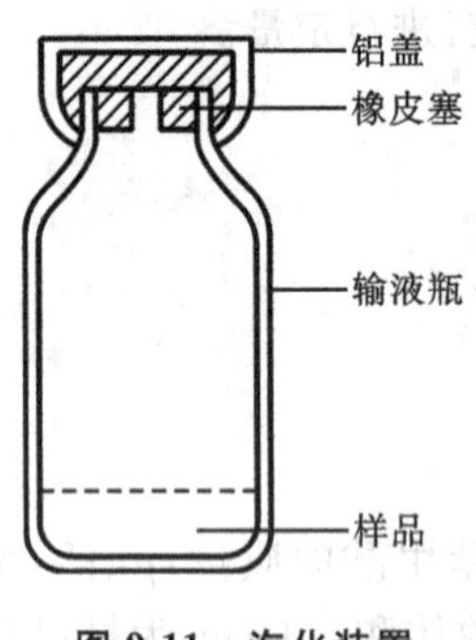

图 9-11　汽化装置

2. 试剂

石油醚(AR，沸程 60～90 ℃)；新鲜机榨油。

 实训内容

1. 石油醚标准溶液的配制

将具塞干燥的 100 mL 汽化瓶准确称重(m_a)，加入约 99 mL 新鲜机榨油，再准确称重(m_b)，用 1 mL 注射器加入约 0.1 mL 分析纯石油醚(针头不要触及液体)充分混匀后，再次称重(m_c)。计算出石油醚的浓度：

$$\rho_B=\frac{m_c-m_b}{(m_b-m_a)/d}\times 100$$

式中：ρ_B为石油醚的浓度，mg·mL^{-1}；m_a为空瓶和塞的质量，g；m_b为空瓶、塞和机榨油的质量，g；m_c为空瓶、塞、机榨油和石油醚的质量，g；d 为机榨油 20 ℃的密度，g·mL^{-1}。

2. 色谱条件

不锈钢柱，内径 3 mm，长 3 m，内装涂有 5% DEGS 的白色担体(60～80 目)。氢火焰离子化检测器：柱温 60 ℃，汽化室温度 140 ℃；载气(N_2)30 mL·min^{-1}，氢气 50 mL·min^{-1}；空气 500 mL·min^{-1}。

3. 标准曲线的绘制

取 6 只汽化瓶，分别加入 25.00、24.50、24.00、23.00、22.00、20.00 mL 新鲜机榨油，然后通过塞子注入石油醚标准溶液 0.00、0.50、1.00、2.00、3.00、5.00 mL，用透明胶布封住针眼。放入 50 ℃恒温箱中 30 min，用微量注射器分别取液上气体 100 μL 注入色谱仪，用记录仪记录峰面积(或量取峰高)。以石油醚含量(mg)为横坐标，以峰面积(或峰高)为纵坐标绘制标准曲线，计算出回归方程。

4. 样品测定

取 25.00 g 食用油样，置于 100 mL 汽化瓶中，密封，放入 50 ℃恒温箱中 30 min，取出后立即用微量注射器取液上气体 100 μL 注入色谱仪，记录与标准液石油醚组分保留时间相同的(±0.05 min)峰面积或峰高。

每份样品平行测定三次，根据平均峰面积或峰高查标准曲线(多个色谱峰用归一法计算)，计算出溶剂残留量。

数据处理

按下式计算植物油中残留溶剂含量：

$$w=\frac{m_i}{m}\times 1\ 000$$

式中：w 为溶剂残留量，$mg \cdot kg^{-1}$；m_i 为石油醚含量，mg；m 为取样量，g。

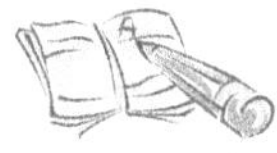

实训四 气相色谱法分析正己烷中环己烷的含量

实训目的

(1) 掌握内标法定量的基本原理。

(2) 掌握内标法定量分析的方法。

(3) 掌握氢火焰检测器的特点和使用方法。

方法原理

内标法测定时需要将一定量的纯物质作为内标物，加入到准确称取的样品中，根据被测物和内标物的质量及其在色谱图上相应的峰面积，求出某组分的含量。

设称取的样品质量为 m，待测组分 i 的质量为 m_i，样品中加入的内标物质量为 m_s，待测组分 i 和内标物 s 的峰面积为 A_i 和 A_s，则被测组分 i 的质量分数 w_i 为

$$w_i=\frac{m_i}{m}\times 100\%=\frac{A_i f'_i}{A_s f'_s}\frac{m_s}{m}\times 100\%$$

当峰比较窄时可用峰高代替峰面积计算。

内标法定量结果准确，内标法是通过测量内标物及欲测组分的峰面积的比值来计算的，故进样量及操作条件不需要严格控制。

本实训选用甲苯作内标物质。

仪器与试剂

1. 仪器

气相色谱仪(FID 检测器)；GDX-401 型色谱柱；微量进样器(1 μL)；容量瓶；载气(N_2 或 H_2)。

2. 试剂

甲苯；正己烷；环己烷；未知样品。

实训内容

(1) 根据实训条件，按操作要求将气相色谱仪调节至可进样状态，待仪器的电路和气

路系统达到平衡，记录仪上的基线平直时，即可进样。

先通载气 H_2，调节流速为 30 mL · min^{-1}，排除气路中的空气，设置进样口、柱箱温度分别为 150 ℃、98 ℃；通 H_2 和压缩空气，流速分别为 50 mL · min^{-1} 和 500 mL · min^{-1}，启动点火装置。

(2) 用微量注射器注入未知样 0.5 μL，记录保留时间。

(3) 将 0.2 μL 环己烷和正己烷的标样分别注入色谱柱，记下各自的保留时间。

(4) 注入 1 μL 按质量法配制的已知浓度的正己烷、环己烷、甲苯混合物标样，记录保留时间和峰面积，重复测定三次。计算组分的校正因子。

(5) 称量一定量内标物甲苯，加入已知准确质量的未知物中，混合均匀。取 1 μL 含内标物的未知样品注入色谱柱，记录保留时间和峰面积，重复测定三次。

(6) 实训结束后，关闭电源、氢气、压缩空气，待柱温降至室温后关闭载气。

数据处理

(1) 列表记录保留值和峰高。

(2) 计算校正因子。

(3) 计算环己烷的含量。

思考题

(1) 内标法定量有何优点，它对内标物质有何要求？

(2) 实训中是否要严格控制进样，实训条件若有所变化是否会影响测定结果，为什么？

(3) 试讨论色谱柱温度对分离的影响。

实训五　气相色谱法测定白酒中甲醇及其他组分的含量

实训目的

(1) 掌握气相色谱法测定白酒中甲醇的原理。

(2) 熟悉仪器使用操作规程和操作技术要点。

方法原理

甲醇是白酒中主要有害成分，是由原料和辅料中果胶内甲基酯分解而成。甲醇的毒性极强，可在体内蓄积，具有明显麻醉作用，可引起脑水肿，对视神经和视网膜有特殊亲和力，会引起视神经萎缩，严重者可导致失明。人食入 5 g 就会出现严重中毒，超过 12.5 g 就可能导致死亡。

气相色谱分离的基本原理是使混合物中各组分在两相间进行分配，利用这种方法可以定性定量测定白酒中甲醇及其他组分。

仪器与试剂

1. 仪器

岛津 GC-16 A 气相色谱仪：氢火焰离子化检测器；程序升温装置；色谱柱 10% PEG-20Mϕ3 mm×4 m；数据处理装置；注射器等。

2. 试剂

异戊醇，乙醛和甲醇（均为分析纯）。

实训内容

（1）按操作说明书使色谱仪正常运行，并调节至如下条件。

柱温：80 ℃（或者程序升温 70～100 ℃，2～5 ℃·min^{-1}）；汽化温度 150 ℃；氢火焰离子化检测器，温度 150 ℃；载气，氮气 50 mL·min^{-1}；氢气 50 mL·min^{-1}；空气 500 mL·min^{-1}。

（2）标准溶液制备：在 10 mL 容量瓶中，预先放入约 3/4 的 40%～60%乙醇-水溶液（根据白酒度数决定），然后分别加入 4.0 μL 异戊醇、乙醛和甲醇，并用乙醇-水溶液稀释至刻度，混匀。

（3）注入 2.0 μL 标准溶液至色谱仪中分离，记下各组分保留时间，再重复两次。

（4）用标准物对照，确定它们在色谱图上的相应位置，标准物注入量约 0.1 μL，并确定合适衰减值。

（5）注入 2.0 μL 样品溶液分离，并重复两次。

数据处理

（1）确定样品中所含组分。

（2）根据标准溶液和样品的测定结果，对异戊醇、乙醛和甲醇进行定量。

思考题

（1）定量分析的依据是什么？色谱图上哪些信息可用来定量？

（2）设置好参数后进样发现谱图峰与峰之间距离很近，几乎分不开，此时应该调整哪个参数？柱温对分析有何影响？

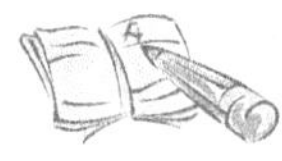

实训六　气相色谱法测定混合醇

实训目的

（1）了解气相色谱仪的基本结构、性能和操作方法。

(2) 掌握气相色谱法的基本原理和定性、定量方法。

(3) 学习纯物对照定性和归一化法定量。

方法原理

色谱法具有极强的分离效能。一个混合物样品定量引入合适的色谱系统后，样品在流动相携带下进入色谱柱，样品中各组分由于各自的性质不同，在柱内与固定相的作用力大小不同，导致在柱内的迁移速度不同，使混合物中的各组分先后离开色谱柱得到分离。分离后的组分进入检测器，检测器将物质的浓度或质量信号转换为电信号输给记录仪或显示器，得到色谱图。利用保留值可定性，利用峰高或峰面积可定量。

仪器与试剂

1. 仪器

毛细管气相色谱仪；微量注射器(1 μL、5 μL)；色谱柱，OV-101 型毛细管柱；柱温 150 ℃；检测器 200 ℃；汽化室 200 ℃。

2. 试剂

乙醇、正丙醇、异丙醇、正丁醇，均为色谱纯；含有混合醇的水样。

实训内容

(1) 在开启仪器之前，对照仪器读懂气相色谱仪的操作说明。

(2) 在教师指导下，按如下步骤开启仪器。

① 打开氢气钢瓶，调节减压阀，使出口压力为 0.5 MPa。

② 打开转子流速计，调节载气流速为 25～35 mL/min。

③ 接通柱炉、汽化室和检测器的电流，调节温控旋钮，使它们的温度分别达到设定温度。

④ 打开记录仪(或色谱工作站)。

(3) 待基线稳定后，用微量注射器取 1～3 μL 含有混合醇的水样注入色谱仪，记录每一色谱峰的保留时间 t_R。重复三次。

(4) 在相同色谱条件下，取少量(约 0.5 μL)纯物质注入色谱仪，每种物质重复做三次。记录纯物质的保留时间 t_R。

数据处理

1. 与纯物质对照定性

将样品中各组分的保留时间与纯物质对照，见表 9-6。

表 9-6 样品与纯物质对照表

<table>
<tr><td rowspan="2">水样中各峰
保留时间/min</td><td colspan="3">峰 1</td><td colspan="3">峰 2</td><td colspan="3">峰 3</td><td colspan="3">峰 4</td></tr>
<tr><td></td><td></td><td></td><td></td><td></td><td></td><td></td><td></td><td></td><td></td><td></td><td></td></tr>
<tr><td rowspan="2">纯物质
保留时间/min</td><td colspan="3">乙醇</td><td colspan="3">正丙醇</td><td colspan="3">异丙醇</td><td colspan="3">正丁醇</td></tr>
<tr><td></td><td></td><td></td><td></td><td></td><td></td><td></td><td></td><td></td><td></td><td></td><td></td></tr>
<tr><td>定性结论</td><td colspan="3">峰 1</td><td colspan="3">峰 2</td><td colspan="3">峰 3</td><td colspan="3">峰 4</td></tr>
<tr><td>组分名称</td><td colspan="3"></td><td colspan="3"></td><td colspan="3"></td><td colspan="3"></td></tr>
</table>

2. 面积归一化法定量

根据组分的峰高、半峰宽、峰面积定量，数据见表 9-7。

表 9-7 定量数据表

组　　分	乙　　醇	正丙醇	异丙醇	正丁醇
峰高/mm				
半峰宽/mm				
峰面积/mm^2				
含量/(%)				

思考题

(1) 本实训中是否需要准确进样？为什么？

(2) FID 检测器是否对任何物质都有响应？

模块十

高效液相色谱法

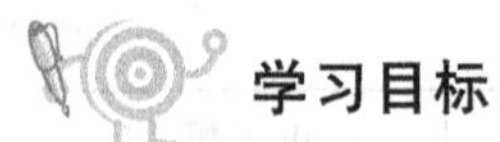

学习目标

理解各类高效液相色谱法的分离原理，熟悉各类高效液相色谱固定相和流动相的选择；掌握高效液相色谱仪的组成及主要部件的工作原理，熟悉和掌握高效液相色谱仪的基本使用技术和实验技术；了解高效液相色谱法在食品、化工、生物等及相关行业的应用。

任务一　高效液相色谱法概述

液相色谱法是指流动相为液体的色谱分离技术。高效液相色谱法(High Performance Liquid Chromatography，HPLC)是在经典的液相色谱法基础上发展起来的，在20世纪60年代以后，随着气相色谱法的迅速发展，借鉴和引用了气相色谱法的基本理论，在技术上采用了高压泵输送流动相、新型高效固定相和高灵敏度检测器，克服了经典液相色谱法的缺点和不足，实现了分析速度快、分离效率高和操作自动化。所以高效液相色谱法是一种高效、快速、高灵敏度的分离分析技术。高效液相色谱分析技术包括液-固吸附色谱、液-液分配色谱、离子交换色谱和体积排阻色谱等，已成为化学、生化、医药、生命科学和环境保护等领域中重要的分离分析技术。

一、高效液相色谱法与经典液相色谱法的比较

高效液相色谱法与经典液相色谱法的主要区别如表10-1所示。

表10-1　高效液相色谱法与经典液相色谱法的区别

区　别	固　定　相	输液设备	检测手段	用　途
经典液相色谱法	柱内径1～3 cm 固定相粒径大于100 μm，不均匀	常压输送流动相 柱效低	无法在线检测 分析时间长	分离手段
高效液相色谱法	柱内径2～6 mm 固定相粒径小于10 μm，均匀的球形	高压泵输送流动相 柱效高	检测灵敏度高 分析速度快	分离分析

二、高效液相色谱法的特点

气相色谱法受技术条件的限制，对大量有机化合物、离子型化合物，以及易受热分解或失去活性的物质不能进行分离分析。而高效液相色谱只要被分析对象能够溶解于可作为流动相的溶剂中并能够被检测，就可以直接进行分析，特别是对强极性、高相对分子质量和离子型等物质有较好的分离效果。某些目前尚不能被直接检测，或检测灵敏度较低的物质，也可以采用各种衍生技术，实现这些物质的检测。

高效液相色谱法具有以下特点。

(1) 可以分离分析高沸点的有机物。

气相色谱法需要将被测样品汽化才能进行分离和测定，分析对象只限于分析气体和沸点较低的化合物，它们仅占有机物总数的20%左右。对于占有机物总数近80%的那些高沸点、热稳定性差、相对分子质量大的物质，目前主要采用高效液相色谱法进行分离和分析。应用气相色谱和高效液相色谱两种手段，可解决大部分有机物的定量分析问题。

(2) 高柱压。

高效液相色谱柱的阻力较大，一般色谱柱进口压力为15～30 MPa。

(3) 低柱温。

高效液相色谱柱常在室温下工作，早期生产的高效液相色谱仪没有恒温层析室，色谱柱就暴露在环境中。

(4) 高柱效。

由于高效液相色谱使用了许多新型的固定相，高效液相色谱柱的柱效可达每米5 000塔板，因为分离效能高，故高效液相色谱柱的长度较短，目前多采用10～30 cm，最短的柱子只有3 cm长，板数可达每米3 000～4 000塔板。

(5) 高分析速度。

高效液相色谱配备了高压输液设备，载液流速一般为1～10 $mL \cdot min^{-1}$，分析样品只需要几分钟或几十分钟，一般小于1 h。例如，氨基酸分离，用经典色谱法，需用20多小时才能分离出20种氨基酸；而用高效液相色谱法，在1 h之内即可完成。

(6) 高灵敏度。

高效液相色谱已广泛采用高灵敏度检测器，如紫外检测器，荧光检测器等，大大提高了检测的灵敏度，检出限可达10^{-11} g。

高效液相色谱法吸取了气相色谱与经典液相色谱的优点，并用现代化手段加以改进，得到了迅猛的发展。虽然高效液相色谱有着其他色谱技术无法比拟的优势，但还存在一些不足，如仪器设备价格昂贵，分析过程要消耗大量的溶剂，而且许多溶剂对人体有害等等。另外，高效液相色谱仪的检测器缺少像气相色谱那样的通用型检测器，尚有待研制开发。

三、高效液相色谱法的速率理论

高效液相色谱法是色谱技术的一个重要分支，气相色谱法的概念及理论基本适用于高效液相色谱法，但有其不同之处。液相色谱法的流动相是液体，液体和气体的性质有明显的差别，如液体的扩散系数比气体约小10^5倍；液体黏度比气体约大10^2倍，密度比气体

约大 10^3 倍。这些差别显然将对色谱分离过程产生影响，如溶质在液相色谱柱中的扩散和传质过程，这些动力学因素将会对色谱峰扩展及色谱分离效果产生影响。

根据速率理论，对影响液相色谱分离的动力学因素讨论如下。

1. 涡流扩散项 H_e

$$H_e = 2\lambda d_p \tag{10-1}$$

其含义与气相色谱法的相同。

2. 纵向扩散项 H_d

当样品分子在色谱柱内随流动相向前移动时，由于分子本身运动所产生的纵向扩散同样导致色谱峰的扩展。H_d 与分子在流动相中的扩散系数 D_m 成正比，与流动相的线速度 u 成反比。

$$H_d = \frac{C_d D_m}{u} \tag{10-2}$$

式中：C_d 为一常数，由于分子在液体中的扩散系数比在气体中小 4～5 个数量级，因此当流动相的线速度大于 0.5 $cm \cdot s^{-1}$ 时，纵向扩散项对色谱峰扩展的影响实际上是可以忽略的，而气相色谱中这一项却是非常重要的。

3. 传质阻力项

液相色谱中的传质阻力项包括固定相传质阻力项和流动相传质阻力项。

(1) 固定相传质阻力项 H_s：

$$H_s = \frac{C_s d_f^2}{D_s} u \tag{10-3}$$

式中：C_s 是与 k(容量因子)有关的系数。样品分子从流动相进入固定液内进行质量交换的传质过程，取决于固定液的液膜厚度 d_f 和样品分子在固定液内的扩散系数 D_s。

(2) 流动相传质阻力项：分子在流动相中的传质过程有两种形式，即在流动的流动相中的传质和在滞留的流动相中的传质。

① 流动的流动相中的传质阻力项 H_m：流动相在色谱柱内的流速并不是均匀的，靠近填充物颗粒的流动相的流动要稍慢些，导致靠近固定相表面的样品分子运行的距离要比中间的要短些，这种引起塔板高度变化的影响与固定相粒度 d_p 的平方和流动相的线速度 u 成正比，与样品分子在流动相中的扩散系数 D_m 成反比。

$$H_m = \frac{C_m d_p^2}{D_m} u \tag{10-4}$$

式中：C_m 是 k 的函数，其值取决于柱直径、形状和填充的填料结构，当柱填料规则排布并紧密填充时，C_m 可减小。

② 滞留的流动相中的传质阻力项 H_{sm}：由于固定相的多孔性，造成部分流动相滞留在固定相的微孔内，流动相中的样品分子与固定相进行质量交换，必须先从流动相扩散到滞留区。如果固定相的微孔既小又深，此时传质速率就慢，对色谱峰的扩展影响就大，这种影响在传质过程中起着主要作用。

$$H_{sm} = \frac{C_{sm} d_p^2}{D_m} u \tag{10-5}$$

式中：C_{sm} 是与颗粒微孔中被流动相所占据部分的分数及 k 有关的常数。固定相的颗粒越小，微孔孔径越大，传质途径就越少，传质速率也越大，因而柱效越高。由于滞留区传质与固定相的结构有关，所以改进固定相就成为提高液相色谱柱效的一个重要途径。

综上所述，由于柱内色谱峰扩展所引起的塔板高度的变化可归纳为

$$H = 2\lambda d_p + \frac{C_d D_m}{u} + \left(\frac{C_s d_f^2}{D_s} + \frac{C_m d_p^2}{D_m} + \frac{C_{sm} d_p^2}{D_m}\right)u \tag{10-6}$$

进一步简化为

$$H = A + \frac{B}{u} + Cu \tag{10-7}$$

式(10-7)与气相色谱法的速率方程是一致的，只是影响柱效的主要因素是传质项，而纵向扩散项可忽略不计。要提高液相色谱法的分离效能，必须提高柱内填料装填的均匀性、减小粒度、使用低黏度的流动相或适当提高柱温以降低流动相黏度，从而增大传质速率。其中，减小粒度是提高柱效的最有效途径。减小流动相的流速虽然可以降低传质阻力项的影响，但却会使纵向扩散增加并延长分析时间。因此色谱分析是一个复杂的过程，要考虑各种因素对分离效果的综合影响。

任务二　高效液相色谱法的主要类型及其分离原理

根据色谱分离过程机理不同，高效液相色谱法可分为下述几种主要类型：液-液分配色谱法、化学键合相色谱法、液-固吸附色谱法、离子交换色谱法、空间排阻色谱法、离子对色谱法、离子色谱法等。

一、液-液分配色谱法(LLC)

液-液分配色谱是基于样品组分(溶质)在固定相和流动相之间的相对溶解度的差异而使组分在两相之间的分配系数不同，进而分离的过程，类似液-液萃取过程。在一定的色谱条件下，分配系数 K 与组分、固定相种类及温度有关，K 值小的组分，在柱中迁移的速度较快，保留时间短，较早流出色谱柱；K 值大的组分，在柱中迁移的速度较慢，保留时间长，较晚流出色谱柱。

二、化学键合相色谱法(CBPC)

液-液色谱的流动相、固定相均为液体，从理论上说，流动相与固定相之间应互不相溶，但实际上，固定液将在流动相中部分溶解而不能稳定地保持在惰性担体上，造成固定液的流失，减小柱的使用寿命，同时也给操作带来不便。为了解决这一问题，现在多使用键合固定相，即把固定液的有机基团通过化学反应键合在担体的表面上，从而克服了固定液的流失现象，这种固定相称为化学键合固定相，使用这类固定相的色谱也称为键合相色谱。

化学键合固定相能耐受各种溶剂的淋洗，无流失现象，柱系统稳定性好，可用于梯度洗脱，且传质速度快，自 20 世纪 70 年代以来，液相色谱法有 70%～80%是在化学键合固定相上进行的，化学键合固定相为色谱分离开辟了广阔的前景。它不仅用于反相色谱法、

正相色谱法,还部分用于离子交换色谱法、离子对色谱法等色谱技术上。另外,由于键合到担体表面的官能团可以是各种极性的,因此它适用于多种样品的分离。

1. 正相键合相色谱法

正相键合相色谱法是指固定相的极性大于流动相的极性的色谱体系。用于分离极性化合物,被分离组分根据分子的极性大小实现分离。这种方法通常把极性的有机基团键合在硅胶表面,作为固定相,以非极性或极性小的溶剂(如烃类)中加入适量的极性溶剂(如氯仿、醇、乙腈等)作为流动相。

在实际工作中,正相键合相色谱法适用于以下几类样品的分离分析:①反相键合相色谱法很难分离的异构体(以硅胶为固定相);②根据被分离样品的极性差别进行族类分析;③易于水解样品的分离分析;④极性有机溶液中溶解度很小的高脂溶性样品的分离分析。

2. 反相键合相色谱法

反相键合相色谱法与正相键合相色谱法相反,分析时,采用流动相的极性大于固定相的极性的色谱体系。这种方法的固定相采用极性较小的键合固定相,如硅胶-$C_{18}H_{37}$、硅胶-苯基等;流动相采用极性较强的溶剂,如甲醇、乙腈-水、水和无机盐的缓冲溶液等。反相键合相色谱法具有柱效高,能获得无拖尾色谱峰的优点。从一般小分子有机物到药物、农药、氨基酸、低聚核苷酸、肽及蛋白质等大分子均可使用反相色谱法。

3. 离子型键合相色谱法

当以薄壳型或全多孔微粒型硅胶为基质,化学键合各种离子交换基团时,就形成了离子型键合相色谱的固定相。其分离原理与离子交换色谱类同。

三、液-固吸附色谱法(LSC)

液-固吸附色谱法(LSC)的流动相为液体,固定相为吸附剂,是最经典的色谱分离过程。LSC 的流动相是以非极性烃类为主的溶剂,属于正相液相色谱。

液-固吸附色谱是根据样品中各组分吸附作用不同而实现彼此分离的。它是基于溶剂分子(S)和组分分子(X)对固定相表面的吸附竞争作用。当只有纯溶剂流经色谱柱时,色谱柱的吸附表面全部被溶剂分子所吸附(S_a)。当进样后,组分溶解在溶剂中,在流动相中就有了组分分子(X_m),需从固定相表面取代 n 个被吸附的溶剂分子,使 n 个溶剂分子从固定相表面转入液相(S_m),此过程可用下式表示:

$$X_m + nS_a \rightleftharpoons X_a + nS_m$$

组分分子吸附能力的大小,取决于 X 在两相中的浓度比,即平衡常数(也称为吸附系数或分配系数)K_a。

$$K_a = \frac{[X_a][S_m]^n}{[X_m][S_a]^n} \tag{10-8}$$

式中:$[X_a]$、$[S_a]$分别为组分分子和溶剂分子在固定相表面的平衡浓度;$[X_m]$、$[S_m]$分别为组分分子和溶剂分子在流动相中的平衡浓度。

从式(10-8)可知,K 的大小取决于 X 在两相中的浓度比值,但其比值大小与溶剂分子 S 的吸附能力有关,如果 S 吸附能力大,则 K 小;S 吸附能力小,则 K 大。样品组分分离就是根据 K 的大小依次流出色谱柱,即 K 小者先流出色谱柱,先出峰;K 大者后流出色谱柱，后出峰。

液-固吸附色谱法使用的固定相主要有硅胶、氧化铝、硅藻土等，其中前两种应用最为广泛，硅胶约占 70%，氧化铝约占 20%。

液-固吸附色谱法适用于分离中等相对分子质量（$200<M<2\ 000$），且能溶于非极性或中等极性溶剂（如己烷、二氯甲烷、氯仿或乙醚）的脂溶性样品，特别是在同族分离和同分异构体的分离中有独特的作用。

四、离子交换色谱法(IEC)

离子交换色谱法(IEC)是利用离子交换原理和液相色谱技术结合来测定溶液中阳离子和阴离子的一种液相色谱方法。凡在溶液中能够电离的物质，通常都可用离子交换色谱法进行分离。它不仅适用无机离子的分离，亦可用于有机物的分离。随着各种新型离子交换材料的出现，离子交换色谱法在化工、医药、生化、冶金、食品等领域获得了广泛的应用。

离子交换色谱的固定相是离子交换剂，它是一类带有离子交换功能基团的固体色谱填料，是在交联的高分子骨架上结合可解离的无机基团。在离子交换过程中，离子交换剂的本体结构不发生明显的变化，而其上带有的离子与外界同电性的离子发生等物质的量的离子交换。目前，使用最广泛的离子交换剂是离子交换树脂，以硅胶为骨架的各种键合型离子交换树脂居多。如树脂上面键合—SO_3H 基团（树脂—SO_3H），表示其表面的可交换基团为 H^+，样品组分中若有含有正电荷的离子（如 Na^+、Ca^{2+} 等，如图 10-1 所示），则因其与树脂上面—SO_3^- 基团发生正、负电荷相互吸引，使得样品能与树脂上的 H^+ 发生阳离子交换而结合到树脂上。

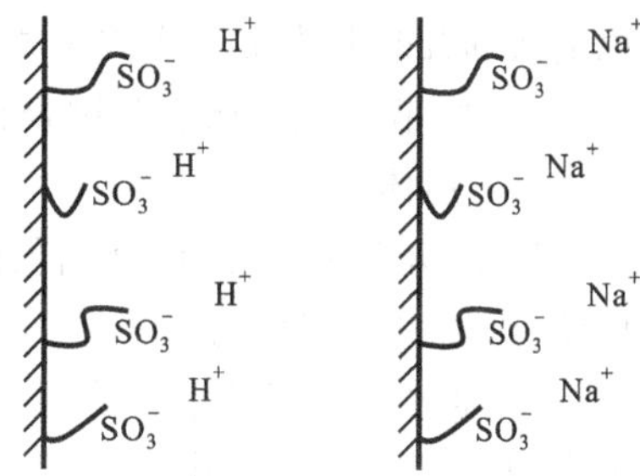

图 10-1 阳离子交换示意图

样品中不同离子均能与树脂发生离子交换而结合，但不同样品离子与离子交换树脂结合力不同，相互作用强度不同，在洗脱时可以借助逐渐升高离子浓度（即离子梯度）的方式，使结合力弱的离子先流出，结合力强的后洗脱，从而实现彼此分离。

五、空间排阻色谱法(SEC)

溶质分子在多孔填料表面上受到的排斥作用称为排阻。空间排阻色谱（亦称体积排阻色谱）法是以化学惰性的多孔物质作为固定相，样品组分受固定相孔径大小的影响，按分子体积大小进行分离的方法。因为固定相通常采用多孔的凝胶，所以这种方法又称为凝胶色谱法。

空间排阻色谱法包括两种技术：一种是凝胶渗透色谱法，即以有机溶剂作为流动相的空间排阻色谱法，主要用于高分子领域；另一种是凝胶过滤色谱法，即以水或水溶液作为流动相的空间排阻色谱法，主要用于生化领域。

空间排阻色谱法的分离原理和其他液相色谱法不同，溶质在两相之间不是依据相互作用力大小进行分离，而是按分子体积的大小进行分离的。SEC 凝胶颗粒含有很多不同尺寸的孔穴，这些孔穴对于流动相（溶剂）分子来说是很大的，溶剂分子可以自由地出入；

对于被分离的高分子化合物而言，体积较大的分子只能占据较大的孔穴，小孔穴对体积大的分子有排阻作用，因此体积大的分子先流出色谱柱，而体积较小的分子可以占据较小的孔穴而进入凝胶更深，因此后流出色谱柱。

空间排阻色谱法具有一些突出的特点：样品峰全部在溶剂的保留时间前出峰，它们在柱内停留时间短，故柱内峰扩展就比其他分离方法小得多，所得峰通常也较窄，有利于检测，且固定相和流动相的选择较为简便，适用于分离相对分子质量大（通常大于2 000）的化合物。然而空间排阻色谱法由于受方法本身所限制，只能分离相对分子质量差别在10%以上的分子，不能用来分离大小相似、相对分子质量接近的分子（如异构体）等。

任务三　高效液相色谱法的固定相和流动相

一、固定相

高效色谱柱内固定相物质的选择及其填装技术直接关系到柱效高低。现按高效液相色谱法的几种基本类型将固定相分述如下。

1. 液-液分配色谱法及键合相色谱法固定相

（1）担体。

液-液分配色谱法、键合相色谱法的固定相由担体和固定液两部分组成，其中所用的担体可分为如下两类。

① 全多孔型担体。目前的全多孔型担体是由纳米级的硅胶微粒堆聚而成的5 μm或稍大的全多孔小球。由于其颗粒小，易装填均匀，传质速率快，因此柱效高。

② 表层多孔型担体，又称薄壳性微珠担体。它是在直径为30～40 μm的实心核（玻璃微珠）表层附有一层厚度为1～2 μm的多孔物质（如多孔硅胶）。由于固定相仅是表面很薄的一层，因此传质速度快，加上是直径很小的均匀球体，装填容易，重现性较好。但是由于比表面积较小，因此柱容量低，需要配用高灵敏度的检测器。

（2）固定液。

一般来说，气相色谱用的固定液，只要不和流动相互溶，就可用作液-液色谱的固定液。但在液-液色谱中流动相也影响分离，故液-液色谱常用的固定液只有极性不同的几种，如强极性的β,β′-氧二丙腈、中等极性的聚乙二醇-400和非极性的角鲨烷等。

（3）化学键合固定相。

液-液色谱固定相采用机械涂制的方法，将固定液涂附在担体上。如前所述，这种方法会造成固定液的流失。目前液-液分配色谱普遍采用化学键合固定相，根据在硅胶表面（具有≡Si—OH基团）的化学反应不同，键合固定相可分为四种类型：

① 硅氧碳键型（≡Si—O—C）；

② 硅氧硅碳键型（≡Si—O—Si—C）；

③ 硅碳键型（≡Si—C）；

④ 硅氮键型（≡Si—N）。

例如，在硅胶表面利用硅烷化反应制得≡Si—O—Si—C键型十八烷基键合相（ODS）的反应为

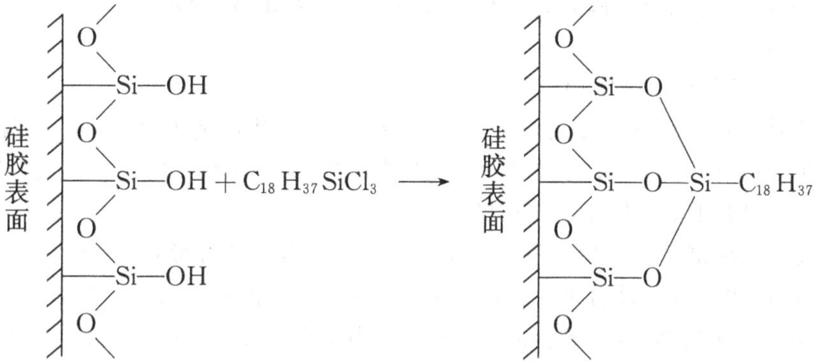

$$\text{硅胶表面}\left\{\begin{array}{l}\text{—Si—OH}\\ \text{—Si—OH}\\ \text{—Si—OH}\end{array}\right. + C_{18}H_{37}SiCl_3 \longrightarrow \text{硅胶表面}\left\{\begin{array}{l}\text{—Si—O}\\ \text{—Si—O—Si—}C_{18}H_{37}\\ \text{—Si—O}\end{array}\right.$$

≡Si—O—Si—C型固定相是液相色谱应用广泛的化学键合固定相，它的化学键稳定、牢固，耐水，耐热，耐有机溶剂的淋洗，无流失现象，可用于梯度洗脱，而且传质速度快，尤其 ODS 在反相液-液分配色谱中应用较多。

化学键合固定相具有如下一些特点。

① 表面没有液坑，比一般液体固定相传质快得多。

② 无固定液流失，增加了色谱柱的稳定性并延长了使用寿命。

③ 可以键合不同官能团，能灵活地改变选择性，应用于多种色谱类型及样品的分析（见表 10-2）。

④ 有利于梯度洗脱，也有利于配备灵敏的检测器和馏分收集器。

表 10-2 化学键合相色谱的应用

样品种类	键合基团	流动相	色谱类型	实例
低极性 溶解于烃类	$—C_{18}$	甲醇-水 乙腈-水 乙腈-四氢呋喃	反相	多环芳烃、甘油三酯、类脂、脂溶性维生素、甾族化合物、氢醌
中等极性 可溶于醇	—CN $—NH_2$	乙腈-正己烷 氯仿 正己烷 异丙醇	正相	脂溶性维生素、甾族、芳香醇、胺、类脂止痛药、芳香胺、脂、氯化农药、苯二甲酸
	$—C_{18}$ $—C_8$ —CN	甲醇-水 乙腈	反相	甾族、可溶于醇的天然产物、维生素、芳香酸、黄嘌呤
高极性 可溶于水	$—C_8$ —CN	甲醇、乙腈、水、缓冲液	反相	水溶性维生素、胺、芳醇、抗生素、止痛药
	$—C_{18}$	水、甲醇、乙腈	反相离子对	酸、磺酸类染料、儿茶酚胺
	$—SO_3^-$	水、缓冲液	阳离子交换	无机阳离子、氨基酸
	$—NR_3^+$	磷酸缓冲液	阴离子交换	核苷酸、糖、无机阴离子、有机酸

2. 液-固吸附色谱法固定相

液-固吸附色谱法常用的固定相有硅胶、氧化铝等，硅胶吸附剂可分为两种，即全多孔型和表面多孔型（薄壳型），目前更趋向使用小颗粒全多孔型，较多使用的是 5～10 μm 全多孔微粒硅胶。

3. 离子交换色谱法固定相

离子交换色谱法的固定相是离子交换树脂。目前常用的离子交换树脂有两种类型。

(1) 薄膜型离子交换树脂。常用的薄膜型离子交换树脂是以薄壳珠为担体，在它的表面涂约 1%的离子交换树脂而制成的。

(2) 离子交换键合固定相。离子交换键合固定相分为两种形式：一种是键合薄壳型，担体是薄壳珠；另一种是键合微粒担体型离子交换树脂，担体是微粒硅胶，它是近年来出现的新型离子交换树脂，具有键合薄壳型离子交换树脂的优点，可在室温下使用，柱效高，允许进样容量较大。

两种类型的离子交换树脂，又可分为阳离子及阴离子交换树脂。阳离子交换树脂又分为强酸性与弱酸性树脂；阴离子交换树脂也分为强碱性及弱碱性树脂。在高效液相色谱中应用较多是强酸或强碱性离子交换树脂。

4. 空间排阻色谱法固定相

空间排阻色谱法的固定相是化学惰性的多孔物质，即凝胶。

所谓凝胶，是含有大量液体（一般是水）的柔软而富有弹性的物质，是一种经过交联而具有立体网状结构的多聚体。常用的固定相分为软质、半硬质和硬质凝胶三种。

软质凝胶，如葡聚糖凝胶、琼脂凝胶等，适用于以水为流动相。软质凝胶通常只能在常压下使用，否则易被压坏。

半硬质凝胶，如苯乙烯-二乙烯基苯交联共聚凝胶（即交联聚苯乙烯凝胶），适用于以非极性有机溶剂作流动相。半硬质凝胶能耐较高压力，但流动相流速不宜过大。

硬质凝胶，如多孔硅胶、多孔玻璃珠等，可用水或有机溶剂为流动相。多孔硅胶是用得较多的无机凝胶，它的特点是化学稳定性好，热稳定性好，机械强度高，可在柱中直接更换溶剂。可控孔径玻璃珠具有恒定的孔径和较窄的粒度分布，因此色谱柱易于填充均匀，对流动相溶剂体系（水或非水溶剂）、压力、流速、pH 值或离子强度等都影响较小，适用于较高流速下操作。

二、流动相

液相色谱的流动相（溶剂）又称为淋洗剂、洗脱剂或载液。它有两个作用，一是携带样品前进，二是给样品提供一个分配相，进而调节选择性，以达到满意的分离效果。所以液相色谱分析选择合适的流动相非常重要，因为它影响分离的效果。对流动相的选择要考虑分离、检测、输液系统的承受能力及色谱分离目的等各个方面。

1. 对流动相的要求

(1) 黏度小。溶剂黏度大，一方面液相传质慢，柱效低；另一方面柱压降增加。流动相黏度增加一倍，柱压降也相应增加一倍，过高的柱压降给设备和操作都带来麻烦。

(2) 沸点低、固体残留物少。固体残留物有可能堵塞溶剂输送系统的过滤器和损坏泵体及阀件。

(3) 溶剂的纯度要高。关键是要能满足检测器的要求和使用不同瓶(或批)溶剂时能获得重复的色谱保留值数据。实验中至少使用分析纯试剂,一般使用色谱纯试剂。另外,溶剂的毒性和可压缩性也是选择流动相时应考虑的因素。

(4) 与检测器相适应。紫外检测器是高效液相色谱中使用最广泛的一类检测器,因此,流动相应当在所使用波长下没有吸收或吸收很小;而当使用示差折光检测器时,应当选择折射率与样品差别较大的溶剂作流动相,以提高灵敏度。

(5) 与色谱系统相适应。仪器的输液部分大多是不锈钢材质,最好使用不含氯离子的流动相。

2. 流动相的选择

在选用溶剂时,溶剂的极性是重要的选择依据。例如,在正相液-液色谱中,可先选中等极性的溶剂为流动相,若组分保留时间太短,表示溶剂的极性太大;改用极性较弱的溶剂,若组分保留时间太长,则再选极性在上述两种溶剂之间的溶剂。如此多次实验,以选得最适宜的溶剂。

为获得合适的溶剂强度,常采用二元或多元组合的溶剂系统作为流动相。通常根据所起的作用,采用的溶剂可分成底剂及洗脱剂两种。底剂决定基本的色谱分离情况,而洗脱剂则起着调节样品组分的滞留并对某几个组分具有选择性分离的作用。在正相色谱中,底剂采用低极性的溶剂(如正己烷、苯、氯仿等),而洗脱剂则根据样品的性质选取极性较强的针对性溶剂(如醚、酯、酮、醇和酸等)。在反相色谱中,通常以水为流动相的底剂,以加入不同配比的有机溶剂作洗脱剂,常用的有机溶剂有甲醇、乙腈、二氧六环、四氢呋喃等。

(1) 在吸附色谱中,常用的流动相有戊烷及戊烷与氯代异丙烷的混合物,可以配不同的比例,使其具有不同极性。还可以选用甲醇、乙醚、苯、乙腈、醋酸乙酯、吡啶、异丙醇或它们的二元混合物作流动相。

(2) 在液-液分配色谱中,常用的流动相按极性大小排列:水(极性最大)、乙腈、甲醇、乙醇、异丙醇、丙酮、四氢呋喃、醋酸乙酯、乙醚、二氯甲烷、二氯乙烷、苯、正己烷、正庚烷(极性最小)。与液-固色谱相同,常用1～3种溶剂混合成不同极性的多元载液使用。正相液-液分配色谱和反相液-液分配色谱所采用的流动相不同。

若进行反相色谱分析,其固定相为十八烷基非极性固定相(ODS)或醚基、苯基弱极性键合固定相,流动相则应以强极性的水为主体,加入甲醇、乙腈、四氢呋喃有机溶剂作为洗脱剂。若进行正相色谱分析,固定相为强极性胺基、腈基键合固定相,以非极性或弱极性溶剂为流动相,加入氯仿、二氯甲烷、乙醚(或甲基叔丁醚)作为改性剂,以调节溶剂极性来提高分离效果。

(3) 离子交换色谱的流动相的选择对组分的保留值有很大的影响。由于水具有良好的离子化和溶剂化特性,所以离子交换色谱常用水作为流动相的主体,使用弱酸及其盐或弱碱及其盐组成不同pH值的低浓度缓冲溶液,通过控制其pH值及离子强度来提高分析能力,也可以通过加入其他有机溶剂来改善分离效果,有时也可全部使用有机溶剂。

对于各种阴离子,滞留次序为:柠檬酸根$>SO_4^{2-}>C_2O_4^{2-}>I^->NO_3^->CrO_4^{2-}>Br^->SCN^->Cl^->HCOO^->CH_3COO^->OH^->F^-$,所以用柠檬酸根洗脱要比用$F^-$快。

阳离子的滞留次序为：$Ba^{2+}>Pb^{2+}>Ca^{2+}>Ni^{2+}>Cd^{2+}>Cu^{2+}>Co^{2+}>Zn^{2+}>Mg^{2+}>Ag^{+}>Cs^{+}>Rb^{+}>K^{+}>NH_4^{+}>Na^{+}>H^{+}>Li^{+}$，但差别不及阴离子明显。关于pH值的影响，要视不同情况而定。例如，分离有机酸和有机碱时，这些酸碱的解离程度可通过改变流动相的pH值来控制。增大pH值会使酸的电离度增加，使碱的电离度减少；降低pH值，其结果相反。但无论属于哪种情况，只要电离度增大，就会使样品的保留增大。

(4) 空间排阻色谱法所用的流动相必须与凝胶本身非常相似，这样才能湿润凝胶并防止吸附作用。凝胶渗透色谱以有机溶剂为流动相，而凝胶过滤色谱以水为流动相。样品的分离并不依赖于淋洗剂和样品、固定相之间的相互作用。流动相的选择主要从对高分子样品的溶解能力和与仪器的匹配考虑。目前，凝胶渗透色谱中最常用的流动相是四氢呋喃，但其在储存时易氧化，蒸馏时易爆炸，使用时需要特别注意。一般情况下，对高分子有机化合物的分离，采用的流动相主要是四氢呋喃、甲苯、间甲苯酚、N,N-二甲基甲酰胺等；生物物质的分离主要用水、缓冲盐溶液、乙醇及丙酮等。在凝胶过滤色谱中，流动相的选择较为复杂，要根据不同的分析对象和固定相，选择不同种类的流动相。

三、高效液相色谱法分离类型的选择

高效液相色谱的分离方法很多，上述介绍的四种主要类型，各有其特点和应用范围，各自适应一定的分析对象。因此，应用高效液相色谱法对样品进行分离分析，其方法的选择，既要考虑每种分析类型的特点及应用范围，又要考虑样品本身的性质（相对分子质量、分子结构、极性、溶解度等化学性质和物理性质）、实验室条件（仪器、色谱柱等）等。

1. 根据样品的相对分子质量选择

(1) 对于相对分子质量小且容易挥发、加热又不易分解的样品，适宜用气相色谱分析。

(2) 相对分子质量为200～2 000的，适宜用液-固色谱、液-液色谱、空间排阻色谱进行分析。

(3) 相对分子质量大于2 000的适宜用空间排阻色谱分析。

2. 根据样品的分子结构（或官能团）选择

化合物中有能解离的官能团（如有机酸、碱）可用离子交换色谱来分离。脂肪族或芳香族可以用分配色谱、吸附色谱来分离。一般用液-固色谱来分离异构体，用液-液色谱来分离同系物。

3. 根据样品的溶解度选择

凡能溶解于烃类（如苯或异辛烷）的物质可用液-固色谱分离，一般芳香族化合物在苯中溶解度高，脂肪族化合物在异辛烷中有较大的溶解度；如果样品溶于二氯甲烷则多用常规的分配色谱和吸附色谱进行分析，样品如果不溶于水但溶于异丙醇，常用水和异丙醇混合液作液-液分配色谱的流动相，用憎水性化合物作固定相；空间排阻色谱对溶解于任何溶剂的物质都适用。

样品的高效液相色谱分离类型的选择可参考如下：

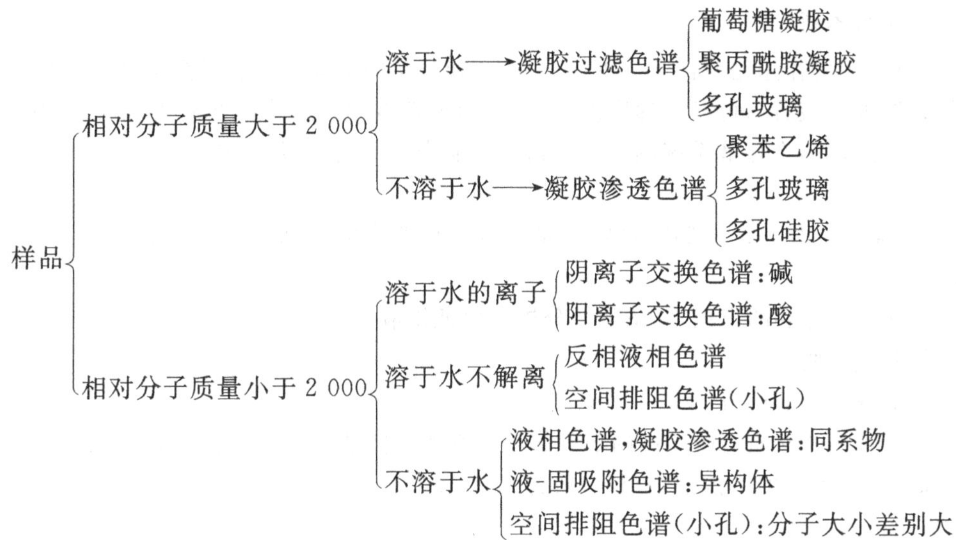

任务四　高效液相色谱仪

随着高效液相色谱技术的快速发展，各种各样型号和种类的高效液相色谱仪层出不穷，仪器的结构和流程也多种多样。图 10-2 是典型的高效液相色谱仪的结构原理图。

高效液相色谱仪一般由液体输送系统、进样系统、分离系统和检测系统四个主要部分组成。除此之外，为了适应多功能的要求，往往配有梯度洗脱装置，色谱柱和检测器的温度控制系统、馏分收集器、数据处理系统和微机处理系统等辅助系统。

由图 10-2 可见，储液器中储存的流动相经脱气过滤之后由高压泵输送到色谱柱入口，当采用梯度洗脱时一般需用双泵（或多泵）系统来完成；样品由进样器注入输液系统，而后送到色谱柱进行分离；分离后的组分由检测器检测，输出信号供给记录仪或数据处理装置。如果需收集馏分作进一步分析，则在色谱柱一侧出口将样品馏分收集起来。

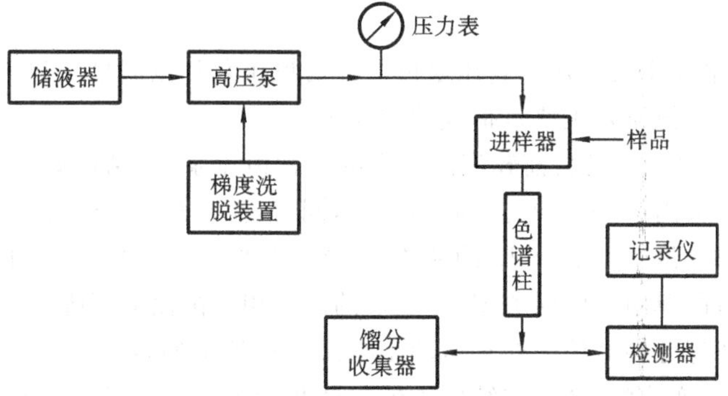

图 10-2　高效液相色谱仪结构示意图

一、输液系统

输液系统的作用是向柱子提供压力高、流速稳定的流动相。它以高压泵为核心，由溶剂储液器、脱气装置、过滤器、梯度洗脱装置、阻尼器等组成。为了实施系统流量、压力的测量或程序控制，在输液系统的输出通路上还需安装不同类型的传感元件。

1. 储液器

储液器的作用是用来储存足够数量符合分析要求的流动相。对溶剂储液器有如下要求。

① 必须有足够的容积，以备重复分析时保证供液。

② 脱气方便。

③ 能耐一定的压力。

④ 所选用的材质对所使用的溶剂都是惰性的。储液器常用材料为玻璃、不锈钢或表面喷涂聚四氟乙烯的不锈钢，容积一般为0.5～2 L。

2. 脱气装置

溶剂在进入高压泵前应预先脱气。因为色谱柱是带压操作，而检测器是在常压下工作。所以柱后压力下降会使溶解在载液中的空气自动逸出形成气泡而影响检测器的正常工作，造成检测器噪声增大，基线不稳，这种影响在梯度洗脱时尤为突出。

目前高效液相色谱流动相脱气使用较多的是离线超声波振荡脱气、在线惰性气体鼓泡吹扫脱气和在线真空脱气。

3. 高压输液泵

高压输液泵是高效液相色谱仪中最关键的部件，它将流动相在高压下以稳定的流速或压力连续不断地输送到柱系统，使样品在色谱柱中完成分离过程。其稳定性直接关系到分析结果的准确性和重复性，因此高压泵应具备以下性能。

① 流量稳定，通常要求流量精度在1%左右。

② 输出压力高，通常为20～30 MPa，最高输出压力为50 MPa。

③ 流量范围宽，一般在0.01～10 mL·min^{-1}范围内任意选择。

④ 能抗溶剂(如有机溶剂、酸碱缓冲液)腐蚀。

⑤ 压力波动小、更换溶剂方便、容易清洗、具有梯度淋洗功能、操作方便、容易维修。

高效液相色谱仪中所使用的高压泵可以分为恒压泵和恒流泵两类。恒流泵有往复柱塞泵和螺旋注射泵，恒压泵主要是指气动放大泵。

(1) 往复柱塞泵。这是目前较广泛使用的一种恒流泵，其结构如图10-3所示。当柱塞推入缸体时，泵头出口(上部)的单向阀打开，同时，流动相(溶剂)进口的单向阀(下部)关闭，这时就输出少量(约0.1 mL)的液体；反之，当柱塞从缸体向外拉时，流动相入口的单向阀打开，出口的单向阀同时关闭，一定量的流动相就由储液器吸入缸体中。为了维持一定的流量，柱塞每分钟大约需往复运动100次。这种泵的特点是不受整个色谱体系中其余部分阻力稍有变化的影响，连续供给恒定体积的流动相。这种泵可方便地通过改变柱塞进入缸体中距离的大小(即冲程大小)或往复的频率来调节流量。另外，由于死体积小(约0.1 mL)，更换溶剂方便，很适用于梯度洗脱。不足之处是流量输出有脉冲波动，它

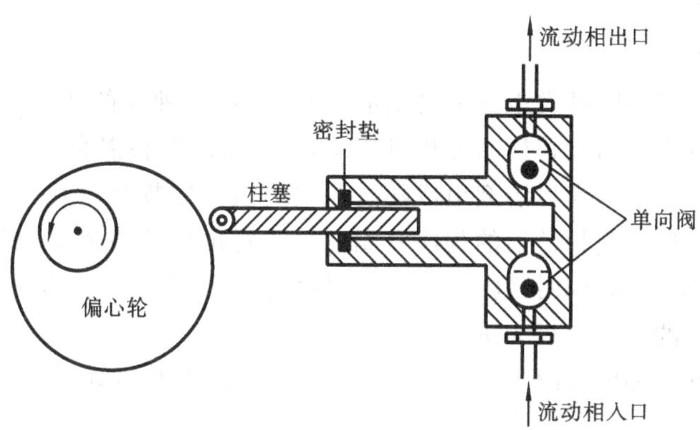

图 10-3 往复柱塞泵

会干扰某些检测器(如示差折光检测器)的正常工作,并且由于产生基线噪声而影响检测的灵敏度。但对在高效液相色谱最常用的紫外吸收检测器却影响不大。为了消除输出脉冲,可使用脉冲阻尼器,或使用对输出流量相互补偿的具有两个泵头的双头泵。

(2) 气动放大泵。气动放大泵是根据液体的压力传导原理 $p_1S_A=p_2S_B$ 设计而成的,其结构如图 10-4 所示。它的工作原理是压力为 p_1 的低压气体推动大面积(S_A)活塞 A,则在小面积(S_B)活塞 B 处得到输出压力增大至 p_2 的液体。压力增大的倍数取决于 A 和 B 两活塞的面积比,如果 A 与 B 的面积之比($S_A:S_B$)为 50∶1,则用压力为 5×10^5 Pa 的气体就可得到压力为 250×10^5 Pa 的输出液体。气动泵活塞回转装置是自动控制的,它可将流动相储液器中的液体吸入泵体,泵体一次吸入液体的量取决于液缸的体积(数十毫升至一百毫升以上)。在往泵中补充溶剂时,基线会受干扰,但时间很短,通常在 1 s 以内。最好避免在吸液过程内出现色谱峰。这种泵的缺点是液缸体积大,更换流动相不方便,不适用于频繁更换流动相的选择溶剂实验,也不便于梯度洗脱(需要用两台泵)。但它能供给无脉冲的、稳定流量的输出,并能使输送的液体迅速达到输出的压力。

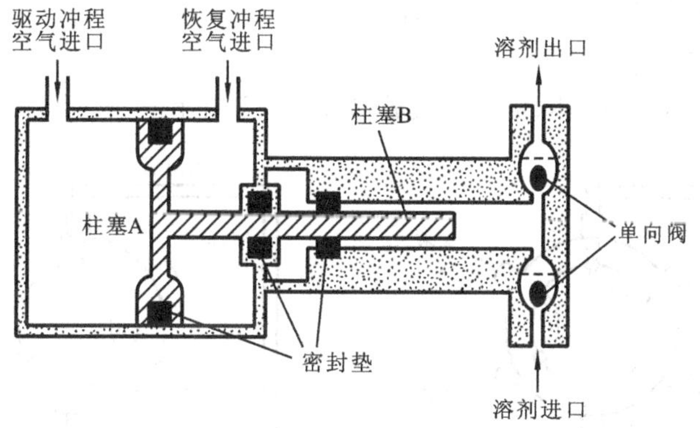

图 10-4 气动放大泵

4. 过滤器

各种泵的柱塞及进样阀的阀芯加工的精密度都非常高,微小的机械杂质就将导致这些部件的损坏而不能正常工作,同时机械杂质在柱头的积累还将影响柱子的使用,因此过

滤器是必需的装置。

5. 梯度洗脱装置

样品是一个含有不同种类组分的复杂混合物，采用一种纯的或固定组成的混合溶剂难以实现满意的分离。因此在样品分析过程中，需要不断调整混合溶剂的组成，改变溶剂的强度或溶剂的选择性。如果溶剂组成随洗脱时间按一定规律变化，则称这种洗脱过程为梯度洗脱。它类似于气相色谱的程序升温。采用梯度洗脱技术可以提高分离度，缩短分析时间，降低最小检测量和提高分析精度。梯度洗脱对于复杂混合物，特别是保留性能相差较大的混合物的分离是极为重要的手段。

梯度洗脱有低压梯度(外梯度)和高压梯度(内梯度)两种方式。

6. 阻尼器

流量的脉动会引起基线和检测信号的噪声及检出限的波动，阻尼器(缓冲器)就是为减少流量波动而设置的，它安装于溶剂系统中。

二、进样系统

进样系统是将分析样品引入色谱柱的装置。高效液相色谱要求进样器设计要耐高压，重复性好，死体积小，保证中心进样，与溶剂接触的部分具有很好的耐腐蚀性，进样时要求色谱柱系统流量波动要小，便于实现自动化等。高效液相色谱中，进样方式有注射器进样、进样阀进样和停流进样等。

1. 注射器进样

注射器进样是目前最常用的进样方式，分为不停流进样和停流进样。注射器进样是用高压注射器吸入少量样品，穿过隔垫后送入色谱柱头的。

注射器进样和气相色谱仪的进样器在原理上是完全一致的。隔垫把系统和外界分开，为了使隔垫能承受几百公斤的压力，顶盖的通孔很细，很长。进样时一般采用停流进样，以减少内部压力的反冲作用。采用注射器进样，可获得较高的柱效，且价格便宜，结构简单。其缺点是隔垫使用次数有限，重复性也不够好。另外，由于隔垫破损形成的碎渣常常堵住进样器通道和柱头，需要定期清理。

2. 高压六通阀

高压六通阀由阀芯、阀体、定量管组成，如图 10-5 所示。

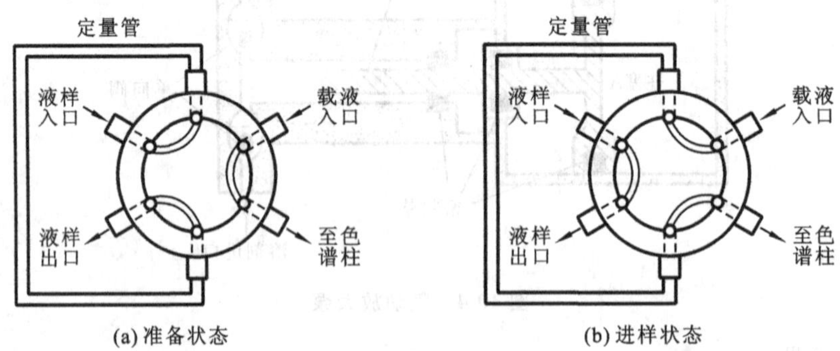

图 10-5　高压六通阀

高压六通阀的材料一般为不锈钢，阀芯和阀体为密封磨口（采用聚四氟乙烯或其他耐磨、耐腐蚀的材料制成），阀芯可以转动。图 10-5(a)中为进样准备状态，当液体样品注入定量管后，通过手柄旋转阀芯，则变成图 10-5(b)中的进样状态，载液即可将定量管中的样品液带入色谱柱中。高压六通阀可以承受很高的压力（35～40 MPa），不需要停流进样。采用聚四氟乙烯或其他耐磨、耐腐蚀的材料作阀芯和密封垫。由于进样量是由常压下固定体积的进样管或定量注射器决定的，因此可以获得很好的重现性。如果安装驱动装置，可做到自动进样。

3. 停流进样

在高压下无论用注射器或进样阀进样，都难免出现泄露，此时可采用停流进样，即在进样前切断流动相，待柱顶卸压后，立即注入样品，再接通流动相，柱子又恢复到原来的压力，这种进样方式无法取得精确的保留时间，重复性较差。

三、分离系统

1. 分离系统的构成

分离系统包括固定相、流动相和色谱柱，分离效能取决于三者的精心设计和配合。色谱柱是高效液相色谱仪的核心部件，要求分离效能高，柱容量大，分析速度快，而这些性能不仅与柱中的固定相有关，也和它的外部结构、装填及使用技术等有关。

目前的高效液相色谱常采用的是直形的不锈钢柱。填料粒度为 5～10 μm。液相色谱柱发展的趋势是一方面要减小填料粒度（3～5 μm）以提高柱效，这样可以使用更短的柱，从而得到更快的分析速度；另一方面是减小柱径（内径小于 1 mm，空心毛细管液相色谱柱的内径只有数十微米），这样既能降低溶剂用量，又可以提高检出限。但对仪器性能及装柱技术有更高的要求。

2. 色谱柱的装填

色谱柱的装填是一项技术性很强的工作，色谱柱高柱效的获得，主要取决于柱填料的性能，但也与柱床的结构有关，而柱床结构直接受装柱技术的影响。液相色谱柱的装柱方法有干法和湿法两种。填料粒度大于 20 μm 的可用干法装柱；而粒度小于 20 μm 的填料因表面存在局部电荷，具有很高的表面能，在干燥时倾向于颗粒间的相互聚集，产生宽的颗粒范围并黏附于管壁，因此适宜采用湿法装柱。

湿法也称为匀浆法，即以一合适的溶剂或混合溶剂作为分散介质，使填料微粒在介质中高度分散，形成匀浆。然后用加压介质在高压下将匀浆装入柱管中，以制成具有均匀、紧密填充床的高效柱。

3. 色谱柱的维护

高效液相色谱柱不仅填料成本高，而且装填好也较难，因此柱子的价格较高。在使用过程中应注意维护好色谱柱，以延长柱子的使用寿命。使用时应注意以下几点。

① 选用合适的流动相，如要考虑溶剂的化学性质、溶液的 pH 值等对固定相的作用。

② 在使用缓冲溶液时，盐的浓度不应过高，且每天工作结束后要及时用纯溶剂清洗柱子，不应过夜。

③ 要防止反冲（流动相逆向流动），否则会使固定相层位移，柱效下降。

④ 样品量不应过载，含杂质样品应进行预处理，最好使用预柱保护分析柱。

⑤ 一定要防止柱子干涸，特别是硬胶柱。柱子应该永远保存在溶剂中，键合相最好的溶剂是乙腈。

四、检测系统

检测器的功能是检测色谱柱分离出来的被测组分及其含量的变化，并使其转变为电信号。

理想的检测器应该具有灵敏度高、重现性好、响应快、线性范围宽等性能，而且对流量和温度不敏感、不破坏样品、操作简便、易于维修等。

液相色谱检测器可分为通用型和选择型两种类型。

(1) 通用型检测器(总体检测器)：对溶质和流动相都有响应，如示差折光检测器、电导检测器等。这类检测器应用范围广，但因受外界环境(如温度、流速)变化影响大，因而灵敏度低。通用型检测器不能进行梯度洗脱，因为洗脱液组成的任何改变都将有明显的响应。

(2) 选择型检测器(溶质性检测器)：包括紫外吸收检测器、荧光检测器等，只要溶剂选择得当，仅对溶质响应灵敏，而对流动相没有响应，这类检测器对外界环境的波动不敏感，具有很高的灵敏度，但只对某些特定的物质有响应，因而应用范围窄。

1. 紫外吸收检测器(UVD)

紫外吸收检测器是目前应用较广的液相色谱选择型检测器，被测物质必须是能吸收紫外线，或转化以后能吸收紫外线的物质，且不易受温度和载液流速波动的影响。它的结构和检测原理如图 10-6 所示。

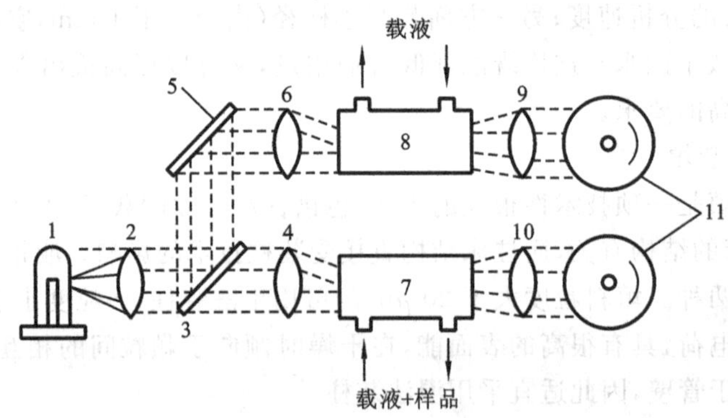

图 10-6　紫外吸收检测器光路图

1—汞灯；2、4、6、9、10—聚光镜；3—分光器；5—反光镜；
7—样品吸收池；8—参比吸收池；11—光电管

从光源射出的紫外光由聚光镜 2 聚集成平行光线，用分光器 3 把平行光线分为两束，再由聚光镜 4 和反光镜 5 各自聚焦到吸收池 7 和 8 内，并准直为平行光线，再经聚光镜 9 和 10 照在光电管 11 上。

检测器的光源一般采用低压汞灯光源，它能发出 253.7 nm 的光，其他的还有较弱的 312、365、406、437、548 nm 谱线。

检测器的吸收池有多种形状，有单池、双池，孔长 5～10 mm，容积 5～8 μL，通光孔径约 1 mm。

2. 示差折光检测器(RID)

示差折光检测器也称为折光指数检测器，是除紫外检测器之外应用最多的液相色谱检测器，它是一种通用型检测器，是基于连续测定色谱柱流出物光折射率的变化而测定样品浓度的。溶液的光折射率是溶剂(冲洗剂)和溶质(样品)各自的折射率乘以各自的物质的量浓度之和。溶有样品的流动相和流动相本身之间光折射率之差即表示样品在流动相中的浓度。原则上凡是与流动相光折射指数有差别的样品都可用它来测定，其检出限可达 $10^{-7} \sim 10^{-6}$ g·mL^{-1}。

几乎每一种物质都有各自不同的折射率，因此示差折光检测器是一种通用型的浓度检测器。但由于高效液相色谱通常采用梯度洗脱，流动相的成分不定，从而导致在参比流路中无法选择合适的溶剂，因此从实际应用来看，示差折光检测器不能用于梯度洗脱，因而不是严格意义的通用型检测器。由于折射率对温度的变化非常敏感，因此检测器必须恒温，以便获得准确的结果。

3. 电导检测器(ECD)

电导检测器可以检测各种离子型化合物，在电化学检测器中属于通用型检测器。因此在离子色谱中应用较为普遍。

电导检测器的检测原理是基于可电离的化合物在溶剂中，特别是在极性溶剂水、醇和弱酸中，形成正、负离子，使本来不导电的溶剂具有导电的性质，在一定的外电场作用下，根据欧姆定律，该溶液表现出特有的电阻特性，通过电解质电导率测量溶液中的溶质的浓度的。电导检测器操作简便，在不发生电解的情况下，具有很高的灵敏度(10^{-8} g·mL^{-1})。

4. 荧光检测器(FD)

有两种类型的化合物可用荧光检测器检测，一类化合物本身能发射荧光，如许多有机化合物，特别是芳香族化合物，被一定强度和波长的紫外光照射后，发射出较激发光波长要长的荧光。另一类化合物通过与发射荧光的物质反应衍生的方法使本来不发射荧光的化合物发射荧光。本身具有荧光特性的有机或无机化合物是很少的，但是很多生物活性物质、药物制品和环境污染物是发射荧光的。由于荧光检测器具有较高的灵敏度和选择性而成为液相色谱常用的检测器之一。

在使用荧光检测器时要注意流动相组成对荧光发射的影响。溶剂自身的极性、pH 值、氧的含量、溶剂的氢键作用等都将影响荧光的发射强度或发射波长。溶剂中的杂质，特别是氧的含量，可能完全抑制低浓度荧光化合物发射的信号，因而溶剂需要脱氧。

常用的高效液相色谱检测器的主要性能比较见表 10-3。

表 10-3 常用高效液相色谱检测器

主 要 性 能	紫外吸收检测器	示差折光检测器	电导检测器	荧光检测器
类型	选择型	通用型	通用型	选择型
可否用于梯度洗脱	可以	不可以	不可以	可以
线性范围	10^5	10^4	10^4	10^3
最小检测量	ng	μg	ng	pg
对温度的敏感程度	低	10^{-4} RIU/℃	2%/℃	低

任务五 高效液相色谱法的应用

高效液相色谱法由于对挥发小或无挥发性、热稳定性差、极性强，特别是为具有某种生物活性的物质提供了非常适合的分离分析环境，因而广泛应用于生物化学、生物医学、药物临床、石油化工、合成化学、环境检测、食品卫生以及商检、法检和质检等许多分析检验部门。高效液相色谱法不仅仅是一种有效的分析工具，而且日益成为高价位的生化工程产品、手性药物等分离制备和纯化的手段。

1. 药物分析中的应用

目前我国对药物质量的检验趋于更加严格并逐步完善和规范化，药典中列出许多药物成分的分析方法，分别用于不同药物的检验。其中很多成分分析多使用色谱法，尤以高效液相色谱法较为普遍。

2. 农药残留物的检测

随着新型高效农药的不断出现，农药的环境影响及残留农药的检测方法发生了新的变化。很多新型农药的水溶性较好，长期积累造成地下水污染。饮用水中低水平化学品对人体内分泌系统的可能影响已经引起了科学家的重视。欧盟制订了饮用水中农药残留标准(0.1 $\mu g \cdot L^{-1}$(单一农药)，0.5 $\mu g \cdot L^{-1}$(农药总量，含代谢产物))。高效液相色谱可以较好地分离分析低浓度($\mu g \cdot L^{-1}$)、难挥发、热不稳定性和强极性农药。

3. 食品分析中的应用

高效液相色谱在食品分析中的应用主要包括两方面：一是食品中含量较高的三大营养物质，即碳水化合物、脂类、蛋白质(氨基酸、肽)的检测；二是食品中微量成分，即维生素、微量物质及食品添加剂等的分析。如功能性寡糖和多糖已成为近年来功能性食品或保健食品研究的热点，与其他方法相比，高效液相色谱法能直接分离测定单糖和寡糖，具有不破坏样品、快速、方便、重现性好等特点；多糖的高效凝胶过滤色谱分析可以对其相对分子质量及分布进行测定；氨基酸的分析可采用柱后衍生化的离子交换色谱法和柱前衍生化的反相高效液相色谱法；食品中添加的防腐剂、抗氧化剂、甜(香)味剂、乳化剂、天然或人工合成色素等，一般均可用高效液相色谱法进行较准确、快速的测定。

知识链接

超临界流体色谱法

超临界流体色谱法是以超临界流体作为流动相的色谱过程。超临界流体是指物质在高于其临界点，即高于其临界温度的临界压力时的一种物态。这种形态的物质具有气体的低黏度、液体的高密度及介于气、液之间的扩散系数等特征。理论上讲，用超临界流体作流动相的色谱过程，既可分析气相色谱法不适应的高沸点、低挥发性样品，又比高效液相色谱法有更快的分析速度和更高的柱效。超临界流体色谱可选用气相色谱法或液相色谱法用的检测器，与质谱、傅里叶变换红外光谱等在线联用也比较方便。在实际工作中，氢火焰离子化检测器和紫外检测器是使用得最多的两种检测器，前者在常压下工作，后者在高压下工作。

超临界流体色谱的基本原理以超临界流体为流动相，以固体吸附剂或键合到载体(或毛细管壁)上的高聚物作固定相。混合物在超临界流体色谱上分离的原理与气相及液相色谱一样，是基于混合物中各组分在两相间分配系数的不同而分离的，分为填充柱超临界流体色谱和毛细管柱超临界流体色谱两种。

在超临界色谱的实验工作中，至今被广泛使用的流动相是二氧化碳，它的临界参数比较合适。在临界压力下 20 ℃左右是液体，它的临界压力、临界密度也较适合，在 40.0 MPa 时即可达到高密度，从而有较大的溶解能力；它容易纯化、成本低、无毒、不燃烧、化学稳定性和惰性都较好，与不同检测方法匹配的性能也较好，是较理想的弱极性流动相。如果在二氧化碳流体中添加第二组分物质，可以改变二氧化碳流体的极性，目前这种做法是寻找更理想的极性较强的流动相的重要途径。

超临界氨是极性流体，对极性物质是好的流动相，胺类、氨基酸、二肽、三肽、单糖、二糖、核苷等用氨作流动相时也能很快地流出。但氨气有毒、可燃、具有腐蚀性、易爆炸，而且对固定相的要求十分苛刻，目前仅有正辛基和正壬基的聚硅氧烷柱能在氨流体条件下使用。

超临界流体色谱经过多年的研究，填充柱超临界流体色谱和毛细管柱超临界流体色谱已在许多方面得到应用，如烷烃及多环芳烃混合物的分析，石油和煤组分的分离，聚硅氧烷类物质的分离，汽油的族分离，饮料中咖啡因的分析，火药中安定剂的分析，氨基酸的分离，晶体的分离等。

习　题

1. 高效液相色谱法与气相色谱法比较有何区别?
2. 试述高效液相色谱的速率理论，影响柱效的因素有哪些?
3. 高效液相色谱主要分为哪几种类型? 其基本分离原理是什么?
4. 简述高效液相色谱法的分析流程。
5. 何谓梯度洗脱? 它与气相色谱的程序升温有何异同?
6. 高效液相色谱常用哪些固定相? 常用哪些流动相?
7. 何谓化学键合相? 它有什么突出的优点?
8. 何谓反相液相色谱? 何谓正相液相色谱?
9. 高效液相色谱有哪几种检测器? 试述其原理及应用?
10. 指出下列各种色谱法最适宜分离的物质。

(1) 气-液色谱;(2) 正相分配色谱;(3) 反相分配色谱;(4) 离子交换色谱;
(5) 凝胶色谱;(6) 气-固色谱;(7) 液-固色谱。

实训

实训一　混合维生素 E 的正相高效液相色谱分析条件的选择

实训目的

(1) 了解 HPLC 仪器的基本构造和工作原理。

(2) 学习仪器的基本操作和选择 HPLC 最佳分析条件的方法。

方法原理

维生素 E(V_E)为苯丙二氢吡喃醇衍生物,又称生育酚。V_E主要有 α-、β-、γ-、δ-四种异构体,其中又以 α-异构体的生理作用为最强。其天然品为右旋体,合成品为消旋体,一般药用为合成品。通常所说的 V_E是一个混合物,除了游离的生育酚和生育酚羧酸酯可能同时存在外,也可能存在多种结构异构体,甚至还可能存在其他有机物。

V_E的分离既可以用反相高效液相色谱,也可以用正相高效液相色谱,本实训采用正相高效液相色谱。色谱分析条件主要包括色谱柱、流动相组成与流速、色谱柱恒温箱温度、检测波长等。通过本实训主要了解流动相中添加极性溶剂对样品的保留和分离的影响,即在正己烷中添加少量异丙醇,考察它对 V_E保留值和分离度的影响。基本目标是将 α-V_E与其他组分分离。

仪器与试剂

1. 仪器

高效液相色谱仪,具紫外检测器;色谱柱为硅胶柱 MicropakSi-5(4 mm(内径)×150 mm)或同类产品;超声器,用于样品溶解,流动相脱气,玻璃器皿清洗。

2. 试剂

异丙醇、正已烷和无水乙醇,纯度均为 AR。

α-V_E标准溶液:用无水乙醇配制 1 000 mg·L^{-1}的 α-V_E,使用时用无水乙醇或流动相溶液稀释 5 倍。

V_E样品:用小烧杯称取 V_E样品 100～150 mg,用无水乙醇溶解并定容至 25 mL。使用时用无水乙醇稀释 5～10 倍。

实训内容

不同型号仪器都有详细的操作方法规范，在实训时要严格按照所用仪器使用说明书的规定进行。

(1) 按仪器操作说明书规定的顺序依次打开仪器各单元的电源，打开工作站用计算机主机及显示器电源，进入色谱工作站。有的仪器需要先打开计算机主机及显示器电源，再进入色谱工作站软件系统。

(2) 按仪器操作说明书编辑分析方法，设置好分析条件及数据处理的有关参数。设定流动相流速为 1.0 mL · min^{-1}，色谱柱温为 30 ℃，检测波长为 292 nm。有的仪器在控制器上设置，有的仪器在工作站软件的分析文件名下设置。

(3) 清理仪器前次实训所用的流动相，如果是用含水的流动相做过反相分配色谱，则应先将反相柱卸下(应用专门的柱塞封好柱两端)，依次用无水甲醇(或无水乙醇)、正己烷作流动相运行 15～20 min，洗净流路中的水。进样器也要进行同样的清洗(将无水甲醇和正己烷作样品依法各注入 3～5 次)。

(4) 装上本实训要用的硅胶柱，先用纯的正己烷作流动相。打开输液泵旁路开关，用脱气泵排出流路中的气泡，排气完毕后，将脱气泵停止，确认流速设定值是否正确(1.0 mL · min^{-1})，然后启动输液泵。具体操作方法参看仪器说明书的规定。

(5) 待基线稳定后，进样 V_E样品溶液(注射器用溶剂洗三次后再用样品溶液洗三次，并注意不要吸入气泡)。注意六通进样阀有两个位置，可通过阀柄切换：将进样阀柄置于取样位置时加入样品到定量环中，将阀柄转至进样位置的同时按下仪器或工作站软件中的开始键，分析即开始。

(6) 从计算机的显示屏上即可看到样品的流出过程和分离状况。待所有色谱峰出完后，可按停止键停止分析。此时仪器会按设置好的数据文件名将所有信息储存在计算机内，也可以同时打印出色谱图和分析结果。

(7) 将流动相换成正己烷-异丙醇混合溶剂(99＋1)，待基线稳定后，进样 V_E样品溶液。

(8) 进样 α-V_E溶液，确定 V_E样品中 α-V_E的峰位置。

(9) 将流动相换成正己烷-异丙醇混合溶剂(99＋5)，待基线稳定后，进样 V_E样品溶液。

(10) 改变流动相的比例，待基线稳定后，分别进样 V_E样品溶液和标准 α-V_E溶液，进行分析。

(11) 所有样品分析完后，让流动相继续流动 10～20 min，以免色谱柱上残留强吸附的样品或杂质。然后停泵，待柱压降至常压后关掉泵单元电源。其他单元可以停泵后马上关掉单元电源。最后关掉主电源并整理好实训台。

数据处理

(1) 将不同流动相组成下各色谱峰的保留时间、峰面积和峰高整理成表。

(2) 总结流动相中添加极性溶剂异丙醇对溶质保留行为的影响规律。

注意事项

(1) 各实训室的仪器型号不同,操作时一定要参照仪器的操作规程。

(2) 色谱柱的个体差异很大,即使是同一厂家的同型号色谱柱,性能也会有差异。因此,色谱条件(主要是流动相配比)应根据所用色谱柱的实际情况作适当的调整。

思考题

(1) 假设用硅胶柱和环己烷流动相分离几个组分时,分离度很高,但分析时间太长(后面的组分保留值太大),用什么办法可以在保证相互分离的前提下使分析时间缩短。并说明理由。

(2) 如果压力指示值突然降低或升高,主要原因和对策是什么?

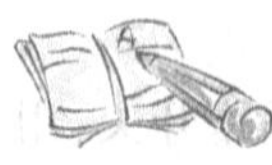

实训二　果汁中有机酸的分析

实训目的

(1) 进一步了解高效液相色谱仪的基本构造和工作原理,强化仪器的基本操作。

(2) 掌握果汁中有机酸的高效液相色谱分析方法。

方法原理

在食品中,主要的有机酸是醋酸、乳酸、丁二酸、苹果酸、柠檬酸、酒石酸等,如苹果汁中的有机酸主要是苹果酸和柠檬酸。这些有机酸在水溶液中有较大的解离度。食品中有机酸的来源有三个:一是从原料中带来的;二是在生产过程中(如发酵)生成的;三是作为添加剂加入的。有机酸在波长 210 nm 附近有较强的吸收。有机酸可以用反相分配色谱、离子交换色谱、空间排阻色谱等多种液相色谱方法分析,也可以用气相色谱和毛细管电泳等其他色谱方法分析。本实训采用反相分配色谱法,采用外标法中的单点法定量苹果汁中的苹果酸和柠檬酸。在酸性(如 pH=2～5)流动相条件下,上述有机酸的解离得到抑制,利用分子状态的有机酸的疏水性,使其在 C_{18} 柱中保留。不同有机酸的疏水性不同,疏水性大的有机酸在固定相中强保留。

仪器与试剂

1. 仪器

高效液相色谱仪,具紫外检测器;ZorbaxODS 型色谱柱(或其他);超声器,用于样品溶解,流动相脱气,玻璃器皿清洗。

2. 试剂

苹果酸和柠檬酸标准溶液：准确称取优级纯苹果酸和柠檬酸，用蒸馏水分别配制 1 000 $mg \cdot L^{-1}$的浓溶液，使用时用蒸馏水或流动相稀释 5～10 倍。两种有机酸的混合溶液（各含 100～200 $mg \cdot L^{-1}$）用它们的浓溶液配制。

4 $mmol \cdot L^{-1}$磷酸二氢铵溶液：称取分析纯或优级纯磷酸二氢铵，用蒸馏水配制，然后用 0.45 μm 水相滤膜减压过滤。

苹果汁：市售苹果汁用 0.45 μm 水相滤膜减压过滤后，冷藏保存。

实训内容

（1）开机，进入色谱工作站，并使仪器处于工作状态。参考条件如下：色谱柱Zorbax ODS(4.6 mm（内径）×150 mm)；4 $mmol \cdot L^{-1}$磷酸二氢铵水溶液作流动相；流速 1.0 $mL \cdot min^{-1}$；柱温 30～40 ℃；紫外检测波长 210nm。

（2）待基线稳定后，分别进样分析苹果酸和柠檬酸标准溶液，得到两种酸在分析条件下的色谱图和色谱数据。

（3）进样分析苹果汁样品。与苹果酸和柠檬酸标准溶液的色谱图比较，即可确认苹果汁中苹果酸和柠檬酸的峰位置。如果分离不完全，可适当调整流动相浓度和流速。

（4）进样 100～200 $mg \cdot L^{-1}$苹果酸和柠檬酸混合标准溶液。

（5）设置好定量分析程序。用苹果酸和柠檬酸混合标准溶液分析结果建立定量分析表或计算校正因子。

（6）按上述进样苹果汁样品两次，如果两次定量结果相差较大（如 5%以上），则再进样一次，取三次平均值。

数据处理

参照表 10-4 整理苹果汁中有机酸的分析结果。

表 10-4　分析结果记录

成　分	保留时间/min	各次测定值/($mg \cdot L^{-1}$)	平均值/($mg \cdot L^{-1}$)
苹果酸			
柠檬酸			

注意事项

（1）各实训室的仪器型号不同，操作时一定要参照仪器的操作规程。

（2）色谱柱的个体差异很大，即使是同一厂家的同型号色谱柱，性能也会有差异。因此，色谱条件应依据所用色谱柱的实际情况作适当的调整。

思考题

（1）假设用 50%的甲醇或乙醇作流动相，你认为有机酸的保留值是变大，还是变小？

分离效果会变好，还是变坏？说明理由。

(2) 采用单点定量法的分析结果的准确性比多点法的工作曲线法是好还是坏，为什么？

(3) 如果用酒石酸作内标定量苹果酸和柠檬酸，对酒石酸有什么要求？写出该内标法的操作步骤和分析结果的计算方法。

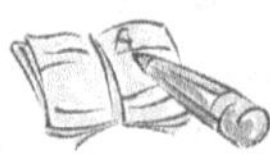

实训三　食品中苏丹红染料的测定

实训目的

(1) 学习食品中苏丹红染料高效液相色谱法测定的原理和方法。

(2) 学习不同食品样品的预处理方法。

方法原理

苏丹红色素是应用于油彩蜡、地板蜡和香皂等化工产品中的一种非生物合成的着色剂，长期食用具有致癌致畸作用。苏丹红色素一般不溶于水，易溶于有机溶剂，待测样品经有机溶剂提取，经浓缩及氧化铝柱分离萃取净化，用反相高效液相色谱（紫外可见光检测器）进行色谱分析，采用外标法定量。

仪器与试剂

1. 仪器

高效液相色谱仪（配有紫外可见光检测器）；分析天平（感量 0.1 mg）；旋转蒸发仪；均质机或匀浆机；粉碎机；离心机；0.45 μm 有机滤膜；色谱柱管，ϕ1 cm×5 cm 的注射器管；氧化铝色谱柱：在色谱柱管底部塞苏丹红Ⅲ，苏丹红Ⅳ（各物质纯度不低于 95%）。

2. 试剂

乙腈（HPLC）；丙酮（HPLC、AR）；甲酸（AR）；乙醚（AR）；正己烷（AR）；无水硫酸钠（AR）。

氧化铝（中性 100～200 目）：在 105 ℃下干燥 2 h，于干燥器中冷至室温，每 100 g 中加入 2 mL 水降活，均匀后密封，放置 12 h 后使用。

标准储备溶液：分别称取苏丹红Ⅰ，装入一薄层脱脂棉，干法装入处理过的氧化铝至 3 cm 高，经敲实后加一薄层脱脂棉，用 10 mL 正己烷预淋洗，洗净柱杂质后备用。

5%丙酮的正己烷溶液：吸取 50 mL 丙酮，用正己烷定容至 1 L。

标准物质：取苏丹红Ⅰ、苏丹红Ⅱ、苏丹红Ⅲ及苏丹红Ⅳ 10.0 mg（按实际含量折算），用乙醚溶解后用正己烷定容至 250 mL。

实训内容

1. 样品制备

将液体、浆状样品混合均匀，固体样品需粉碎磨细。

2. 样品处理

(1) 红辣椒粉等粉状样品：称取 1～2 g(准确至 0.001 g)样品于锥形瓶中，加入 10～20 mL 正己烷，超声处理 5 min，过滤，用 10 mL 正己烷洗涤残渣数次，至洗出液无色，合并正己烷液，用旋转蒸发仪浓缩至 5 mL 以下，慢慢加入氧化铝色谱柱中，为保证色谱分离效果，在柱中保持正己烷液面为 2 mm 左右时上柱，在全程的色谱过程中不应使柱变干，用正己烷少量多次淋洗浓缩瓶，一并注入色谱柱。控制氧化铝表面吸附的色素带宽小于 0.5 cm，待样液完全流出后，视样品中含油类杂质的多少用 10～30 mL 正己烷洗柱，直至流出液无色，弃去全部正己烷淋洗液，用含 5%丙酮的正己烷液 60 mL 洗脱，收集、浓缩后，用丙酮转移并定容至 5 mL，经 0.45 μm 有机滤膜过滤后待测。

(2) 红辣椒油、火锅料、奶油等油状样品：称取 0.5～2 g(准确至 0.001 g)样品于小烧杯中，加入 1～10 mL 正己烷溶解，难溶解的样品可于正己烷中加温溶解。然后上柱，以下操作同(1)。

(3) 辣椒酱、番茄沙司等含水量较大的样品：称取 10～20 g(准确至 0.01 g)样品于离心管中，加 10～20 mL 水将其分散成糊状，含增稠剂的样品多加水，加入 30 mL 正己烷-丙酮混合溶液(体积比 3∶1)，匀浆 5 min，3 000 $r \cdot min^{-1}$ 离心 10 min，吸出正己烷层，于下层再两次加入 20 mL 正己烷匀浆并过滤。合并三次正己烷，加入无水硫酸钠 5 g 脱水，过滤后用旋转蒸发仪蒸干并保持 5 min，用 5 mL 正己烷溶解残渣后上柱，以下操作同(1)。

(4) 香肠等肉制品：称取粉碎样品 10～20 g(准确至 0.01 g)于锥形瓶中，加入 60 mL 正己烷充分匀浆 5 min，滤出清液，再两次用 20 mL 正己烷匀浆并过滤。合并三次滤液，加入 5 g 无水硫酸钠脱水，过滤后于旋转蒸发仪上蒸至 5 mL 以下上柱，以下操作同(1)。

3. 测定

(1) 色谱检测条件。

色谱柱：Zorbax SB-C_{18} 3.5 μm，φ4.6 mm×150 mm(或相当型号色谱柱)。

流动相：溶剂 A，0.1%甲酸的水溶液-乙腈(体积比 85∶15)；溶剂 B，0.1%甲酸的乙腈溶液-丙酮混合液(体积比 80∶20)。

梯度洗脱条件见表 10-5。

表 10-5 梯度洗脱条件

流速/($mL \cdot min^{-1}$)	时间/min	流动相		曲线
		A 组分含量/(%)	B 组分含量/(%)	
1.0	0	25	75	线性
1.0	10.0	25	75	线性
1.0	25.0	0	100	线性
1.0	32.0	0	100	线性
1.0	35.0	25	75	线性
1.0	40.0	25	75	线性

柱温：30 ℃。

检测波长：苏丹红Ⅰ478 nm，苏丹红Ⅱ、苏丹红Ⅲ、苏丹红Ⅳ520 nm。

(2) 标准曲线制备。吸取标准储备溶液 0.0、0.1、0.2、0.4、0.8、1.6 mL，用正己烷定容至 25 mL,此标准系列浓度为 0.0、0.16、0.32、0.64、1.28、2.56 $\mu g \cdot mL^{-1}$,各进样 10 μL,绘制标准曲线。

(3) 样品测定。吸取 10 μL 样品处理液,按标准曲线制备的检测色谱条件对样品进行测定。与标样对照,根据峰保留时间定性以及相应峰面积定量。

数据处理

样品中苏丹红含量计算为

$$X = \frac{c \times V}{m}$$

式中:X 为样品中苏丹红含量,$mg \cdot kg^{-1}$;c 为由标准曲线得出的样液中苏丹红的浓度,$\mu g \cdot mL^{-1}$;V 为样液定容体积,mL;m 为样品质量,g。

注意事项

不同厂家和不同批号氧化铝的活度有差异,应根据具体购置的氧化铝产品略作调整。活度的调整采用标准溶液过柱,将 1 $\mu g \cdot mL^{-1}$ 苏丹红的混合标准溶液 1 mL 加到柱中,用 5%丙酮-正己烷溶液 60 mL 完全洗脱,四种苏丹红在色谱柱上的流出顺序为苏丹红Ⅱ、苏丹红Ⅳ、苏丹红Ⅰ、苏丹红Ⅲ,可根据每种苏丹红回收率作出判断。苏丹红Ⅱ、苏丹红Ⅳ的回收率较低,表明氧化铝活性偏低,苏丹红Ⅲ的回收率偏低时表明氧化铝活性偏高。

思考题

样品前处理时,使色素提取液过氧化铝柱可以除去哪些杂质?

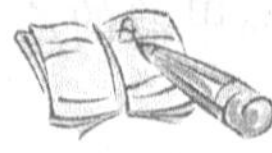

实训四　高效液相色谱法分析食品中的苯甲酸和山梨酸

实训目的

(1) 熟悉高效液相色谱仪的基本结构,掌握实训仪器的一般使用方法。

(2) 加深对色谱分离原理的理解,掌握主要实训条件的选择。

(3) 掌握液相色谱定性定量分析技术。

方法原理

苯甲酸和山梨酸是我国目前最常用的食品防腐剂,广泛应用于各种果汁饮料中。但如果防腐剂的含量超过标准限度,或者长期饮用含有防腐剂的饮料,则会对人体健康造成不良影响,因此检测果汁中的苯甲酸和山梨酸含量是非常有必要的。

样品经加温除去二氧化碳和乙醇,调 pH 值至近中性,过滤后进高效液相色谱仪,经反相色谱分离后，根据保留时间和峰面积进行定性和定量。

仪器与试剂

1. 仪器

高效液相色谱仪，具紫外吸收检测器(254 nm)；色谱柱，YWG-C_{18} 4.6 mm×250 mm×10 μm不锈钢柱；微量注射器。

2. 试剂

方法中所用试剂，除另有规定外，均为分析纯试剂，水为二次蒸馏水或同等纯度水，溶液为水溶液。

甲醇(经0.5 μm滤膜过滤)，氨水(1+1)。

0.02 mmol·L^{-1}醋酸铵溶液：称取1.54 g醋酸铵，加水至1 000 mL，溶解，经0.45 μm滤膜过滤。

20 g·L^{-1}碳酸氢钠溶液：称取2 g碳酸氢钠(优级纯)，加水至100 mL，振摇溶解。

苯甲酸标准储备溶液：准确称取0.100 0 g苯甲酸，加20 g·L^{-1}碳酸氢钠溶液5 mL，加热溶解，移入100 mL容量瓶中，加水定容至100 mL，此溶液苯甲酸含量为1 mg·mL^{-1}。

山梨酸标准储备溶液：准确称取0.100 0 g山梨酸，加20 g·L^{-1}碳酸氢钠溶液5 mL，加热溶解，移入100 mL容量瓶中，加水定容至100 mL，此溶液山梨酸含量为1 mg·mL^{-1}。

苯甲酸、山梨酸标准混合使用溶液：取苯甲酸、山梨酸标准储备溶液各10.0 mL，移入100 mL容量瓶中，加水至刻度，经0.45 μm滤膜过滤。此溶液含苯甲酸、山梨酸各0.1 mg·mL^{-1}。

实训内容

1. 溶液配制

(1) 配制标准系列溶液。

二组分混标液：每毫升溶液分别含0.1 mg苯甲酸、山梨酸。

分别准确移取0.40、0.80、1.20、1.60和2.00 mL二组分混标液于10 mL容量瓶中，用流动相溶剂定容。

(2) 流动相的配制、过滤和除气。

2. 样品处理

(1) 汽水：称取5.00～10.0 g样品，放入小烧杯中，微温搅拌除去二氧化碳，用氨水(1+1)调pH值约为7。加水定容至10～20 mL，经0.45 μm滤膜过滤。

(2) 果汁类：称取5.00～10.0 g样品，用氨水(1+1)调pH值约为7，加水定容至适当体积，离心沉淀，上清液经0.45 μm滤膜过滤。

(3) 配制酒类：称取10.0 g样品，放入小烧杯中，水浴加热除去乙醇，用氨水(1+1)调pH值约为7，加水定容至适当体积，经0.45 μm滤膜过滤。

3. 高效液相色谱参考条件

色谱柱为YWG-C_{18} 4.6 mm×250 mm×10 μm不锈钢柱；流动相为0.02 mol·L^{-1}

甲醇-醋酸铵溶液(体积比 5∶95);流速为 1 mL·min^{-1};进样量为 10 μL;检测器为紫外检测器,波长 230 nm,灵敏度 0.2 AUFS。

4. 操作步骤

(1) 更换流动相。

(2) 开动仪器,让色谱柱平衡。

(3) 设置色谱工作站参数。

(4) 进样、采集色谱图:①混标液;②标准溶液系列;③未知样品。

(5) 色谱数据分析,打印色谱图及分析报告。

(6) 更换甲醇流动相,清洗色谱柱。

(7) 关闭仪器。

数据处理

(1) 确定未知样中各组分的出峰次序。

(2) 求取各组分的相对定量校正因子。

(3) 求取样品中各组分的含量。

注意事项

(1) 微量注射器应正确使用。

(2) 实训结束后,要用足够的溶剂冲洗系统。

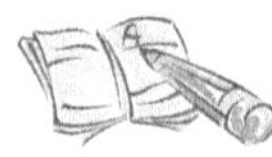

实训五 高效液相色谱法测定饮料中咖啡因的含量

实训目的

(1) 熟悉高效液相色谱仪的结构以及反相 HPLC 的原理和应用。

(2) 掌握标准曲线定量方法。

方法原理

咖啡因又称咖啡碱,属黄嘌呤衍生物,化学名称为 1,3,7-三甲基黄嘌呤,可由茶叶或咖啡中提取而得的一种生物碱。它能兴奋大脑皮层,使人精神兴奋。咖啡中咖啡因含量为 1.2%～1.8%,茶叶中咖啡因含量为 2.0%～4.7%,可乐和茶饮料等中均含咖啡因。其分子式为 $C_8H_{10}O_2N_4$,结构式如下。

采用 C_{18} 反相液相色谱柱进行分离，以紫外检测器进行检测，以咖啡因标准系列溶液的色谱峰面积对其浓度作工作曲线，再根据样品中的咖啡因峰面积，由工作曲线算出其浓度。

仪器与试剂

1. 仪器

高效液相色谱仪，C_{18} 色谱柱；50 μL 微量注射器；超声波清洗器。

2. 试剂

甲醇(AR)；二次蒸馏水；咖啡因(AR)；可口可乐及百事可乐。

1 000 mg·L^{-1}咖啡因标准储备液：将咖啡因在 110 ℃下烘 1 h。准确称取 0.100 0 g 咖啡因，用甲醇溶解，定量转移至 100 mL 容量瓶中，用甲醇稀释至刻度。

实训内容

(1) 按操作指南开启仪器并使之正常工作，色谱条件如下。

柱温：室温。

流动相：甲醇-水(体积比 30：70)。

流动相流量：0.6 mL·min^{-1}。

检测波长：280 nm。

进样量：10 μL。

(2) 咖啡因标准系列溶液配制：将标准储备液依次用纯水稀释，分别配制成浓度为 2、5、10、20、40 mg·L^{-1}的标准系列溶液。

(3) 样品预处理：用吸量管分别移取 10 mL 可口可乐、10 mL 百事可乐，置于 25 mL 容量瓶中，用纯水稀释至刻度。用超声波清洗器脱气 5 min，以赶尽可乐中的二氧化碳，此处特别注意除掉溶解在饮料中的二氧化碳。

(4) 绘制工作曲线：待色谱仪基线稳定后，分别注入咖啡因标准系列溶液，并记下峰面积和保留时间。

(5) 样品测定：分别注入样品溶液，根据保留时间确定样品中咖啡因色谱峰的位置，记下咖啡因色谱峰面积。

(6) 实训结束后，按要求关好仪器。

数据处理

(1) 记录色谱条件和柱前压。

(2) 根据咖啡因标准溶液的色谱图，绘制咖啡因峰面积 A(mV·s)与其浓度(mg·L^{-1})的标准曲线。

(3) 根据样品中咖啡因色谱峰的峰面积，由标准曲线计算各饮料中咖啡因的含量。

思考题

(1) 用标准曲线法定量的优缺点是什么？

(2) 若标准曲线用咖啡因浓度对峰高作图，能给出准确结果吗？

实训六　高效液相色谱法测定畜禽肉中土霉素、四环素、金霉素残留量

实训目的

(1) 了解高效液相色谱仪的工作原理及使用方法。

(2) 学习用高效液相色谱仪测定食品中抗生素残留情况。

方法原理

样品经提取、微孔滤膜过滤后直接进样，用反相色谱柱分离，经紫外检测器检测，与标准比较定量，出峰顺序为土霉素、四环素、金霉素。

仪器与试剂

1. 仪器

高效液相色谱仪，具紫外检测器。

2. 试剂

乙腈(AR)；5%高氯酸溶液。

0.01 mol·L^{-1}磷酸二氢钠溶液：称取 1.56 g(精确到±0.01 g)磷酸二氢钠($NaH_2PO_4 \cdot 2H_2O$)溶于蒸馏水中，定容到 100 mL，经 0.45 μm 微孔滤膜过滤，备用。

土霉素(OTC)标准溶液：称取 0.010 0 g 土霉素(精确到±0.000 1 g)，用 0.1 mol·L^{-1}盐酸溶液溶解并定容到 10.00 mL，此溶液土霉素浓度为 1 mg·mL^{-1}，于 4 ℃保存。

四环素(TC)标准溶液：称取 0.010 0 g 四环素(精确到±0.000 1 g)，用 0.01 mol·L^{-1}盐酸溶液溶解并定容到 10.00 mL，此溶液四环素浓度为 1 mg·mL^{-1}，于 4 ℃保存。

金霉素(CTC)标准溶液：称取金霉素 0.010 0 g(精确到±0.000 1 g)，溶于蒸馏水并定容到 10.00 mL，此溶液金霉素浓度为 1 mg·mL^{-1}，于 4 ℃保存。

混合标准溶液：取土霉素、四环素标准溶液各 1.00 mL，取金霉素标准溶液 2.00 mL，置于 10 mL 容量瓶中，加水定容，此溶液土霉素、四环素浓度为 0.1 mg·mL^{-1}，金霉素浓度为 0.2 mg·mL^{-1}，临用时现配。

实训内容

1. 确定色谱条件

色谱柱：ODS-C_{18}型，6.2 mm×15 cm×5 μm。

检测波长：355 nm。

灵敏度：0.002 AUFS。

柱温：室温。

流速：1.0 mL·min^{-1}。

进样量：10 μL。

流动相：乙腈-0.01 mol·L^{-1}磷酸二氢钠溶液（用 30%硝酸溶液调节 pH 值为 2.5）体积比为 35∶65，使用前超生脱气 10 min。

2. 样品测定

称取 5.00 g（精确到±0.01 g）切碎的肉样（<5 mm），置于 50 mL 锥形瓶中，加入 5%高氯酸 25.0 mL，于振荡器上振荡提取 10 min。移入离心管中，以 2 000 r·min^{-1}离心 3 min。上清液经 0.45 μm 滤膜过滤，取溶液 10 μL 进样，记录峰面积或峰高。

3. 工作曲线的绘制

分别称取 7 份切碎的肉样，每份 5.00 g（精确到±0.01 g），分别加入混合标准溶液 0、25、50、100、150、200、250 μL（含土霉素、四环素均为 0.0、2.5、5.0、10.0、15.0、20.0、25.0 μg·mL^{-1}；含金霉素 0.0、5.0、10.0、30.0、40.0、50.0 μg·mL^{-1}），按样品测定中的方法操作，以峰面积或峰高为纵坐标，以抗生素含量为横坐标绘制工作曲线，给出回归方程。

数据处理

按下式计算样品中抗生素含量：

$$x=\frac{c_iV}{m\times 1\,000}$$

式中：x 为样品中抗生素含量，mg·kg^{-1}；c_i 为进样样品溶液中抗生素 i 的浓度，由回归方程算出，μg·mL^{-1}；V 为进样样品溶液体积，μL；m 为与进样样品溶液体积相当的样品质量，g。

注意事项

(1) 洗脱液应严格脱气。

(2) 本操作所用制备溶液的去离子水均应过滤。

(3) 为了避免四环素与金属离子形成螯合物及柱上吸附，常将流动相 pH 值调至 2.5。若 pH>4.0 便出现峰拖尾。

思考题

(1) 什么是反相色谱柱及反相高效液相色谱法？

(2) 液相色谱法与气相色谱法的异同点有哪些？

(3) 在不影响出峰顺序的前提下，采用什么方法可以达到适当加快或减慢各物质的出峰时间？

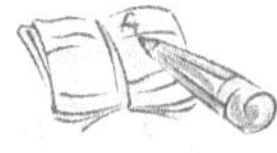

实训七　高效液相色谱法对复方阿司匹林片剂的定性分析

实训目的

(1) 掌握高效液相色谱仪的使用方法。

（2）学会应用高效液相色谱仪的定性方法。

方法原理

复方阿司匹林(简称 APC)内含阿司匹林，非那西汀、咖啡因，是常用的消炎镇痛药，又具有防止血栓形成的作用。

高效液相色谱法可对已知组分的复方药物进行分析，结果方便可靠。本实训采用已知物对照定性。

仪器与试剂

1. 仪器

高效液相色谱仪，固定相 C_{18} 柱；检测器，紫外分光光度计(273 nm)；流动相，甲醇，流速 1 mL·min^{-1}；微量注射器；漏斗；具塞三角瓶(20 mL)；青霉素小瓶。

2. 试剂

样品，APC 片剂；纯品，阿司匹林(A)、非那西汀(P)、咖啡因(C)，分别溶于三氯甲烷。

实训内容

（1）将 APC 片剂四片研成细粉，混匀，约取 0.5 g 放入 20 mL 具塞三角烧瓶中，加入 10 mL 三氯甲烷，浸泡 20 min，并不时振摇。过滤，弃去起始滤液，用青霉素小瓶收集中段滤液，塞严。

（2）启动高效液相色谱仪的各模块，调试仪器至适于进样状态。

（3）用微量注射器，吸取 1 μL APC 浸出液，注入色谱柱，在色谱图上分别标记出峰时间。

（4）用微量注射器，分别吸取 1 μL 的纯品阿司匹林(A)、非那西汀(P)、咖啡因(C)注入色谱柱，分别记录出峰时间。

数据处理

将 APC 片剂各峰的保留时间与各纯品的保留时间对比，找出样品 APC 各峰的归属。

注意事项

（1）高效液相色谱仪使用前要用流动相冲洗色谱柱半小时以上，待柱压稳定后方可进样。

（2）高效液相色谱仪使用后，除用流动相冲洗色谱柱外，还要用甲醇冲洗色谱柱半小时以上，这样可以防止结晶，堵住色谱柱。

（3）进样前一定要使用滤膜过滤样品，防止杂质污染色谱柱。

实训八 中药川芎提取液的分离与川芎嗪的定量分析

实训目的

(1) 熟悉高效液相色谱在药物分析中的应用。

(2) 掌握高效液相色谱的实验操作技术。

方法原理

中药(植物药)中含有多种有机和无机化合物,如生物碱、黄酮、皂苷、多聚糖等。每一味中药都有它独特的一种或几种主要有效成分。弄清中药的有效成分是中药分子药理学的关键。中药的传统炮制法是水煎,因此会有很多水溶性(极性)物质被提取出来。本实训用甲醇水溶液作浸取剂,由于水溶性有机分子的协同作用,会有很多脂溶性(非极性)物质被提取出来。本实训采用反相高效液相色谱法分离分析川芎提取液。川芎中有机物在210～300 nm范围内有较强的吸收。本实训要定量分析的川芎嗪是一种生物碱,是川芎的主要有效成分。本实训采用外标法的单点定量法定量。

仪器与试剂

1. 仪器

高效液相色谱仪,具紫外检测器;超声器,用于样品溶解,流动相脱气,玻璃器皿清洗。

2. 试剂

川芎嗪标准溶液:准确称取川芎嗪标准物质50 mg,用50%甲醇水溶液溶解并定容至50 mL,使用时用50%甲醇或流动相稀释5～10倍。

流动相:含0.2 mmol・L^{-1}磷酸二氢铵的50%甲醇溶液。

川芎提取液:称取川芎浸膏250 mg,用50%甲醇水溶液溶解并定容至50 mL,用0.45 μm水相滤膜减压过滤,滤液冷藏备用。

实训内容

1. 确定色谱条件

开机,并使仪器处于工作状态。参考色谱条件如下:Zorbax SB-C_{18}色谱柱(4.6 mm(内径)×150 mm);含0.2 mmol・L^{-1}磷酸二氢铵的50%或60%甲醇溶液作流动相;流速0.8～1.2 mL・min^{-1};柱温30～40 ℃;检测波长270 nm。

2. 流动相配比选择

(1) 先用含0.2 mmol・L^{-1}磷酸二氢铵的60%甲醇溶液作流动相,检测波长先定在270 nm,待基线稳定后,进样川芎提取液。待样品中所有色谱峰出完后,按停止键停止分析。

(2) 然后改用含 0.2 mmol·L^{-1}磷酸二氢铵的 50%甲醇溶液作流动相，再次进样川芎提取液。比较两种流动相的分离效果，选择分离效果好的流动相做以下实训。

3. 测定波长选择

(1) 将检测波长改成 260 nm，进样。

(2) 将检测波长改成 280 nm，进样。比较三个波长下各组分的吸收值，确定一个合适的检测波长。

4. 样品测定

进样川芎嗪标准溶液，定性确认川芎提取液的色谱图，计算川芎提取液中川芎嗪的含量。或者重新进样，计算川芎提取液中的川芎嗪的含量。

数据处理

(1) 整理出不同条件下各色谱峰的保留时间、峰面积和峰高。

(2) 写出所选择的最佳色谱条件，并说明选择理由。

(3) 计算川芎浸膏中川芎嗪的含量。

注意事项

(1) 中药提取物中成分复杂，所含糖类、蛋白质等物质有可能使色谱柱性能下降，最好将川芎浸膏用温水溶解后，用氯仿或醋酸乙酯萃取，将有机相作样品进样。

(2) 如果实训直接用市售川芎饮片作样品，可以称取适量饮片，保持微沸用水提取 1 h。水提物用微孔滤膜过滤后直接进样，或用氯仿等溶剂萃取分离后进样。

思考题

(1) 如果要使极性强的组分分离得更好，可以通过哪些途径来实现，为什么？

(2) 据报道，阿魏酸也是中药川芎的有效成分之一，试设计定量分析川芎提取液中阿魏酸的高效液相色谱法分析方案。

模块十一

核磁共振及质谱分析方法简介

学习目标

理解核磁共振波谱及质谱法的基本原理，了解核磁共振波谱仪及质谱仪的结构和工作原理；熟悉核磁共振及质谱的谱图结构和解读方法，了解核磁共振波谱及质谱的新进展及应用。

任务一　核磁共振波谱法

核磁共振波谱法(Nuclear Magnetic Resonance，NMR)是研究具有磁性质的某些原子核对射频辐射的吸收，对测定有机化合物的结构有独到之处，是有机化合物结构分析常用的四谱(红外光谱、紫外光谱、质谱和核磁共振波谱)之一。

一、核磁共振原理

在强磁场的激励下，一些具有磁性的原子核的能量可以裂分为2个或2个以上的能级。如果此时外加一个能量，使其恰好等于裂分后相邻2个能级之差，则该核就可能吸收能量(称为共振吸收)，从低能态跃迁至高能态，而所吸收的能量的数量级相当于频率范围为0.1～100 MHz的电磁波(属于无线电波范畴，或简称射频)。因此，所谓核磁共振，就是研究磁性原子核对射频能的吸收。

目前可用于核磁共振分析的原子核有^{1}H、^{19}F、^{31}P、^{13}C等，这些核在自旋时有磁矩形成，特别适用于核磁共振实验。前面三种原子在自然界的丰度接近100%，核磁共振容易测定，尤其是氢核(质子)，不但易于测定，而且它又是组成有机化合物的主要元素之一，因此对于氢核核磁共振谱的测定，在有机分析中十分重要。

1. 核磁共振现象

当氢核围绕着它的自旋轴转动时产生磁场，在外加磁场中，它只有两种取向：一种与外磁场平行，这时能量较低，为低能级E_1，表示为$m=+1/2$；一种与外磁场逆平行，这时

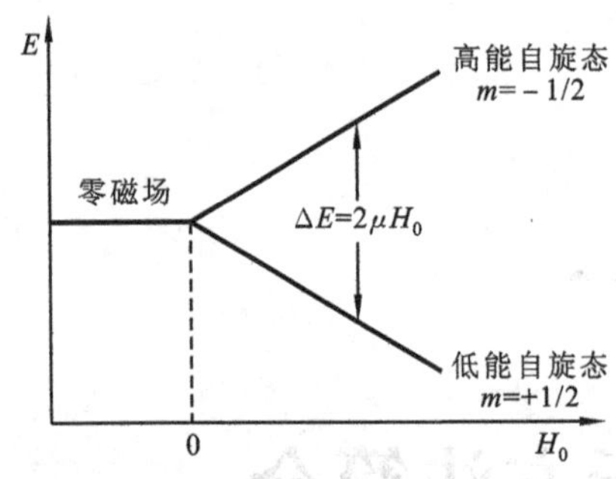

图 11-1　在外磁场中核自旋能级的分示意图

的氢核的能量稍高，为高能级 E_2，表示为 $m=-1/2$。如图 11-1 所示，两能级之差 ΔE 为

$$\Delta E = E_2 - E_1 = h\nu = \gamma \frac{h}{2\pi} H_0 \qquad (11\text{-}1)$$

式中：γ 为磁旋比，为各种核的特征值，对于一定原子核，γ 为一定值；h 为普朗克常量，$h=6.626\times10^{-34}$ J·s；ν 为射频辐射频率；H_0 为磁场强度，以 T(特拉斯)为单位。

从式(11-1)可见，ΔE 与 H_0 成正比。

若氢核受到电磁辐射作用，辐射所提供的能量恰好等于其能量差(ΔE)时，氢核就吸收电磁辐射的能量，从低能级跃迁到高能级，使其磁矩在磁场中的取向逆转，这种现象称为核磁共振现象。

同时从式(11-1)可见，可通过改变照射电磁波的频率 ν(扫频)，或外磁场的强度 H_0(扫场)来满足共振条件。通常多采用后者。

2. 饱和与弛豫

由于在射频电磁波的照射下，氢核吸收了能量发生跃迁，其结果是处于低能态的氢核趋于消失，能量的净吸收逐渐减少，若较高能态的核没有及时回到低能态，经过一段时间后，从高能态向低能态跃迁的速率将等于从低能态向高能态跃迁的速率，这时两能级的粒子数就趋于相等，就不能观察到核磁共振信号了，这种现象称为饱和。但是如果较高能态的核能够及时回到低能态，就可以保持稳定的核磁共振信号。事实上，因为处于高能级的核通过非辐射途径释放能量后，及时地返回了低能态，从而使低能级的核始终处于多数。这种原子核由高能态回到低能态而不发射原来所吸收能量的过程称为弛豫过程。弛豫过程是核磁共振现象发生后得以保持的必要条件。

二、核磁共振波谱仪

核磁共振波谱仪主要由磁铁、磁场扫描发生器、射频振荡器、射频接收器及信号记录系统等组成，如图 11-2 所示。

1. 磁铁与磁场扫描发生器

磁铁的质量和强度决定了核磁共振波谱仪的灵敏度和分辨率。灵敏度和分辨率随磁场强度的增加而增加，磁场的均匀性、稳定性和重现性必须良好。磁铁可以是永久磁铁、电磁铁，也可以是超导磁铁。磁场要求在足够大的范围内十分均匀。当磁场强度为 1.409 T 时，其不均匀性就小于六千万分之一。这个要求很高，即使细心加工也极难达到。因此在磁铁上装有特殊的绕阻，以抵消磁场的不均匀。磁铁上还备有扫描线圈，可以连续改变磁场强度。

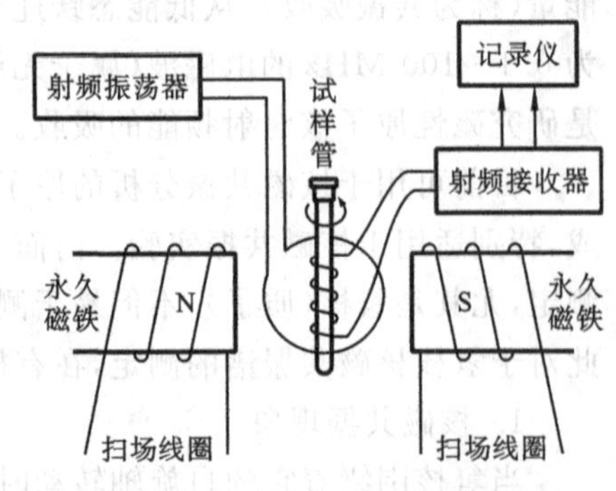

图 11-2　核磁共振仪结构示意图

可在射频振荡器的频率固定时，改变磁场强度，进行扫描，改变磁场强度而进行的扫描称为扫场。

由永久磁铁和电磁铁获得的磁场一般不能超过 2.4 T，这相应于氢核的共振频率为 100 MHz。为了得到更高的分辨率，应使用超导磁铁，此时可获得高达 10～15 T 的磁场，其相应的氢核共振频率为 400～600 MHz。但超导核磁共振仪的价格及日常维护费用都很高。

2. 射频振荡器

从一个很稳定的晶体控制的振荡器发生 60 MHz(对于 1.409 T 磁场)或 100 MHz(对于 2.350 T 磁场)的电磁波以进行氢核的核磁共振测定。如果要测定其他的核，^{19}F、^{11}B、^{13}C，则要用其他频率的振荡器。将磁场固定，改变频率而进行的扫描，称为扫频。但一般的扫场较方便，扫频应用较少。

3. 射频接收器

当振荡器发生的电磁波的频率 ν_0、磁场强度 H_0 达到前述特定的组合时，放置在磁场和射频线圈中间的样品中的氢核就要发生共振而吸收能量，这个能量的吸收情况可被射频接收器检出，通过放大后记录下来，所以核磁共振仪测量的是共振吸收。

4. 样品管

样品管为外径 5 mm 的玻璃管，一般由不吸收射频辐射的材料制成，用于^1H 核磁共振谱的容器通常是由硼硅酸盐玻璃制成的。

仪器中还备有积分仪，能自动画出积分线，以指出各组分共振吸收峰的面积。

磁场方向、射频线圈轴和接收线圈轴三者应相互垂直。分析样品配成溶液后装在玻璃管中密封好，插在射频线圈中间的试管插座内，分析时插座和样品要不断旋转，以消除磁场的不均匀性。

有的核磁共振仪，射频线圈和射频接收线圈是合并为一个接入韦斯顿电桥的一臂上的。射频振荡器的频率固定不变，改变磁场强度进行扫场。当不发生共振吸收时，电桥处于平衡状态，而当发生共振吸收时，射频强度发生改变，引起电桥不平衡，产生信号，经放大后记录下来，这样的核磁共振仪称为单线圈核磁共振仪。若射频线圈和射频接收线圈不合并，则称为双线圈核磁共振仪。

核磁共振波谱仪按扫描方式不同，可分为两大类。

(1) 连续波核磁共振仪：射频的频率或外磁场的强度是连续变化的，即进行连续扫描一直到被观测的核依次被激发发生核磁共振。

(2) 脉冲傅里叶变换核磁共振仪：采用恒定的磁场，用一定频率宽度的射频强脉冲辐照样品，激发全部欲观测的核，得到全部共振信号。当脉冲发射时，样品中每种核都对脉冲单个频率产生吸收。

三、化学位移和核磁共振图谱

1. 化学位移

(1) 化学位移的产生。

根据核磁共振的基本方程：

$$\nu_0 = \frac{\gamma H_0}{2\pi} \tag{11-2}$$

对于同种类的原子核，如氢核，γ 为定值，若外磁场强度一定，也就是说样品中的氢核

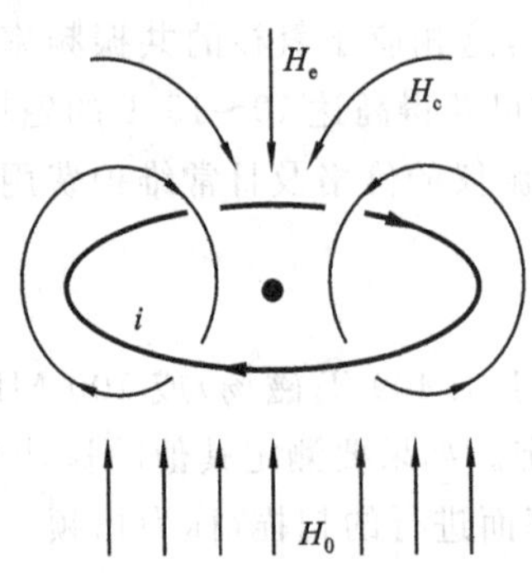

图 11-3 电子对质子的屏蔽作用

有相同的共振吸收频率，将产生一个单一的峰。实际上，每个原子核都被不断运动着的电子云所包围。当氢核处于磁场中时，在外加磁场的作用下，电子的运动产生感应磁场，其方向与外加磁场相反，因而外围电子云起到对抗磁场的作用，这种对抗磁场的作用称为屏蔽作用，如图 11-3 所示。由于核外电子云的屏蔽作用，使原子核实际受到的磁场作用减小，为了使氢核发生共振，必须增加外磁场的强度以抵消电子云的屏蔽作用。

屏蔽作用的大小与核外电子云密切有关，电子云密度越大，屏蔽作用也越大，共振时所需的外加磁场强度也越强。而电子云密度又和氢核所处的化学环境有关，与相邻的基团是斥电子的还是吸电子等因素有关。因此将由屏蔽作用所引起的共振时磁场强度的移动现象称为化学位移。由于化学位移的大小与氢核所处的化学环境密切相关，因此就有可能根据化学位移的大小来考虑氢核所处的化学环境，也就是有机物的分子结构情况，这正是核磁共振应用于有机化学的基础。例如，乙醇的低分辨率的 NMR 图中有三个峰，这是乙醇分子中氢核所处的化学环境不同所致。

在乙醇的结构式中，H_c与电负性强的氧原子相连，由于氧原子拉电子能力强，使 H_c 的电子云密度比 H_a和 H_b都小，其核受到的屏蔽作用也小，扫描时它首先在低场处出现。由于 H_b离氧原子较近，仍然受到氧原子拉电子能力的影响，使 H_b受到的磁屏蔽降低了一些，它的共振峰出现在磁场稍强处。H_a离氧原子最远，受到氧原子拉电子影响小，所以 H_a的峰出现在最高场。

```
   H   H
   |   |
H—C—C—O—H_c
   |   |
   H_a H_b
```

从低场到高场这三个峰的面积比为 1∶2∶3，这与分子中三个基团的质子数相对应。根据化学位移可以推断氢原子在分子中所处的位置，根据峰面积可以推断氢原子的相对数目，这些信息对分子结构的推断是十分重要的。

(2) 化学位移的表示方法。

由于化学位移不易测准，因此它没有一个绝对的标准。通常以四甲基硅烷(TMS)作内标，将它的吸收峰位置定为零，测出各氢核吸收峰与零点间的距离作为化学位移，以化学位移常数 δ 来表示，单位为 ppm(10^{-6})。

$$\delta=\frac{H_{样品}-H_{内标}}{H_{内标}}\times 10^6 \approx \frac{\nu_{样品}-\nu_{内标}}{\nu_{内标}}\times 10^6 \qquad (11\text{-}3)$$

式中：$H_{样品}$、$H_{内标}$ 分别为样品和内标产生吸收峰所需的磁场强度；$\nu_{样品}$、$\nu_{内标}$ 分别为样品和内标产生吸收峰所需的工作频率。

四甲基硅烷中，由于硅具有供电性，使—CH_3上质子的外围电子密度增大，屏蔽程度很高，当以它的吸收峰作为零时，一般有机化合物中氢的吸收峰均在其左侧，δ 为负值。为方便起见，负号均不加。凡是 δ 值较大的氢核，称为低场，在图谱中的左侧；δ 值较小的氢核为高场，在图谱的右侧。

也有将 TMS 的位移常数定为 10，并以 τ 表示。即

$$\tau = 10 - \delta \tag{11-4}$$

这样，通常有机化合物的化学位移均成为较小的正值，τ 值小，屏蔽作用小，共振峰在低场。

(3) 影响化学位移的因素。

化学位移是由原子核外电子云引起的，因此凡是能引起核外电子云密度发生变化的因素都会影响化学位移，现以核磁共振氢谱中质子的化学位移为例介绍影响化学位移的因素。

① 诱导效应。诱导效应是指吸电子基团或原子对化学位移的影响。在化合物分子中，与^{1}H 原子核相邻的原子或原子团的电负性会直接作用于该类^{1}H 核，影响其外围的电子云密度。原子团的电负性越大，其吸电子的能力强，则^{1}H 核外围的电子云密度变小，磁屏蔽常数变小，共振吸收峰移向低场，化学位移增大，如表 11-1 所示。

表 11-1 诱导效应对化学位移的影响

化合物 CH_3X	CH_3F	CH_3OH	CH_3Cl	CH_3Br	CH_3I
电负性(X)	4.0(F)	3.5(O)	3.1(Cl)	2.8(Br)	2.5(I)
δ/ppm	4.26	3.40	3.05	2.68	2.16

② 磁各向异性效应。磁各向异性效应是指化学键(尤其是 π 键)在外磁场的作用下，环电流所产生的感应磁场，其强度和方向在化学键周围具有各向异性，使分子中所处空间位置不同的质子受到的屏蔽作用不同的现象。如果在外磁场的作用下，一个基团中的电子环流取决于它相对于磁场的取向，而电子环流将会产生一个次级磁场，这个附加磁场与外加磁场共同作用，使相应质子的化学位移发生变化。

例如，C═C或C═O双键中的 π 电子云垂直于双键平面，它在外磁场作用下产生环流，在双键平面上的质子周围，感应磁场的方向与外磁场相同而产生去屏蔽，吸收峰位于低场。然而在双键上下方向则是屏蔽区域，因而处在此区域的原子共振信号将在高场出现，如图 11-4 所示。

乙炔基具有相反的效应。由于碳碳三键的 π 电子以键轴为中心呈对称分布，在外磁场诱导下形成绕键轴的电子环流。此环流所产生的感应磁场，使处在键轴方向上下的质子受屏蔽，因此吸收峰位于较高场，而在键轴上方的质子信号则在较低场出现，如图 11-5 所示。

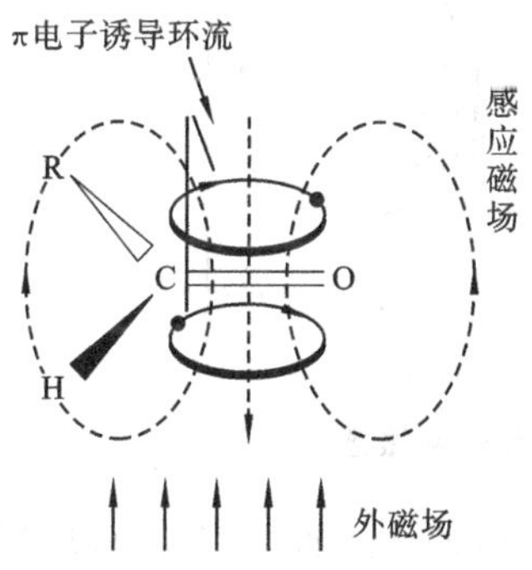

图 11-4 双键质子的去屏蔽作用

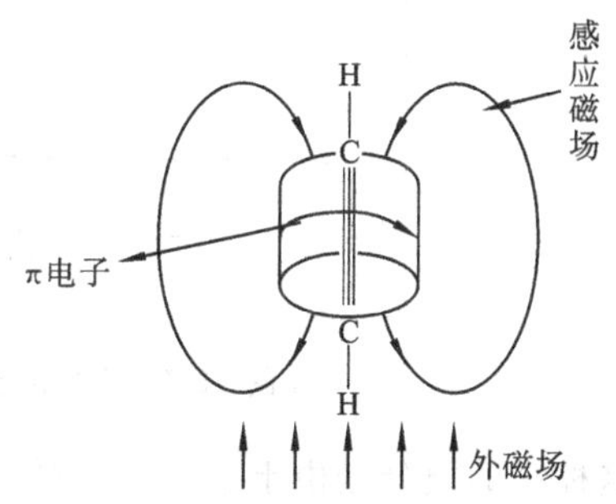

图 11-5 乙炔质子的去屏蔽作用

由上述可见，各向异性效应对化学位移的影响，可以是反磁屏蔽（感应磁场与外磁场反方向），也可以是顺磁屏蔽（去屏蔽）。它们使化学位移变化的方向可用图 11-6 表示。

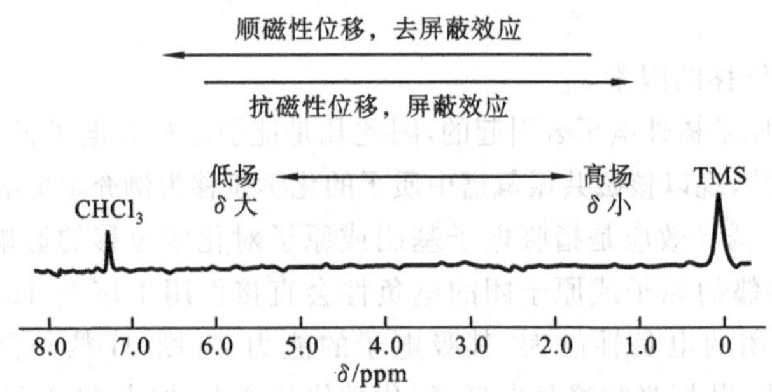

图 11-6　屏蔽及去屏蔽效应对化学位移的影响

③ 氢键的影响。与杂原子相连的氢，如 ROH、ArOH、RSH、ArSH、RNH_2 及 RCOOH 等易形成分子间氢键，如R—X—H···XH—R，吸电子基团 X 会使氢键上^{1}H 的核外电子移向氢键，核外电子云密度减小，屏蔽常数变小，使质子的化学位移值变大。由于氢键与样品的浓度、溶剂的性质及温度等因素有关，致使杂原子上质子吸收峰的化学位移也同样受这些因素影响而发生变化。

虽然影响质子化学位移的因素较多，但化学位移和这些因素之间存在着一定的规律性，而且在每一系列给定的条件下，化学位移数值可以重复出现，因此根据化学位移来推测质子的化学环境是很有价值的。

2. 自旋耦合与自旋裂分

图 11-7 是 $CDCl_3$（氘代氯仿）溶液中 CH_3CH_2I 的核磁共振谱，从图中可以看到，化学位移 1.6～2.0 ppm 处的—CH_3 峰是一个三重峰，在化学位移 3.0～3.4 ppm 处的—CH_2 峰是一个四重峰。化学位移可阐述核磁共振谱中吸收峰的数目及峰位，但为什么一个吸收峰常常会以多重峰出现呢？这种现象可以用自旋耦合来说明。

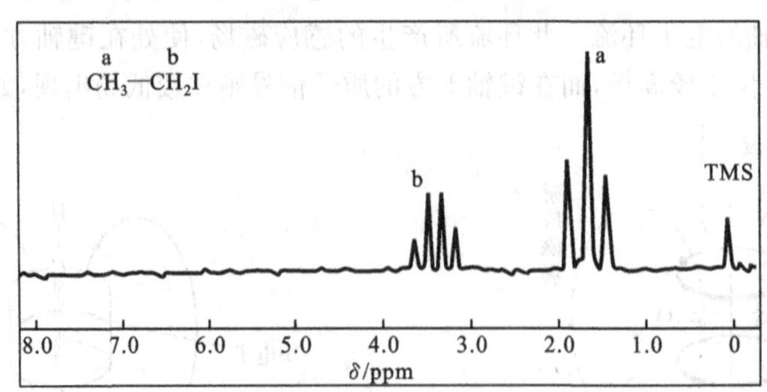

图 11-7　$CDCl_3$ 溶液中 CH_3CH_2I 的核磁共振谱

这种峰的裂分是由于质子之间的相互作用引起的，这种作用称为自旋-自旋耦合，简称自旋耦合。由自旋耦合所引起的谱线增多的现象称为自旋-自旋裂分，简称自旋裂分。耦合表示质子间的作用，裂分表示谱线增多的现象。

在碘乙烷中存在着二组质子，即 H_a(结合在一个碳原子上，组成甲基)和 H_b(组成次甲基)。

```
     Ha  Hb
     |   |
 Ha—C—C—I
     |   |
     Ha  Hb
```

在进行核磁共振分析时，甲基中的 H_a 除了受外界磁场的作用外，还受到相邻碳原子上 H_b 的影响。由于质子是在不断自旋的，自旋的质子产生一个小磁矩。对于 H_a 来说，在相邻碳原子上有两个 H_b，也就相当于在 H_a 近旁存在着两个小磁铁，通过成键的价电子的传递，就必然要对 H_a 产生影响，使 H_a 受到的磁场强度发生改变。由于质子的自旋有两种取向，两个 H_b 的自旋就有三种不同的组合，即

(1) $\begin{matrix}\leftarrow\\\leftarrow\end{matrix}$ (2) $\begin{matrix}\rightarrow\\\rightarrow\end{matrix}$ (3) $\begin{matrix}\leftarrow\\\rightarrow\end{matrix}$ $\begin{matrix}\rightarrow\\\leftarrow\end{matrix}$

假使(1)情况产生的核磁与外界磁场方向一致，使 H_a 受到的磁场力增强，于是 H_a 的共振信号将出现在比原来稍低的磁场强度处；(2)与外磁场方向相反，使 H_a 受到的磁场力降低，于是使 H_a 的共振信号出现在比原来稍高的磁场强度处；(3)对于 H_a 的共振不产生影响，共振峰仍在原处出现。由于 H_b 的影响，H_a 的共振峰将要一分为三，形成三重峰。又由于(3)这种组合出现的概率二倍于(1)或(2)，于是中间的共振峰的强度也将二倍于(1)或(2)，如图 11-8 所示，其强度比为 1∶2∶1。同样，—CH_2 上的 H_b 受—CH_3 上三个的 H_a 影响，其信号分裂为四重峰，其强度之比为 1∶3∶3∶1。

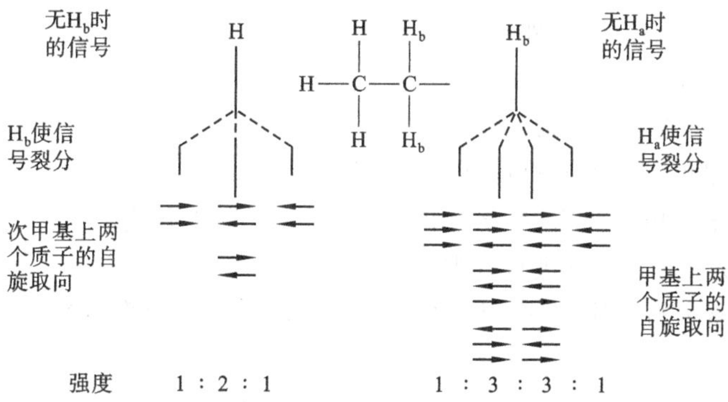

图 11-8 裂分示意图

自旋耦合使核磁共振谱中信号分裂为多重峰，峰的数目等于 $n+1$，峰的强度比为 $(a+b)^n$ 展开后各次的系数，其中 n 为邻近 H 的数目。裂分后各个多重峰之间的距离称为耦合常数，以 J 表示，其单位为 Hz。由于耦合裂分是质子间相互作用所引起的，因此耦合常数 J 值的大小表示相邻原子间相互作用力的大小，与外磁场强度无关。

总之，从一些核磁共振图谱上可以获得三个重要的信息，即化学位移常数、耦合常数和峰面积(或积分高度)，对于确定化合物的结构非常有意义。

3. 化学等价与磁等价

在核磁共振中，有相同化学环境的质子具有相同的化学位移，同一分子中化学位移相

同的质子，称为化学等价质子。例如，乙醚的六个甲基中的质子在分子中的化学环境完全相同，化学位移都一样，它们是化学等价的。又如，在苯环上的六个氢，它们的化学环境也是一样，化学位移也一样，所以它们也是化学等价质子。

而如果有一组化学等价质子，当它与组外的任何一个磁核耦合时，其耦合常数相等，该组质子称为磁等价质子。例如，乙醚的六个甲基质子的化学位移都相同，与四个次甲基耦合时使次甲基质子裂分的多重峰间距都相等，为磁等价质子。

化学等价的质子不一定磁等价；但磁等价的一定是化学等价的。例如，在二氟乙烯的结构式中，H_a和H_b是化学等价的。但由于H_a与F_a是顺式耦合，与F_b是反式耦合；同理，H_b与F_b是顺式耦合，与F_a是反式耦合，所以H_a和H_b不是磁等价质子。

```
Ha       Fa
  \     /
   C==C
  /     \
Hb       Fb
```

四、核磁共振的应用

随着核磁共振技术的逐渐提高和完善，其应用领域越来越广泛，在很多方面发挥着越来越重要的作用。

1. 用于鉴定有机化合物结构

自从20世纪70年代后期以来，核磁共振成为鉴定有机化合物结构的最重要工具。这是因为核磁共振一方面可提供多种一维、二维谱图，反映了有机物大量的结构信息；另一方面，核磁共振谱具有很强的规律性，可解析性最强。核磁波谱的以上两个特点是任何其他谱图（质谱、红外、拉曼、紫外等）所无法比拟的。

对于结构较简单的有机化合物，利用氢谱、碳谱，再结合其分子式（甚至仅知低分辨的相对分子质量）便可推导出结构。

核磁共振氢谱的解析通常有如下几个步骤。

(1) 要了解化合物的来源，对化合物有初步的了解，如化合物的颜色、晶形、熔点、溶解性等信息，有助于对化合物进行分类。

(2) 通过元素分析或质谱分析得到化合物的分子式，并计算不饱和度，不饱和度的计算式为：

$$U=\frac{2n+2+a-b}{2} \tag{11-5}$$

式中：n为分子中四价原子的数目，如C、Si；a为分子中三价原子的数目，如P、N；b为分子中一价原子的数目，如H、F、Cl、Br、I。氧和硫的存在对不饱和度没有影响。

(3) 从积分曲线，算出各组信号的相对面积，再参考分子式中氢原子数目，决定各组峰代表的质子数目；也可用可靠的甲基信号或孤立的次甲基信号为标准计算各组峰代表的质子数。从各组峰的化学位移、耦合常数及峰形，根据它们与化学结构的关系，推出可能的结构单元。识别谱图中的一级裂分谱，读出J值，验证J值是否合理。结合元素分析、红外光谱、紫外光谱、质谱、^{13}C核磁共振谱和化学分析的数据推导化合物的结构。

【例 11-1】 某分子式为 $C_4H_8O_2$ 的化合物，其 HNMR 如图 11-9 所示。试解析其分子结构。

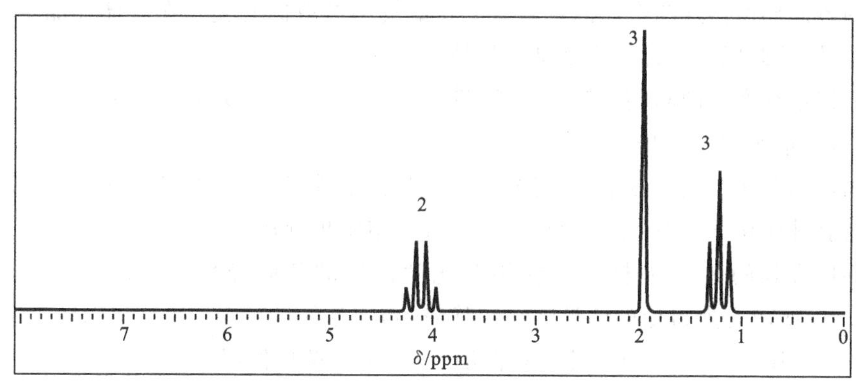

图 11-9 某化合物的 HNMR 图

解 该分子的不饱和度为 1，表明分子结构中有一个双键或一个环。谱图中共有三组核磁共振吸收，其中 δ 为 1.9 ppm 处的 3 个氢核为单峰，表明其不与其他氢核相连，为一个孤立的甲基，而 δ 为 4.1 ppm 处的两个氢核为四重峰，δ 为 1.2 ppm 处的氢核裂分为 3 重峰，表明分子结构中有一个—CH_2CH_3单元，其中 CH_2单元由于氢的化学位移在 4.1 ppm，表明它与强吸电子基团直接相连，分子中有两个氧原子，结合以上数据，解析得其结构为

$$CH_3-\overset{\overset{\displaystyle O}{\|}}{C}-OCH_2CH_3$$

2. 用于有机物定量分析

核磁共振在定量方面的应用主要是在一个混合物体系中确定各组分之间的相互比例。

在核磁共振氢谱中，峰组面积和其对应的氢原子成正比。虽然通常在高场的峰面积比在低场的峰面积(相同氢原子数)稍大一点点，但仍不失为一种很好的定量方法。

对一个混合物体系来说，如果其中的每一个组分都能找到一个不与其他组分相重叠的氢谱峰组，就可以用氢谱进行定量。如果在氢谱中不能满足上述的要求，可以采用碳谱来进行定量，因为碳谱的分辨率高，很不容易发生谱线的重叠。当然，这时需作定量碳谱。

需强调的是，核磁共振用于混合物中各组分的定量往往优于其他方法。相比于常用的有机物定量方法气相色谱和高效液相色谱来说，核磁共振的定量可用于一些平衡体系中各组分的定量，如体系内共存酮式和烯醇式、顺式和反式。核磁共振能在维持平衡体系的条件下进行各组分的定量。

3. 固体高分辨核磁共振谱

此前所讨论的样品仅限于液态样品(且要求低黏度)。在实际工作中，常要求用固态样品作图。一方面有些样品找不到合适的溶剂来配制它们的溶液，如某些高聚物等；另一方面对某些样品，配制成溶液后结构可能会有一定的变化。

如果按照通常的作图方法，用固态样品作图会得到很宽的谱线，得不到什么结构信息。产生这种现象主要有两个原因：第一是自旋核之间的偶极-偶极相互作用；第二是化学位移的各向异性。这两个原因都和分子在磁场中的取向有关。在液体样品中，分子在不断地运动，因此以上两种作用都被平均掉了。

除上述谱线变宽的问题需解决以外，碳谱本身灵敏度低，受氢核的耦合将使谱线裂分(也就降低了信噪比)，这亦需解决。

作固体高分辨核磁共振谱的方法为交叉极化法、魔角旋转法(CP/MAS)。交叉极化法涉及对脉冲作用的分析，不拟讨论。下面仅介绍魔角旋转。

前面所提到的偶极-偶极相互作用及化学位移的各向异性，其数值的大小均包含$(3\cos 2\theta-1)$项，θ是所讨论的两核连线和静磁场B_0之间的夹角。如果我们取$\cos 2\theta=1/3$ $(\theta=54°44')$，则$3\cos 2\theta-1$项为零，这样就可消除上述两项作用。

54°44′这个角度就称为魔角。绕魔角旋转的速度是非常高的：液体样品旋转的速度是几十赫兹，固体样品绕魔角旋转的速度是几千赫兹，高出两个数量级还多。由于采用魔角旋转，磁铁间隙也需增大。采用CP/MAS方法已得出可供解析的、与液态样品分辨率相近的谱图。

4. 核磁成像

核磁成像是20世纪80年代发展起来的先进医疗诊断方法。它提供类似于X射线的CT图像，使患者免受X射线的照射且分辨率高，因而备受青睐。前面所讨论的液态样品及固体样品测定的都是平均的结果。核磁成像测定的对象是氢核，需测出物体内部氢核在空间的分布(常以若干截面图表示出来)，这样才可得出诊断信息(如某一部位患有肿瘤)。

核磁共振成像(Nuclear Magnetic Resonance Imaging，NMRI)，又称自旋成像或磁共振成像，是利用核磁共振原理，依据所释放的能量在物质内部不同结构环境中不同的衰减，通过外加梯度磁场检测所发射出的电磁波，即可得知构成这一物体原子核的位置和种类，据此可以绘制成物体内部的结构图像。核磁共振成像是随着计算机技术、电子电路技术、超导体技术的发展而迅速发展起来的一种生物磁学核自旋成像技术。核磁共振成像的“核”指的是氢原子核，因为人体约70%是由水组成的，核磁共振即依赖水中氢原子。当把物体放置在磁场中，用适当的电磁波照射它，使之共振，然后分析它释放的电磁波，就可以得知构成这一物体的原子核的位置和种类，据此可以绘制成物体内部的精确立体图像。将这种技术用于人体内部结构的成像，就产生出一种革命性的医学诊断工具。快速变化的梯度磁场的应用，大大加快了核磁共振成像的速度，使该技术在临床诊断、科学研究的应用成为现实，极大地推动了医学、神经生理学和认知神经科学的迅速发展。从核磁共振现象发现到NMRI技术成熟这几十年期间，有关核磁共振的研究领域曾在三个领域(物理、化学、生理学医学)内获得了六次诺贝尔奖，足以说明此领域及其衍生技术的重要性。

知识链接

1945 年 Bloch 和 Purcell 分别领导两个小组同时独立地观察到核磁共振(Nuclear Magnetic Resonance,NMR),他们二人因此荣获 1952 年诺贝尔物理奖。1991 年诺贝尔化学奖授予 R. R. Ernst 教授,以表彰他对二维核磁共振理论及傅里叶变换核磁共振的贡献。这两次诺贝尔奖的授予,充分地说明了核磁共振的重要性。

自 1953 年出现第一台核磁共振商品仪器以来,核磁共振在仪器、实验方法、理论和应用等方面有着飞跃的进步。谱仪频率已从 30 MHz 发展到 900 MHz。1 000 MHz 谱仪也在加紧试制之中。仪器工作方式从连续波谱仪发展到脉冲-傅里叶变换谱仪。随着多种脉冲序列的采用,所得谱图已从一维谱发展到二维谱、三维谱甚至更高维谱。所应用的学科已从化学、物理扩展到生物、医学等多个学科。总而言之,核磁共振已成为最重要的仪器分析手段之一。

任务二　质谱法

质谱分析是现代物理与化学领域内使用的一个极为重要的工具。从 J. J. Thomson 研制第一台质谱仪,到现在已有近 90 年的历史了,早期的质谱仪主要是用来进行相对原子质量、同位素相对丰度测定和无机元素分析。第二次世界大战时期,为了适应原子能工业和石油化学工业的需要,质谱法在化学分析中受到了重视。20 世纪 40 年代以后由于出现了高性能的双聚焦质谱仪,这种仪器对复杂有机分子所得到的谱图,分辨率高,重现性好,因而成为测定有机化合物结构的一种重要手段。20 世纪 60 年代出现了气相色谱-质谱联用仪,使质谱仪的应用领域大大扩展,计算机的应用又使质谱分析法发生了飞跃变化,使其技术更加成熟,使用更加方便。20 世纪 80 年代以后又出现了一些新的质谱技术,如快速原子轰击电离源、基质辅助激光解吸电离源、电喷雾电离源、大气压化学电离源,以及随之而来的比较成熟的液相色谱-质谱联用仪、感应耦合等离子体质谱仪、傅里叶变换质谱仪等,这些新的电离技术和新的质谱仪使质谱分析方法取得了长足进展。

质谱分析法简称质谱法(MS),它与红外光谱、紫外光谱、核磁共振谱一起被称为有机物结构鉴定的四大谱。质谱分析具有如下特点。

(1) 应用范围广。就分析范围而言,它既可以进行同位素分析,又可以进行无机成分分析和有机物结构分析;就样品状态而言,样品既可以是气体,又可以是液体或固体。

(2) 特别适合于同位素分析,此类分析对其他方法来说比较困难。

(3) 提供的信息多。能提供准确的相对分子质量、分子和官能团的元素组成、分子式及分子结构等大量数据,是四种谱中唯一可以确定化合物的分子式及相对分子质量的方法。

(4) 灵敏度高。绝对灵敏度可达 $10^{-13}\sim10^{-10}$ g;样品用量少,一般几微克甚至更少

的样品都可以检测，检出限可达 10^{-14} g；分析速度快（几秒），易于实现自动控制检测。

目前质谱分析法已广泛地应用于化学、化工、材料、环境、地质、能源、药物、刑侦、生命科学、运动医学等各个领域。特别是一些仪器联用技术的出现，为混合物的分离与鉴定，提供了快速有效的分析手段，近年来，质谱分析发挥着越来越重要的作用。

一、质谱法基本原理

质谱分析法的基本原理是：气体分子或固体、液体的蒸气分子被一束高能电子流轰击时，一般失去一个外层价电子，生成带正电的分子离子（$M^{\cdot +}$），同时部分分子离子在电子流的冲击之下进一步裂解为较小的正离子、中性碎片和自由基，其中所有的正离子被安装在电离室的正电压排斥，进入加速电场，经过外电压的加速后，就获得动能，此动能为

$$\frac{1}{2}mv^2 = eV \tag{11-6}$$

式中：m 为正离子的质量，v 为速度，e 为正离子所带电荷，V 为加速电压。被加速的离子进入垂直于离子速度的磁场中时，在磁场力的作用下，正离子将改变运动方向而作圆周运动，如图 11-10 所示。

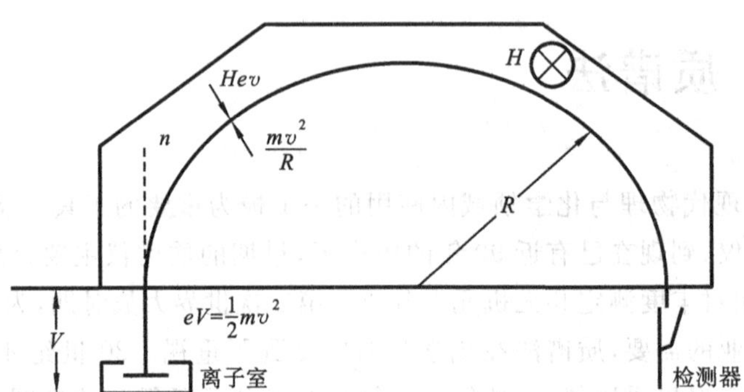

图 11-10　阳离子在正交磁场中的运动

此时离心力和磁场力相等，即

$$\frac{mv^2}{R} = Hev \tag{11-7}$$

或

$$\frac{m}{e} = \frac{HR}{v} \tag{11-8}$$

式中：m 为正离子的质量；v 为速度；e 为正离子所带电荷；H 为磁场强度；R 为离子在磁场中的运动半径。

将式(11-6)改写为 $v=\sqrt{\frac{2eV}{m}}$，并代入式(11-8)中，得

$$\frac{m}{e} = \frac{H^2R^2}{2V} \tag{11-9}$$

式(11-9)称为质谱方程式，是设计质谱仪的主要依据。

由此可见，离子在磁场中的运动轨道半径 R 是由 H、V 和质荷比 m/e 三者决定的，当 H、V 一定时，离子的质荷比越大，则运动轨道的半径越大，反之越小。离子经过磁场后被彼此分开。对于一定的质谱仪，其离子接收检测器的位置是一定的（即 R 一定），可采取

固定加速电压 V，连续改变磁场强度 H(称为磁场扫描)的方法，或固定磁场强度 H，连续改变加速电压 V(称为电压扫描)的方法，使不同的 m/e 的离子沿同一 R 彼此分开并按照 m/e 的大小顺序依次通过出口狭缝进入接收器得到检测而产生质谱信号，从而得到质谱图。质谱图一般采用“条图”的形式表示，图 11-11 是丙酸的质谱图。其横坐标为 m/e，纵坐标为相对强度(又称相对丰度)，它是以图中最强的峰高为标准(100%)。在质谱中，每个质谱峰代表一种质荷比的离子，质谱峰的强度与该种离子的多少成正比。

由于在相同实验条件下每种化合物都有其确定的质谱图，因此将所得谱图与已知谱图对照，就可确定待测化合物。而质谱峰的高度是相对离子强度的量度。通过质谱图的解析以测定相对分子质量、确定分子式、进行定性及结构分析；通过对特征质谱峰峰高的测定进行定量分析。

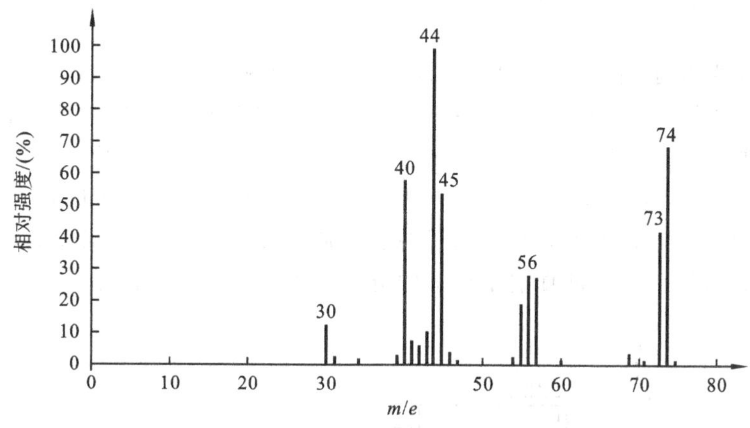

图 11-11　丙酸的质谱图

二、质谱仪

质谱分析法主要是通过对样品的离子的质荷比的分析而实现对样品的定性和定量分析的。因此，在进行质谱分析时，一般过程是：通过合适的进样装置将样品引入并进行汽化，汽化后的样品引入到离子源进行电离，电离后的离子经过适当的加速后进入质量分析器，离子在磁场或电场的作用下，按不同的 m/e 进行分离，检测器对不同 m/e 的离子流进行检测、放大、记录(数据处理)，得到质谱图进行分析。为了获得良好的分析结果，必须避免整个过程离子的损失，因此凡有样品分子和离子存在和经过的部位、器件，都要处于高真空状态。由于有机样品、无机样品和同位素样品等具有不同形态、性质和不同的分析要求，所使用的电离装置、质量分析装置和检测装置将有所不同。目前的质谱仪类型有单聚焦质谱仪、双聚焦质谱仪、飞行时间质谱仪、四极质谱仪等。但是，不管是哪种类型的质谱仪，其基本组成是相同的，都包括进样系统、离子源、质量分析器、真空系统和检测器，图 11-12 为质谱仪的组成框图。现以单聚焦质谱仪为例，见图 11-13，将质谱仪器的各主要部分的工作原理讨论如下。

1. 真空系统

质谱仪的离子源、质量分析器及检测器必须处于真空状态，离子源的真空度应达到 $10^{-5}\sim10^{-3}$ Pa，质量分析器应达到 10^{-6} Pa。若真空度低，会产生很多危害，如大量氧会

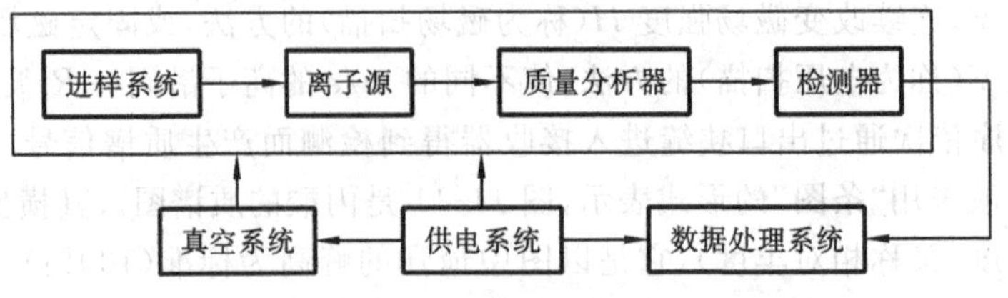

图 11-12　质谱仪的组成框图

烧坏离子源的灯丝；会使本底增高，干扰质谱图；引起额外的离子-分子反应，改变裂解模型，使质谱解释复杂化；干扰离子源中的电子束的正常调节；用作加速离子的几千伏的高压会引起放电等等。通常用机械泵预抽真空，然后用扩散泵高效率并连续地抽气。现代质谱仪采用分子泵可以获得更高的真空度。

2. 进样系统

进样系统的作用是高效重复地将样品引入到离子源中并且不能造成真空度的降低。目前常用的进样装置有三种类型：间歇式进样系统、直接探针进样及色谱进样系统。

间歇式进样系统可用于气体、液体和中等蒸气压的固体样品进样。气体或低沸点液体样品用注射器注入储样器中（见图 11-13），样品被加热汽化后，借助于压力梯度经狭缝（漏隙）以分子流形式渗入高真空离子源。当质谱仪与气相色谱相连时，低沸点混合物经色谱柱分离的组分流过真空系统上的分子分离器，可除去绝大部分载气后进入离子源。

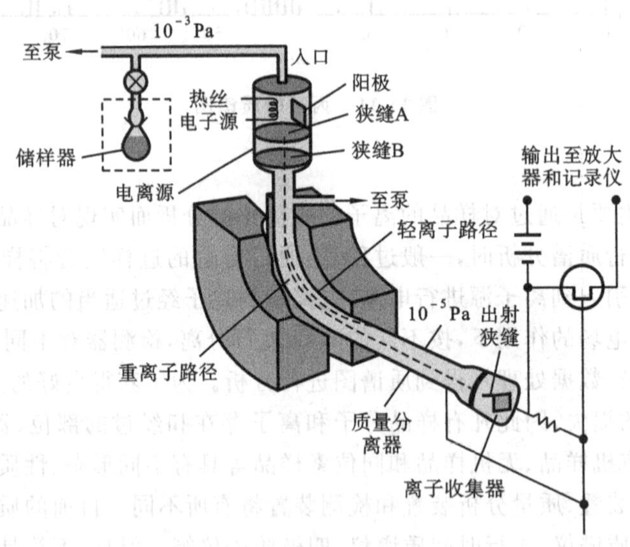

图 11-13　单聚焦质谱仪

直接探针进样适用那些在间歇式进样系统的条件下无法变成气体的固体、热敏性固体及非挥发性液体样品。将样品置于进样杆顶部的小坩埚中，通过在离子源附近的真空环境中加热的方式导入样品，或者可通过在离子化室中将样品从一可迅速加热的金属丝上解吸或者使用激光辅助解吸的方式进行。

3. 离子源

离子源的作用是将样品分子或原子转化成正离子，并使正离子加速、聚焦为粒子束，此粒子束通过狭缝进入质量分析器。使分子转化为离子的手段很多，因此有不同种类的离子源，如电子轰击电离源、场致电离源、场解吸电离源、化学电离源、光致电离源等。

电子轰击电离源(EI)是一种常用的离子源，其作用原理如图 11-14 所示。电子由直热式阴极 f 发射，在电离室（正极）和阴极（负极）之间施加直流电压（70 V），使电子得到加速而进入电离室中。当这些电子轰击电离室中的气体（或蒸气）中的原子或分子时，该原子或分子失去电子成为正离子（分子离子）。分子离子继续受到电子的轰击，使一些化学键断裂，或引起重排瞬间裂解成多种碎片离子（正离子）。

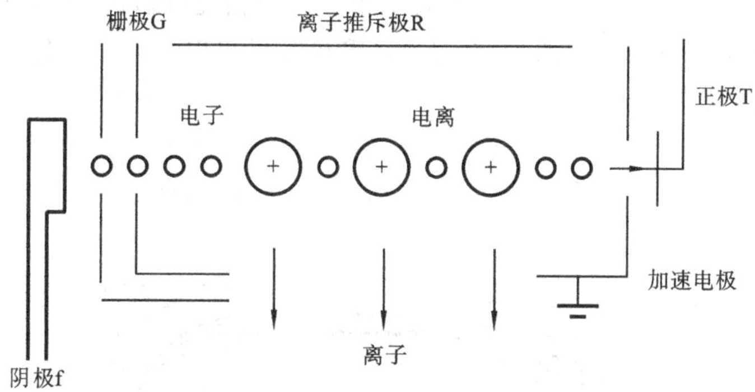

图 11-14 电子轰击离子源示意图

正极 T 为电子捕集极，在 T 和电离室（负极）之间施加适当电压，使多余的电子被 T 收集。栅极 G 可用来控制进入电离室的电子流，也可在脉冲工作状态下切断和导通电子束。

在电离室和加速电极之间施加一个加速电压（800～8 000 V），使电离室中的正离子得到加速而进入质量分析器。

在离子推斥极 R 上施加正电压，正离子受到它的排斥作用而向前运动。

电子离子源的优点是结构简单，电子流稳定，电离效率高，灵敏度高，结构信息丰富，应用广泛。它的缺点是某些化合物的分子离子峰很弱，有的甚至观察不到。

4. 质量分析器

质量分析器的作用是将离子源产生的离子按 m/e 顺序分开并排列成谱。用于有机质谱仪的质量分析器有单聚焦质量分析器、磁式双聚焦分析器、四极杆分析器、离子阱分析器、飞行时间分析器、回旋共振分析器等。

(1) 单聚焦质量分析器。

单聚焦质量分析器即磁场分析器，它由电磁铁组成，两个磁极由铁芯弯曲而成，磁极面一般呈半圆形，如图 11-13 所示。进入质量分析器的离子在磁场的作用下，其运动由直线变为弧形轨道，根据质荷比的不同，离子的偏转角度也不同，质荷比大的偏转的角度小，质荷比小的偏转角度大，从而使质量不同的离子得到分离。若固定 R，在连续改变磁场强度或加速电压时，各种离子按质荷比的大小顺序依次到达检测器。这种只依靠磁场进行质量分离的分析器称为单聚焦分析器，此种分析器结构简单，操作方便，其分辨率低，不能

满足有机物分析要求，目前只用于同位素质谱仪和气体质谱仪。

(2) 双聚焦分析器。

双聚焦分析器是在单聚焦分析器的基础上发展起来的。单聚焦质谱仪分辨率低的主要原因在于它不能克服离子初始能量分散对分辨率造成的影响。在离子源产生的离子当中，质量相同的离子应该聚在一起，但由于离子初始能量不同，经过磁场后其偏转半径也不同，而是以能量大小顺序分开，即磁场也具有能量色散作用。这样就使得相邻两种质量的离子很难分离，从而降低了分辨率。为了消除离子能量分散对分辨率的影响，通常在扇形磁场前加一扇形电场，扇形电场是一个能量分析器，不起质量分离作用。质量相同而能量不同的离子经过静电场后会彼此分开，即静电场有能量色散作用。如果设法使静电场的能量色散作用和磁场的能量色散作用大小相等方向相反，就可以消除能量分散对分辨率的影响。只要是质量相同的离子，经过电场和磁场后可以会聚在一起，而质量不同的离子会聚在另一点，改变离子加速电压可以实现质量扫描。这种由电场和磁场共同实现质量分离的分析器，同时具有方向聚焦和能量聚焦作用，称为双聚焦分析器(见图 11-15)。双聚焦分析器的优点是分辨率高，缺点是扫描速度慢，操作、调整比较困难，而且仪器造价也比较昂贵。

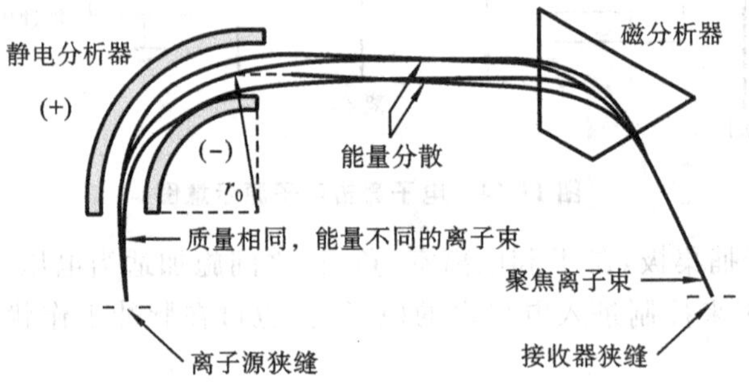

图 11-15　双聚焦分析器原理图

(3) 四极杆分析器。

四极杆分析器因其由四根相互平行的棒状电极组成而得名。电极材料是镀金陶瓷或钼合金。四个电极的对角电极相连，分别连接直流电源的正极和负极，如图 11-16 所示。在两组电极间加上直流电压 V_{al} 和具有一定振幅、频率的交流射频电压 V_{de}。当具有一定能量的正离子进入筒形电极所包围的空间后，将受到筒形电极交、直流叠加电场的作用而波动前进。对于给定的直流和射频电压，特定质荷比的离子在轴向稳定运动，其他质荷比的离子则与电极碰撞湮灭。将直流电压和射频电压以固定的斜率变化，可以实现质谱扫描功能。

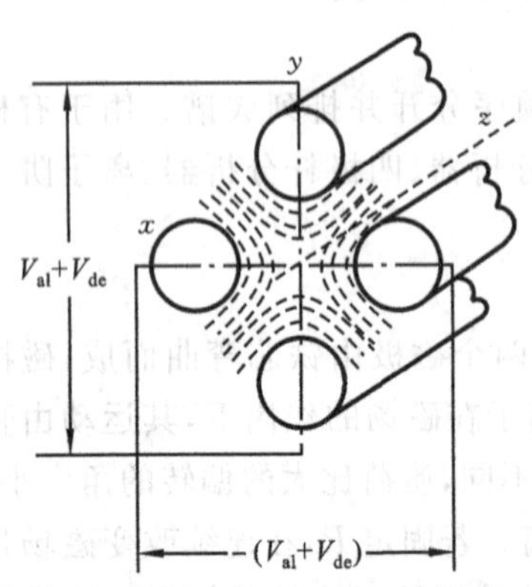

图 11-16　四极杆分析器原理图

四极杆分析器是一种无磁铁分析器，体积小，重量轻，价廉，易操作，对选择离子分析具有较高的灵敏度。适用于色谱-质谱联用仪，因此它是近年来发展最快的质谱仪器。

5. 离子检测器

从质量分析器出来的离子流只有 $10^{-10}\sim10^{-9}$ A，检测器的作用就是接收这些强度非常低的离子流并放大，然后送到显示单元和计算机数据处理系统，得到所要分析物质的质谱图。质谱仪常用的检测器有法拉第杯、电子倍增管、闪烁计数器和照相底片等。目前非傅里叶变换型质谱仪使用较多的是电子倍增管。电子倍增管运用质量分析器出来的离子轰击电子倍增管的阴极表面，使其发射出二次电子，再用二次电子依次轰击一系列电极，使二次电子获得不断倍增，产生电信号，记录不同离子的信号即得质谱。

三、主要离子峰

在质谱图中，可以看到许多峰。其整个面貌，除与样品分子的结构有关外，还与离子源的种类及碰撞微粒的能量、样品所受压力以及仪器的结构有关。在质谱中出现的离子峰归纳起来有以下几种：分子离子峰、碎片离子峰、同位素离子峰、重排离子峰、母离子与子离子峰、亚稳离子峰、奇电子离子峰和偶电子离子峰、多电荷离子峰。

1. 分子离子峰

在电子轰击下，分子失去一个电子所形成的带正电荷的离子称为分子离子，常用 $M\cdot^{+}$来表示：

$$M+e^{-}\longrightarrow M\cdot^{+}+2e^{-}$$

式中：$M\cdot^{+}$是分子离子，显然，分子离子的 m/e 的数值相当于该化合物的相对分子质量。因此实际上往往通过分子离子峰来测定有机化合物的相对分子质量。

在质谱中，分子离子峰的强度和化合物的结构有关。环状化合物比较稳定，不易碎裂，因而分子离子峰较强。支链化合物较易碎裂，分子离子峰就弱，有些稳定性差的化合物经常看不到分子离子峰。一般规律是：化合物分子稳定性差，键较长，分子离子峰弱，有些酸、醇及支链烃的分子离子峰较弱甚至不出现；相反，芳香化合物往往都有较强的分子离子峰。

分子离子峰若能出现，应位于质谱图的右端，其相对强度取决于分子离子相对于裂解产物的稳定性。在有机化合物中，分子离子峰强弱的大致顺序是：芳环＞共轭多烯＞烯＞环状化合物＞羰基化合物＞不分支烃＞醚＞酯＞胺＞酸＞醇＞高分支烃。

2. 碎片离子峰

分子离子产生后可能具有较高的能量，将会通过进一步碎裂而释放能量，碎裂后产生的离子称为碎片离子，由该离子在质谱图中形成的峰称为碎片离子峰。碎片离子峰在质谱图上位于分子离子峰的左侧。

有机化合物受高能作用时会产生各种形式的分裂，一般强度最大的质谱峰相应于最稳定的碎片离子，通过各种碎片离子相对峰高的分析，有可能获得整个分子结构的信息。但由此获得的分子拼接结构并不总是合理的，因为碎片离子并不是只由 $M\cdot^{+}$一次碎裂产生，而且可能会由进一步断裂或重排产生，因此要准确地进行定性分析最好与标准图谱进行比较。

3. 同位素离子峰

大多数元素都是由具有一定天然丰度的同位素组成。表 11-2 是一些常见有机物中各元素的天然丰度。这些元素形成化合物后，其同位素就以一定的丰度出现在化合物中。

表 11-2　某些常见元素的天然同位素相对丰度及原子质量

元　素	同　位　素	精确相对原子质量	天然丰度/(%)	丰度比/(%)
H	^{1}H	1.007 825	99.985	$^{2}H/^{1}H$ 0.015
	^{2}H	2.014 102	0.015	
C	^{12}C	12.000 000	98.893	$^{13}C/^{12}C$ 1.11
	^{13}C	13.003 355	1.107	
N	^{14}N	14.003 074	99.634	$^{15}N/^{14}N$ 0.37
	^{15}N	15.000 109	0.366	
O	^{16}O	15.994 915	99.759	$^{17}O/^{16}O$ 0.04
	^{17}O	16.999 131	0.037	$^{18}O/^{16}O$ 0.20
	^{18}O	17.999 159	0.204	
F	^{19}F	18.998 403	100.00	—
S	^{32}S	31.972 072	95.02	$^{33}S/^{32}S$ 0.8
	^{33}S	32.971 459	0.78	$^{34}S/^{32}S$ 4.4
	^{34}S	33.967 868	4.22	
Cl	^{35}Cl	34.968 853	75.77	$^{37}Cl/^{35}Cl$ 32.0
	^{37}Cl	36.965 903	24.23	
Br	^{79}Br	78.918 336	50.537	$^{81}Br/^{79}Br$ 97.9
	^{81}Br	80.916 290	49.463	
I	^{127}I	126.904 477	100.00	—

因此，化合物的质谱中就会有不同同位素形成的离子峰，称为同位素离子峰。同位素离子峰的强度与其丰度比是相当的，在分子中含有较多数目的元素，如 C、H、O、N 等，丰度比很小，因而产生的同位素峰也很小。而 S、Cl、Br 等元素同位素丰度比高，含有这些元素的分子离子及碎片离子，其同位素峰的强度较大。因此根据 M 和 $M+2$ 峰的强度比可判断化合中是否含有 S、Cl、Br 等原子及有几个这样的原子。例如，在天然碳中有两种同位素，^{12}C 和 ^{13}C，两者丰度之比为 100∶1.1，如果由 ^{12}C 组成的化合物质量为 M，那么，由 ^{13}C 组成的同一化合物的质量则为 $M+1$。同样一个化合物生成的分子离子会有质量为 M 和 $M+1$ 的两种离子。如果化合物中含有一个碳，则 $M+1$ 离子的强度为 M 离子强度 1.1%；如果含有两个碳，则 $M+1$ 离子强度为 M 离子强度 2.2%。这样，根据 M 与 $M+1$ 离子强度之比，可以估计出碳原子的个数。氯有两个同位素 ^{35}Cl 和 ^{37}Cl，两者丰度之比为 100∶32.5，或近似为 3∶1。当化合物分子中含有一个氯时，如果 ^{35}Cl 形成的化合物质量为 M，那么，由 ^{37}Cl 形成的化合物质量为 $M+2$。生成分子离子后，分子离子质量分别为 M 和 $M+2$，离子强度之比近似为 3∶1。如果分子中有两个氯，其组成方式可以有 $R^{35}Cl^{35}Cl$、$R^{35}Cl^{37}Cl$、$R^{37}Cl^{37}Cl$，分子离子的质量有 M、$M+2$、$M+4$，离子强度之比为 9∶6∶1。同位素离子的强度之比，可以用二项式展开式各项之比来表示。

例如，某化合物分子中含有两个氯，其分子离子的 3 种同位素离子强度之比，由二项式计算得：$(a+b)^n=(3+1)^2=9+6+1$，即两种同位素离子强度之比为 9∶6∶1。这样，如果知道了同位素的元素个数，可以推测各同位素离子强度之比。同样，如果知道了各同位素离子强度之比，可以估计出元素的个数。

4. 重排离子峰

有些离子不是由简单断裂产生的，而是发生了原子或基团的重排，这样产生的离子称为重排离子。当化合物分子中含有CX(X为O、N、S、C)基团，而且与这个基团相连的链上有γ氢原子，这种化合物的分子离子碎裂时，此γ氢原子可以转移到X原子上去，同时β键断裂，这种重排称为Mclafferty重排，简称麦氏重排，这是最常见的一种重排。

$$\mathrm{H{-}C(=\overset{+\bullet}{O}){-}CH_2{-}CH_2{-}CH_2{-}H} \longrightarrow \mathrm{HC(\overset{+\bullet}{O}H){=}CH_2} + \mathrm{CH_2{=}CH_2}$$

5. 母离子与子离子峰

任何一个离子再进一步裂解产生了某离子，前者称为母离子(又称前驱离子、母体离子)，后者称为子离子。分子离子是母离子的一个例子。

6. 亚稳离子峰

稳定的离子在离子源中生成之后能够较稳定的存在，直到被检测。不稳定的离子在离子源中已经碎裂。亚稳离子介于二者之间，是只在离子源出口到检测器之间存在的离子。

7. 奇电子离子和偶电子离子峰

具有未配对电子的离子称为奇电子离子，这样的离子是自由基离子，具有较高的反应活性，在质谱解析时较为重要。不具有未配对电子的离子称为偶电子离子，这种离子相对较为稳定。

8. 多电荷离子峰

失掉两个以上电荷的离子是多电荷离子，这是当前质谱领域研究的一个重要课题。

四、质谱的解析与应用

化合物的质谱图包含着有关化合物的很丰富的信息，依靠质谱图可以确定化合物的相对分子质量、分子式和分子结构，同时也可以推断反应历程。质谱分析用样量极少，因此，质谱法是进行有机物鉴定的有力工具，但对于复杂有机物的定性，还需要与红外光谱、紫外光谱、核磁共振等分析方法配合进行。

质谱的解释是一种非常困难的工作。自从有了计算机联机检索之后，特别是数据库越来越大的今天，尽管靠人工解释EI质谱已经越来越少，但是，作为对化合物分子断裂规律的了解，作为计算机检索结果的检验和补充手段，质谱图的人工解释还有它的作用，特别是对于谱库中不存在的化合物质谱的解释。另外，在串联质谱(MS-MS)分析中，对于离子谱的解释，目前还没有现成的数据库，主要靠人工解释。因此，学习一些质谱解释方面的知识，仍然是有必要的。

1. 相对分子质量确定

分子离子的质荷比就是化合物的相对分子质量。因此，在解释质谱时首先要确定分

子离子峰,通常判断分子离子峰的方法如下。

(1) 分子离子峰一定是质谱中质量数最大的峰,它应处在质谱的最右端。

(2) 分子离子峰应具有合理的质量丢失。也即在比分子离子小 4～14 及 20～25 个质量单位处,不应有离子峰出现。否则,所判断的质量数最大的峰就不是分子离子峰。因为一个有机化合物分子不可能失去 4～14 个氢而不断键。如果断键,失去的最小碎片应为 CH_3,它的质量是 15 个质量单位。同样,也不可能失去 20～25 个质量单位。

(3) 分子离子应为奇电子离子,它的质量数应符合氮规则。所谓氮规则是指在有机化合物分子中含有奇数个氮时,其相对分子质量应为奇数。含有偶数个(包括 0 个)氮时,其相对分子质量应为偶数。这是因为组成有机化合物的元素中,具有奇数价的原子具有奇数质量,具有偶数价的原子具有偶数质量,因此,形成分子之后,相对分子质量一定是偶数。而氮规则例外,氮有奇数价而具有偶数质量,因此,分子中含有奇数个氮,其相对分子质量是奇数,含有偶数个氮,其相对分子质量一定是偶数。

如果某离子峰完全符合上述三项判断原则,那么这个离子峰可能是分子离子峰;如果三项原则中有一项不符合,这个离子峰就肯定不是分子离子峰。应该特别注意的是,有些化合物容易出现 $M-1$ 峰或 $M+1$ 峰,另外,在分子离子很弱时,容易和噪声峰相混,所以,在判断分子离子峰时要综合考虑样品来源、性质等因素。如果经判断没有分子离子峰或分子离子峰不能确定,则需要采取其他方法得到分子离子峰,常用的方法有以下几种。

① 降低电离能量。

通常 EI 源所用电离电压为 70 V,电子的能量为 70 eV,在这样高能量电子的轰击下,有些化合物就很难得到分子离子。这时可采用 12 eV 左右的低电子能量,虽然总离子流强度会大大降低,但有可能得到一定强度的分子离子峰。

② 制备衍生物。

有些化合物不易挥发或热稳定性差,这时可以进行衍生化处理。例如,有机酸可以制备成相应的酯,酯类容易汽化,而且容易得到分子离子峰,可以由此再推断有机酸的相对分子质量。

③ 采取软电离方式。

软电离方式很多,有化学电离源、快原子轰击源、场解吸源及电喷雾源等。要根据样品特点选用不同的离子源。软电离方式得到的往往是准分子离子,然后由准分子离子推断出真正的相对分子质量。

2. 分子式确定

(1) 利用分子离子峰的同位素峰来确定分子式。

利用一般的 EI 质谱很难确定分子式。在早期,曾经有人利用分子离子峰的同位素峰来确定分子组成式。有机化合物分子都是由 C、H、O、N 等元素组成的,这些元素大多具有同位素,由于同位素的贡献,质谱中除了有质量为 M 的分子离子峰外,还有质量为 $M+1$、$M+2$ 的同位素峰。由于不同分子的元素组成不同,不同化合物的同位素丰度也不同,贝农(Beynon)将各种化合物(包括 C、H、O、N 的各种组合)的 M、$M+1$、$M+2$ 的强度值编成质量与丰度表,如果知道了化合物的相对分子质量和 M、$M+1$、$M+2$ 的强度比,即可查表确定分子式。

【例 11-2】 某化合物相对分子质量为 M=150(丰度 100%)。$M+1$ 的丰度为9.9%，$M+2$ 的丰度为 0.9%，求化合物的分子式。

解 从$(M+2)/M$=0.9%可见，该分化合物中不含 S、Br 或 Cl。根据 Beynon 表可知，M=150 化合物有 29 个，其中$(M+1)/M$ 的百分比在 9%～11%的分子式有如表 11-3 所示。

表 11-3 推测的分子式类型

分 子 式	$M+1$	$M+2$
$C_7H_{10}N_4$	9.25	0.38
$C_8H_8NO_2$	9.23	0.78
$C_8H_{10}N_2O$	9.61	0.61
$C_8H_{12}N_3$	9.98	0.45
$C_9H_{10}O_2$	9.96	0.84
$C_9H_{12}NO$	10.34	0.68
$C_9H_{14}N_2$	10.71	0.52

此化合物的相对分子质量是偶数，根据前述的氮律，可以排除上列第 2、4、6 三个式子，剩下四个分子式中，$M+1$ 与 9.9%最接近的是第五式 $C_9H_{10}O_2$，这个式子的 $M+2$ 也与 0.9%很接近，因此该化合物的分子式应为 $C_9H_{10}O_2$。

这种确定分子式的方法要求同位素峰的测定十分准确。而且只适用于相对分子质量较小，分子离子峰较强的化合物，如果是这样的质谱图，利用计算机进行库检索得到的结果一般都比较好，不需再计算同位素峰和查表。

(2) 利用高分辨质谱仪确定分子式。

因为碳、氢、氧、氮的相对原子质量分别为 12.000 000，10.078 25，15.994 914，14.003 074，如果能精确测定化合物的相对分子质量，可以由计算机轻而易举的计算出所含不同元素的个数。目前傅里叶变换质谱仪、双聚焦质谱仪、飞行时间质谱仪等都能给出化合物的元素组成。

3. 分子结构的确定

从前面的叙述可以知道，化合物分子电离生成的离子质量与强度，与该化合物分子的本身结构有密切关系。也就是说，化合物的质谱带有很强的结构信息，通过对化合物质谱的解释，可以得到化合物的结构。下面就质谱解释的一般方法做一说明。

化合物的质谱图可以用来确定相对分子质量、验证某种结构、确认某元素的存在，也可以用来对完全未知的化合物进行结构鉴定。对于不同的情况解释方法和侧重点不同。质谱图一般的解释步骤如下。

(1) 由质谱的高质量端确定分子离子峰，求出相对分子质量，初步判断化合物类型及是否含有 Cl、Br、S 等元素。

(2) 根据分子离子峰的高分辨数据，给出化合物的组成式。

(3) 由组成式计算化合物的不饱和度，即确定化合物中环和双键的数目。计算方法为

$$不饱和度U=四价原子数-\frac{一价原子数}{2}+\frac{三价原子数}{2}+1$$

例如，苯的不饱和度

$$U=6-\frac{6}{2}+\frac{0}{2}+1=4$$

不饱和度表示有机化合物的不饱和程度，计算不饱和度有助于判断化合物的结构。

(4) 研究高质量端离子峰。质谱高质量端离子峰是由分子离子失去碎片形成的。从分子离子失去的碎片，可以确定化合物中含有哪些取代基。常见的离子失去碎片的情况有：

M−15(CH_3)	M−16(O,NH_2)	M−17(OH,NH_3)
M−18(H_2O)	M−19(F)	M−26(C_2H_2)
M−27(HCN,C_2H_3)	M−28(CO,C_2H_4)	M−29(CHO,C_2H_5)
M−30(NO)	M−31(CH_2OH,OCH_3)	M−32(S,CH_3OH)
M−35(Cl)	M−42(CH_2CO,CH_2N_2)	M−43(CH_3CO,C_3H_7)
M−44(CO_2,CS_2)	M−45(OC_2H_5,COOH)	M−46(NO_2,C_2H_5OH)
M−79(Br)	M−127(I)	……

(5) 研究低质量端离子峰，寻找不同化合物断裂后生成的特征离子和特征离子系列。例如，正构烷烃的特征离子系列为 m/e 15、29、43、57、71 等，烷基苯的特征离子系列为 m/e 91、77、65、39 等。根据特征离子系列可以推测化合物类型。

(6) 通过上述各方面的研究，提出化合物的结构单元。再根据化合物的相对分子质量、分子式、样品来源、物理化学性质等，提出一种或几种最可能的结构。必要时，可根据红外和核磁数据得出最后结果。

(7) 验证所得结果。验证的方法有：将所得结构式按质谱断裂规律分解，看所得离子和所给未知物谱图是否一致；查该化合物的标准质谱图，看是否与未知谱图相同；寻找标样，作标样的质谱图，与未知物谱图比较等各种方法。

五、质谱联用技术

质谱仪是一种很好的定性鉴定用仪器，但对混合物的分析无能为力。色谱仪是一种很好的分离用仪器，但定性能力较差。色谱-质谱联用，则把色谱对复杂基体化合物的高分离能力与质谱独特的选择性、灵敏度、相对分子质量和结构信息鉴定等功能相结合，发挥各自的专长，使分离和鉴定同时进行，具有广泛的应用领域。色谱可作为质谱的样品导入装置，并对样品进行初步分离纯化。这种将两种或多种方法结合起来的技术称为联用技术(Hyphenated Method)。利用联用技术的分析方法有气相色谱-质谱(GC-MS)、液相色谱-质谱(LC-MS)、毛细管电泳-质谱(CZE-MS)、芯片-质谱联用(Chip-MS)及串联质谱(MS-MS)等。

1. 气相色谱-质谱联用(GC-MS)

将色谱对混合物的高效分离能力和质谱对纯物质的准确鉴定能力结合起来的技术称之为色谱-质谱联用技术。GC-MS 联用是目前联用技术中最成熟的一种，高效的分离技术与质谱法提供的丰富结构信息相结合，使得 GC-MS 成为痕量有机分析实验的常规手段，并因操作简单，使用方便而得到了广泛普及。

(1) GC-MS 仪器组成。

GC-MS 联用仪一般由气相色谱仪、接口装置、质谱仪和计算机四部分组成，见图11-17。

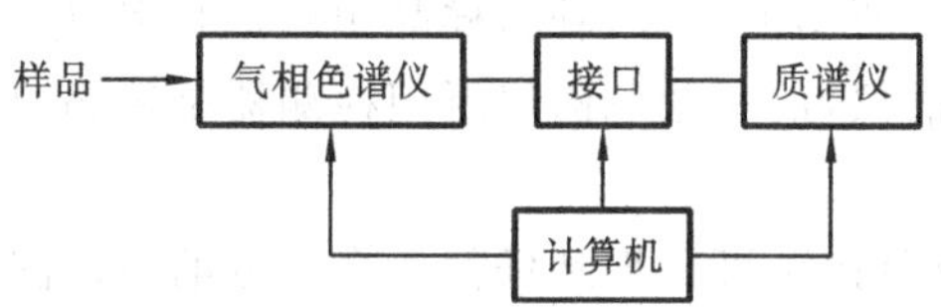

图 11-17 GC-MS 仪器组成框图

气相色谱仪分离样品中的各组分起着样品制备的作用；接口是组分的传输器并保证 GC 和 MS 两者的气压相匹配；质谱对接口依次引入的各组分进行分析，是组分的鉴定器；计算机系统交互式地控制气相色谱、接口和质谱仪，进行数据采集和处理，是 GC-MS 的中央控制单元。

接口是 GC-MS 的关键部件。通常色谱柱的出口端近似为大气压力，这与质谱仪中的高度真空状态是不相容的，接口技术要解决的关键问题就是实现从气相色谱仪的大气工作条件向质谱仪的高真空工作条件的切换和匹配。接口要把气相色谱柱流出的载气尽可能除去，而保留或浓缩各待测组分，使近似于大气压的气流调制为适合离子化装置的粗真空，把待测组分从气相色谱仪传输到质谱仪，并协调色谱仪和质谱仪的工作流量。

这个接口装置称为分子分离器，目前常用的各种 GC-MS 接口主要有直接导入型、开口分流型和喷射分离型等。应用较多的是喷射式分子分离器，样品气和载气一起由色谱柱流出后进入分子分离器，从喷嘴射出后由于载气摩尔质量小，扩散快，载气优先被真空泵抽走，样品分子的摩尔质量大，扩散较慢，就以较大的惯性向中心浓集与载气分开而进入质谱仪离子源。经过分子分离器后，压强由常压降到 10^{-1} Pa，载气被抽出，实现了载气与样品气的分离。如果色谱柱使用毛细管柱，由于毛细管柱流量很小，可不必经过分子分离器而直接进入离子源。这样，混合物中各组分由色谱仪一个一个分开，再由质谱仪逐一鉴定，并根据需要由数据系统进行处理，可快速得到各种信息。

GC-MS 联用仪常用存储容量较大的计算机(化学工作站)。它能实现在线数据处理、仪器控制和自动化管理；能记录和存储色谱图、质谱图；进行各种运算、定量分析、创建谱库或从谱库中检索图谱进行样品组分的鉴别等。

(2) GC-MS 分析技术。

GC-MS 分析得到的主要信息有三个：样品的总离子流色谱图(TIC)或称重建离子色谱图；样品中每一个组分的质谱图；每个质谱图的检索结果。此外，还可以得到质量色谱图、三维色谱质谱图等。对于高分辨率质谱仪，还可以得到化合物的精确相对分子质量和分子式。

总离子流色谱图：在一般 GC-MS 分析中，样品连续进入离子源并被连续电离。分析器每扫描一次，检测器就得到一个完整的质谱图并送入计算机存储。由于样品浓度随时间变化，得到的质谱图也随时间变化。一个组分从色谱柱开始流出到完全流出大约需要

10 s。计算机就会得到这个组分不同浓度下的质谱图10个。同时,计算机还可以把每个质谱图的所有离子相加得到总离子流强度。这些随时间变化的总离子流强度所描绘的曲线就是样品总离子流色谱图或由质谱重建而成的重建离子色谱图。总离子流色谱图是由一个个质谱得到的,所以它包含了样品所有组分的质谱。它的外形与由一般色谱仪得到的色谱图是一样的。只要所用色谱柱相同,样品出峰顺序就相同,其差别在于,重建离子色谱所用的检测器是质谱仪,而一般色谱仪所用检测器是氢焰、热导等。两种色谱图中各成分的校正因子不同。

质谱图:由总离子流色谱图可以得到任何一个组分的质谱图。一般情况下,为了提高信噪比,通常由色谱峰峰顶处得到相应质谱图。但如果两个色谱峰有相互干扰,应尽量选择不发生干扰的位置得到质谱图,或通过扣本底消除其他组分的影响。

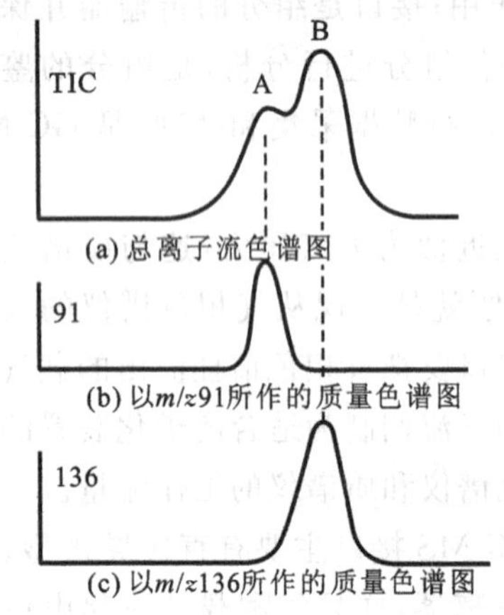

图 11-18　利用质量色谱图分开重叠峰

质量色谱图:总离子流色谱图是将每个质谱的所有离子加合得到的色谱图。同样,由质谱中任何一个质量的离子也可以得到色谱图,即质量色谱图。由于质量色谱图是由一个质量的离子得到的,因此,其质谱中不存在这种离子的化合物,也就不会出现色谱峰,一个样品只有几个甚至一个化合物出峰。利用这一特点可以识别具有某种特征的化合物,也可以通过选择不同质量的离子作离子质量色谱图,使正常色谱不能分开的两个峰实现分离,以便进行定量分析,见图11-18。由于质量色谱图是采用一个质量的离子作图,因此进行定量分析时,也要使用同一离子得到的质量色谱图进行标定或测定校正因子。

2. 液相色谱-质谱联用(LC-MS)

据估计已知化合物中约70%的化合物均为亲水性强、挥发性强的有机物,热不稳定的化合物及生物大分子,这些化合物广泛存在于当前应用和发展最广泛、最有潜力的领域,包括生物、医药、环境等方面,因而液相色谱-质谱的联用显得更为重要。液相色谱-质谱的联用在20世纪80年代以后进入实用阶段。与气相色谱-质谱已取得的成功相比,液相色谱-质谱的联用还有些技术难题有待解决,主要是色谱系统各种难挥发溶剂的排除问题。

液相色谱-质谱联用仪主要由色谱仪、接口、质谱仪、电子系统、记录系统和计算机系统六大部分组成。

LC-MS联用的关键是LC和MS之间的接口装置。接口装置的主要作用是除去溶剂并使样品离子化。早期曾经使用过的接口装置有传送带接口、热喷雾接口、粒子束接口等十余种,这些接口装置都存在一定的缺点,因而都没有得到广泛推广。20世纪80年代,大气压电离源用作LC和MS联用的接口装置和电离装置之后,使得LC-MS联用技术提高了一大步。目前,几乎所有的LC-MS联用仪都使用大气压电离源作为接口装置和离子源。

液相色谱-质谱联用主要用于分析GC-MS不能分析,或热稳定性差、强极性和高相对分子质量的物质，如生物样品(药物与其代谢产物)和生物大分子(肽、蛋白、核酸和多糖)。目前，液相色谱-电喷雾-质谱联用系统(LC-ESI-MS)已经广泛应用于高通量的药物分析。LC-ESI-MS 能够提供令人满意的分析速度、灵敏度、选择性和可靠性。大约 80%的化合物经高效液相色谱(HPLC)分离后能在电喷雾-质谱中得到检测。在电喷雾源中响应较低的化合物可以在 APCI 源中被离子化。因此，大部分经 HPLC 分离的产物，如果其相对分子质量处于仪器可检测的质量范围内，ESI 和 APCI 便能将它们电离，并由质谱仪提供它们的谱图。

LC-MS 能够提供如下质谱信息。

(1) 准确的化合物相对分子质量信息。

(2) 未知化合物碎片结构信息。

(3) 一套完整的图谱和多种扫描方式充分提供定性、定量和峰纯度信息。

3. 串联质谱(MS-MS)

将两个或更多的质谱仪连接在一起，称为串联质谱，最简单的串联质谱(MS-MS)是由两个质谱仪串联而成。20 世纪 80 年代初，在传统的质谱仪基础上，发展了 MS-MS 联用技术。

它与色谱-质谱联用不同，色谱-质谱联用是用色谱将混合组分分离，然后由质谱进行分析，而 MS-MS 联用是依靠第一台质谱仪分离出特定组分的分子离子，然后导入碰撞室活化产生碎片离子，再进入第二台质谱仪进行扫描及定性分析。

最常见的串联质谱为三级四极杆串联质谱。第一级和第三级四极杆分析器分别为 MS-1 和 MS-2，第二级四极杆分析器所起作用是将从 MS-1 得到的各个峰进行轰击，实现母离子碎裂后进入 MS-2 再行分析。现在出现了多种质量分析器组成的串联质谱，如四极杆-飞行时间串联质谱(Q-TOF)和飞行时间-飞行时间(TOF-TOF)串联质谱等，大大扩展了应用范围。离子阱和傅里叶变换分析器可在不同时间顺序实现时间序列多级质谱扫描功能。

串联质谱主要用于混合物气体中的痕量成分分析，研究亚稳态离子变迁，工业和天然物质中各种复杂化合物的定性和定量分析，如药物代谢研究、天然物质鉴定、环保分析和法医鉴定等方面的分析工作。

与色谱-质谱联用相比，MS-MS 具有如下优点。

(1) 分析速度快。质谱作为分离器，是以相对分子质量大小的瞬间分离为基础，这个分离过程约为 10^{-5} s。

(2) 能分析相对分子质量大、极性强的物质。因为质谱所需的蒸气压远低于气相色谱。

(3) 灵敏度高。可以避免色谱过程引入的各种干扰，而且质谱的本底噪声也由于第一台质谱的选择而被消除。因此有利于提高分析的灵敏度。

习 题

1. 试述产生核磁共振的条件是什么?
2. 何谓化学位移? 它有什么重要性? 影响化学位移的因素有哪些?
3. 何谓自旋耦合、自旋裂分? 它们有什么重要性?
4. 在下列化合物中,比较 H_a 和 H_b,哪个具有较大的 δ 值? 为什么?

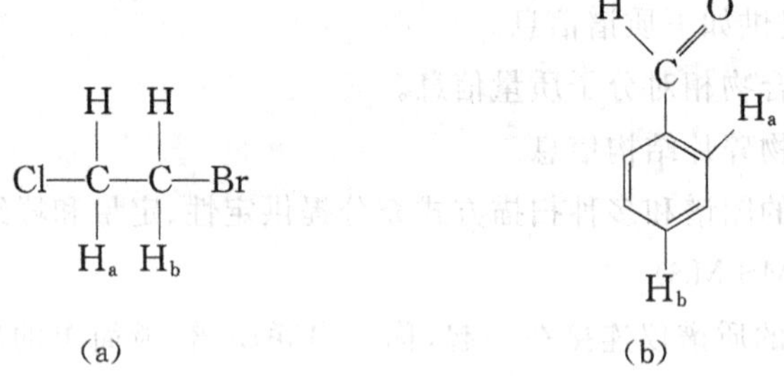

5. 以单聚焦质谱仪为例,说明组成仪器各个主要部分的作用及原理。
6. 如何利用质谱信息来判断化合物的相对分子质量? 判断分子式?
7. 色谱与质谱联用后有什么突出特点?
8. 如何实现气相色谱-质谱联用?
9. 同位素峰对判断化合物的分子式有何重要作用?

参考文献

[1] 王亦军,吕海涛. 仪器分析实验[M]. 北京:化学工业出版社,2009.
[2] 朱明华. 仪器分析[M]. 4版. 北京:高等教育出版社,2008.
[3] 黄一石,吴朝华,杨小林. 仪器分析[M]. 北京:化学工业出版社,2008.
[4] 丁明洁. 仪器分析[M]. 北京:化学工业出版社,2008.
[5] 周梅村. 仪器分析[M]. 武汉:华中科技大学出版社,2008.
[6] 冯玉红. 现代仪器分析实用教程[M]. 北京:北京大学出版社,2008.
[7] 刘虎威. 气相色谱方法及应用[M]. 北京:化学工业出版社,2007.
[8] 曾元儿,张凌. 仪器分析[M]. 北京:科学出版社,2007.
[9] 王庆茹. 极谱法检测食品中的总硒[J]. 齐齐哈尔医学院学报,2007,28(9):1081-1082.
[10] 夏立娅. 仪器分析[M]. 北京:中国计量出版社,2006.
[11] 孙毓庆. 仪器分析选论[M]. 北京:科学出版社,2005.
[12] 黄一石. 分析仪器操作技术与维护[M]. 北京:化学工业出版社,2005.
[13] 钱沙华. 环境仪器分析[M]. 北京:中国环境科学出版社,2004.
[14] 孙毓庆,胡育筑. 分析化学[M]. 2版. 北京:科学出版社,2004.
[15] 孙毓庆,胡育筑. 分析化学习题集[M]. 2版. 北京:科学出版社,2004.
[16] 曾泳淮. 仪器分析[M]. 北京:高等教育出版社,2003.
[17] 方惠群,于俊生,史坚. 仪器分析[M]. 北京:科学出版社,2002.
[18] 何金兰. 仪器分析原理[M]. 北京:科学出版社,2002.
[19] 黄一石. 仪器分析[M]. 北京:化学工业出版社,2002.

[20] 朱明华. 仪器分析[M]. 3 版. 北京:高等教育出版社,2002.

[21] 刘密斯,罗国安,张新荣,等. 仪器分析[M]. 2 版. 北京:清华大学出版社,2002.

[22] 赵文宽,张悟铭,王长发,等. 仪器分析[M]. 北京:高等教育出版社,2001.

[23] 武汉大学化学系. 仪器分析[M]. 北京:高等教育出版社,2001.

[24] 杨根元. 实用仪器分析[M]. 3 版. 北京:北京大学出版社,2001.

[25] 张济新. 仪器分析实验[M]. 北京:高等教育出版社,2000.

[26] 王彤. 仪器分析与实验[M]. 青岛:青岛出版社,2000.

[27] 陈培榕. 现代仪器分析实验与技术[M]. 北京:清华大学出版社,1999.

[28] 武汉大学. 仪器分析习题精解[M]. 北京:科学出版社,1999.

[29] 陈培榕,邓勃. 现代仪器分析实验与技术[M]. 北京:清华大学出版社,1999.

[30] 赵藻藩,周性尧. 仪器分析[M]. 北京:高等教育出版社,1998.

[31] 商登喜. 气相色谱仪的原理及应用[M]. 北京:高等教育出版社,1998.

[32] 北京大学化学系仪器分析教学组. 仪器分析教程[M]. 北京:北京大学出版社,1997.

[33] 杨根元. 实用仪器分析[M]. 2 版. 北京:北京大学出版社,1997.

[34] 邓勃,宁永成,刘密新. 仪器分析[M]. 北京:清华大学出版社,1996.

[35] 刘文钦. 仪器分析[M]. 山东:石油大学出版社,1994.

[36] 方惠群,史坚,倪君蒂,等. 仪器分析原理[M]. 南京:南京大学出版社,1994.

[37] 李浩春,卢佩章. 气相色谱法[M]. 北京:科学出版社,1993.

[38] 王俊德,商振华,郁蕴璐. 高液相色谱法[M]. 北京:中国石油出版社,1992.

[39] Christiom D A,等. 仪器分析[M]. 王镇浦,等译. 北京:北京大学出版社,1991.

[40] 孙传经. 毛细管色谱法[M]. 北京:化学工业出版社,1991.

[41] 胡劲波,秦卫东,李启隆,等. 仪器分析[M]. 2 版. 北京:北京师范大学出版社,1991.

[42] 邓勃,宁永成,刘密新. 仪器分析[M]. 北京:清华大学出版社,1991.

[43] 金钦汉,任玉林,孙长青. 仪器分析[M]. 长春:吉林大学出版社,1989.

[44] Skoog D A 等. 仪器分析原理[M]. 金钦汉,译. 上海:上海科技出版社,1988.

[45] 杨文火. 核磁共振原理及其在结构化学中的应用[M]. 福州:福建科学出版社,1988.

[46] D. A. 斯科格,D. M. 韦斯特. 仪器分析原理[M]. 金钦汉,译. 上海:上海科技出版社,1987.

[47] 陈体清. 气相色谱及其分析应用[M]. 成都:成都科技大学出版社,1987.

[48] 北京师范大学化学系. 基础仪器分析实验[M]. 北京:北京师范大学出版社,1985.

[49] 清华大学分析化学教研室. 现代仪器分析[M]. 北京:清华大学出版社,1983.

[50] 梁晓天. 核磁共振(高分辨氢谱的解析和应用)[M]. 北京:科学出版社,1976.